教育部哲学社会科学发展报告
教育部人文社会科学重点研究基地中国海洋大学海洋发展研究院
中国海洋大学"985工程"海洋发展哲学社会科学研究基地建设经费资助

北极地区发展报告

(2014)

REPORT ON ARCTIC REGION DEVELOPMENT (2014)

主　编／刘惠荣
副主编／程保志　徐世杰　孙　凯　董　跃

社会科学文献出版社
SOCIAL SCIENCES ACADEMIC PRESS (CHINA)

北极地区发展报告(2014)
编委会

主　　　编　刘惠荣

副 主 编　程保志　徐世杰　孙　凯　董　跃

参加编写人员　（以姓氏笔画为序）

　　　　　　　　于宏源　马千里　邓贝西　叶　江　白佳玉
　　　　　　　　田延华　刘惠荣　刘　晨　孙　凯　李浩梅
　　　　　　　　杨　剑　张　沛　张　侠　陈鸿斌　钱宗旗
　　　　　　　　徐世杰　郭培清　龚克瑜　董　跃　程保志

目　录

序　言 …………………………………………………………… /001

前言　中国与北极：合作与发展之路 …………………… 刘惠荣/001

域内国家北极战略与政策走向

美国北极战略分析 ………………………… 郭培清　孙　凯/001

俄罗斯北极战略分析 ……………………………… 钱宗旗/046

加拿大北极战略分析 ……………………… 郭培清　田延华/073

挪威北极战略分析 ………………………………… 张　沛/103

丹麦北极战略分析 ………………………………… 叶　江/125

芬兰北极战略分析 ………………………………… 程保志/148

瑞典北极战略分析 ………………………………… 于宏源/163

冰岛北极战略分析 ………………………… 邓贝西　张　侠/173

主要域外国家的北极政策

中国北极政策分析 ………………………… 孙　凯　徐世杰/191

日本北极政策分析 ………………………………… 陈鸿斌/202

韩国北极政策分析 ………………………… 李　宁　龚克瑜/221

印度北极政策分析 ………………………… 郭培清　董利民/242

欧盟北极政策分析 ……………… 杨　剑　程保志　张　沛/257

北极治理动向

气候变化背景下的北极治理分析 …………………… 陈奕彤 / 290
北极理事会观察员制度和中国因应 …………………… 马千里 / 304
国际海事组织与北极航运法律的进展 ………………… 白佳玉 / 319
北极航道沿海国法律规制及其进展 …………………… 李浩梅 / 334
北极资源开发的法律问题研究 ……………… 董　跃　刘　晨 / 355

附录：北极地区年度大事记（2013~2014） ………………… / 371

后　记 ………………………………………………………… / 375

序　言

在人类步入 21 世纪之后的十余年间，伴随全球气候的快速变化，北极冰雪加剧消融，航道利用指日可待，资源开发呼之欲出，其战略地位进一步提升。美国、俄罗斯、加拿大、挪威、芬兰、瑞典和冰岛等北极国家以及与北极有着密切关联的欧盟都纷纷加强北极战略规划、科学研究、资源调查和军事存在，并妥善处理好原住民问题；北极域外的一些国家以及相关非政府组织也都采取积极的行动，寻求各种路径参与北极区域事务，拓展自身在北极的权益空间。各方利益交织，矛盾复杂，围绕争取和维护自身北极权益的明争暗斗越发激烈，北极法律和政治秩序开始逐步演变，其中包含了严峻挑战和激烈竞争，但是也孕育了巨大机遇和无限潜力。维护北极和平，认知北极系统，保护北极环境，开发北极资源，完善北极治理，是摆在北极国家以及国际社会面前的重大课题。

我国就地理位置而言可谓"近北极国家"，北极气候变化将直接影响我国的农业生产，北极航道的开通将改变我国的国际海上运输布局，北极资源开发对于我国解决能源和资源紧缺也具有潜在的价值，北冰洋及其邻近海域的军事活动也关乎我国的安全。因此，对我国而言，北极具有重大的战略意义，参与北极事务，发展北极事业是我国实施海洋强国战略必不可少的一环。就北极治理而言，我国业已加入主要的几个平台：1996 年成为北极科学研究委员会成员，2013 年成为北极理事会的正式观察员国家，在近 20 个国家参与的北极科学考察体系中也发挥着越来越大的影响和作用。就极地考察而言，我国自 1999 年 7 月首次开展北极科考，迄今已经进行了 6 次北极科学考察活动，形成了富有国际竞争力的北极自然科学考察和研究队伍，在众多领域取得了举世瞩目的成就。就极地航行而言，2012 年我国极地科考船"雪龙"号首次穿越东北航道抵达冰岛访问；2013年中国远洋集团的"永盛"号成功经由东北航道到达荷兰鹿特丹港。就极地资源而言，2013年中国石油集团也入股俄罗斯北极油气项目，获得诺瓦泰克公司主导的北极亚马尔液化天然气项目的部分权益。在这样的大背景下考量，首卷《北极地区发展报告》的出版可谓恰逢其时，具有多方面的重要意义。

首先，为全面系统地认知北极提供了支撑。我国北极事业发展亟须相关社会科学研究快速发展并提供有力支撑，而我国北极人文社会科学的研究真正开始全面起步是在2007年之后。较之北极自然科学研究，我国的社会科学研究只能说是处于起步阶段，还有大量的基础性工作有待完成。《北极地区发展报告》一方面连续、及时、全面地总结北极各领域事务的发展近况和围绕最前沿焦点问题的争论，如在首卷之中就涉及了北极域内国家及域外活动大国的北极战略与政策的晚近发展，以及北极理事会、北极资源、北极航行的最新情势，并对于北极两年来的大事和社会科学研究现状进行了总结；另一方面不局限于简单的信息汇总和制度分析，在法律、经济、国际关系等不同论域内对北极事务的前沿焦点问题进行了深入的理论研析并且提出了前瞻性的政策建议，契合实务部门对极地政策和软科学研究方面的需求。

其次，《北极地区发展报告》的完成过程是建设我国极地"智库"的有益尝试。这次《北极地区发展报告》从研究队伍组建、研究主题论证和具体完成过程来看，都可以视为一次来自多元背景的不同智库之间的通力合作。中国海洋大学极地法律与政治研究所作为教育部哲学社会科学发展报告培育项目的承担者，以报告相关工作为载体，构建了北极软科学研究的平台，而上海国际问题研究院以其在多国别研究上的精兵强将参与其中，有效解决了北极研究中国别多、小语种文献多的困难。报告的相关工作对其自身智库建设也大有裨益，并且形成了有效的合作统筹机制。

再次，《北极地区发展报告》将推动我国北极社会科学研究的触角走向国际，增强我国在北极领域的国际影响力。《北极地区发展报告》围绕北极事务中的重点和热点问题开展研究，特别是对于目前北极国际立法的两个重要平台——北极理事会和国际海事组织进行了专题研究，其研究目标就是为我国参与北极事务规则制定出谋划策，提升我国的话语权和影响力。而且作为域外国家，能够全面系统地总结北极活动大国的北极战略和政策，也体现了我国目前的研究实力。

目前，我国正在为未来一个时期的极地考察工作谋篇布局，首卷《北极地区发展报告》的推出，既是我国极地智库建设中的阶段性成果，也是对我国相关北极战略、政策和规划制定的重要襄赞之举。希望研究团队再接再厉，持续开展研究，使《北极地区发展报告》逐步成为具有国内国际影响的序列性研究成果。

2014 年 12 月

前言　中国与北极：合作与发展之路

刘惠荣*

从地理学的角度出发，北极地区是指以北极点为中心的北极圈（北纬66°33′）以北的广大区域，总面积为2073万平方千米。从物候学角度出发，以7月份平均10℃等温线（海洋以5℃等温线）作为北极地区的南界，这样北极地区的总面积就扩大为2700万平方千米，其中陆地面积约1200万平方千米。

邻接北冰洋的国家有5个：加拿大、美国、丹麦（格陵兰岛）、俄罗斯以及挪威（斯瓦尔巴群岛），一般称之为"北冰洋沿岸国家"；国土深入北纬66°33′北极圈的国家有7个：加拿大、美国、丹麦、俄罗斯、芬兰、瑞典和挪威。此外，冰岛的领海及其管辖海域也深入北极地区，因而也被认为属于北极国家。国际社会普遍认为加拿大、美国、丹麦、俄罗斯、挪威、冰岛、瑞典、芬兰八国为北极国家。除"北极国家"外，它们还常常被称之为"环北极国家"或"北极八国"、"北极域内国家"。在现行国际法上北极地区应当包括上述北极八国的陆地领土、其陆地领土所有的领海、专属经济区和大陆架以及未被上述区域所覆盖的公海部分，其中斯瓦尔巴群岛例外（适用《斯匹次卑尔根群岛条约》所确立的特殊法律属性）。除此之外，还包括一些已存在，或正在形成，或尚未被发现的无主岛屿。

虽然北极地区横跨亚欧，不属于基于大洲疆域划分的传统地缘概念，但是由于其重大的战略意义和复杂的区域形势，因此无论是在实务还是理论上，北极地区一直以来就是重要的地缘区域，具有进行独立研究的可能和意

---

* 刘惠荣，中国海洋大学法政学院院长、教授、博士生导师，极地法律与政治研究所主任，主要研究方向为国际法、海洋法。

义。但是长久以来,北极对于中国似乎只是一个极其遥远的地理概念,即使关注到个别北极国家的政治法律事务也并非使用"北极地区"这一集合概念。但是近年来,中国对北极的关注度逐渐增高,起因是气候变化的因素。北极是地球的寒极,对全球气候的结构和稳定性做出决定性贡献。北极在历史上发生的全球气候变化过程中没有明显变化,直到 21 世纪初,北极的变化仍然很不显著,对全球变化的反作用一度显得可以忽略不计。根据联合国政府间气候变化专门委员会(IPCC)发布的关于气候变化的第四次评估报告《气候变化 2007:自然科学基础》的分析:"观测数据表明,近 100 年来,北极平均温度几乎以两倍于全球平均速率的速度升高。1978 年以来的卫星资料显示,北极年平均海冰面积以每 10 年 2.7% 的速率退缩,较大幅度的退缩出现在夏季,为每 10 年 7.4%。自 20 世纪 80 年代以来,北极多年冻土顶层温度的上升幅度已高达 3℃。"[1] 2008 年北极理事会所发布的《北极气候变化影响评估》报告也作出类似的判断:"过去的几十年,北极地区的平均温度的升高是世界其他地区的几乎两倍,冰川和海冰的广泛融化和永久冻土层温度的上升都表明北极地区温度的升高。"[2] 相隔三年,2011 年北极监控与评估项目发布题为《北极地区的雪、水、冰和永冻层》的报告,进一步证实了北极地区温度升高海冰融化加速的事实。[3] 为了更科学准确地认识北极气候与环境的影响,北极各国陆续建设沿岸海洋监测网,形成国家级的海洋监测网。其中具有代表性的是美国在阿拉斯加州近岸海域建设的监测网。近年来,由北极科学委员会发起的北极可持续观测网络(SAON)致力于推动国际化的北极观测网络,并且通过支持各种项目,逐步扩大对北极的观测网络。北极气温升高、海冰减退、气候剧变,对全球气候正在产生重

---

[1] 徐影:《〈气候变化 2007:自然科学基础〉发布》,中国气候变化网,http://scitech.people.com.cn/GB/5384994.html。
[2] 寒江:《北极的气候变化及其影响》,《人类环境杂志》2004 年第 7 期,第 12 页。
[3] Arctic Monitoring and Assessment Programme, "Snow, Water, Ice and Permafrost in the Arctic," in *Encyclopedia of Earth*, Eds. Cutler J. Cleveland (Washington, D.C.: Environmental Information Coalition, National Council for Science and the Environment), http://www.eoearth.org/news/view/165967/?topic=49501.

大的影响,而对位于北半球的中国,这种影响更为直接、显著。北极的大气环境变化已经成为全球环境变化最关键的区域,大批其他领域的科学家开始转向北极研究。

由于北极海冰的快速消融的环境变化以及经济全球化、世界多极化深入发展,北极地区在航运、资源开发、旅游以及其他社会领域的发展动力苏醒过来,北极正处于大规模开发利用的战略准备期,其战略价值日益受到北极国家和域外国家的关注。北极八国纷纷申明"北极国家"身份,相继出台各自的北极战略,无不将北极地区作为国家中长期战略的重要部分。俄罗斯2008年通过并于次年公布了本国的北极政策《2020年前及更远的未来俄罗斯联邦在北极的国家政策原则》;加拿大把其主权管辖范围内的北极地区叫作北方地区,于2009年发布了加拿大的北方战略《我们的北方,我们的遗产,我们的未来》,2010年又发布《加拿大北极外交政策声明》,是为2009年的北方战略的延续和细化;芬兰于2010年发布了《芬兰的北极地区战略》;2011年,又有两个北极国家发布其北极战略,即《瑞典的北极地区战略》和丹麦的《2011～2020年丹麦王国的北极战略》。北极国家还不断强化区域性组织,如将1991年北极八国签署的《北极环境保护策略》改组为北极理事会,通过北极理事会等区域性论坛、组织发布具有一定约束力的软法性质的文件影响北极地区整体发展。2008年5月,北冰洋沿岸五国(俄、美、加、挪、丹)外交部部长签署《伊卢利萨特宣言》(The Ilulissat Declaration),宣言基本上体现了五国达成的共识:首先,宣言申明北冰洋沿岸五国拥有在北冰洋大部分地区的主权、主权权利和管辖权,五国在解决北极面临的问题和挑战时具有"特别的"地位;接着,宣言又指出,在外大陆架划界、海洋环境保护、冰封区域、自由航行权、海洋科学研究和其他对海洋的使用方面,海洋法都为其提供了权利和义务规定,没有必要再设置一个综合的国际法律制度来管理北冰洋。①

---

① 参见 The Ilulissat Declaration, http://www.oceanlaw.org/downloads/arctic/Ilulissat Declaration.pdf, 2008-05-28。

北极与全球气候变化息息相关，北极气候变化也对我国气候产生重要影响，这在客观条件上促使北极对于中国的意义不断提升。与此同时，全球贸易一体化趋势的加剧，这一人为因素与客观因素交互作用，使原本遥远的北极地区与中国的联系更加紧密，北极地区对于中国的意义更加凸显。最近几年，我们深切地感受到，在北极地区各个领域中，对北极航道的关注度尤其显著。北极航道商业化开通的可能性和现实性将对中国的对外贸易运输网络产生重大影响，即使在国家倡导的21世纪"一路一带"战略部署和建设中，北极航道仍有着不可忽视的作用。此外，北极的生态环境状况对中国的大气环境、生态系统乃至社会经济发展都具有重要影响。从国际法上说，中国是20世纪20年代缔结《斯匹次卑尔根群岛条约》的缔约国，根据条约规定，中国人有权进出该群岛地区，拥有从事条约赋予的科研及其他活动的自由。中国又是《联合国海洋法公约》的缔约国，根据公约规定，中国人有权在北极的公海海域开展科研等活动，享有对北极公海海域和区域的相关权利。2013年5月15日，在北极理事会于瑞典基律纳召开的第八次部长级会议上，与会的八国部长级官员一致同意中国与另外五个非北极国家（日本、韩国、新加坡、印度和意大利）获得北极理事会正式观察员国身份。自此之后，中国获得了参与北极治理的新的资格，对于北极地区研究的深度和广度也获得前所未有的发展。

一　中国的北极活动

人类早期在北极地区的活动以挑战自然的北极探险著称，进入20世纪以后人类开始了北极主权争夺的历史。伴随着全球气候变暖，"北极国家的北极活动正加速从'科学时代'转向以经济军事利益为主的'权益时代'"。[①] 中国作为北极圈外的"近北极国家"，在北极开展的最早也是主要

---

① 褚建勋、肖毅、翟正阳、周一帆、杨西奥：《中国极地科考历史及极地政策走向》，载丁煌主编《极地国家政策研究报告（2012～2013）》，科学出版社，2013，第189页。

的活动是科学考察,主要目的是了解北极地区的自然过程及其变化对中国海洋、气候、生态环境等系统和社会经济发展的影响和作用。从1990年开始着手北极科学考察准备工作,于1996年正式加入北极国际科学委员会。①1999年以来相继组织开展了六次北极科学考察(1999年、2003年、2008年、2010年、2012年、2014年),2004年在北极地区斯瓦尔巴德(Svarlbard)群岛建立了中国第一个北极科学考察站"黄河站",实施了站区科学考察工作。迄今为止,我国开展北极考察已经15年,其间以雪龙号破冰船为载体共开展了6次北极考察,并且以北极黄河站为陆地考察站进行了近10年的长期观测。目前,由财政部支持的南北极科学考察专项已经实施了4年,我国对北极的考察研究已经进入常态化。有一批专门从事北极研究的科研队伍,有一系列关于北极变化的研究成果。可以说,中国的北极考察研究已经从不定期的考察发展到常态化考察,对北极的研究也已进入历史最好时期。

中国对北极事务关切度的大幅度提升始于2007年俄罗斯北极点插旗事件。秉承中国一贯的"内敛韬晦"政治传统,中国政府重点关注的是北极的科研价值以及对于气候变化的重大影响,尤其是后者。据《2013年度中国极地考察报告》发布的北极考察项目统计:2013年度承担北极黄河站科学考察任务共计47人次,执行了16个考察项目,其中,"极地专项"6项、国家自然基金项目3项。主要围绕空间物理、冰川、生态环境变化检测等学科开展研究。具体来说,北极黄河站完成的考察任务有:①北极黄河站全球定位系统(GPS)跟踪站维护;②北极黄河站周边地区地貌特征分类及环境变化研究;③黄河站春季植物样方微生物群落变化的研究;④新奥尔松地区植被监测样方地衣多样性研究及盖度复查;⑤新奥尔松地区植被监测样方地衣多样性研究及盖度复查;⑥站基生物生态环境本底考察;⑦新奥尔松陆地植被监测样方的特殊维护与复查;⑧(部分完成)王湾浮游纤毛虫及其被

---

① 北极国际科学委员会成立于1990年8月28日,由北极地区八国(包括原苏联)代表组成。虽然是非政府机构,但章程条款明确规定,只有国家级别的科学机构的代表,才有资格代表其所属国家参加该委员会,实际上属于带有明确政府标志的非政府国际机构。

哲水蚤类摄食研究；⑨冰川融水对王湾有机质氮与痕量铁分布的影响；⑩2013年度黄河站冰川学考察；⑪北极黄河站电离层观测。因为"中国作为北半球最大的发展中国家，北极地区气候环境的变化过程深刻影响着中国气候与环境的变化，直接关系到中国的工农业生产和人民生活，开展北极科学考察对促进我国的可持续发展具有重要意义"。① 对于政府而言，高度关注北极气候环境的变化问题及其给我国带来的影响是一个负责任的政府必然的选择。

2013年可谓一大转机，即中国参与北极区域事务获得了更具官方性的认可，活动的平台大幅度增加，活动的广度有所扩展。标志性的事件是中国在这一年成为北极理事会正式观察员。2013年4月，中美第4次海洋法与极地事务磋商在美国旧金山举行。中美双方就北极理事会观察员国、南极搜救和旅游等共同关注的海洋法与极地方面的事务交换了意见。为实现深化国际海洋法律和政策、北极和南极领域的合作的目的，双方经磋商决定在中国举行第5轮对话。自2006年开始，中国正式提出成为北极理事会永久观察员的申请，继2007年取得北极理事会"特别观察员"身份后，2013年5月，在基律纳召开的北极理事会的第八次部长级会议上，中国最终成为观察员国，迈出了参与北极治理里程碑式的重要一步。根据这次会议上通过的《北极理事会下属机构观察员手册》，结合2011年努克会议上形成的《努克宣言》和高官会议报告（SAO Report）中关于观察员作用与准入标准的建议，中国取得了参与北极地区事务的"基本参与权"。正如2014年11月18日俄罗斯自然资源和环境部长东斯科伊在回答新华社记者关于中俄合作开发北极资源前景的提问时所言，中俄应当加强在北极研究、开发方面的合作，他提出："中国是北极理事会观察员国，有权利参与探讨北极问题和北极资源的开发活动。"

北极理事会通过颁布一系列文件对观察员国的资格加以明确规范，包

---

① 国家海洋局极地考察办公室：《2013年度中国极地考察报告》，http://www.chinare.gov.cn/caa/gb_news.php?modid=05001&id=1383。

括：1996年《关于建立北极理事会的宣言》（渥太华宣言）、1998年《北极理事会程序规则》附件一"加强北极理事会的框架"（2014年于基律纳修订）、2011年5月努克部长级会议上达成的《北极高级官员报告》（SAO Report）和2014年基律纳会议编制发布的《观察员手册》。上述文件一脉相承地申明了北极国家对作为观察员国参与北极地区事务的活动规范。首先，确定了取得观察员资格必备的前提条件，包括：承认北极国家在北极的主权、主权权利和管辖权，承认《联合国海洋法公约》是北极的基础法律框架，必须尊重原住民的价值观、利益、文化和传统，必须有对北极原住民进行财政支持的意愿和能力，必须展示其在北极的利益、兴趣和工作能力等。其次，通过了一系列参与程序、财政输入等方面的特别规定，确认北极八国在北极理事会内部任何决策中的专属权利和责任，旨在保证观察员的地位要居于北极国家之下。最后，明确规定了作为观察员所应尽的义务和贡献，如在北极理事会各工作组层面的积极参与，应做出科技、财政捐助等支持，对原住民及其组织应尽的财政支持以及将来自北极的声音和议题传达到全球决策机构中。值得观察员国冷静思考的是，观察员的身份并非永久性，还需要定期接受北极理事会的考评。由此可见，观察员在北极理事会中身份有限，其活动权限也是有限的，流露出北极理事会希望观察员"戴着镣铐起舞"的意图。①

中国被接纳为北极理事会观察员国后，2013年先后派团参加了北极理事会高官会议等国际极地组织会议，同一些国家签署了极地领域双边合作协议，组织开展了与多个国家的极地领域国际合作研究。根据国家海洋局公布的《2013年度中国极地考察报告》，2013年度具有一定影响的对外活动有：

> 2013年4月17日，冰岛总理约翰娜·西于尔扎多蒂女士访问中国极地研究中心，并见证中冰双方签署了船舶相关技术的合作备忘录。

---

① 参见刘惠荣、陈奕彤《北极理事会的亚洲观察员与北极治理》，《武汉大学学报》2014年第3期，第48页。

2013年7月10~11日，第5轮中美战略与经济对话在北京举行，中国国家主席习近平的特别代表国务委员杨洁篪与美国总统奥巴马的特别代表国务卿克里共同主持了战略对话，其中深化中美在北极和南极领域的合作以及双方就在南极罗斯海建立海洋保护区事务方面开展合作被列入战略对话具体成果清单。

2013年9月10日，国家海洋局党组成员、副局长陈连增在京会见了芬兰议会财政委员会通讯分委会主席卡里·拉亚马奇一行，就加强北极方面的合作进行了交流。

值得注意的是，列入其中的还有企业界的活动，表明中国参与北极事务的商业化时代到来了：

3月14日，国家海洋局与中国远洋运输（集团）总公司（以下简称"中远集团"）签署战略合作框架协议。国家海洋局党组书记、局长刘赐贵，中远集团董事长魏家福出席签约仪式并致辞。

2013年9月16日，中远集团"永盛"号货轮圆满完成北极东北航道首航任务，这是第一艘成功穿越北极东北航道的中国商船。

在民间交流方面，2013年9月，第2届中俄"21世纪北极政策"研讨会在俄罗斯圣彼得堡大学召开。双方就北极政策方面的立场和关切进行了交流。通过研讨，为开启中俄在北极事务方面的合作创造了沟通的窗口。2013年3月，"展望2050年北极——贸易、能源与环境"北极峰会在挪威奥斯陆举行，有关国家政要、产业领袖、科学家、社区领导人和独立评论人等约200人与会，国家海洋局派员参加会议。会议从北极地区的环境、资源、社会、地缘政治以及合作等方面进行了探讨，中国极地研究中心主任杨惠根在"开发潜在的新贸易航线"议题下作了关于北极航道的特邀报告。

2013年，北极大学（University of the Arctic）——一个由致力于北方/北极地区研究与高等教育，由众多大学、学院及其他组织共同组建的一个非营利性联盟首次一次性吸纳了数家中国机构加入其中。北极大学这个大学联盟成立于2001年6月12日，多年来致力于北极研究与教育，目标是通过合作研究，推动环北极地区的可持续发展和原居民文化的保护。北极大学成员包括两类：一类是正式成员（full member），来自北极八国；另一类是准成员（associate member），来自非北极国家或地区。中国海洋大学以及中国极地研究中心等国内极地研究单位于2013年2月向北极大学提交了入会申请，并于6月初在美国阿拉斯加大学举行的2013年北极大学理事会上获得批准。2014年5月又有大连海事大学等单位加入北极大学，国内已有十所高校和研究机构成为北极大学的准成员。①

伴随着对北极事务参与度的提升，2013年度，有关北极的软科学项目有了长足发展。其中，自2011年启动的"极地国家利益战略评估"专题下设："极地地缘政治研究"、"极地资源利用战略研究"、"极地科技发展战略研究"、"极地法律体系研究"、"极地国家政策研究"5个子专题。2013年，共有34家高校和科研院所，150多位专家参与研究，涉及战略、政策、法律、国际政治、经济、文化、社会、航运、信息管理等多个学科，完成了极其丰富的研究成果。由此可见，我国对北极地区战略、政治、社会经济和航运等方面也开始广泛关注。

中国对于北极事务的基本态度是"积极参与"，② 核心原则是"国际合作"。③ 自2013年中国取得北极理事会正式观察员资格后，尽管仍然是"戴着镣铐起舞"，但毕竟赢得了参与北极地区事务的更大舞台，中国与北极的纽带

---

① http://old.uarctic.org/SingleArticle.aspx? m = 723&amid = 8063, 访问日期：2014年12月3日。
② 参见中国国家海洋局局长孙志辉在视察中国极地研究中心和"雪龙"号考察船时的讲话，《国家海洋局领导视察极地中心和"雪龙"船》, http://www.pric.gov.cn/noteinfo.asp?sortid = 101&id = 696, 2008 - 06 - 03, 访问日期：2011年3月24日。
③ 参见时任中国国务院副总理李克强在纪念中国极地考察二十五周年座谈会上的发言："进一步发展极地事业，不断加强极地考察能力建设，扎实开展极地战略和科学研究，积极参与国际极地事务合作，谱写我国极地和海洋考察事业的新篇章，为造福人类社会、促进世界可持续发展作出应有贡献。"《李克强：极地考察关系我国的长远利益》, http://news.xinhuanet.com/politics/2009 - 11/20/content_ 12508072.htm, 2009 - 11 - 20, 访问日期：2011年3月24日。

已从较为单纯的科学考察提升至更大范围、更高层面的"合作与发展"。中国与北极地区的合作是全方位的，彼此之间的合作旨在谋求共同发展，而共同发展是为了互利共赢。中国外交部发言人洪磊曾就北极理事会接受中国为观察员事答记者问时表态："中国一贯支持理事会的宗旨和目标，承认北极国家在北极地区的主权、主权权利和管辖权以及在理事会的主导作用，尊重北极地区土著人和其他居民的价值观、利益、文化和传统。理事会上述决定将有助于中方在理事会框架内与有关各方就北极事务加强交流与合作，为理事会工作做出贡献，促进北极地区的和平、稳定和可持续发展。"[①] 有关北极的学术研究中，"北极治理"话题是近年来出现频率极高的热点，无论在地缘政治或国家主权等传统安全领域，还是在资源、国际航运、生物多样性等非传统安全领域，北极地区的治理问题覆盖领域越来越广泛，而合作与发展始终主宰着北极治理话题，成为北极问题研究的关注焦点。在合作的基础上谋求共同发展，即体现了中国的利益，也反映了北极地区整体发展的大趋势。

二 国内学界关于北极问题的研究

国内学界有关北极地区的社会事务的研究较之前几年，无论是广度还是深度都有了较大的发展。以下数据是根据2013/2014年度国家社科基金和教育部人文社会科学研究项目中有关北极问题的立项信息统计而来。

表1 2013年国家社科北极相关项目

1	中国北极航线战略与海洋强国建设研究	李振福	大连海事大学	重大项目	跨学科
2	国际法视角下的中国北极航线战略研究	刘惠荣	中国海洋大学	重点项目	管理学
3	北极国际法律秩序的构建与中国权益拓展问题研究	程保志	上海国际问题研究院	青年项目	法学
4	中国增强在北极实质性存在的法律路径研究	董跃	中国海洋大学	青年项目	法学

---

① 外交部发言人洪磊就北极理事会接受中国为观察员事答记者问，http://cr.china-embassy.org/chn/fyrth/t1040556.htm，访问日期：2013年5月16日。

表 2　2014 年国家社科北极相关项目

1	北极治理与中国参与战略研究	郭培清	中国海洋大学	重点项目	国际问题研究
2	北极航线与中国国家利益的法学研究	韩立新	大连海事大学	一般项目	法学
3	中国北极权益的国际法问题研究	王泽林	西北政法大学	一般项目	法学
4	中国参与北极地区开发的理论与方略研究	夏立平	同济大学	一般项目	国际问题研究
5	北极地区国际组织建章立制及中国参与路径研究	肖洋	北京第二外国语学院	青年项目	国际问题研究

表 3　2013 年教育部人文社科北极相关项目

1	北极地区发展报告	刘惠荣	中国海洋大学	发展报告培育项目	国别研究
2	管理规制视角下中国参与北极航道安全合作实践研究	肖洋	北京第二外国语学院	青年基金项目	国际问题研究

表 4　2014 年教育部人文社科北极相关项目

1	北极通航对东北亚集装箱港口的影响及中国的应对策略	王丹	大连海事大学	青年基金项目	交叉学科/综合研究

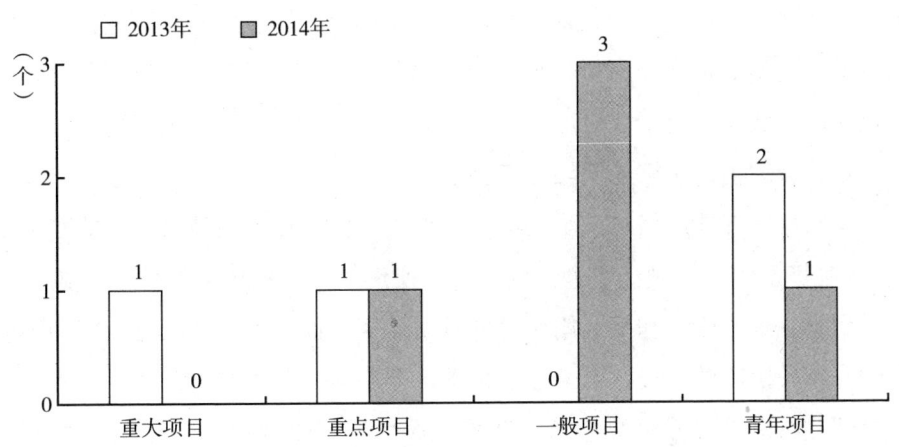

图 1　2013~2014 年国家社科北极相关项目

近年来，国内对于北极的社会科学研究集中于基础性研究，主要涉及北极的国际法律地位和国际政治态势、适用北极的法律体系以及北极战略和政

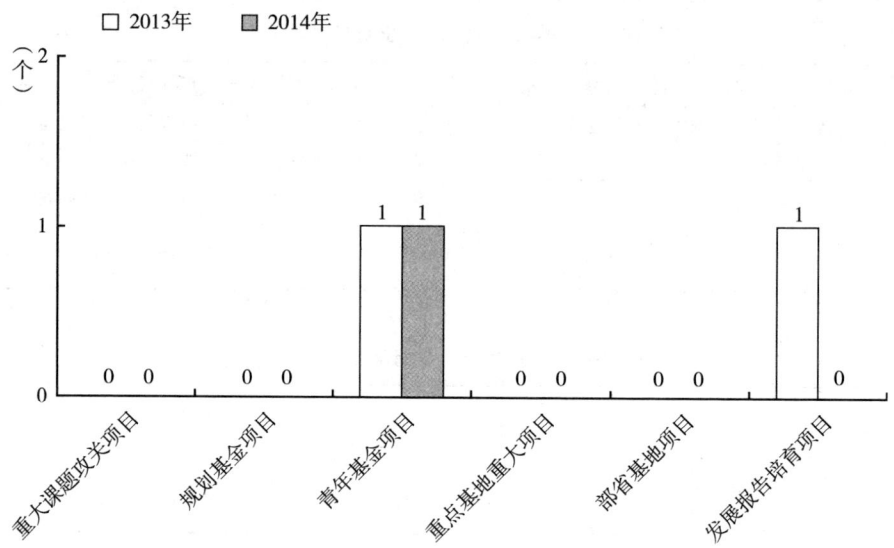

图 2　2013～2014 年教育部人文社科类北极相关项目

策、科学考察管理制度、北极航道管辖、北极的生态环境保护、斯匹次卑尔根群岛条约等。最近两年，北极问题引起了越来越多研究者的关注，许多研究成果的深度和广度有较大幅度的提高，与国际知名极地问题研究机构研究人员的交流不断加深，赢得了平等交流的话语权。囿于篇幅及研究条件，下面仅对国内法学界对于北极问题的一些有代表性的研究成果进行述评。

1. 北极的国际法律地位和主权之争

北极地区并非严格意义上的国际法概念。它与位于地球另一端的南极不同，《南极条约》及其一系列条约、协定所形成的"南极条约体系"确定了冻结南极主权主张、和平利用南极的基本原则。而北极至今没有专门的国际条约界定其国际法地位，因为在北极地区分布着八个主权国家，其中有些国家之间存在海域划界争端和外大陆架主张，但根据现行国际法制度（领土主权和海洋法），北极地区的法律秩序呈现"不成体系性"。[①] 从总体上来

---

① 刘惠荣、董跃：《海洋法视角下的北极法律问题研究》，中国政法大学出版社，2012，第222页。

说，学者们普遍认为不应按"无主之地"或者依照"扇形原则"来认定北极的法律性质。① 目前主流观点主张，鉴于北极地区国家绝大多数都是《联合国海洋法公约》的缔约国（美国除外），因此可以利用《联合国海洋法公约》所提供的海域制度框架来确定北极的法律性质，北冰洋沿岸国家可以根据公约主张其内水、领海、专属经济区和大陆架（2008年5月北冰洋沿岸五国达成的《伊卢利萨特宣言》也证实了这种立场符合北极国家的意愿）。除上述区域外的北冰洋的其余海洋部分应当属于公海，其海底属于"国际海底区域"，按照《联合国海洋法公约》确定的原则，在公海实行公海自由原则，而国际海底区域则根据"人类共同继承财产"的权利属性，应当由国际海底管理局负责管理和开发，它们都不能成为国家占有的对象。②

北极八国对于自身在北极现实和潜在的权益越来越重视，围绕领土、资源、航道、科考等权益的争端始终未得到解决，有些甚至逐渐升级。而北极地区的法律体系呈现出"不成体系"的特点，难以形成唯一的权力中心。由于北极法律秩序的未来走向关系到作为北半球国家（所谓"近北极国家"）的中国目前和未来参与北极事务的深度和广度，因此北极法律秩序的走向问题引起了普遍的关注和重视，目前涉足北极政治法律研究的学者几乎都通过不同形式提出各自观点。大致可以分为以下三类。

第一种思路试图复制"南极条约体系模式"或者"斯瓦尔巴群岛条约模式"，这两种被模仿的法律体系均采取了"搁置争议"的处理原则，寻求各方利益共同点，谋求利益最大化。上述条约是20世纪解决国际权益争端的两个典范，都为存在一定冲突的利益各方提供了解决问题的思路：搁置争议、共同开发。这也是避免冲突升级损害共同利益的唯一办法。主张者建议在北极建立类似南极条约体系的模式，或者是建构一个更大范围的斯瓦尔巴

---

① 参见贾宇《北极地区领土主权和海洋权益争端探析》，《中国海洋大学学报》（社会科学版）2010年第1期；董跃：《论海洋法视角下的北极争端及其解决路径》，《中国海洋大学学报》2009年第3期；黄自雄：《北极问题的国际法分析和思考》，《国际论坛》2009年第6期。
② 参见黄自雄《北极问题的国际法分析和思考》，《国际论坛》2009年第6期。

群岛条约模式。从中国属于北极圈外国家的立场出发，中国有可能从仿效"南极条约体系模式"及"斯瓦尔巴群岛条约模式"中分得一杯羹。①

第二种思路是重新构建一个"北极特定模式"，即根据北极极其特殊的国情、地区情况和自然环境，在北极建立一个特别的"北极条约"。以全新的《北极条约》为核心，根据现实需要和未来的发展情势，可以针对北极地区的某些亟待解决的问题，比如环境保护、资源的开发利用、航道利用，甚至能否非军事化等具体领域进一步磋商，缔结系列议定书及其附件，最后形成一个伞状结构、相互补充的"北极条约体系"。目前，北极理事会正在从北极国家高层论坛向着区域性官方组织方向发展，2011年《北极航空和海上搜救协定》之类具有法律约束力的区域协定可能会增多，国际海事组织努力推动的《极地航行规则》有望出台，因此，北极特定模式的区域一体化安排在某些领域可能实现。

第三种思路则是"发展海洋法公约模式"，即充分利用现有的国际海洋法的制度框架，发展出可以适用于北极的特有制度和规则来解决相关问题。② 从近年来北极国家各国动态以及北极理事会等北极区域组织所通过的一系列决议、宣言、声明所释放出的信息来看，北极地区若要实现安定、发展，必须承认一点：首先要保证北极国家维护好本国的利益，进而才有可能谋求区域共同体的合作与发展，才有可能考虑是否有必要缔结一个国际条约。我们可以通过一个近期发生的实例加以印证。2010年《俄罗斯与挪威关于巴伦支海和北冰洋海域划界与合作条约》的签署，结束了两国长达40年、涉及175000平方公里争议海域的划界问题。这一合作条约的缔结充分利用《联合国海洋法公约》所确定的定纷止争的有关规定，被视为北极地区解决海洋划界争端的成功案例。这一合作协议的优势体现在双方协议搁置

---

① 刘惠荣：《谁可以在北极分一杯羹——北极的领土、资源之争与法律地位界定》，《经济参考报》2011年10月25日，第8版。
② 参见董跃《论海洋法视角下的北极争端及其解决路径》，《中国海洋大学学报》2009年第3期；刘惠荣、杨凡《国际法视野下的北极环境法律问题研究》，《中国海洋大学学报》2009年第3期。

争议,共同开发。本着先易后难、分阶段、分区块解决争端的思路,以一条相互妥协、折中的单一线划分了两国的管辖权和主权权利;重启了争议海域已冻结30年的油气开发。《2010俄挪条约》对解决海洋划界争端有一定的借鉴意义。

2. 北极治理——合作与发展

从21世纪初至今,北极地区问题的焦点反映出在北极国家之间、北极地区与域外国家之间跨界背景下国际行为体的多元合作之态势。气候变化这个被《联合国气候变化框架公约》界定的"人类共同关注事项"带来的影响超越了国家主权范畴,北极地区事务的外延已经从主权、资源等传统领域延伸至生态问题、北极地区原住民事务以及社会发展各个方面,上述事务无法通过单个国家的单独行动得以解决,需要国际社会尤其是北半球国家通力合作,由此产生了更多的合作需求,所以说,北极地区发展进入了国际治理的探索期。北极问题呈现极其复杂的特点,既有八国的内部矛盾又有内部与外部之间的矛盾;内部之间、内外之间既有竞争又有合作,反映了区域治理的"竞争—矛盾—合作"的三阶段态势。① 北极治理问题上国际知名的美国学者奥兰·杨认为,② 尽管在可预见的未来北极不太可能出现一个以全面的、具有法律约束力的条约为基础的综合治理体系,但是该地区事实上已存在一系列复杂的治理安排。应当让现有的各个治理机构和组织齐心协力、相互支持,形成一个更加复杂的治理体系;采取共同管理的态度,使总的治理效果大于各个机构和组织治理效果的总和。根据奥兰·杨的分析,为了实现北极的善治目标,至少就目前来看,没有必要急于构建一个崭新的北极条约体系,而应当尊重、执行和加强现有的北极各项治理机制,包括全球性的公约如《海洋法公约》、《联合国气候变化框架公约》等,以及其他区域性的政府间条约、协定和政府同原住民之间的安排及相应实践等。上述治理依据

---

① 赵隆:《北极区域治理范式的核心要素:制度设计与环境塑造》,《国际展望》2014年第3期。
② "Arctic Governance in an Era of Transformative Change: Critical Questions, Governance Principles, Ways Forward", http://www.arcticgovernance.org.

既包括具有强制约束力的硬法,也包括尚未取得强制约束力的"软法"。北极治理的各种机制应构成一个动态的相互关联的网络,以促进北极地区的可持续发展、环境保护、社会正义,并承认原住民参与决策的权利。①

近年来学者们对北极治理以及中国参与的研究多从两个路径展开:一是政治学研究的路径,二是法学研究的路径。许多政治学研究者运用"公共物品"理论分析北极治理中所具有的"公共物品"性,指出"北极地区国际机制虽然目前多集中于低级政治方面,但正在逐渐外溢到更加广泛的领域。以低级政治领域的合作为基础,朝着高级政治领域不断迈进,这不失为北极地区国际制度发展的一条稳健、可取的路径"。② 有学者运用国家利益的分层理论分析域内国家和域外国家在北极治理中的利益区分,进而清晰地阐明北极治理中"合作"、"互利"、"互信"的立场。③ 杨剑指出:"北极治理存在着机制滞后和公共产品供给不足的问题,域外国家参与有助于完善制度并帮助实现治理目标。北极国家针对域外国家的参与,采取了有限纳入和歧视性安排的做法。在此情形下,中国等域外国家应充分利用北极治理的多层结构,合法实现自身利益并承担相关责任。"④

与政治学研究的角度稍有不同的是,法学研究者更偏重于寻找北极治理与中国参与的法律根据,《联合国气候变化框架公约》将气候变化界定为"人类共同关注事项",以气候变化为视角,是当下北极治理与中国参与研究的必然选择。北极是地球的寒极,对全球气候的结构和稳定性做出了决定性贡献。在20世纪70年代以来发生的全球气候变化过程早期,北极并没有明显变化。然而,最近10年来,北极正在发生快速变化。北极变化的典型特点是海冰覆盖范围的减少,与此同时,海冰的厚度减小更加剧烈,北极夏季的总冰量已经不及全球变化前的一半。北极气温升高、海冰减退、气候剧

---

① 参见程保志《北极治理机制的构建与完善:法律与政策层面的思考》,《国际观察》2011年第4期。
② 参见严双伍、李默《北极争端的症结及其解决路径——公共物品的视角》,《武汉大学学报》2009年第6期。
③ 参见孙凯、王晨光《国家利益视角下的中俄北极合作》,《东北亚论坛》2014年第6期。
④ 杨剑:《域外因素的嵌入与北极治理机制》,《社会科学》2014年第1期。

变,对全球特别是位于北半球所谓"近北极国家"的我国气候环境正在产生重大的影响,北极地区的法律问题已经逐渐地从国家内部问题、区域性问题上升为"共同关注的"全球气候变化公共治理问题。在诸多的北极法律问题中,与生态环境保护和养护有关的法律问题,例如生物多样性、航道开发和利用、北极域内渔业资源养护与管理、原住民权利等完全可以纳入全球气候变化谈判的议题之中,成为全球气候公共治理的关键部分。① 作为当代国际法的一个创举,1992 年《联合国气候变化框架公约》将气候变化问题设计成"人类共同关注事项"。"人类共同关注事项"并不涉及国家主权管辖范围的划分问题,而是用于调整那些既可以属于国家主权范围内,也可以属于国家主权范围外,承载着国际社会共同利益和福祉的事务,"应被置于国际法对这种全人类公共区域的保护下"。② 迄今为止虽然这一概念尚未演进为习惯国际法,但是它已经通过几个颇具国际影响的法律文件而获得了国际社会的普遍认可,目前主要被应用于气候变化和生物多样性两大领域。从全球气候变化治理的国际实践来看,"人类共同关注事项"有着三个方面的含义:①人类共同关注事项与国家主权可以兼容,前者偏重于义务性规定,强调国际社会各行为体基于人类共同关注事项应当对承载着共同利益和福祉的相关活动和资源负有共同的保护和管理的义务,但是,共同关注并不意味着否定各国对这些活动和资源的主权及主权权利,各国的主权及主权权利是其承担共同关注事项义务的前提和基础;②各国在对人类共同关注事项承担义务和责任上不是均等的,而是承担着共同但有区别的责任;③发达国家在人类共同关注事项上负有"团结协助"(solidarity)的任务。

北极的气候变化属于"人类共同关注事项",由此使中国取得了参与相关北极事务的法律依据。既然北极地区的气候变化对全球气候公共治理具有"牵一发而动全身"的影响,它必然应成为全球气候公共治理的重要议题之

---

① 参见刘惠荣、陈奕彤《北极法律问题的气候变化视野》,《中国海洋大学学报》2010 年第 3 期。
② 〔英〕帕特莎·波尼、埃伦·波义尔:《国际法与环境》(第二版),那力、王彦志、王小刚译,高等教育出版社,2007,第 496 页。

一。北极理事会在吸收中国等国为正式观察员时就特别强调了这些新加入的观察员国在气候治理中应尽的义务。在目前北极地区有影响力的组织、论坛中，气候变化议题常常被摆在重要的位置上。在这一议题的谈论中，域内国家的主权和主权权利可以得到充分尊重，它们（包括北极圈内的非政府组织）可以在这一议题中发挥主导作用，与此同时应当将更多域外国家、区域组织、非政府组织"团结"进来，共同分担保护北极生态环境、减弱北极气候变化对全球的不利影响的义务和责任。

3. 北极航道（航线）[①]问题研究

从20世纪50年代开始到20世纪末，北极域内国家的学者开始从航运及相关领域出发，开展对于北极航道（航线）的研究，他们关注的焦点问题主要是北极航道，具体指包括以位于俄罗斯境内被称为北方海航道在内的东北航道和西北航道的法律性质及权属问题。在航道权属问题上形成了两派截然对立的观点，一类观点认为航道经过了航线沿岸国的内水，属于沿岸国内水，或是沿岸国可以行使特别管辖权的地区，包括"历史性权利"[②] 和"直线基线"[③] 理论为依据的论证，这类观点主要由作为航线沿岸国的加拿大和俄罗斯专家提出；另一类观点认为航线位于用于国际航行的海峡。进入21世纪后，伴随着北冰洋海冰融化速度加快，航道通行条件越来越适宜商业通航，北极航道研究被高度重视起来。这一点可以从2013年、2014年国家级社科基金和教育部人文社科研究项目立项数据分析可见一斑。学者们注意到气候变化影响到北极航道治理和航道利用开发问题。

国内学者对北极航道（航线）的研究主要包括以下几个方面：①北极航线的基本情况、通航前景及中国的利用现状。②北极航线的法律性质、权属及治理前景与中国参与。③沿岸国和其他利益相关体对于北极

[①] 严格意义上说，航道与航线两个概念的侧重点有一定差别，但目前学者大多混用。
[②] Lee Clark, "Canada's Oversight of Arctic shipping: The Need for Reform," *Tulane Maritime Law Journal*, 2008, Vol. 33, pp. 79–110.
[③] Donat Pharand, "The Arcticuaters and the Northwest Passage: A Final Revisit," *Ocean Development & Mavine policy*, 2007, Vol. 31, No. 4, pp. 402–408.

航线的权利主张及其对航线国际治理的影响，包括俄罗斯对东北航道的主张①及加拿大对西北航道的主张，以及北极域内国家如美国和丹麦②对北极航线的态度和重要利益相关行为体如欧盟的主张。与此同时，学界在总结围绕东北航线和西北航线的焦点争议基础上，就两大航线的法律性质和权属问题展开讨论，并以此为契机开始关注航线的治理以及中国的参与。④中国北极航线战略的设计。到目前为止，对中国北极航线战略进行的专题研究成果还非常稀少，可以分为三类，第一类是从宏观层面，对于北极航线秩序的未来走向做出预判，并且基于中国立场提出有利于中国又能为各利益相关体所普遍接受的北极法律性质和权属方案，或是将北极航线纳入北极事务的大视野中去提出中国采取的战略和举措③；第二类则是从航运经济学的角度提出中国可以采取的一些对策和办法；第三类则是运用管理学的方法，对于中国北极战略进行模型化的分析并形成战略定位、战略目标和行动方案④。总体上看，关于北极航道（航线）的研究尚属于探索阶段，有待于进一步深化。

4. 关于北极资源能源开发问题

北极地区蕴藏着丰富的未开发资源。美国地质勘探局估算，世界未开发天然气的30%以及未开发石油的13%可能蕴藏在北极圈以北区域，且大部分在不足500米水深的近岸。其中天然气的储量是原油的三倍多，并主要集中在俄罗斯。⑤另外，北极地区还拥有大量的铁、锰、金、镍、铜等矿产资

---

① 参见阎铁毅、李冬《美、俄关于北极航道的行政管理法律体系研究》，《社会科学辑刊》2011年第2期。周洪钧、钱月娇：《俄罗斯对"东北航道"水域和海峡的权利主张及争议》，《国际展望》2012年第1期。
② 曹升生：《丹麦的北极战略》，《江南社会学院学报》2011年第2期。
③ 参见刘惠荣、董跃、侯一家《保障我国北极考察及相关权益法律途径初探》，《中国海洋大学学报（社会科学版）》2010年第6期。
④ 李振福：《中国北极航线战略的SWOT动态分析》，《上海海事大学学报》2009年第4期。李振福：《北极航线地缘政治格局演变的动力机制研究》，《内蒙古社会科学》（汉文版）2011年第1期。
⑤ Gautier DL et al. , "Assessment of Undiscovered Oil and Gas in the Arctic," *Science*, 324 (2009): 1175 – 1179.

源以及丰富的森林、渔业资源等，这一地区潜在的资源储量和资源开发利用的前景，进一步提升了北极地区在各国能源政治中的战略地位。由于北极冰融速度加快以及能源开采技术的提升，北极大陆架油气资源的开发条件得到改善，北冰洋沿岸国家纷纷加快北极资源的开发。俄罗斯将北极地区作为保障国家社会经济发展的战略资源基地，并将开发北极资源列入《2020年前俄联邦北极地区发展和国家安全保障战略》的优先任务之一。挪威通过税收优惠及鼓励及时开采的政策加快北极油气资源开发，美国也在积极推进阿拉斯加液化天然气出口项目，北极油气资源正步入实质性开发阶段。正如张侠、屠景芳所总结的：在全球化背景下，北极地区"经历了世界资本对北极的地理再发现、军事再发现和经济再发现的过程"。[1]

学界在研究北极资源开发问题时归纳出对我国产生的机遇与挑战。经济学研究者通过对石油供应链的分析，关注到北极地区的石油开发将对全球石油供需市场提供一个新的增长点，将会冲击世界石油配置的现有格局，提高全球石油配置效率，北极石油供给的增加将会产生降低石油价格的效应，并进一步将积极效应传递到供应链的中下游。不论北极的石油主观上如何被划分归属，客观上都是全球资源，最终都会影响全球石油的配置。不少学者看到了北极资源开发尤其是石油资源开发是一个重要的机遇，呼吁政府"应该密切关注北极石油开发动向，放眼世界格局，为我国石油炼化企业制定正确的进口策略和价格指导"。[2] 在机遇面前，中国如何应对，也是一种严峻的考验。许多实业界的研究者积极参与到这一方面的研究中，分析了我国石油公司参与北极油气开发将主要面临的三方面挑战：在恶劣环境下作业的高技术要求、对市场和经济条件的高敏感性、缺乏有利政治因素推动。同时指出，北极油气开发对中国能源安全与公司可持续发展战略价值巨大，主要体现在多元化油气供应渠道和实现公司可持续发展、提高未来核心竞争力等方

---

[1] 张侠、屠景芳：《北极经济再发现下的国际合作状况研究》，《中国海洋法学评论》2011年第2期。
[2] 何一鸣、周灿：《北极石油开发对全球石油供应链上游的影响》，《财经界》（学术版）2013年第6期。

面。鉴于此，中国石油公司迫切需要调整规划，审时度势地重新定位参与北极资源开发的战略，要从实现国家能源安全角度的高度出发，着眼于提高企业核心竞争力，加强与俄罗斯、挪威、冰岛的油气合作。[①]

总之，国内学界目前对于北极的研究已经基本覆盖到北极问题的各个领域，在北极地区全局性、基本法律属性层面的问题上坚持以海洋法为视角，运用相容性（inclusive，或者称之为兼容的）和排他性（exclusive，或者称之为排斥的）公共物品的理论，分析北极治理问题，从"相容性全球公共物品"供给入手谋求合作与发展。不仅如此，学界还开始涉入北极资源开发、航道利用、生态环境保护等专门领域，对合作与发展的模式、路径、制度构建等问题展开较为深入的研究。当然，相比于对北极地区的自然科学研究而言，目前北极地区的人文社会科学仍不够成熟，研究方法和研究视角有待于丰富，研究的覆盖领域须进一步扩展，研究的深度有待于加强。

结 语

"增加我国在极地的实质性存在"是国家确立的极地事务发展的基本立场。如何增加这种实质性存在？须审时度势，以发展的眼光加以对待。从中国当下政治、经济与社会发展的现实出发，中国在北极的权益应当主要定位于科学考察以及其他北极事务的"基本参与权"上，积极开展与北极区域组织和北极国家的和平外交，坚持合作共赢，以合作促进彼此的共同发展。这不仅是中国政府的现有立场，同时也应是相关研究的基点。

---

① 雷闪、殷进垠：《北极油气开发现状分析与战略思考》，《中国矿业》2014 年第 2 期。

域内国家北极战略与政策走向

美国北极战略分析

郭培清　孙　凯*

各国对北极地区的关注很大程度上是气候变化导致的结果。北极海冰融化所带来的一系列连带效应将北极变为国际政治的一个热点。2012年9月20日位于美国科罗拉多州博尔德的美国国家冰雪数据中心的数据显示,9月16日北极冰层的面积为132万平方英里,这与2007年北极161万平方英里的冰层面积相比,总体缩减了18%,达到30年来的最低点[①]。海冰融化使得北极地区的价值凸显,尤其是航运价值、资源价值、渔业捕捞价值以及潜在的军事价值等。然而,北极地区变暖以及人类活动的增多也给这一地

---

* 郭培清,中国海洋法学法政学院教授,极地法律与政治研究所执行主任,主要研究方向为国际关系、极地政治;孙凯,中国海洋大学法政学院副教授,主要研究方向为国际关系、北极治理。

① 《全球变暖加剧使北极冰层覆盖面降至历史最低》,http://tech.gmw.cn/2012-09/24/content_5182752.htm,访问日期:2013年4月23日。

区原居民的生存和当地的环境保护带来了挑战。在此背景下，北极国家纷纷出台了自己的北极政策，以维护本国在北极地区的利益，同时应对这些新的挑战。

美国仍是当今世界唯一的超级大国，在全球事务和地区事务的安排中处处显现着美国的身影。1867年因为购买阿拉斯加，美国遂成北极国家，其北极政策和实践对北极国际治理发挥着重要作用，因此对美国北极政策和实践的解读就变得十分必要，这将有助于我们理解美国在北极问题上的立场和现状。在中美两国关系已成为全球现象并几乎渗透到所有领域的今天，如何理解美国在北极问题上的对华态度，中国如何在这场北极争夺中取得自己的利益，同样值得我们思考。

一 美国北极政策的解读

作为北极国家，美国对北极地区的关注和开发已经有很长的历史，在这一过程中美国多次出台相关北极政策，是北极国家中最早制定北极政策文件的国家，政策出台的时间跨越冷战最炽时代和当今奥巴马政府。美国的北极政策可以分为两个层面来理解，在国际层面主要是指美国对北极地区其他国家的外交政策，而在国内层面主要是指美国针对阿拉斯加的对内政策。其中对国际社会产生重大影响的是前者，左右中美北极合作局面的也是前者，因此它将成为主要考察对象。二战期间北极正式引起美国的战略关注，在此期间北冰洋被用来向苏联运输援助物资。[1] 二战结束后，北极依旧作为两大阵营互相对抗的最前沿，两大军事集团在北冰洋沿岸密布了预警雷达和拦截导弹，北冰洋沿岸满是进攻性武器，[2] 北极的和平利用一度受到严重阻碍。冷战结束后，北极地区出现缓和局面，然而2007年俄罗斯海底插旗事件发生后，这一地区气氛再度紧张起来。美国的北极政策正是基于这一系列的北极

---

[1] 郭培清等：《北极航道的国际问题研究》，海洋出版社，2009，第189页。
[2] Alexander G. Granberg, "The Northern Sea Route: Treads and Prospects of Commercial Use," *Ocean & Coastal Management* 41 (1998): 178.

地区局势变化而形成,主要体现在以 1971 年第 144 号国家安全决策备忘录、1983 年第 90 号国家安全决策指令、1994 年第 26 号总统决策指令、2009 年第 66 号国家安全总统指令/第 25 号国土安全总统指令和 2013 年北极地区国家战略为代表的政策文件中。

(一)各政策文件的主要内容

美国的北极政策最早出台于 20 世纪 70 年代尼克松任职美国总统时期。美国政府委托国家安全委员会发布了《第 144 号国家安全政策备忘录》,题为"美国的北极政策及北极政策小组"。该文件主要包括两部分内容——美国对待北极问题的态度和处理北极问题需要采取的措施。[①] 在备忘录中记载着尼克松总统决定支持对北极合理的、理性的开发,但这些开发要遵循一个原则,即最大限度地降低对北极环境所带来的负面影响。除此之外,美国主张积极促进北极地区的国际合作,同时确保美国在北极地区的最基本的安全利益,包括维持北极地区的航海自由和航空自由。为了实施这些政策主张,尼克松总统要求国家安全委员会对于实施计划进行详细的评估,另外,决定成立"跨部门北极政策小组"以监管和执行美国的北极政策以及对各部门的北极政策和项目进行协调。然而,这一小组在此后几年中实际上未召集任何会议,北极问题在此期间也湮没在 1974 年开始的《联合国海洋法公约》的谈判进程之中。直到里根就任美国总统时期,这一小组才又提交了一份关于美国北极政策的报告。

里根总统评估了"跨部门北极政策小组"提交的报告之后于 1983 年 4 月 14 日签署主题为"美国的北极政策"的第 90 号国家安全决策指令,明确提出了美国的北极政策。[②] 这一指令签署的国际背景是美国在全球层面面临苏联的挑战,因为在 20 世纪 80 年代初期苏联仍然处于进攻的态势。在此

---

① National Security Decision Memorandum 144, http://www.fas.org/irp/offdocs/nsdm-nixon/nsdm-144.pdf,访问日期:2014 年 7 月 28 日。
② National Security Decision Directive Number 90, http://www.fas.org/irp/offdocs/nsdd/nsdd-090.htm,访问日期:2014 年 7 月 28 日。

背景下，指令强调，美国在北极地区拥有独特的、核心的国家利益，并且将关系到美国国家安全的利益放在了首位。除此之外，还谈到了资源和能源开发、科学调查以及环境保护等方面的利益。具体的北极政策仍然是主张航海航空自由，合理、理性地开发北极，同时最大限度降低对北极地区的环境破坏，提升这一地区的科学研究，加强国际合作。里根总统的北极政策诞生在冷战末期，然而随着冷战的结束，北极地区的国际环境发生了根本的转变，为了应对这一新的局面，美国政府在克林顿总统时期出台了新的极地政策（包括南北极政策）。

1994年6月克林顿政府出台新的北极政策，题为"美国的南北极政策"。[1] 在这部分开篇即提到了美国在北极地区的六大基本目标：①满足冷战结束后国家安全与国家防御的需求；②保护北极地区的环境及其生物资源；③确保本地区的资源管理和经济活动以环保及可持续的方式进行；④强化北极八国的合作机制；⑤将北极地区的原居民纳入决策机制；⑥提升本地区的科学研究。美国认为冷战的结束虽然没使其丧失在北极地区基本的国家安全与国家防御的利益（仍然是航海自由和航空自由），但是它却使美国在北极地区的政策重点发生了转变。美国开始强调通过加强与其他国家的合作以达到消除传统威胁、保护北极地区的海洋环境和生物资源、实现这一地区经济/资源的可持续发展和利用的目的。克林顿政府的北极政策出台后，美国在长达15年的时间内没有颁布新的政策。然而2007年的插旗事件却打破了北极地区长期以来的安静，导致北极国家纷纷进军北极。为应对这一形势，美国不得不出台新时期的北极政策，于是不到5年时间，美国连续出台了两份北极政策文件。

2009年1月，美国总统布什在离任前夕颁布了主题为"北极地区政策"的第66号国家安全总统指令/第25号国土安全总统指令[2]。其目的在于重

---

[1] Presidential Decision Directive /NSC – 26 US Antarctic Policy, http：//www.fas.org/irp/offdocs/pdd26.htm, 访问日期：2014年7月28日。

[2] NSPD – 66 / HSPD – 25 on Arctic Region Policy, http：//www.fas.org/irp/offdocs/nspd/nspd – 66.htm, 访问日期：2014年7月28日。

新思考克林顿政府的北极政策,它详细介绍了美国的北极利益、政策实施措施等内容。在政策内容方面,该指令与1994年的第26号总统决策指令几乎没有区别,同样包含六项内容,只是在具体解释某一项政策时强调的重点有所改变。指令首先提到北极地区关系到美国的国家安全和国土安全。基于此,美国需要做的是维护该地区的海洋安全,主要是航行自由;防范恐怖分子取道该地区发动对美国的袭击;在美国管辖区域内行使本国法律权威。为做到这几点美国主要希望通过加强自己在北极地区的活动能力来实现。其次,指令还谈到了大陆架延伸与划界问题,认为划定一个美国能够行使主权的北极海床和底土范围对美国具有重要意义。这一部分同时还谈到了美国与加拿大和俄罗斯在相关海洋区域的纠纷,并敦促美国国会尽快批准《联合国海洋法公约》。除此之外,指令还涉及该地区的国际治理、国际科学合作、环境和自然资源的保护、国际航运、包括能源在内的经济事项等内容。在这些方面美国主张与其他国家以及现有的国际组织(IMO,Arctic Council等)进行合作。由于布什总统是在离任前夕颁布这一指令的,因此给国际社会留下了许多悬念,至于布什总统的这一指令能否在奥巴马政府得到贯彻执行,外界对此充满疑虑。不过最近奥巴马政府出台的"北极地区国家战略"向人们证明这种担忧是多余的,这一战略不仅没有过分偏离布什政府的北极政策,相反在"奋斗路线"(lines of effort)这部分还特意说明这是"为了促进已经建立的北极地区政策"。① 奥巴马政府的"北极地区国家战略"颁布于2013年5月10日,从总体上看,这一战略已经变得相对完善,内容更加翔实。战略中列出了在北极地区努力的三个方向:进一步增强美国的安全利益,实现该地区合理的治理管辖,加强同其他国家和组织的合作。完成这项工作的指导原则包括确保北极地区的和平与稳定,用更有效的信息来做决策,追求创新性的安排并且积极与阿拉斯加地区的原居民合作。另外,还有一点不容忽视,即文件在阐释第一部分内容时,除了强调传统的航

---

① "National Strategy for the Arctic Region," http://www.whitehouse.gov/sites/default/files/docs/nat_arctic_strategy.pdf. 访问日期:2014年7月28日。

行自由，还首次提到能源安全问题。这进一步体现在文件引用了美国地质调查局发布的相关油气数据。可见，奥巴马政府对北极地区能源开采具有相当大的兴趣。与前任一样，奥巴马政府同样呼吁美国尽快加入《联合国海洋法公约》，并将各项利益摆出。

从上述美国北极政策的变迁，我们可以看出美国北极政策在不同时期关注的重点是有所不同的，它严重依赖于当时的国际环境。在1971年的北极政策中，对北极的合理开发和减少对环境的破坏被置于最为优先的位置；而1983年关于北极的总统指令，则关乎国家安全利益的航海/航空自由成为最为优先考虑的事项；1994年的总统指令虽然将"满足冷战结束后国家安全与国家防御的需求"列为国家目标的第一项，但当时美国的政策重点却是加强与各个国家的合作，积极主导北极地区的事务；至最近的这两份北极政策文件，由于美国受到"9·11"恐怖主义袭击以及国际范围内海盗行为的猖獗，美国将维护国家与国土安全利益视为其北极政策的重中之重。

（二）美国在北极地区的国家利益

冷战结束后，北极地区不再占据美国国家战略的优先位置，然而近几年这一地区出现的新情况使其重新回到美国决策者的视线中。不仅美国政府密集出台文件关注北极，美国的智库、学者，特别是来自军方的智囊机构也频频发文，出台系列报告论证北极之于美国的重要性，美国的政府官员也在不同场合阐释了美国在北极地区的利益。如美国国务院负责极地与科学事务的副主任 Evan T. Bloom 曾就美国在北极的安全利益作出说明。他讲道，虽然这个地区冷战的紧张气氛已经不在，但是美国在此仍有很重要的国家安全利益，包括维持和平与安全，保卫边疆，实施军事训练，在国际法规定的范围内自由航行和飞越等。① 美国在北极地区的国家利益在这些政策文

---

① Ingrid Lundestad, "US Security Policy in the European Arctic in the Early 21st Century," February 18, 2010, http://www.geopoliticsnorth.org/images/stories/attachments/Lundestad.pdf, 访问时间：2013年3月22日。

件、民间报告以及政府官员的声明中得到了明确。在对国家利益的排序上，摩根索按照重要程度把国家利益分成核心的或生死存亡的（vital）和次要的（secondary）两种。① 按照这种分法我们亦可将美国在北极地区的国家利益划分为两类：一类是核心国家利益，主要包括地缘政治利益、国土安全利益、主权（主权权利）安全利益、能源安全利益等；另一类是次要国家利益，主要包括科学考察、环境及生物资源保护、渔业捕捞、商业航运等。不过这些利益之间并不存在明确的界限，它们往往相互关联。前面提到的五份北极政策文件均对核心国家利益有所阐述，并且将这一阐述逐渐具体化。

从传统安全的角度来看，北极对于美国具有重要的地缘政治意义。冷战期间，美国在阿拉斯加等地驻以重兵，时刻防范苏联从这一地区发起的针对美国本土的进攻。冷战结束后世界上已不再有任何一个国家能够威胁美国的生存，然而俄罗斯作为苏联军事力量的最大继承国却保持了不容忽视的军事实力，正因如此，美国始终没有放松对俄罗斯的警惕，相反一直将其当作潜在的对手，并极力打压围堵，北约东扩以及在东欧部署反导系统即对俄遏制政策的具体体现。在此，北极对于美国的意义在于，由于它常年处于冰封状态，因此能够天然地起到防范俄罗斯水面舰只威胁的作用，成为围堵俄罗斯（苏联）的"第四堵墙"②。然而随着北极海冰的大面积融化，"第四堵墙"开始出现坍塌，俄罗斯可能因此而成为真正意义上的海洋强国，其太平洋舰队和北方舰队也会有效互动起来，两者的有机结合导致俄罗斯海上力量倍增，这对俄罗斯来讲意义非同寻常——避免重蹈波罗的海舰队长途跋涉后全军覆没的覆辙。美国也已经认识到了北极地区正在发生的这些新情况，因此

---

① 周建明、王海良：《国家大战略、国家安全战略与国家利益》，《世界经济与政治》2002年第4期，第23页。

② Caitlyn L. Antrim 在文章"The Next Geographical Pivot: The Russian Arctic in the Twenty - first Century"（*Naval War College Review*, Vol. 63, No. 3）中谈道："到21世纪前后对俄罗斯的围堵和牵制似乎已经完成，在西边是北约和欧盟，南边是已经渗透进西方军事力量的阿富汗和不断崛起的印度，东边则是中国和日本。这种相信依靠地理因素和政治力量能够永久牵制俄罗斯的围堵战略似乎成功了。但是北极地区却出现了变化，冰封的北极开始解冻，地缘政治上的第四堵墙（The Fourth Wall）出现崩塌。"在这里作者将北冰洋看作围堵俄罗斯的"第四堵墙"。

布什总统在其指令中强调：美国在北极地区拥有广泛的国家安全利益，包括导弹防御与预警、海上战略补给、海上战略威慑以及自由航行和飞越上空的权利等。[①]

从非传统安全的角度来看，北极地区关系到美国的国土安全利益。尤其是"9·11"事件后，美国认识到对其国家安全产生威胁的不仅仅是传统的敌对国家的武装，而更可能是那些行踪不定的恐怖分子，同时美国也意识到其本土不会绝对地免于遭受打击。因此，美国需要防止恐怖分子从疏于防范的北极地区发起对美国本土的袭击。事实上布什总统发布的总统指令的名字——其中一部分是"第25号国土安全总统指令"——本身就已经表明了美国在北极地区的利益诉求。

在核心国家利益里面，主权（主权权利）安全利益与能源安全利益是紧密相连的，因为前者涉及领海、专属经济区和大陆架划界问题，而北极地区巨大的能源储备广泛分布在各国的领海及专属经济区和大陆架上，因此对于能源安全利益的确保须建立在有效的维护好主权（主权权利）安全利益的基础之上。实际上这次发端于北极各国的"海洋国土"争夺，本质上是源于对资源的争夺。2010年3月20日，受国会委托，美国国内的海军事务专家12人组成的研究小组出台了一份研究报告 Changes in the Arctic: Background and Issues for Congress。其概要里谈到了北极五国的领土主张，尤其谈到俄罗斯对罗蒙诺索夫海岭的主张，认为如果俄方的要求被接受，那么它将获得整个北极地区的将近一半。[②] 显然，这一论调显示出美国对俄罗斯在北极地区抢夺资源的担忧。美国作为化石燃料的消费大国，要维持经济的正常运行需要有稳定的能源供给，而阿拉斯加地区以及向北自然延伸的大陆架上蕴含着丰富的石油、天然气等资源，能够有效地维护美国的能源供给安全，因此受到美国高度重视。在布什总统将大陆架划界问题写入美国的北极政策之后，奥

[①] The White House, NSPD-66 / HSPD-25 on Arctic Region Policy, January 9, 2009, http://www.fas.org/irp/offdocs/nspd/nspd-66.htm, 访问日期：2014年7月29日。

[②] Ronald O'Rourke, "Changes in the Arctic: Background and Issues for Congress," March 30, 2010, http://fpc.state.gov/documents/organization/140766.pdf, 访问日期：2014年7月29日。

巴马总统又在此基础上提出了利用北极地区的能源来确保美国未来的能源安全。① 这些都反映出美国已经开始在北极地区追求自己的能源利益。

除了上述核心国家利益之外，其他国家利益也被频繁地提及，如"环境和生物资源的保护"几乎在每个官方文件中都被提到。美国关注北极地区的环境保护、渔业捕捞等，很大程度上是出于对阿拉斯加地区原居民的考虑。全球变暖不仅导致了北极海冰融化，同样也使北极圈内的永久冻土层开始融化，当地原居民的活动场所受到挤压，这给其生存带来了更大的威胁。与此同时，渔业捕捞也是当地原居民的一项重大经济来源，因此有效保护北极地区的渔业资源，控制此区域的海洋污染，使其可持续发展，对美国来说具有极大意义。

另外，随着北极海冰的融化，穿越俄罗斯近海的北方海航道已经开通，2013年出现了大规模的商业运营。② 西北航道也有望在不久的将来通航，因此在美国的北极政策中又增加了北极航运的内容，尤其在布什总统的指令中，北极航运被单独作为一部分来阐述。此外，美国还将北极地区的科学研究视为自己的重要利益，布什总统在指令中明确提到要继续在整个北极地区的研究中扮演领导角色。对于这一点奥巴马总统也给予了肯定，而且提到在以后的决策中应以可靠信息为依据。值得注意的一点是，美国在北极地区科学研究的利益是非排他性的，不容易同其他国家产生冲突，因而对美国北极政策的制定及实践影响不大，真正左右美国北极政策的是前面讲到的核心国家利益。因此，从整体上看美国北极政策主要是为其核心国家利益服务的，这点从政策特征中即能够体现出来。

---

① The White House, National Strategy for the Arctic Region, May 10, 2013, http：//www.whitehouse.gov/sites/default/files/docs/nat_arctic_strategy.pdf, 访问日期：2014年7月29日。

② 近年来北方海航道通行量快速增加，2009年2艘船舶横穿东北航道，2010年4艘，2011年41艘，2012年46艘。截至2013年8月13日，已有453艘船舶向俄罗斯北方海航道管理局提出通航申请。具体信息参见 AtleStaalesen, "Northern Sea Route comes to life," August 7, 2013, http：//barentsobserver.com/en/arctic/2013/08/northern-sea-route-comes-life-07-08? goback=%2Egde_3927536_member_264166190。另俄罗斯北方海航道管理局官网，http：//www.nsra.ru/en/razresheniya/, 访问日期：2014年9月12日。

二 美国北极政策的特征

前文提到美国北极政策的关注点因国际环境的不同而有所改变,但是从五份文件的内容来看,仍然存在一些事项是美国所一直关注的,例如,对国际合作的呼吁,对航海自由和飞越自由的坚持,对环境保护的重视等。当然,美国对核心国家利益的关注更是从未间断,甚至从一定角度来看这些不变的关注项正成为美国用以维护本国核心利益的技术手段,而且近期表现得越发明显。概括来讲,美国北极政策的特征主要体现在如下几点。

(一)提倡多方合作、呼吁共同治理,以缓和北极局势

北极地区若出现严重危机,美国无疑将会成为最大受害者之一。首先,美国在这一地区有众多利益,该地区产生冲突将直接损害其利益;其次,这里既有其竞争对手,又有其传统盟友,两者难以作出取舍,因此现阶段美国试图在其中扮演平衡者,拉拢各方参与北极治理。

为了达成这一目的,美国北极政策无不强调国际合作,尤其是各利益攸关方借助国际组织、政府间组织等平台的合作。这在布什和奥巴马总统的北极政策中表现尤为明显。美国官方领导人也多次在公开场合解释并捍卫这一立场。2010年的魁北克北极外长会议上,希拉里就对拒绝北欧三国以及因纽特人参会表示不满,她说,"所有北极利益攸关方都应被邀请参与北极问题的讨论","我希望北极能够成为展示我们合作共事的能力,而非制造新的分歧",理由是"今天发生在北极的变化对于我们的地球和气候有广泛的影响,海冰、冰川和永久冻土的融化会影响到全世界的人类和生态系统","对这些变化的理解能够促成对于国际合作的认识"。[①] 希拉里的表态既让美国占据了道德的制高点,又实现了其现实主义的国家利益,抑制了加拿大的过度膨胀。

---

① Clinton Scolds Canada for Exclusive Arctic Conference, http://digitaljournal.com/article/289774,访问日期:2014年9月12日。

（二）有意淡化其他国家北极行动的影响，对危及本国核心利益的声明采取不承认主义

近几年部分北冰洋沿岸国家陆续向大陆架界限委员会提交大陆架延伸申请，有些国家在提交申请的同时也注意加强本国在北极地区的行动能力。北极国家集中提交大陆架申请的部分原因是《联合国海洋法公约》的规定，公约附件二中的第四条对申请时间作出了限制，超出这一时间意味着不能再申请。① 这一规定迫使北极国家不得不密集提交申请，因为这些国家的提交期限多数已到。但是不可否认，另一个很重要的原因则是看到了海底资源的巨大诱惑力。

然而，尽管美国已经清醒地看到了各国的意图，但在政策文件中却总是有意避开使用过激言论，并有意地淡化它们行为的影响。例如美国白宫发言人 Gordon Johndroe 在解释布什政府的北极政策时说："指令的目的是为了确认美国在这一地区拥有重要的战略利益。"他还讲道："许多国家在北极侵略性地追求本国利益，而美国作为一个北极国家也在此拥有竞争性的权益，因此美国应该同其他北极国家一起参与北极竞争。"② 然而与 Gordon Johndroe 的明确表述不同，布什政策中的语言略显委婉，并未将各国的行动看作威胁，仅仅提出人们在这一地区活动增多。奥巴马的北极战略不认为该地区存在冲突的风险，希拉里则将不断变化的环境视作最大的威胁。③

对于俄罗斯的插旗举动，Evan T. Bloom 解释道："俄罗斯的做法是无可厚非的，它与其他国家的行为一样合乎《海洋法公约》的规定。"④ 尽管

---

① 《联合国海洋法公约》附件二，第四条。
② Ingrid Lundestad, "US Security Policy in the European Arctic in the Early 21st Century," February 18, 2010, http://www.geopoliticsnorth.org/images/stories/attachments/Lundestad.pdf, 访问日期：2014年9月12日。
③ Hillary R. Clinton, Remarks with Norwegian Foreign Minister Jonas GahrStoere after Their Meeting, US Department of State (2009 - 04 - 06).
④ Ingrid Lundestad, "US Security Policy in the European Arctic in the Early 21st Century," February 18, 2010, http://www.geopoliticsnorth.org/images/stories/attachments/Lundestad.pdf, 访问日期：2014年9月12日。

Bloom 指出他的文章只是个人观点，不代表美国政府的态度，但是作为国务院中负责北极事务部门的官员，他仍然代表了一种有影响力的声音。

虽然美国有意淡化北极国家这些行为的影响，但是在核心国家利益上却毫不含糊，例如对航行自由的坚持。这一点也是美国一再强调并贯穿其北极政策始终的一项利益诉求，布什的总统指令将其列为最为优先考虑的事项。

（三）对北极安全利益的认识向非传统领域过渡

美国北极政策文件一直将国家安全放在优先考虑的位置，国家安全在冷战期间主要是指军事安全和政治安全，近期以来其所包含的内容有所扩大，反映出美国政府的北极安全观开始与时俱进，有所发展。布什和奥巴马政府均对北极地区环境领域、自然生态领域的新威胁高度重视，因此非常强调环境和生物资源的保护。美国知名智库曾发布题目为"开拓视野：气候变化与美国武装力量"的报告。此报告认为，新的时期美国面临的挑战将是纷繁复杂的，其中既有令人战栗的恐怖主义，又有环境生态等方面的自然威胁，"气候变化"即为其中之一。[1] 在此份报告中该词语出现了 24 次之多，奥巴马将其定义为美国的"核心安全利益"。[2] 为此，美国不断增强在这一地区的科学研究能力和行动能力，以应对随时出现的突发状况。

从美国北极安全观的变迁可以看出：美国不再仅仅关注传统的军事安全、政治安全，相反非传统安全领域的许多新情况，如环境安全、反恐反偷渡等也得到了极大重视，因此海岸警卫队可望在未来北极安全方面发挥越来越积极的作用。

---

[1] Herbert E. Carmen, Christine Parthemore, Will Rogers, "Broadening Horizons: Climate Change and U. S. Armed Forces," http://www.cnas.org/files/documents/publications/CNAS% 20Publication_Climate% 20Change% 20and% 20the% 20US% 20Armed% 20Forces_April% 2020.pdf，访问日期：2014 年 10 月 3 日。

[2] The White House, National Security Strategy, May 2010, http://www.whitehouse.gov/sites/default/files/rss_viewer/national_security_strategy.pdf，访问日期：2014 年 10 月 3 日。

三 政策实践状况分析

目前来看，美国国内已经形成了较为全面的北极政策，而且对北极地区的利益也有清晰的认识。然而，我们看到了确实奇怪的一幕：几乎在每个世界热点地区都闪现着美国的身影，而且美国在事件中的表态向来强势。然而北极地区的情况似乎有些不同，夺人眼球的是北冰洋沿岸的小国以及俄罗斯和加拿大，美国却颇为低调。美国国内出现了一种奇怪的现象：民间智库以及军方智囊纷纷撰文，警告美国应对北极形势变化的能力大大落后于其他北极国家俄罗斯和加拿大，同时呼吁美国政府必须投入精力关注北极，以应对包括中国在内的"挑战"；然而美国政府的高层官员却从没有在正式场合对外发表过关于北极的强硬言论，更没有像俄罗斯与加拿大那样以高调的姿态向全世界展示其捍卫北极利益的决心，相反却一直呼吁合作，畅谈对北极的和平治理。美国在北极问题上的这一姿态给外界形成一种低调保守的印象。目前来看，美国的低调保守是事实，然而长远来看其最终目标仍然是积极主导北极事务的进程，进而维护自己的霸权地位，因此可以说美国正处于积极准备、奋力追赶的时期。

（一）美国北极实践落后的表现

2011年12月美国战略与国际研究中心资深研究员Heather Conley在《华盛顿邮报》上详细分析了北极地区的紧张局势：挪威方面，其军方已将作战指挥部迁移到北极圈内的国土上；俄罗斯则正在积极筹备一只能够在极地环境下作战的北极作战旅；丹麦近期的战略考虑则是成立一个专门处理北极事务的司令部；加拿大则从长期考虑，计划花重金重塑其北极海军舰队；在这场北极角逐中甚至中国也在其列，它即将建成世界上最大的常规动力破冰船。[①] 此

---

① Heather A. Conley, "The Colder War: U. S., Russia and Others Are Vying for Control of Santa's Back Yard," *Washington Post*, December 23, 2011, http://articles.washingtonpost.com/2011-12-23/opinions/35285755_1_polar-ice-cap-arctic-circle-northern-polar-region，访问日期：2014年10月3日。

外,《纽约时报》也曾发表过相关文章:防止北极地区出现新的冷战格局。作者柏克曼提到:其他北极国家的领导人非常清楚北极地区的重要战略价值,而且正为此做出实际努力,然而奥巴马政府却几乎没有实质行动,这着实让人担忧。①

对美国在北极地区落后的行动能力表示担忧的还有美国海军及海岸警卫队等部门。2011 年 7 月 28 日由美国海军和海岸警卫队联合出台的报告《在变化中的北极捍卫美国的经济利益:是否存在一个战略?》重申美国北极能力的不足,呼吁加强北极军力建设。2012 年 2 月 8 日 Heather A. Conley、Terry Toland、Jamie Kraut 和 Andreas Østhagen 联合发布的报告建议美国应该提高对北极的警惕,这一地区极有可能产生国际冲突。② 2011 年 7 月 27 日的参议院听证会上,美国军方高官罗伯特帕普上将针对北极地区做了发言,他再次指出美国在这一地区的行动能力不足,破冰船数量严重匮乏,基础设施建设也相当落后,因此美国的首要任务是加大对这一地区的投入,改善升级相应设备。③ 但是事与愿违,关于投资破冰船建设的经费讨论被奥巴马政府叫停,因其中各个部门都在削减经费预算,因此相互掣肘的现象严重。④ 罗伯特帕普上将无奈预言,海岸警卫队的规模可能会进一步缩减。⑤

---

① Paul Arthur Berkman, "Prevent an Arctic Cold War," *New York Times*, March 12, 2013, http://www.nytimes.com/2013/03/13/opinion/preventing – an – arctic – cold – war.html?_r=1&,访问日期:2013 年 8 月 7 日。

② Heather A. Conley, A New Security Architecture for the Arctic: An American Perspective, January 2012, http://csis.org/files/publication/120117_Conley_ArcticSecurity_Web.pdf,访问日期:2014 年 10 月 3 日。

③ "Hearing on: Defending U. S. Economic Interests in the Changing Arctic: Is There a Strategy?" July 27, 2011, http://www.uscg.mil/history/docs/USCG20110727ArcticHearingOralStatement.pdf,访问日期:2011 年 10 月 19 日。

④ 肖珅、王振星:《美军北极行动战略分析》,《国际资料信息》2012 年第 9 期,第 11 页。

⑤ Stew Magnuson, Coast Guard to Send National Security Cutter to Arctic This Summer, February 23, 2012, http://www.nationaldefensemagazine.org/blog/lists/posts/post.aspx?ID=685,访问日期:2012 年 5 月 21 日。

（二）美国政策实践相对保守的原因分析

为何美国高层会极力营造一种缓和的氛围而其在北极地区的动作也显得相对滞后于其他国家呢？事实上对这一问题的考察不能局限于北极这一特定区域，而应该用大视角，从全局范围来分析。美国的全球战略是一个紧密的整体，北极战略仅仅是其中一部分。全球战略的制定向来受到国内外诸多因素的限制，如国际环境、国内政治局面等。因此，从这两方面来看，有以下四个原因造成美国在北极地区的保守。

1. 国际热点太多，为应对新兴国家的崛起美国无暇北顾

苏联解体后北极地区已经不再是冷战的最前沿，美国将其主要战略资源布局在亚太与中东地区。北极地区似乎已变为美国的外围利益，这充分体现在美军从冰岛军事基地的撤出[1]。在北极局势日渐复杂的时日，为何小布什政府直到其卸任之际才出台北极政策呢？首先，布什在八年任期内把主要精力都放在了反恐战争上，美国的军事力量和外交资源全部用来打这场战争，甚至亚太地区都被放在身后。其次，在美国反恐的间隙中国获得了弥足珍贵的发展机遇，同时印度势力也在不断崛起，因此美国需要花费大量精力来应对这些新兴国家的崛起，难以顾及北极地区。美国外交战略的制定者们将"9·11"事件的发生看作一个新时代的到来，恐怖主义、"无赖国家"（rogue country）和防止核武器扩散成为美国优先关注的事项，并认为这是国家所面临的首要威胁。正因如此，美国的北极政策才迟迟未能实施。

正如上面所提到的，布什的反恐战争给中国提供了弥足珍贵的发展机遇期，中国国力的增长使美国日益感受到压力。因此，奥巴马上台之后立即终结了布什政府的外交方针，经过重新评估，美国认为中国的现实主义外交策略和军事力量的持续现代化成为美国的最大挑战。[2] 因此奥巴马政府的重大外交调整是"重返亚洲"。然而这一以遏制中国为潜在目的的外交战略又再

---

[1] Valur Ingimundarson, "Iceland's Security Identity Dilemma: The End of a U.S. Military Presence," *Fletcher Forum of World Affairs* 31（2007）.

[2] The National Intelligence Strategy of the United States of America（August 2009）.

次使美国陷入被动，奥巴马政府上台以来东亚地区局势动荡加剧，朝鲜核问题也出现变故，应对这些问题大大损耗了美国的外交资源。与此同时，中东地区也并不太平，叙利亚危机一直持续，而且俄罗斯在叙利亚问题上态度相当强硬，甚至直接派军舰进入叙利亚塔尔图斯水域与西方国家对抗。同样，美国与中国的博弈也不再仅限于中国周边地区，在媒体看来这场博弈已经深入非洲地区。明显的表现是习近平主席访问非洲之后奥巴马总统接踵而至。对于这一巧合，CNN 著名国际安全分析专家皮特·伯格认为奥巴马的这一举动意在反击中国。① 美国在应对中国时依然疲惫，更何况还要处理世界上其他热点问题。这些都成为美国无法再以强势的姿态出现在北极地区的原因。除此之外，金融危机也削弱了美国的财政能力，这迫使奥巴马政府不得不重新制定预算控制法案，以严格控制各项财政支出，这必将使得美国无法投入更多资金于北极地区。

2. 未批准《联合国海洋法公约》，美国在北极地区的行动受到约束

未签署海洋法公约使美国处于一个非常尴尬的地位。美国是环北极国家中唯一不能直接影响国际海洋法庭法官任命的国家，而这一法官将决定国际海洋边界纠纷的解决②，与此同时美国也不能向仲裁法庭推荐候选人。由于美国的这一处境，尽管它早就开始了北极大陆架延伸方面的科学研究，但是当其他北极国家陆续提交申请的时候，它仍旧不能通过这一法律途径维护自己的合法主张。③ 尽管美国始终将航海自由看作本国核心利益，并认为这是根据习惯法所授予的无可争辩的权利，然而事实上这一权利的正规出处则是《联合国海洋法公约》，由于美国并非公约成员国，因此在维护其主张时难

---

① Peter Bergen, "Obama's Goal in Africa: Counter China," *CNN*, June 26, 2013, http://edition.cnn.com/2013/06/26/opinion/bergen - obama - china - trip，访问日期：2014 年 10 月 6 日。

② Angelle C. Smith, "Frozen Assets, Ownership of Arctic Mineral Rights Must Be Resolved to Prevent the Really Cold War", http://docs.law.gwu.edu/stdg/gwilr/PDFs/41 - 3/4 - %20Smith.pdf，访问日期：2014 年 10 月 6 日。

③ Angelle C. Smith, "Frozen Assets, Ownership of Arctic Mineral Rights Must Be Resolved to Prevent the Really Cold War", http://docs.law.gwu.edu/stdg/gwilr/PDFs/41 - 3/4 - %20Smith.pdf，访问日期：2014 年 10 月 6 日。

免有些理屈词穷。正是由于这些原因，美国在这一地区的行动受到了极大约束，对其他国家的相关诉求又缺乏合理的反驳依据。大陆界限委员会曾经指出，由于美国没有签署海洋法公约，因此对于该委员会的决议美国没有理由发起挑战，如此，委员会的决议在美国身上也就成为最终的和有约束力的。

美国现在越发认识到非公约地位给自己带来的限制，因此最近几届美国政府都支持签署该条约。虽然自里根总统开始，美国习惯于将公约中的大多数条款视为国际习惯法，但是他们越来越发现签署此公约比把它看作国际习惯法更有效力，因为与具有约束力的条约相比国际习惯法缺乏确定性，没有分量，并且更容易受其他参与国行为的影响。[1] 布什总统甚至将海洋法公约称作一个亟待参议院批准的条约，[2] 对此奥巴马总统在其北极战略中也表达了支持意见，并认为若要捍卫美国在这一地区的自然资源权利，签署公约势在必行。

3. 美国对北极地区的危机认知有别于其他国家

各国在面对不同的国际问题时反应必然不同，其敏感程度取决于问题的严重性和紧迫性。虽然北极国家在各自的北极政策中均提到了这一地区出现的新挑战，但是对不同国家而言哪些挑战最为紧迫却存在差异。美国之所以在北极地区表现没有俄、加等国抢眼，从一定程度上讲，正是由于其所面临的挑战没有俄、加等国所面临的严重。

从一定程度而言，此次北极纷争源于2007年插旗事件的发生。由于俄、加、丹三国均对罗蒙诺索夫海岭提出领土主张，因此俄罗斯的插旗行为必然引起丹麦和加拿大的恐慌，三国之间涉及海底大陆架划界问题的主权之争由此爆发。由于主权问题具有极大的敏感性，纷争各国没有后退的余地，只能坚持到底，因此丹麦和加拿大对俄罗斯的行为作出了激烈反应。加外长声称："现在已不是15世纪，在世界各地跑马圈地的年代已经结束了。"[3] 为

---

[1] Hearing Before the S. Comm. on Foreign Relations, 110th Cong. (2007), 参见参议员 Richard Lugar 的声明。
[2] Hearing Before the S. Comm. on Foreign Relations, 110th Cong. (2007), 参见 Bernard H. Oxman 教授的声明。
[3] BBC NEWS, "Russia Plants Flag under N Pole," 2 August, 2007, http://news.bbc.co.uk/2/hi/europe/6927395.stm, 访问日期：2014年4月28日。

表达对俄罗斯行为的不满,加拿大于当年8月在北极地区展开了军事演习,加总理哈珀甚至亲临演习现场。俄、加等国的激烈反应吸引了国际社会的注意力,给外界形成一种强势的印象。然而这种强势并非是进攻性的强势,至少对加拿大而言如此,这不过是一种激烈的防守。正如加拿大在描述其北极领土纠纷时所说的:"所有的争议均已被妥善处理,摆在加拿大面前的并没有主权或防务方面的挑战,这对加拿大同美国、丹麦及其他北极国家在重要问题上的合作不产生任何影响。"① 事实上,这种认识用来描述美国目前的处境最为合适。虽然美国同加拿大、俄罗斯在海域存在划界纠纷,但是它并未公开其大陆架延伸计划,因此同俄加的纠纷客观上处在封冻状态。而两届美国政府强调的本土安全问题,不会触及俄、加两国的神经。

(三)美国在北极地区的长期战略目标

尽管美国受到上述因素的制约,但是它从未放松对北极地区的关注,并一直为确保其在北极地区的存在而积极准备。事实上美国只是将国际合作视为对其他北极国家的牵制之策,其最终目标仍然是主导北极事务进程,而且这一信号已从许多地方发出。军方北极研究的代表人物海军战争学院的James Kraska 曾经指出,鉴于其他北极国家在北极活动方面的短视,如加拿大和俄罗斯互相猜忌从长远讲危害北极的稳定,"只有美国才能够担当起'负责任'的角色","美国的北极领导角色可望得到北欧三国瑞典、冰岛、芬兰的支持,因为这三个国家较之其他北极核心五国在北极资源方面的份额不大,因此它们在北极问题上表现得不那么情绪化,可能是美国在北极治理问题上领导角色的积极支持者,我们应当将他们团结在我们周围"。② 美国国内北极研究的另一旗帜人物前海岸警卫队少校,现外交关系委员会研究员Scott G. Borgerson 于2008 年春季在《外交事务》上发表文章指出,美国的

---

① Government of Canada, Canada's Northern Strategy: Our North, Our Heritage, Our Future, http://www.northernstrategy.gc.ca/cns/cns - eng.asp,访问日期:2014 年7 月30 日。
② James Kraska, "Northern Exposures," May/June 2010, http://www.the - american - interest.com/article - bd.cfm? piece =810,访问日期:2012 年9 月20 日。

领导至关重要，没有美国的领导来解决外交纠纷和潜在冲突，该地区可能因为资源争夺而发生严重的武装冲突。Borgerson 认为，北极各种纠纷和冲突只有依靠美国才能解决。在这一关键时刻，该地区的迅速变化导致的法律和外交真空要求美国果敢前行，领导国际社会朝向多边解决的方向努力。① 可以想象，在国内智囊团的支持和策划之下，美国在时机成熟时肯定会果断出手，主导北极事务的进程，从而进一步巩固自己的全球领导地位。

布什总统在其北极政策中曾提到要加强美军在北极地区的行动能力，包括基础设施建设，然而美国政府在这一问题上并未采取实际行动。不过现在这一局面已经开始转变。据安克雷科每日新闻网（Anchorage Daily News）报道，2011 年美国海岸警卫队曾打算让"极地星"号破冰船退役，但是这一计划遭到了阿拉斯加州参议员 Mark Begich 以及华盛顿参议员 Maria Cantwell 的阻止。于是这艘破冰船花费大约 5700 万美元进行修缮，目前应该已经重新服役。近日，Mark Begich、Lisa Murkowski 以及 Maria Cantwell 等人在联邦国防支出预算中又积极推动建造四艘重型破冰船，每艘造价约 8.6 亿美元。② 可见美国在增强应对北极恶劣环境方面已经有所行动，而且步伐很大。美国在北极地区的雄心还体现在不断增强的调查研究上。无论是布什政府还是奥巴马政府都非常重视在这一地区的科学研究，布什总统的北极文件曾提到要在这一地区担任科学研究的领导角色，而奥巴马则强调涉北极决策应该建立在可靠的信息之上。基于这一背景，美国于 2013 年出台了《北极研究计划：2013～2017》③，该计划由"跨部门北极政策小组"起草并负责实施。它设定了七大研究领域，包括：海冰和海洋生态系统，陆地冰和陆地生态系统，大气表层温度、能量及复杂平衡的研究，观测系统，地区气候模型，维持社区存在的适当工具以及人类健康。美国发起这一研究无疑是为

---

① Scott G. Borgerson, "Arctic Meltdown: The Economic and Security Implications of Global Warming," *Foreign Affairs* 87 (2008): 73.
② http://www.adn.com/article/20131128/senators-push-new-heavy-polar-icebreakers，访问日期：2014 年 3 月 15 日。
③ The White House, Arctic Research Plan, FY2013–2017, http://www.whitehouse.gov/sites/default/files/microsites/ostp/2013_arctic_research_plan.pdf，访问日期：2014 年 3 月 15 日。

了掌握更具体的信息,以便在北极问题上占据主动地位。事实上美国对北极地区的研究并不局限于上述七大领域,美国对北极的地质勘探也早已启动,尤其是对这一地区的能源储备以及本国大陆架的地理水文特征。早在2008年美国地质勘探局即发布了一份关于北极圈资源的公开报道,一时间引起国际社会关于能源争夺的热议。2009年8月,"美国北极政策研究委员会"前任主席 Mead Treadwill 在参议院听证会上发表《北极更易进入时期美国的战略利益》报告,提到该小组长期以来一直积极推动美国加入《联合国海洋法公约》,并且是引导美国向联合国大陆架界限委员会提出大陆架申请的机构之一。同时还声称美国提出申请的区域面积将超过加利福尼亚州的面积。①

由此可见,当前阶段在北极问题上美国虽未像俄加那样高调,但是在许多领域它仍然做着精心准备,以便弥补自身的不足。尤其是在北极地区的领土主张方面,美国之所以没有发出声音,主要原因是其参议院未批准《联合国海洋法公约》,相信此公约一旦批准,美国即会在这一问题上不再沉默。

四 美国北极政策的决策者及决策机制

美国的民主体制决定了其对外政策制定的复杂性,这一现象在北极议题领域也不例外。这主要体现在参与北极政策制定的利益相关方众多,决策机构庞大,决策机制复杂。

(一)美国北极政策的主要参与者

如前文所述,美国的北极政策可以从两个层面来理解,在国际层面主要是指美国对北极地区其他国家的政策,在国内层面主要是指美国针对阿拉斯加地区的涉北极政策,后者常常体现在其国家层面的对外政策中。因此,对

---

① US Strategic Interests in the Age of An Accessible Arctic,http://www.arctic.gov/testimony/treaadwell-08-20-09.pdf,访问日期:2014年3月15日。

影响美国北极政策制定的行为体我们可以从以下几个层面进行考察（见图1）：首先是联邦层面与北极政策制定相关的机构；其次是来自阿拉斯加州的各相关利益团体；最后是一系列的政府之外的行为体，如环保群体、能源开发商、科学家群体以及北极地区的原住民等。

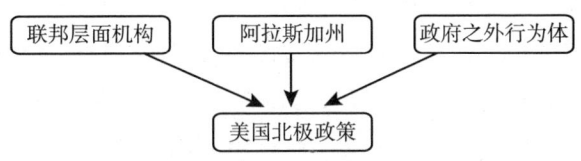

图1　美国北极政策的主要决策者

联邦层面的决策机构将在后面的决策机制中予以详细介绍，下面将主要讨论对美国北极政策的制定产生重要影响的阿拉斯加州政治势力和政府之外的行为体。

1. 阿拉斯加州的政治势力

阿拉斯加州是位于北极圈之内的美国领土，正是由于美国1867年购买了阿拉斯加，才使得美国成为少数"环北极国家"之一。由于自身特殊的地理位置，阿拉斯加州既成为北极新机遇的受益者，也成为各种挑战的受害者。这使它成为最积极地推动美国联邦政府"进军"北极的力量之一。因此，客观地分析阿拉斯加州对美国参与北极事务的影响，有助于理解美国整体北极战略的生成及实施过程，找到在北极地区同美相处的最佳之道。这一工作也可以帮助理解美国在制定对外政策的过程中联邦政府同州政府之间的关系。然而，尽管阿拉斯加州的许多利益与美国联邦政府的利益相同，但是由于阿拉斯加州独特的地理位置，其利益不可避免地带有"本地化"的烙印。因此，美国要制定任何有效的北极政策，阿拉斯加州的利益必须得到考虑。另外，不可否认的一点是，阿拉斯加州本身并没有在北极事务中达成统一，各利益团体相互掣肘，极大阻碍了整个国家及地区在北极事务中的前进步伐。

阿拉斯加州的政治势力广泛参与美国北极政策制定，这从其政策文件中可见一斑。如前文所述，迄今为止在联邦层面，白宫已经发布了5份北极政策文件，其中提到阿拉斯加州或当地原居民的有四份，奥巴马政府的北极战略甚至提到阿拉斯加州 16 次之多。在 1994 年第 26 号总统决策指令中，美国政府强调联邦机构应吸纳阿拉斯加州及当地原居民到政策制定过程中来，并且所制定政策应该考虑到原居民的健康、文化及环境利益，同时美国在参与相关国际会议时应有阿拉斯加州及原居民代表。奥巴马政府在其北极战略中也表达了相似的观点，并且更加强调多方合作，在北极行动原则中明确点明要咨询阿拉斯加本地居民并同其立场进行协调。除白宫外，2013 年 11 月美国国防部也发布了自己的北极战略，这一战略与上述五份有所不同，其关注点主要在于如何维持本地区及美国本土的安全，包括传统安全与非传统安全。文件中，美国国防部决心同其他联邦机构及阿拉斯加州共同努力，以监视和评估这一地区的环境变化。从美国北极政策的演变来看，美国政府对阿拉斯加州的关注越来越多，由此可见阿拉斯加州在美国北极政策制定中的地位非常之高。

参与美国北极政策决策的阿拉斯加州政治势力主要是指在北极问题上比较活跃的而且能影响整个联邦决策的官员，包括州政府官员及本州在国会和参议院的议员。他们往往具有强烈的地方主义倾向，而且又具有高超的政治技巧和一定的政治筹码，因此能够对整个国家的北极战略产生影响。2012 年 11 月该州参议员 Mark Begich 和 Lisa Murkowski 致信奥巴马总统，强调自布什政府签署第 66 号国家安全指令/25 号国土安全指令以来，各联邦机构单独行动，独立制定本部门的北极政策，致使美国在北极地区的行动相当混乱，为此呼吁奥巴马总统出台一份正式而全面的北极战略，且这一战略能够整合各个机构的部门政策。这一信件发出后不到半年时间，奥巴马政府即出台了《北极地区国家战略》。虽然不能确定两位议员的信件直接导致了这一战略的形成，但是可以肯定它在其生成过程中必然发挥了作用。

2013 年 1 月 25 日，Mark Begich 再度致信奥巴马。信中强调已经有六个北极国家在北极事务上任命了大使一级的外交官，甚至非北极国家中国都对此表现出强烈的兴趣，因此建议奥巴马任命美国的北极大使。2013 年 2 月 11 日，Mark Begich 将这一建议形成一份提案在美国第 113 届国会上提出，并将其命名为《2013 年美国专门负责北极事务的大使提案》。Mark Begich

还在信中提到，在其参议员第一任期内他致力于通过立法提升应对北极变化的能力，包括增进科学研究、促进人们的健康以及从油气开发中获得相应份额，并将继续坚持这一工作。

阿拉斯加州参议员 Lisa Murkowski 被称为"远北地区的议员"，她在国会积极活动，对美国北极政策的制定尤其是与阿拉斯加相关的政策制定具有很大的影响力。目前她还是国会能源与自然资源委员会的成员，她对北极地区能源的开发原则上表示支持，但这种开发要基于不对环境造成不良影响的基础上。另外，Lisa Murkowski 还积极呼吁国会拨款修缮美国仅有的两艘破冰船，因为运作良好的破冰船是加强美国在北极地区的存在以及对美国北极科学考察等活动的基本保障。Lisa Murkowski 在美国第 111 届国会中提交了三份与北极相关的提案，一是关于北极海运评估报告的建议，建议加强对北极地区日益增强的航运进行管理的研究以及对北极地区目前支持航运的基础设施等问题进行调研，这一提案也提到修缮破冰船而需要国会进行拨款；二是关于对《提升水文服务法案》进行修正的提案，在提案中她要求国会进行拨款，以资助获取在北极水域安全航行所需要的数据以及服务等，另外在提案中，她还提到对美国的外大陆架进行界定以及对阿拉斯加北极沿岸的各种变化加强监控；三是要求国防部以及国土安全部研究在北极地区建立深水港的可行性问题，其中包括深水港的位置、所需要的资源等，她希望通过这样一种研究来厘清美国是否在战略上需要建立一个这样的深水港以及在什么地方建一个深水港，因为这样一个深水港不仅可以为海军以及海岸警卫队进行服务，还将为北极地区油气资源的开发、航运、旅游等提供必要的服务。Lisa Murkowski 也强力支持美国国会尽快批准《联合国海洋法公约》，她认为加入《联合国海洋法公约》对美国来说至关重要，因为美国是北极国家中唯一未加入公约的国家，这使美国看起来像一个局外人，而这不利于维护美国的国家利益。①

---

① Homepage for Lisa Murkowski, http：//murkowski. senate. gov/public/index. cfm? p = Arctic，访问日期：2014 年 9 月 16 日。

阿拉斯加州在北极事务上另一位具有重要影响力的人物是现任副州长Mead Treadwell，他也是被布什总统任命的前"美国北极研究委员会"（United States Arctic Research Commission）主席。该委员会是根据1984年"北极研究与政策法案"设立的，直接对总统及国会负责。Mead Treadwell在担任主席期间曾多次在参议员不同听证会上做过证词。在2006年的美国参议院商业、科学与交通委员会及外交关系委员会听证会上曾呼吁加大对第四次国际基地年的投入；在2008年6月的参议院商业委员会听证会上他又做了"美国是否已经准备好了迎接一个更易接近的北极？"的证词，他提到北极海冰的融化使得北极地区的航运能力开始显现，甚至可能媲美马六甲海峡及苏伊士运河，因此现在是整个国家行动起来的时候了；2009年2月他在印第安人事务委员会做"提升印第安人健康"的证词，强调阿拉斯加州目前糟糕的健康状况以及全国最高的自杀率，他代表"美国北极研究委员会"敦促印第安人事务委员会和国会重新授权《改善印第安人健康保健法案》，同时设立特别条款并开始长期的研究计划，以支持阿拉斯加的本地居民。

实际上Mead Treadwell对美国北极参与的影响远不只如此。他领导的"美国北极研究委员会"在2007年曾建议白宫重新审视美国的北极政策，这直接导致了2009年（NSPD/HSPD）总统指令的诞生。他本人也曾声称自己的大部分生涯都用在了北极事务上。

除上述重量级的政界人物外，阿拉斯加地区的原居民组织在影响美国北极政策走向上也是一支不可忽视的力量。原住民作为北极地区的主要居民，在北极政策的制定中起越来越重要的作用，目前被联邦政府承认的村落组织共计229个[①]。美国北极地区的原住民主要指因纽特人，对于北极的发展他们处于两难的困境。一方面北极的开发是不可避免的，并不是所有的因纽特人都反对北极的开发。因纽特人也从技术的进步中获益，对于从工业社会中

---

① Greta Swanson, Kathryn Mengerink, Jordan Diamond, "Understanding the Government-to-Government Consultation Framework for Agency Activities That Affect Marine Natural Resources in the U.S. Arctic," http：//www.eli.org/pdf/43.10872.pdf，访问日期：2014年9月16日。

的获益,他们并不反对。另一方面,北极的发展一定会在很大程度上影响因纽特人传统的生活方式。多年来,因纽特人已经在这样的环境下发展了自己特有的生活方式。而发展,不可避免地会改变因纽特人多年来所适应了的生态环境。如果不得不改变,因纽特人希望这一改变过程能够来得慢些,并能够在他们的掌控之下,从而使他们有足够的时间去适应。因纽特人近年来也组织起来并且请一些专家来为他们的利益辩护。因纽特人的利益诉求,是美国北极政策不得不考虑的一个重要方面。2010 年美国环境保护署向壳牌石油公司发放的在北极地区开发石油的空气质量许可就引起了阿拉斯加原住民及环保组织的强烈抗议并提起上诉,最终环境保护署于当年撤回给予壳牌公司的许可证,并承诺重新对此进行审核。[①]

由此可见,阿拉斯加活跃的政治人物及原居民社区组织正在对美国的北极参与发挥越来越大的影响,美国北极政策的生成在很大程度上取决于阿拉斯加地区的合作。然而,正如前文所说的,阿拉斯加州本身在北极事务上并没有达成统一,因此在某些问题上不同的势力团体往往意见相左。虽然阿拉斯加州有些势力希望扩大近海能源的开采范围,但仍然有一部分人对此相当警惕。"阿拉斯加爱斯基摩人捕鲸委员会"(Alaska Eskimo Whaling Commission)的法律顾问 Jessica S. Lefevre 曾在 "A Pioneering Effort in the Design of Process and Law Supporting Integrated Arctic Ocean Management" 中提到,阿拉斯加州北极地区的近海油气开发可能会与以捕食露脊鲸为传统生活方式的人产生冲突。从 20 世纪 80 年代中期开始,"阿拉斯加爱斯基摩人捕鲸委员会"就一直关注海岸的油气开发。他们希望通过协调与谈判找到一种更好的方式,以减少对露脊鲸栖息地和相关捕猎活动的影响。

2. 政府之外的行为体

政府外行为体如环保组织在全球治理方面发挥越来越重要的作用。它们行使其功能的途径可分为两类,一类是积极建设性的,另一类是消极破坏性的。前者主要是指通过贡献智慧、提供帮助的方式来协助国际社会主要行为

---

① 于欢:《重获关键准入许可,壳牌加速进军北极》,《中国能源报》2011 年 9 月 21 日。

体处理国际事务，后者则指通过破坏性的手段对国际社会主要行为体施加压力以达到其希望的目的。因此，在美国北极政策制定这一问题上，美国国内较有影响力的政府外行为体主要包括环保组织、石油开发商、智库组织、科学家群体等。

第一，环保组织。北极地区的生态系统具有较高的脆弱性与敏感性，北极冰层与全球大气的循环都有很密切的关系，有人甚至说北极是世界其他地区的"气候制造者"。环境主义者认为开发北极将会破坏北极生态环境的平衡，从而带来难以预料的后果。近年来一些环境群体成功地阻止或者限制了北极地区油气的开发活动。他们认为尤其是在这样的边疆领域，需要更为有力的监管与限制措施来确保不会出现以破坏环境为代价的资源开发行为。环境保护主义者还强调，对北极价值的认识决不能停留在资源层面。资源的数量终究有限，而北极地区的景观，以及特殊的自然环境则是无限的。

2008年1月，小布什政府批准将阿拉斯加面积为12000平方公里的野地开放给伐木业、采矿业及道路建设。美国政府的这一计划意在振兴该州的林木业，但是环保倡议者表达了他们的担忧，认为这将给该地区带来毁坏。皮尤环境组织"保护森林遗产活动"的经理罗伯特·凡德迈报道说："布什任期的最后几个月，政府企图将通加斯国家森林开放给伐木业及采矿业，该国家森林是世界上最大的保护完整的温带雨林。"

第二，石油开发商。美国北极政策中除了能看到环保主义者的影子外还能看到石油开发商的影子。美国在其近期的北极政策中多次强调北极地区的油气开发，这主要是由于其注意到环北极国家都已将视线转向北极，而油气资源属于非可再生资源，因此美国加紧了在这一地区的资源争夺。在这场资源争夺中美国国内的石油财团自然发挥了不可忽视的作用。目前，美国北极地区仅普拉德霍湾（Prudhoe Bay）和库帕鲁克河（Kuparuk）油田进行了开发。但是进一步在其他地方开发的潜力非常大。由于管道以及运输和技术等因素的限制，这一地区的天然气尚未得到开发。但是，一些大的石油公司还是非常看好这一地区石油的开发前景，他们甚至在国际原油市场的淡季也乐于在此投资，因为他们认为将来油价一定会上涨。石油公司不太考虑北极地区的环境保护，认为在北极地区的环境保护行动只是增加了他们开发的成本或者是阻滞了他们的开发计划。石油公司还建议对北极地区油田承包的合同应该更长，以此来促进风险的承担；另外他们还建议对这样一些边疆地区的开发，政府应当承担一部分的经济成本。石油公司与其他利益群体相比较其力量非常强大，并且开发北极地区的石油和天然气资源从长远看也符合美国的国家利益。

第三，智库组织。另外一个能够对美国北极政策的制定产生影响的组织是智库组织。美国独特的决策体制决定了智库在美国国内政治以及外交决策中起到相当重要的作用。在美国，学术界的政治影响力比在其他国家都要大，政府经常向学者和思想库内的政治分析家咨询以听取他们的专业意见。[1] 智库的研究以精准全面的分析研判、与政界广泛深入的联系以及在社会公众中的影响力，对美国的政治、经济、社会、军事、外交、科技等方面的重大决策都产生影响，俨然成为美国继立法、行政、司法之后的"第四部门"。其中与美国北极政策相关的主要智库包括位于华盛顿的战略与国际研究中心（Center for Strategic and International Studies）和位于纽约的对外关系委员会（Council on Foreign Relations）。战略与国际研究中心在2009年召集了题为"北极的全球挑战"的研讨会，对北极地区的地缘政治变化以及美国的应对之策进行研讨。另在2010年北极理事会努克会议召开的前夕，美国副国务卿James Steinberg和前美国海岸警卫队司令Thad Allen也来到战略与国际研究中心，作了题为"努克之路：美国在北极的政策利益"的报告，James Steinberg对于即将到来的希拉里努克之行进行了预测，其中特别提到在北极地区的有效治理必须通过北极八国的通力合作，任何国家的单独行动都是不可能实现北极地区的有效治理的，另外他还提到批准《联合国海洋法公约》也是奥巴马政府的优先议程之一；美国

---

[1] 夏尔-菲利普·戴维、路易·巴尔塔扎、于斯丹·瓦伊斯：《美国对外政策——基础、主体与形成》，社会科学文献出版社，2011，第79页。

前海岸警卫队司令 Thad Allen 则从北极搜救协议的重要性角度出发，认为北极地区有效的搜救设施是北极开发与治理的关键，另外他认为美国要将其北极政策进行落实，他也强烈要求美国批准《联合国海洋法公约》并且增强美国在北极地区的基础设施建设，尤其要加强破冰船以及抗冰能力强的船只的建设。位于纽约的对外关系委员会也是研究北极问题的重镇，其中最为突出的是 Scott G. Borgerson，他在著名的美国政策杂志《外交》上连续发表关于北极问题的文章，如《大战北移》、《北极冰融》等，集中阐述气候变暖背景下北极地区对美国地缘政治利益的加强，并敦促美国政府更为重视北极地区。

此外，"美国国会研究服务"机构也对美国北极政策的制定发挥着重要影响，它最近发布了一篇由美国海军事务专家 Ronald O'Rourke 撰写的报告 Changes in the Arctic: Background and Issues for Congress。该机构每年都会向国会提交相同题目的报告，以便将北极地区的动态呈献给国会议员。在这份报告中 Ronald 提到，北极地区的环境变化正在改变着当地原居民的生活方式，他们赖以为生的狩猎、捕鱼等传统作业方式正在渐渐消失。然而这些变化也增强了印第安人部落之间的团结，这充分地体现在对北极事物感兴趣的团体正不断增多。2009年"因纽特人北极圈理事会"（Inuit Circumpolar Council）甚至在阿拉斯加召开了"土著人全球气候变化峰会"，以此来唤起世界对他们的关注。报告在涉及能源开采这一问题时提到，阿拉斯加当地政府官员、贸易及航运组织纷纷表示希望扩大由联邦管控的近海能源项目的开采范围，奥巴马总统及许多国会议员受到这一鼓舞之后也对扩大美国海洋能源投资组合表现出了兴趣。

第四，科学家群体。由于北极地区特殊的自然环境，很多决策都得建立在对其可靠的了解之上，正如奥巴马总统在其《北极地区国家战略》中所强调的那样。因此，尽管科学家作为利益群体在北极事务中的力量并不是那么有力，但是科学家的研究却是所有的利益群体所需要的，因此北极研究相关的科学家也对北极政策有相当重要的影响，它们也是重要的利益群体之一。有关北极研究的一些科学项目或者为北极地区经济活动提供直接的证据支持,或者为将来的经济、军事或环境保护等方面活动提供信息。

(二)美国政府的北极政策决策机制

从美国政府的决策体制来看,美国实行的是三权分立的政治体制,立法、行政、司法三大部门互相制衡,这种政治体制决定了美国政治的决策是集权制和分权制相结合的形式。美国国会是立法机构,由众议院和参议院组成,其具体职责是负责制定相关的法规,但国会形成的法案必须提交总统进行签署之后才可能成为法律。如果总统否决国会通过的法案,则需要国会两院超过三分之二多数批准的情况下才能使法案形成法律。

与美国北极政策相关的政府各部,从2009年美国总统小布什签署的美国北极政策总统指令中就可以管窥一见。2009年的美国北极政策总统指令对美国北极政策执行部分的要求,涵盖了美国政府各部门,包括美国国务院、国防部、国土安全部、内政部、交通部、商务部、国家科学基金、环保总署、能源部等(见图2)。

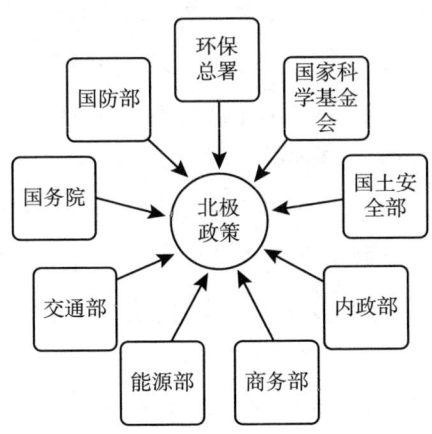

图2 美国北极政策的执行部门

1. 美国总统行政办公厅

美国总统是政府的行政首脑,负责包括国际海洋问题在内的全国一切重大海洋事务，总统行政办公厅（Executive Office of the President），即我们通常所说的白宫，既是美国政府有关海洋事务的最高决策机构和协调机构，也是直接向总统负责的涉海事务办事机构，其中也大量涉及美国的极地政策。

总统行政办公室由白宫办公厅主任掌管，下设国家安全委员会、科学与技术政策委员会、环境质量委员会、管理与预算委员会、总统信息咨询委员会（见图3）。

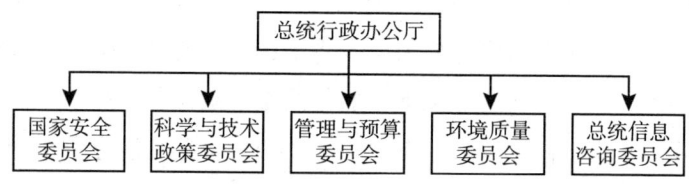

图3　美国总统行政办公厅组成

其中与北极政策相关的三个委员会为环境质量委员会、科学与技术政策委员会以及国家安全委员会。环境质量委员会在2009年7月完成的部门间海洋政策任务项目之后，向总统提交最终建议，其中之一建议由环境质量委员会和科学与技术政策委员会进行合作，成立国家海洋委员会，以对包括北冰洋在内的海洋政策进行协调。国家海洋委员会后于2010年成立，该委员会由环境质量委员会代管，但直属总统行政办公厅，属联邦政府内阁级别，负责统领美国的海洋、湖泊、河流等政策的制定。国家海洋委员会主席由环境质量委员会和科学技术政策办公室共同担任，其成员包国务院国务卿，国防部、农业部、卫生与公共事业部、商务部、交通部、国土安全部、能源部、司法部等各部部长，环境保护署署长，行政管理与预算局、国家情报局、国家科学基金会董事长，国防部参谋长联席会议主席，总统国家安全事务助理，国土安全与反恐机构，国内政策、能源、经济政策委员会副主席和气候变化委员会、国家海洋大气管理局局长等。在2010年，国家海洋委员会与美国北极研究委员会及美国海军在共同制订一份美国北极战略行动计划，以应对气候变化以及其他环境变化导致的北冰洋及其周边沿岸等方面的挑战所需要采取的行动。① 科学与技术政策办公室（Office of Science and Technology Policy）是国家海洋委员会的联席主席单位，所以在制定北极政策方面也起很大的作用。前美国海岸警卫队跨境事务部主任 Tom Artin 少将是国家安全委员会（National Security Council）的成员中执掌北极政策的重要成员。

2. 联邦政府机构及主要个人

美国在北极拥有许多利益与责任，参与美国北极政策制定的行为体也非常的多样化，但是毫无疑问，美国联邦政府是美国北极政策利益集团中最为重要的。美国联邦政府的很多部门都或多或少地与北极事务有关系，其中最主要的包括国务院、国防部、内政部（其中的美国地理测绘局、矿产管理服务局、鱼类与野生动物管理局等）、交通部（美国海洋管理局）、商务部（国家海洋与气象管理局）、国家科学基金、能源部、环保总署等，下面将逐一介绍每个部门的具体情况。由于参与北极事务的部门很多，这些部门对北极事务与北极政策的关注重点不同，不可避免地会出现部门之间利益的冲突与不协调。协调各部门之间的活动与利益绝非易事，在同一个部门之间也经常会出现分歧。为协调各部门之间的活动，以更好地制定美国北极事务的政策，美国成立了跨部门北极政策小组（Interagency Arctic Policy Group）。目前美国国内在对北极政策制定上最有影响力的机构是"美国北极研究委员会"和"跨部门北极政策研究委员会"（Interagency Arctic Research Policy Committee）。后者跟前者一样也是根据1984年"北极研究与政策法案"设立的。两者对美国所有涉北极事务提供建议，因此在政策取向上具有举足轻重的地位。目前前者共八名成员，其中有四名来自阿拉斯加州，包括其现任主席 Hon. Fran Ulmer。

美国国务院负责协调和制定美国与其他国家的双边关系，并通过非政府组织、区域性组织、联合国以及国际会议等渠道，实施美国政府的政策。制

---

① National Ocean Council, Changing Conditions in the Arctic Strategic Action Plan (Full Content Outline), http://www.whitehouse.gov/sites/default/files/microsites/ceq/sap_8arctic_full_content_outline_06-02-11_clean.pdf, 访问日期：2014年9月13日。

定极地与海洋领域方面的政策是国务院工作的主要内容之一。现任美国国务卿克里主要负责美国的外交事务，而极地方面的国际合作与协商也主要由克里负责。另外，在国务院下属的海洋、国际环境与科学事务局中，设有两个办公室，主要负责国际海洋相关问题。一个是海洋事务局，主要负责国际海洋法与政策、海洋污染、海洋哺乳动物、极地事务和海洋科学；另一个是海洋保护办公室，主要负责国际渔业事务。其中海洋与国际环境、科学事务局还专门设有海洋与极地事务办公室（Office of Ocean and Polar Affairs），专门负责美国与海洋、北极、南极相关的国际政策的制定和执行。[①] 海洋与国际环境、科学事务局的 Julie Gourley 就作为美国的极地事务高级官员参加北极理事会的会议。海洋与国际环境、科学事务局的副国务卿帮办 David Balton 作为美国高级谈判官员曾参与北极理事会搜救协议的谈判事宜。

美国国防部负责捍卫美国安全，其海陆空三军的使命均与海洋有关，而美国海军对北极领域的政策尤为关注。所以美国国防部也是北极政策制定的积极参与者，主要是美国海军对北极事务拥有浓厚的兴趣。以前是美国的海军掌管美国的破冰船，现在主要是美国海军的潜艇在北极海域活动。由于气候变化对北极地区的影响加剧，美国海军对此特别重视，尤其是美国海军未来在北极地区的部署及行动方面。海军少将 David Titley（其官方称号为美国海军海洋学家）也在美国北极政策制定中具有相当的影响力，他统领美国海军气候变化任务工作组（Task Force Climate Change）。2009 年 11 月，海军气候变化任务工作组发布了《海军北极路线图》（Navy Arctic Roadmap）。[②]《海军北极路线图》所关注的主要领域包括美国北极政策的导向、北极变化的环境、北极资源开发的现实与潜能、北极航运的发展趋势、相关国家的北极利益和在这一地区的活动、美国海军的极地活动及经验、当前美国舰只在北极部署的能力及限制等。另外，还规定了美国海军 2010 ~ 2014 年的年度计划，并决定在 2014 年之前提交四年一次的评估报告。另

---

① http://www.state.gov/g/oes/ocns/opa/index.htm，访问日期：2014 年 3 月 15 日。
② Navy Arctic Roadmap, http://www.navy.mil/navydata/documents/USN_artic_roadmap.pdf, 访问日期：2014 年 3 月 15 日。

外，在海军中也有不少个人对美国的极地政策有相当的影响力。海军少将Gary Roughead 就是其中之一。他认为美国海军在北极将面临的主要问题包括过度捕捞以及冰块的消融，他支持美国尽快批准加入《联合国海洋法公约》，从而美国能够与其他国家一道"坐在谈判桌前"进行协商，并且基于此而"在可开发性日益显现的、资源丰饶的北极地区拓展美国的主权权利"。国防部在美国北极政策方面的巨大影响力充分体现在其2013年出台的《北极战略》中，这是国防部自己的版本，文件详细阐述了其对北极形势的理解，以及对未来行动的部署。

美国国土安全部的成立源于"9·11"事件的发生，其主要任务在于保卫美国本土免于遭受外部势力的打击。国土安全部中与极地政策相关的主要部门是其下属的美国海岸警卫队（警卫队在战时移交至美国国防部下属的美国海军部）。美国海岸警卫队也掌管美国目前仅有的两艘破冰船。有学者指出，美国海岸警卫队在北极地区的部署能力有所不足，在一个日显重要并且不断变化的地区，美国海岸警卫队显得有些微不足道。然而讽刺的是北极地区严重关乎美国阿拉斯加的安全，这对于美国的国家安全同样非常重要。国土安全部随后也向国会提议增加预算，以加强美国在北极地区的能力。

美国海军战争学院（US Naval War College）作为培养美国海军指挥官的专门学校，也是影响美国政府决策的重要机构，其中专门研究国际法以及北极事务的专家包括James Kraska、Peter Dutton 等。Peter Dutton 作为美国海军学院中海问题研究所现任所长，在美国海军学院讲授北极与国际法、海洋法等相关课程，经常到华盛顿给国会议员及相关部门进行简报汇报以及作为受邀专家为国会议员举行听证会演讲。James Kraska 于2010年在《美国利益》杂志发表题为《面向北方》（Northern Exposure）的政策性文章，专门论及俄罗斯北极插旗事件以来美国的北极政策选择。[①] 他认为在《联合国海洋法公约》框架下的北极区域合作是实现有效北极治理的出路，他认为美国在

---

① James Kraska, "Northern Exposures, The America Interest," May/June 2010, http://www.the-american-interest.com/article-bd.cfm?piece=810，访问日期：2014年3月16日。

北极合作中的积极参与以及主导作用的发挥是符合北极周边国家利益的，因此建议美国政府在北极区域合作中发挥领导者的作用。另外，美国海军学院的中海问题研究所 2011 年还出版了由加拿大北极研究学者 David Wright 写的研究报告《中国龙直击世界之巅：中国对北极政策的讨论》。报告对国内近年来在北极政治方面的研究进行了详尽的评述，其中涵盖《中国海洋大学学报》（社会科学版）所设的"极地研究"专题系列论文、大连海事大学李振福对中国参与北极事务的研究、中国对北极环境问题关注的研究、中国对北冰洋周边五国地缘政治的研究、中国对加拿大北极地区主权问题的研究以及中国的北极政策选择研究等。报告认为："尽管中国并非环北极国家，然而北冰洋海冰的融化使其看到了巨大的经济机遇，中国正试图开发和利用这一地区的航道及石油等资源。"①

美国内政部的主要职能是资源保护及利用、服务社会，在涉及海洋方面的活动主要包括地质学、生物学、水文学、海洋测绘等领域的科研和推广应用。其中内政部下属的美国地质勘探局的工作及报告等对美国的北极政策有很大的影响。2008 年美国地质勘探局的科学家发布的北极能源评估报告对北极圈内石油及天然气资源储量做出了预测，分别为 900 亿桶和 47 万亿立方米，并且其中的 84% 分布在近海区域。这些报告对美国北极政策的制定提供了一些依据。

北极地区的海上交通运输是 2009 年小布什签署的美国北极政策文件的重要内容，美国政府在这个方面的主要机构就是交通部（US Department of Transportation），尤其是交通部下属的美国海事管理局（Maritime Administration）。美国海事管理局的职能包括促进美国经济安全和长期繁荣，加速海洋事业的发展；促进现代化海陆联运的发展，提高港口码头吞吐能力，满足不断增长的国民经济需要以及国家紧急情况时的国防运输需要；确保充分的造船能力和修船能力，满足海洋运输体系对专业化劳动力的需要。

---

① David Wright, "The Dragon Eyes the Top of the World: Arctic Policy Debate and Discussion in China," *China Maritime Study*, No. 8, Newport, RI: U. S. Naval War College (Aug. 2011).

而美国2009年北极政策文件也对海上玉树的相关事项作出了明确说明。因此交通部近年来也加强了北极航运相关的系列工作。2008年4月时任美国海洋海事管理局局长的Sean Connaughton在参加由西雅图的螺旋桨俱乐部主办的一个关于北极航运的会议时就表示,由于环境变化给北极地区的航运带来了更大的可行性与商业机会,同时也强调了北极航运所面临的一系列不确定性,并且表示美国政府将帮助企业界应对挑战,加强基础设施的建设等。这充分显示了美国海事管理局对北极航运的积极参与和大力支持。① 另外在2008年6月,美国海事管理局在首都华盛顿主办了主题为北极航运的会议,专门讨论北极地区航运发展的潜力及前景、北极航运中航线的规划以及资源开发等问题。参会人员除了企业界人士之外,阿拉斯加州的参议员Lias Murkowsk也亲临会场并发表演讲,另有来自国务院、白宫科技政策办公室、北极研究委员会、国家海洋与大气管理局等的人员。

美国商务部中与极地政策相关的主要为其下属的管理及科研机构——国家海洋和大气管理局(NOAA),它在美国极地科研方面扮演着重要角色。2009年,商务部还批准了NOAA提交的《北极管理区渔业管理计划》,计划的重点是对美国部分的楚科奇海域和波佛特海域的渔业进行管理,初步决定在取得这一海域渔业资源相关研究的进一步信息之前,暂时禁止在这一海域进行商业性捕捞。

美国能源部的主要职能为统一管理各类能源的勘探、研究、开发和利用,其工作重点包括确保美国国家安全、能源安全和经济安全,促进在科技领域的创新工作等。其下属的国家能源技术实验室中专门设立北极能源办公室,负责研发对北极能源进行开发所需要的技术。为应对阿拉斯加地区独特的环境与能源需要及开发潜能,能源部于2001年在其位于阿拉斯加大学的国家能源技术实验室中专门设立北极能源办公室,负责对北极能源进行开发所需要技术的研究与开发。已经完成的研究报告包括《阿拉斯加北坡油气资源:

---

① http://www.marad.dot.gov/documents/ARCTIC_Arctic_Roundtable_Discussion_Connaughton_FINAL.pdf,访问日期:2014年3月16日。

富有前景还是趋于衰落?》、《诺姆（Nome）地区能源评估报告》等，这些研究报告对于美国政府在阿拉斯加近海能源开采政策的制定提供了参考。

美国环境保护署的基本职能是保护人类健康和所有生物赖以生存的自然环境安全，其活动重点为保护环境，促进环境保护相关的伙伴关系，实施陆地污染和海洋污染的环境治理、监测和评价计划等。美国环保署参与北极方面的政策的途径主要包括其对北极地区的空气质量进行监测，以及为在北极地区行动作业的船舶、钻井平台等审核签发空气质量许可证。2011年美国环保署为壳牌公司签发的两份空气质量许可证曾经引发了公众的极大关注。美国环保署9月20日向欧洲最大石油公司壳牌颁发了在北极水域作业船只必需的空气质量许可，后者进军北极的最大障碍得以消除。今后壳牌将获准在阿拉斯加州海岸及外北极水域进行油气勘探作业。[①]

美国国家科学基金会（National Science Foundation）是美国独立的联邦机构，其主要任务是通过对基础性研究计划的资助，改进科学教育，发展科学信息和增进国际科学合作等方式促进美国科学的发展。作为美国最高的科学研究管理机构，在北极方面的主要研究委员会北极研究委员会（Arctic Research Commission）和部门间北极研究政策委员会（Inter-agency Arctic Research Policy Committee）都隶属于国家科学基金会。国家科学基金会中还专门设有基地项目办公室（Office of Polar Programs），专门负责统领美国极地方面的研究与管理。

五 中美两国北极关系

（一）美国对中国参与北极事务的关注

目前所能接触的文件中几乎没有美国官方针对中国参与北极事务的直接

---

① 于欢：《重获关键准入许可，壳牌加速进军北极》，《中国能源报》2011年9月26日，第10版，http://paper.people.com.cn/zgnyb/html/2011-09/26/content_931247.htm，访问日期：2014年3月16日。

表态，然而依据众多官方机构各自的北极文件以及智库、学者和媒体的观点，我们仍然能够推测美国政府在北极问题上潜在的对华态度。

根据美国最近的两份北极文件——2009年布什总统的总统指令和奥巴马总统的北极国家战略，美国政府在北极问题上是持合作态度的。布什政府的总统指令在北极地区的国际治理、国际科学合作以及环境资源保护方面尤为强调同国际社会的合作，包括已经存在的国际组织，如北极理事会、国际海事组织等，同时美国也不排除同单个国家之间的合作。至奥巴马总统时期，美国政府注意到越来越多的非北极国家及组织开始关注北极，因此倡议北极国家同这些域外实体进行合作，以寻求在这一地区形成共同的目标。当然，美国这一主张的动机是维护自身及其他北极国家之间的利益，但是不可否认这对非北极国家进入北极也有一定的积极作用。

2012年4月13日美中经济与安全评估委员会发布了一篇真正关于中国参与北极事务的报告 China and the Arctic: Objectives and Obstacles[①]。报告分别谈到了中国正在酝酿中的北极政策，中国在北极地区的环境研究，中国在北极地区的能源前景，中国在北极地区的航运前景以及中国所关心的这一地区的领土主张。整体来看该报告的内容是比较客观的，并没有夸大中国的北极参与，也没有贬低中国在北极问题上的作用。在谈到环境研究时报告提到北极地区的环境变化对中国的大陆、海洋、农业及经济发展都将产生影响，而这正是中国实施北极环境研究的原因。

事实上，中国虽然是非北极国家，但地处北半球，从气候方面来看我国的气候变化很受北极地区的影响。北极冷空气途经西伯利亚后吹向中国大陆，其对我国经济社会的影响有多大，从2008年春节期间的冰雪灾害即可见一斑。因为当年冷空气过弱，无法强力推移南方暖空气而导致冷暖气团长时间徘徊在长江流域，酿成冰雪灾难性天气。科学研究已经证明，南极罗斯海夏季冰山的多寡，直接影响到次年我国东北的降水。东北地区距南极如此

---

① http://origin.www.uscc.gov/sites/default/files/Research/China-and-the-Arctic_Apr2012.pdf，访问日期：2014年3月16日。

遥远，尚且能感受来自南极冷源的巨大威力，更不用说北极对我国气候的影响。北极地区作为全球气候变化的响应器和驱动器，存在着巨大的科研价值，被公认为研究气候变化的重要"实验室"。中国近年来也加大了对北极研究的投入。

在能源前景方面，报告认为中国限于地理位置上的天然劣势以及寒冷环境下能源钻探技术的欠缺，将很难直接获取这一地区的能源。由于中国远离北极，许多人疑虑北极的资源价值与中国关系不大。然而在全球化时代，自然资源的配置已经不再受地理位置的限制，因此从资源进口的角度来看，中国毫无疑问在北极地区拥有资源利益。报告在此处提到了中国与俄罗斯、加拿大、挪威之间不断增加的能源合作。

在航运前景方面，报告注意到中国在全球航运领域的重要地位和中国目前航线中的"马六甲困境"，因此认为中国会积极参与北极航道的运营开发。客观来看，即将贯通的北极航道将对中国带来重大的现实意义和战略意义。这主要体现在北极航线将极大缩短通往亚欧、亚北美之间的运输距离，而且在航运承载能力方面也几乎不受影响，其经济价值、环保价值和战略意义不言自明。

在报告的最后一部分，作者提到了中国的南海问题，认为中国在南海地区的主张将极大限制其在北极地区谋求更多的权益。实际上报告对这点的担忧是没有必要的，中国已经加入北极理事会，而且根据《努克宣言》的规定，非北极国家加入该组织就意味着已经承认了北极国家对这一地区的主权及主权权利诉求。中国在北极地区并无领土野心，只是要求获得平等对待并享受《联合国海洋法公约》所赋予的权利而已。

除上述研究报告外，许多媒体对中国的北极参与也曾做过报道。但是由于媒体出于吸引眼球的目的，往往刻意渲染北极地区的紧张气氛，故意将北极地区描绘得硝烟弥漫。如前文提到的 Heather Conley 在《华盛顿邮报》上的文章，介绍中国正在建造世界上最大的常规动力破冰船。这些报道往往也是某个部门出于特定利益对政府施压的手段，他们希望在社会上形成一种普遍的危机感，进而督促政府加大对北极地区的投入。然而有些报道则是从客观角度对中国参与北极事务进行解读,如 CNN 曾刊登过《中国注视着北极的能源和交通》,主要谈到了中国进入北极地区的动机及对中国的影响。

综合分析美国政府文件、智库报告及媒体消息,可以推断美国政府对中国参与北极事务的态度是不支持也不反对。具体来讲则是不会主动邀请中国参与相关北极事务进程,尤其是涉及北极地区的安全、主权等问题领域,但是对于中国自身积极谋求以合法程序参与北极事务美国也不会明确干预。美国在其北极战略中已经明确表示将会加强与非北极国家之间的协调,因此对中国的反对将直接与该战略相悖。同时美国十分清楚在北极地区拥有最大利益的是俄罗斯与加拿大,如果自己出面排斥中国进入北极则无异于为俄加火中取栗,这不符合美国的国家利益。然而,美国也不想看到中国在北极获得过多的利益,因此不会表现出鼓励中国参与北极的姿态。由于这些原因,在北极问题上美国对中国的态度可谓"中立"。

(二)美国利益及其与中国北极利益的关系

美国的北极利益经历了从以防务安全为核心向以国土安全为核心的变迁,这是因为北极经历了从冷战时期两大集团的军事对抗,转变成为复合性安全交织的状态。

纵观美国的北极政策,美国北极利益中的安全利益可谓重中之重,其中 2009 年尤其强调了国土安全利益。小布什总统的国家安全指南认为,"美国在北极地区拥有广泛的根本性安全利益"。[①] 布什总统的国家安全指南要求:"美国应该维持在北极积极且有影响的存在,保护本国利益,将海权延伸至该地区。"[②] 同前任政府相比,奥巴马政府的北极关注度明显提高,其政策将捍卫美国在北极地区的利益列为美国全球范围内的六个重要的战略目标之一。[③]

[①] National Security Presidential Directive 66 and Homeland Security Presidential Directive 25, January 9, 2009.
[②] 《美国国家安全指南》,2009。
[③] Arctic, U. S. Department of State, http://www.state.gov/g/oes/ocns/opa/arc/,访问日期: 2014 年 3 月 16 日。

此种情况之下，美国的北极政策与中国北极利益之间有什么关系？二者之间有多大关联度？

2010年4月推出的美国《北极利益评估报告》中，作者提出中国等非北极国家在北极地区拥有利益之说。事实上，中国在北极地区的利益是广泛而实在的，从前文美国对中国参与北极事务的关注点中即可看出，美国已认识到中国在北极地区的资源利益、航道利益、科研利益、环境利益等。整个北极地区与中国密切相关，假如北冰洋沿岸国家的外大陆架获得认可，那么整个北冰洋海底面积将缩小到34万平方公里，全人类的共同财产将被这些国家所瓜分。

比较中美两国的北极利益，可以看出存在大量交叠部分。除了防务和安全利益以外，两国在环境、科学和航运方面的利益趋同或相近，特别是在航运领域，两国拥有天然的相同利益。

2007年10月，美国海军、海军陆战队和海岸警卫队联合出台了一份海洋战略报告，认为气候变化不但带来北极资源的开发，而且产生了一条可以重塑世界航运体系的航道。虽然这些变化为发展带来了机遇，但同时也为争夺这些资源创造了对抗和冲突机会。[①] 继之，在2009年的一份报告中，美国海军的海洋学家指出，航行自由是美国的建国理念。美国与欧盟均坚持北极航道属于"国际航道"，坚持"无害通过"。另外，美国认为北极航道的重要之处在于航道上的一些战略咽喉，如白令海峡、加拿大伊丽莎白女王群岛的海峡、俄罗斯北地岛和新西伯利亚群岛中的重要海峡。美国的北极军事利益包括预警/导弹防御，海上存在和海上安全，自由航行和自由飞跃。美国海军必须准备好保护本国的北极海上商业通道和安全利益，建立必要的军事设施提供后勤服务。为此必须清楚了解北冰洋海况，必须开展广泛的科学研究。[②]

---

① "A Cooperative Strategy for 21st Century Seapower," Washington, 2007, p. 3 (Section entitled "Challenges of a New Era"), http://www.navy.mil/maritime/MaritimeStrategy.pdf, 访问日期：2014年3月16日。

② David Grove, "Arctic Melt: Reopening a Naval Frontier?" *U. S. Naval Institute Proceedings*, February 2009: 16 - 21.

对于中国而言，中国的北极利益将主要体现在航道运输、科学研究、自然资源保护等方面。鉴于中国是世界上最大的贸易国，而且严重依赖海上运输，因此北极航线的天然优势对中国而言意义非凡。其实，在全球化时代贸易是互惠的，即航线的开通对美国而言同样具有重要意义。因此一旦西北航道开通，中美两国贸易均受其利。虽然目前同东北航道比较，西北航道尚不具备开展大规模国际航运的条件，但毫无疑问，如果全球暖化的趋势发展下去，西北航道的开通只是一个时间问题。显然，届时在保证西北航道管理制度符合国际通行规则、坚持商业航运自由方面，中国同美国的利益没有多大差别。现在，因为西北航道的航运前景存在不确定性，美国社会对此反应冷淡。如果商业航运开通，两国北极航运的协调将提上日程。

当然，中美两国的航海自由的理念和动机不同。美国的航海自由是基于维护其全球霸权的考虑，目的在于保证海上打击力量抵达通道的畅通，因此，美国主张的航海自由是维护其世界霸权的工具。而中国主张的航海自由则基于《联合国海洋法公约》的基本准则之上，它反映了中国的商业利益诉求，是一种互惠行为。中国的北极航行自由论是与中国的北极商业利益一致的，不但使中国获利，也有益于北极国家和其他拥有高纬度港口的北半球国家。在可预见的未来，中国海军不可能扩展到北极，北极军事利益尚不在中国考虑范围之内。总之，中国的北极航行自由属于商业性质，而美国的北极航行自由既包括商业意义，也带有浓厚的军事色彩。

（三）中美两国北极合作的可能性与障碍的探讨

1. 中美北极合作的可能性

显然，美国的政策取向对北极事务有着重要的影响，尽管受到金融危机的影响，但作为重要的北极国家和当今世界唯一的超级大国。目前所有北极双边冲突中，美国的政策取向至关重要。相应的，研究北极问题也应该把美国的北极政策研究置于重要位置。中国作为新兴国家，正在从地区性大国向全球性大国迈进，北极事务密切关系中国利益。而鉴于美国在中国参与北极事务上的立场以及中美两国在北极事务上的诸多共同利益，两国在北极航道、北极环境等领域有很大的合作潜力。

中美可以探讨在北极地区"低政治"领域（科研、环保、可持续发展等）的合作作为切入点，并探讨如何从"低政治"领域的合作"外溢"到"高政治"领域，这将有助于丰富国际关系理论中的合作理论，从而进一步探讨国家合作以及实现国际共赢的途径。

如何评估中国的北极利益，也是美国北极学者研究的重要内容之一。例如，美国学者保罗·麦克利维（Paul McLeary）在《世界政治评论》（*World Politics Review*）撰文《北极：中国开启了一个新的战略前沿》（The Arctic：China Opens a New Strategic Front）指出，中国谨慎而自信地踏入北极地区，建议吸纳中国参与北极治理。2010年4月10日，由多家基金会支持的"北极治理项目"组（Arctic Governance Project）出台了一份研究报告——《大变革时代的北极治理：重要问题、治理原则与未来进程》（Arctic Governance in an Era of Transformative Change：Critical Questions，Governance Principles，Ways Forward），更进一步建议："应该对重要的非北极力量如中国……在北极理事会中的永久观察员地位予以认可。"该项目组囊括了当今美国高校、智库中的北极知名学者和北极地区原居民代表。

作为美国著名的极地研究学者，Oran R. Young 的全球治理理论（全球环境治理、国际环境制度）在学界具有相当的影响力。早在1985年他就在《对外政策》（*Foreign Policy*）杂志撰文《北极时代》（The Age of the Arctic）断言，"可以毫不夸张地说，我们已经进入一个北极时代"。他主要从治理的角度对北极事务进行研究，认为北极地区的国际政治合作的前景大于冲突的前景，近年来他在有重要影响的杂志连续发表论文，阐明北极地区是"和平之地"，并对应对北极治理所带来的挑战建言。他在文章《北极正在上演？——急剧变化时代的治疗》（The Arctic in Play：Governance in a Time of Rapid Change）中认为，在"环境问题日益全球化的背景下，对北极问题的解决必须吸收各有关方的加入，而且北极国家需要以坦诚的态度承认非北极国家的合法权益"。他在《科学》杂志与英国剑桥北极地缘政治研究专家Paul A. Berkman合作撰文《北冰洋之环境变化与治理》（Governance and

Environmental Change in the Arctic Ocean），认为必须寻求北极治理方面的国际合作战略，以应对环境变化对北极治理带来的挑战。针对北极海底之争，他们建议将处在北极中心地带的海底与表层水体分别对待，对于表层水体而言，北极国家与非北极国家都可以依据国际法的相关原则进行有效的参与。针对近年来一些学者和媒体大肆渲染的"北极新冷战"、"北极淘金热"等舆论，Oran Young 认为尽管北极地区在具体事例上可能会呈现国家之间争夺的态势，但总体来说北极地区是一个"和平之地"。这一观点与美国陆军学院的巴茨的观点异曲同工，巴茨认为全球气候变暖很可能改变传统的竞争国与合作国对象，尤其北极地区更是如此。另外中美两国在全球能源市场稳定等方面也有共同的诉求，因此合作是存在空间的。

中美在北极问题上的合作空间与途径，应该从两个角度来看。首先中美应将北极问题上的合作置于更为广泛的政治、经济层面的合作框架下进行。这也体现在已经进行过的两轮中美经济战略对话的成果清单中，尤其在2011年的第二轮中美经济战略对话清单中特别将极地事务也纳入进来，"决定在2011年5月下旬在华盛顿举行第二轮中美海洋法和极地事务对话"。美国对中国的参与多次口头表达不排斥，欢迎中国参与北极事务和北极理事会观察员。可以肯定的一点是，中美两国在诸如气候变化、环境保护等领域达成合作的可能性还是非常大的。

开展国际合作，包括同非北极国家的合作，对于美国而言也具有现实必要性。因为北极环境的特殊性，国际合作显得十分必要，特别是墨西哥湾石油泄漏事件的教训深深触动了美国政府，国会报告提到应该通过与他国合作建立石油清污机制。美国希望通过与盟国合作解决北极纠纷，[①] 因为目前美国在北极的军事存在与俄罗斯相比较尚处于弱势地位。美国国家冰情中心（The National Ice Center）与美国北极研究委员会2007年举行了联合论坛，讨论海冰减少对海军和水上活动的影响，会议得出的结论是："虽然北极海冰的减少将扩大海军和海上活动的范围，但美国海军几乎没

---

① Changes in the Arctic: Background and Issues for Congress, August 1, 2012.

有进入北极的能力,也不具备在北极环境下活动的能力。"① 这包括:不具备服务设施协同活动的能力,海军的北极研究经费受到研究重点调整的影响而减少,因为长期以来海军局决策者将北极置于次要地位,基础设施缺乏。北极特殊的自然环境,使得任何一国都难以独自完成对北冰洋的系统调查,必须依赖国际合作才能实现,国际合作也将是美国未来北极政策的重要内容。

2009年美国北极政策文件的第三部分将推动国际科学、海事、搜救和安全合作置于重要地位,文件中提到的"other nations"没有清晰界定,因此可以理解为不排斥同非北极国家的合作。中美两国除了军事领域以外,在科学、环境和航运领域都存在合作机会。然而虽然合作机会存在,但是如何达成还面临着众多挑战,事实上中美两国的北极合作存在着诸多障碍。

2. 中美北极合作的障碍

美国的北极战略是其全球战略的组成部分,因此必然服务于其全球战略。在美国国内暂时出现困难的背景下,美国不希望过于分散其资源,而是试图集中力量应对目前它所感知到的最大威胁,即中国实力的增强。因此,即便在北极地区中美进行合作可以给双方都带来利益,但是从相对收益的角度考虑,美国可能选择"双输",即宁可自己不去追求收益的增长,也绝不让中国从合作中获得好处。所以,美国政府对中国的北极活动既不表示支持,也不表示反对,采取了旁观态度。这从2011年度两国的海洋与极地论坛即可看出端倪。

特别的是,中美两国对北极航运自由问题的理解有着根本不同。美国的北极航行自由既包括商业航行,也包括军事船只的航行。显然在可预见的未来,中国在北极尚不存在军事利益,因此军事船只的航行自由对于中国毫无意义,在中美的北极航行协调中,中国不可能为美国的北极军事船只航行自由火中取栗。

---

① Impact of an Ice – Diminishing Arctic on Naval and Maritime Operations, Summary Report, July 10 – 12, 2007, p. 10, http://www.star.nesdis.noaa.gov/star/documents/2007IceSymp/Summary_Report_2007.pdf, 访问日期: 2014年1月13日。

更令人担忧的是北极地缘政治的发展，客观上也对中美合作造成了牵制。

北极地缘政治的变化首先体现在俄罗斯对华政策的调整，在格陵兰努克会议上，俄罗斯成为阻挠中国进入北极的急先锋。然而乌克兰事件的发生又彻底改变了这一局面。美欧等国发起的对俄制裁让俄罗斯难以支撑，因此它将外交的橄榄枝伸向中国，中俄关系走近。在中美俄这个大三角之中，任何两方合作，都会影响到第三方的势力和利益。在这一情况下美国必然会对中国产生不满，同时作为对破坏其制裁措施的惩罚，美国也将在其他领域对中国做出限制。体现在北极地区则是中美合作前景的黯淡。

面对云谲波诡的国际局势和中美之间的结构性矛盾，中国不应期望在北极地区同美国达成多层次全方位的合作，而应该把目光聚焦于低端政治领域，包括环保、科研以及预防自然灾害等领域。

六　结语

由于战略调整和国内金融危机的冲击，美国没有投入更多资源参与北极纷争，但美国的战略文化惯性决定了美国不会放弃主导北极治理的企图。布什和奥巴马政府在政策实践方面的保守姿态是否战略性调整尚待观察。可以想象，美国绝不会轻易放弃主导北极事务的意愿。对于全球领导地位的捍卫将是美国不变的追求。虽然当前的困境限制了其在北极地区的行动能力，然而有一点能够确定，即北极始终关乎美国的核心国家利益，美国今天在北极地区的"低调"实际上是在蛰伏，是为了配合其全球战略的调整。它正在等待本国经济的恢复和世界上其他热点地区纷争的平息。而一旦这一天到来，美国就会恢复昔日的北极强势，把主导北极秩序的梦想付诸实践。因此，对于美国政府当前的北极低调，还应从长时段和全方位角度衡量。与此同时，中国应该抓住这一契机，加大对北极地区的投入力度。从不具有对抗性的北极科研入手，逐步增强在北极地区的存在。也应当注意同北极国家的双边合作，对于摆在中国面前的壁垒进行各个击破，最终在北极的大国博弈中确立自己的地位。

俄罗斯北极战略分析

钱宗旗*

俄罗斯是北极领土和海域面积最大的国家。俄罗斯北极地区的陆地面积占国家总领土的18%，共310万平方公里；大陆架面积约占总面积的70%，超过400万平方公里，沿北冰洋的海岸线长度约为2万公里。截至2012年，俄罗斯北极地区的居住人口为195万（约占俄罗斯总人口的1.4%），[①]其中原住民、少数民族人口约16万人[②]。俄罗斯北极地区有46个城市人口超过5000人，是俄罗斯人口密度最低的地区，但却是北极圈国家中人口最多的地区。

21世纪伊始，全球气候变暖加速北极冰盖的融化，人类开发海洋的能力和技术提升，北冰洋开发利用已经从理论变为现实。围绕北极领土划分、国土安全、资源开发、航道利用和生态保护等问题在北极圈国家，乃至国际社会引发争议。俄罗斯为了维护其在北极的国家利益，先后于2008年、2013年和2014年出台了《2020年前及更长期的俄联邦北极国家政策原则》（以下简称《北极原则》）、《2020年前俄联邦北极地区发展和国家安全保障战略》（以下简称《北极战略》）和《2020年前俄罗斯联邦北极地区社会经

---

* 钱宗旗，上海国际问题研究院全球治理研究所俄语专家，主要研究方向为俄罗斯外交政策与实践、北极航道治理等。

① Конышев В. Н. Сергунин А. А. Арктика в международний политике. Москва，2011，с. 25

② Дёгтева Г. Н. Проблемы здравоохранения и социального развития Арктической зоны России. Москва – Санкт-Петербург，2011，с. 17.
根据俄罗斯1999年通过的《俄联邦少数民族权力保障法》和2000年俄罗斯政府批准的《俄联邦原住民统一目录》，俄罗斯共有45个少数民族，其中40个少数民族居住在俄罗斯北方地区。

济发展国家纲要》（以下简称《北极国家纲要》）。目前，俄罗斯在北极地区最关注的领域，一是综合发展俄联邦北极地区的社会经济；二是运用先进技术开发俄联邦北极地区的自然资源；三是现代化改造和发展北极运输基础设施，复兴"北方海航道"。俄罗斯北极战略的实施主要是围绕这三条主线展开的，其中开发自然资源是根本，资源开发和利用将带动周边地区的经济和航道运输业的发展。根据俄罗斯专家的评估，目前北极地区已探明的油气资源中60%位于俄罗斯领土，油气点超过200多个，其中进行开采的只有几十个油气田。① 此外，保护和保障俄联邦北极地区的环境和生态安全、捍卫和维护俄联邦北部国家边界，以及开展国际合作等，尤其是生态安全问题也是俄罗斯北极战略的重要内容之一。2013年10月，普京在主题为"北极生态安全"的第三届"北极—对话之地"国际论坛上就北极人类活动加剧引发生态安全问题发表讲话，并提出扩大国际合作，建立北极统一的生态标准的建议。②

在北极事务和地区发展问题上，俄罗斯重视与北极圈国家深化合作关系。与北极圈国家建立统一的地区搜救系统；在双边和地区组织范围内加强俄联邦与北极国家的睦邻关系，积极开展经济、科技和文化合作，边境合作，有效开发自然资源，保护北极环境。但是随着中日韩等国成为北极理事会正式观察员国，俄罗斯对待北极圈域外地区国家和国际组织参与北极活动的态度有所改变，从过去的完全排除到有条件地欢迎国际社会，尤其是亚太地区经济发展迅速的国家参与俄联邦北极地区的发展进程。美欧因乌克兰危

---

① Конышев В. Н., Сергунин А. А. Арктика в международний политике. Москва, 2011.
② "北极——对话之地"国际性论坛是俄罗斯地理协会于2010年开始主办的高层次国际论坛，俄罗斯总统普京参加每次会议并发表讲话。该论坛是俄罗斯官方就北极问题向世界阐述俄罗斯立场的重要平台。2010年9月22~23日，第一届"北极-对话之地"国际论坛在莫斯科举行，主要议题是：1. 当前北极问题：国家利益和国际对话；2. 北极环境：气候变化和人类活动的影响；3. 北极的自然资源：繁荣本地区的合作领域。2011年9月21~24日，第二届"北极——对话之地"国际论坛在俄罗斯北极地区阿尔汉格尔斯克市举行，主要议题是："北方海航道及其基础设施和安全问题"。2013年9月24~25日，第三届"北极-对话之地"国际论坛在俄罗斯亚马尔-涅涅茨自治区首府萨列哈尔德举行，主要议题是："北极生态安全"。

机对俄实施制裁后，俄罗斯加强了与亚洲国家在北极的合作关系。

中国和俄罗斯都是联合国安理会常任理事国，也是世界上最有影响力的大国之一。中俄两国互为对方最大的邻国，中俄两国漫长的边界对两国政治、安全和经济具有难以估量的重大意义。近年来，在中俄两国领导人的支持下，中俄两国积极推动各自国家和地区发展战略的相互对接，寻找和扩大利益契合点和合作增长点。两国的区域性经济合作正在由边境地区向内陆地区延伸，由能源、资源领域向基础设施、高端制造业和金融等领域拓展，由商品贸易向直接投资、研究开发转变，互利合作的层次和水平不断提高。俄罗斯开发北极区域对扩大中俄区域合作范围，丰富两国全面战略协作伙伴关系的内涵具有重大的现实意义。

一 俄罗斯北极政策和战略的形成

（一）北极政策的形成过程

苏联解体后，俄罗斯作为苏联的继承者因国力急剧下降，没有能力继续对北极地区的社会经济发展提供财政支持，几乎整个20世纪90年代北极地区基本处于停滞发展甚至倒退阶段。21世纪伊始，在普京总统的强势领导下，俄罗斯经济开始复苏，开发北极地区成为俄罗斯国家发展战略的重要组成部分。

从苏联解体至今，俄罗斯北极地区的发展和政策形成可以分为四个阶段。第一阶段始于1991年，是机构重组或转型阶段。俄罗斯作为苏联接班人，继承了苏联时期所有的法律文件和组织机构。1991年，俄联邦国家杜马（议会下院）成立了"俄联邦北极和南极事务国家委员会"，1992年，该委员会更名为"北极和南极事务跨部门委员会"（2004年取消），当时，其主要功能是协调北极和南极地区的科学、社会经济和自然保护活动，监督俄联邦国家政权最高机构、俄联邦总统和俄联邦政府在该领域通过决议的执行情况。1992年俄联邦政府通过决议成立全俄"北方、北极和北方少数民族问题科学协调中心",该中心的主要功能是协调所有从事北方、北极地区发展和北方少数民族问题研究的科研机构的研究工作。1994年,俄联邦联邦委员会(议会上院)建立"北方和少数民族事务委员会",由联邦委员会北方主体(省)的议员们组成,主要任务是关注北方地区的社会经济发展、自然资源利用、原住民生活及其自治区发展的问题。这一阶段北极地区和联邦中央制订了不少有关北极地区的社会经济发展计划,但是由于国家财政援助停止拨发或不到位,北方地区实际上处于发展停滞或下降状态。当地社会经济和北极科考等活动所需的资金主要依靠地方大企业资助。该阶段苏联时期建立起来的北方地区物流系统和社会经济发展体系基本崩溃。

第二阶段始于1997年,俄罗斯批准《联合国海洋法公约》。俄罗斯国内政界和学界围绕《联合国海洋法公约》,就北极开发和发展问题展开大辩论。一方认为北极战略地位的重要性不容忽视;另一方则认为没有必要将资金浪费在冰雪覆盖的北部地区。其间,政府出台了一系列相关文件,其中最值得关注的是《关于俄联邦北极地区》联邦法草案,该草案提出保障俄联邦在北极的地缘政治利益、确保北极地区稳定发展和保护自然资源作为国家政策的主要方向。该法案因各方分歧较大,始终难以达成一致意见,最终未获通过。这一阶段俄联邦北极地区发展政策在地方上的推行因无法律依据、政治意愿和财政支持力度不足等原因基本没有获得实质性的成效。

第三阶段始于1999年最后一天普京出任俄罗斯总统。普京任总统后,即在国内推行"强国富民"的国家发展战略,试图重塑世界大国地位。在俄罗斯国家发展总战略中,北极地区的社会发展占据重要组成部分。2001年俄罗斯向联合国大陆架界限委员会提交扩大北极外大陆架的申请。为了配合扩大北极外大陆架的申请工作,同年俄罗斯出台《关于俄联邦北方社会经济发展国家管理基础》草案,在政府与社会各界经过7年多的讨论和研究后,终于在2008年以该草案为蓝本发表了《北极原则》。《北极原则》出台后不久,俄联邦安全委员会举行了"捍卫俄联邦在北极的国家利益"会议,会议要求制定北极发展战略,由于文件涉及的领域和部门众多,需要一个权威性的国家机关协调这些部门的工作,最后俄罗斯地区发展部暂时承担起了协调各方工作的责任，但是《北极原则》的具体实施战略和计划纲要迟迟难以出台，其根本原因还是受制于各地区为了维护本地区利益，扯皮现象严重，使得国家政策难以落实。该阶段主要的成就是每年举行大型北极科考活动，一些道路和港口等基础设施建设启动，北极"大扫除"已初见成效，北极国际合作起步等。

第四阶段始于2012年，普京第三次当选总统。2012年7月，普京签署了《俄罗斯联邦关于北方海航道水域商船航运相关法律修正案》，对1999年《俄罗斯联邦商船航运法典》、1998年《俄罗斯联邦内海、领海和毗连区法》和1995年《俄罗斯联邦自然垄断法》相关条文进行修改。同年举行的俄联邦安全会议通过了制定北极地区发展战略决定，并于2013年2月和2014年2月先后出台了《北极战略》和《北极纲要》。2014年5月，发布《关于俄罗斯联邦北极地区陆地领土》总统令。自此，俄罗斯从法律上明确了其北极地区的陆地疆域，从法律上明确了俄联邦政府对北极陆地和北冰洋海域的统一管辖权。俄罗斯北极地区开发进入全面实施阶段。

《北极原则》、《北极战略》和《北极纲要》是俄罗斯开发北极的主要法律依据和实施文件。在其制定过程中参考了大量的国内外法律和政策文件，其中主要的有：1993年12月通过的俄联邦宪法、联邦和地方法、其他俄罗斯法律和北极各主体法律、国际法；1998年8月（2008年9月30日俄联邦版）《"世界大洋"联邦总计划中的"开发和利用北极"子计划的原则条例》；2000年3月《国家支持俄联邦北方地区经济和社会发展纲要》；2008年7月《俄联邦对外政策纲要》；2008年11月《2020年前俄联邦社会经济长期发展纲要》；2009年2月《北方、西伯利亚和远东原住民稳定发展纲要》；2009年5月《2020年前俄联邦国家安全战略》；2009年6月俄联邦政府海洋委员会通过的《关于俄联邦北极地区环境保护战略行动规划》等。其他相关的主要联邦法有：《关于工作和生活在极北地区的公民，与本地人享有同等的国家保障和补偿》；《关于离开极北地区的公民与本地人享有同等生活补贴》；《关于保障俄联邦原住民权利》；《关于俄联邦北方、西伯利亚和远东原住民社团组织总原则》；《关于俄联邦北方、西伯利亚和远东原住民自然资源合理利用传统领地》。除此之外，还参考了部门工业发展战略文件，如《2020年前俄联邦大陆架油气资源研究和开发战略》；《2010~2039年俄联邦大陆架研究和开发国家规划》草案；《2030年前俄罗斯能源战略》；《2020年前电力工程项目分布总图》；《俄联邦交通战略》；《2030年前铁路交通发展战略》；《俄罗斯北极地区资源企业经营战略和纲要》；《2025年前俄联邦人口政策纲要优先地位》；《俄联邦信息社会发展战略》；《北极地区战略发展计划融入"2025年前远东和贝加尔地区社会经济发展战略"》等。最后还参考了俄联邦国家委员会和俄联邦安全委员会的相关决定，以及俄联邦总统在议会发表的年度咨文等。

（二）俄罗斯北极政策形成的相关主要部门和决策者

1. 俄罗斯北极政策的决策机制和主要决策者

从决策体制看，俄罗斯实行的是总统制，立法、行政、司法三大部门各司其职，最终决定权在总统。俄罗斯的立法机构是议会，由国家杜马（下院）和联邦委员会（上院）组成，其具体职责是负责审议由政府提交的相关法律文本草案，杜马审议通过后交由联邦委员会，联邦委员会表决通过后提交总统批准，法律文本草案经总统签字后立即正式生效。

与北极政策相关的各级行政部门主要是俄联邦安全会议、总统办公厅、政府、地区发展部（2014年9月地区发展部被取消，其职责由相关部委承担）、自然资源和生态部、交通部、经济发展部、能源部、国防部、内务部等。

（1）俄联邦安全会议和总统办公厅

总统是国家元首，负责国家一切重大事务。俄联邦安全会议是有关保障国家安全；保护国家、社会、个人利益，避免内外威胁的最高决策机构，是直接向总统负责的涉及国家安全的咨询机构。本届安全会议成员于2012年5月26日组成，共31人，其中包括总统普京、总理梅德韦杰夫、联邦安全局局长、内部部长、国防部部长、外交部部长、紧急状态部部长、联邦会议（上院）主席、国家杜马（下院）主席、总检察长、莫斯科市市长、圣彼得堡州州长、科学院院长、八大联邦区总统代表等，这些成员均为国家各重要领域的代表。俄罗斯北极政策就是在安全会议上最终形成的。

总统办公厅是保障俄联邦总统活动的机构，其主要功能是为总统准备提交国家杜马（下院）和联邦会议（上院）审议的法律草案；准备国家杜马（下院）和联邦会议（上院）一审通过的法律草案的签订草案；为总统准备内政外交活动所有必需的文件等。

（2）俄联邦政府机构及主要个人

俄罗斯在北极的主要利益涵盖多个领域，参与俄罗斯北极政策制定的部门众多，既有联邦政府的相关部门，又有地方政府各相关部门；涉及的领域上至国防安全下至原住民生活，可谓包罗万象。在俄罗斯北极政策利益集团中，俄罗斯总统地位最重要。俄联邦政府和地方政府的许多部门都与北极事务有关联，其中最主要的部门包括地区发展部（已取消）、国防部、能源部、交通部、自然资源和生态部等。由于参与北极事务的部门很多且杂，这些部门因本部门的工作性质和特点在处理北极事务与北极政策过程中的关注点不同，不可避免地会出现部门之间利益的冲突与不协调。因此，俄罗斯各界对组建协调北极地区国家政策的专门机构的呼声很高。本来由地区发展部暂时承担协调各部门、各地区之间的活动和北极政策推行的责任，但是因该部门被取消，目前尚无专门机构负责整个地区的协调工作。根据俄罗斯相关法律，俄罗斯北极地区分为海域和陆地疆域两个部分，分别由联邦政府统一管辖和协调。

俄罗斯总统南北极特使阿尔图尔·奇林加罗夫是推动俄罗斯北极政策形成的最重要的代表人物之一。2007年他在北极海底争议地区插上俄罗斯国旗后，随后几年，在他的领导下，俄罗斯北极科考活动得到迅速的发展。《北方海航道法》草案也是由他起草递交国家杜马审议的。

2. 北极政策的其他相关决策者

俄罗斯北极政策的主要决策者是总统、联邦政府和联邦议会。其他相关决策者首先是8个北极地区的地方政府相关机构；其次是能源开发商、科学家团体、北方少数民族协会和北极地区的原住民等。

（1）8个北极地区

俄罗斯8个北极地区科米和萨哈共和国（雅库特）、摩尔曼斯克和阿尔汉格尔斯克州、克拉斯诺亚尔斯克边疆区，以及涅涅茨、亚马尔－涅涅茨和楚科奇自治州的地方政府每年制定本地区的发展规划，提交联邦政府审议。北极政策的最初文本就是在萨哈共和国（雅库特）行政长官提交的雅库特地区社会经济发展计划上形成的。雅库特作为北极地区面积最大的行政区在推动国家北极政策的过程中起了重要的作用。

（2）能源和矿产资源开发商

北极地区西部海域、大陆架地区集中了许多大小开采地，除了巴伦支海和喀拉海的大型油气资源开发项目外，在伯朝拉海域等周边地区的油气资源以及陆地上的矿产油气资源的开发和利用已形成一定的规模，而拉普捷夫海、东西伯利亚海和楚科奇海海域油气资源的开发潜力很大。目前正在开发并已签署合作协议的油气田基本都在俄罗斯石油公司和俄罗斯天然气工业股份有限公司的控制之中，一些私营中小型资源型企业如无政府支持很难得到北极油气开发项目。目前，在喀拉海海域已发现大型优质油气田，而在亚马尔半岛的国际合作项目"亚马尔液化气"正有序进行中。其他石油企业，如卢克石油等在北极地区资源开发中也发挥了很大的作用。

（3）科学家和研究北极问题的相关智库

俄罗斯科学家对北极政策制定有相当的影响力。从俄联邦安全会议成员的组成上可以看出，其成员均为国家重要部委的领导，但是有一位是来自学术机构的成员，俄联邦科学院院长奥西波夫。俄罗斯传统上极其重视科学家和学者的研究成果，北极政策的制定和执行离不开科学家和学者的作用。俄罗斯科学院分院遍布全国各大地区，他们进行的有关北极的科学项目对俄罗斯北极地区资源开发、航道建设和地区社会经济活动提供直接的理论和现实依据，同时为气候和环境保护提供研究数据和信息。俄罗斯研究北极的自然科学和社会科学的主要机构是俄罗斯科学院及其各地分院中研究海洋和北方问题的研究部门，如位于莫斯科的科学院总部的海洋学研究所、历史总会、北极研究中心等；位于圣彼得堡的俄罗斯南北极研究所等。

俄罗斯地理学会是俄罗斯国内成员最多的社会组织之一，是世界上最古老的地理学会之一，于1845年在尼古拉一世的命令下成立。在其建设过程中起领导作用的是科学院和海军，许多著名学者参加了俄罗斯地理学会。俄罗斯地理学会自成立之日起至今从未停止过一天的工作。该学会现有75个地区分会，几乎遍布俄罗斯所有联邦主体和大城市，联合了地理学和相关科学领域，以及生态学、社会活动家等方面的专家。俄罗斯地理学会的主要任务是收集和推广可靠的地质信息服务于国家的发展和建设。该学会在开发西伯利亚、远东、中亚和世界大洋以及发展海上航线，发现和研究新疆域，建立气象学和气候学等领域发挥了重要的作用。在俄罗斯举办的"北极——对话之地"系列高层国际论坛就是在俄罗斯地理学会的推动下举办的，该论坛已经成为俄罗斯与国际社会就北极问题进行高层对话的最重要的平台之一。俄罗斯政府对俄罗斯地理学会非常重视，现任国防部部长绍伊古为俄罗斯地理学会会长，普京则是该学会监督委员会主席。尽管俄罗斯地理学会是一个社会组织，但是由于俄罗斯政府高层的介入，其在俄罗斯北极地区的国家政策的制定和运作过程中发挥了极其重要的作用。

俄罗斯北方（北极）联邦大学是俄罗斯为了加强对北极地区的科考研究和培养北极工作者，于2010年在阿尔汉格尔斯克市建立的。这所大学是由当地的几所学院联合组建而成，是目前俄罗斯北极地区实力最雄厚的大学，该大学为俄罗斯北极开发和建设贡献了大批有经验的极地工作人员。另一个培养北极人才的大学是位于符拉迪沃斯托克的远东联邦大学。每年夏季这两所学校组织学者和学生乘坐科考船，参加北极漂浮大学的考察工作，在北冰洋东部和西部海域进行实地教学和科考活动。

3. 俄罗斯与北极理事会

1996年设立的北极理事会是包括美、俄在内的环北极八国在北极地区进行实质性合作的政府间高层论坛，是冷战结束后俄罗斯与西方国家进行合作的一项积极成果。北极理事会没有法律约束力，没有制度性的资金来源，是一个通过项目开展工作的组织。俄罗斯是对北极利益诉求最大的国家，北冰洋近半海域处于俄罗斯的控制之下。作为北极大国的俄罗斯对北极理事会有很大的影响力，由于美国不热衷于北极事务，所以俄罗斯在推动北极理事会自身发展和项目运作中发挥了重要作用。最近几年，俄罗斯加大与北极理事会成员国的合作力度。在俄罗斯的斡旋下，2008年5月俄罗斯与丹麦、美国、加拿大和挪威五国签署了《伊卢利萨特宣言》。根据这份宣言，北极五国在处理北极海域的问题与挑战方面处于独特地位，并承诺在国际海洋法的框架内有序解决相互重叠的主权权利要求，因而没有必要建立一个类似《南极条约》的综合性的国际法律制度来管理北冰洋。俄罗斯始终认为，北极海域的主权权力掌握在五国手中，因此排斥非北极地区的国家参与北极事务。2011年5月，在俄罗斯的积极运作下，北极理事会成员国签署了第一个具有法律约束力的正式协议《北极搜救协定》。由于俄罗斯所持的坚决反对态度，中韩日等国迟迟无法成为北极理事会正式观察员国，直到2013年这一问题才得以解决。

北极理事会因缺乏制度性的资金来源，其地位和管理北极事务的能力受质疑。俄罗斯希望强化北极理事会的功能，支持成立北极理事会项目支持机制，解决北极理事会项目资金问题，通过该机制将成员国的缴款汇总为一个基金。俄罗斯为了主导该机制的运作，2011~2013年共交纳了1000多万欧元。俄罗斯资助的项目主要与北冰洋海域划界和北极环境污染、生态安全有关。2013年俄罗斯同意吸收中日韩等国为正式观察员国的主要原因之一，是北极大规模经济开发势必加重北极地区的污染问题，威胁生态安全，这些后果不是俄罗斯一国或者北极国家所能承受的。俄罗斯需要借助北极理事会这一平台，通过国际合作谋求其北极利益的最大化。

二 俄罗斯北极战略和政策的解读

俄罗斯制定北极战略是为了保障和维护俄罗斯的北极利益。俄联邦政府出台《北极原则》、《北极战略》和《北极纲要》有着深刻的国内外背景。

(一)历史背景和主要动因

1. 国内因素

进入21世纪以后,在普京"强国富民"政策的推动下,俄罗斯整体实力在能源经济的带动下迅速增强,逐渐恢复到苏联解体前的状态。但是,2008年金融危机严重打击了俄罗斯经济复苏的步伐。在世界经济论坛发布的全球竞争力排行榜上俄罗斯的排名从2008年的第51位跌至2009年的第63位[①]。从2008年至2009年,普京和梅德韦杰夫先后提出了"国家创新发展战略"和"现代化战略"。但是,能源和资源产业是俄罗斯的主要创汇来源,只有在不断开发新能源基地的基础上,才能逐渐推进俄罗斯经济结构的转型升级,使俄罗斯真正走上创新发展的现代化轨道。由于老能源基地的产量已达到巅峰,亟须勘探和开发新能源产地以满足国家发展战略的需要。北极地区及其大陆架的丰富石油和天然气成为俄罗斯经济未来发展的新增长点。此外,横贯北冰洋、连接亚洲和欧洲的海上航线不仅将带动濒北冰洋地区的整体开发,完善相关地区的产业链,扩大发达地区的经济腹地,改变俄罗斯单一的能源经济模式,而且对保障俄罗斯濒北冰洋地区的国家安全都具有举足轻重的作用。

2. 国际因素

国际因素主要表现在两个方面。一是面临美欧的战略挤压。冷战结束后,俄罗斯历任领导人都表示愿意与美国为首的西方各国和睦相处,但这只是俄罗斯的一厢情愿。事实上,美国和北约利用俄罗斯国力相对衰弱之际,不断挤压其战略空间。近20年来,俄罗斯一直高调关注北约"东扩"、欧盟"东扩"以及美国在捷克、波兰部署反导弹基地对俄罗斯西部地区安全造成的威胁。另外,俄罗斯显然还受到来自北面和东面的战略威慑。美国迟迟不签署《联合国海洋法公约》的一个重要原因也是要确保其战略核潜艇能够在北冰洋海底自由航行,以期从北极地区对俄罗斯的北方边界形成遏制

---

① 李新:《俄罗斯经济现代化战略评析》,《俄罗斯中亚东欧研究》2011年第1期。

态势。

二是针对北极海域和资源的争夺日益激烈。2007年，俄罗斯在北极争议地段罗蒙诺索夫海岭插上俄罗斯国旗的举动引发环北极国家美国、加拿大、丹麦、挪威的极大不满，五国围绕北极主权的角逐白热化。2008年7月，美国国家地质勘探局公布的那份关于北极地区拥有丰富石油资源的调查报告引起全世界的关注。世界大型石油天然气企业竞相进入北极地区，展开了一场热火朝天的勘探大战。俄罗斯北极地区的油气资源开发虽然前景看好，但是俄罗斯主要在陆地开采油气资源，大陆架资源的勘探和开发工作滞后，导致开发技术落后，无法与那些大陆架油气资源开发经验丰富的美欧等国相比。俄罗斯必须加快北极地区的开发和发展，以期在北极能源资源开发中掌握先机。

3. 气候变化和环境挑战

全球气候变暖加速北极冰盖的融化。2008年夏季，北极航道历史上第一次全线冰盖消融。北极资源开发和航道利用从理论变为现实。但是北极地区的生态系统是地球上最脆弱的生态之一，自我修复能力不强。如果北极生态遭到破坏，不仅对北极众多物种的影响巨大，而且很可能导致不可预测的全球性的生态变化。随着北极地区人类生产经营活动的进一步增加，自然和技术性突发事件对北极自然环境和生态环境将造成极大的危害，甚至是不可逆转的。俄罗斯科学家的研究结果表明，俄罗斯北极地区能源企业和矿产业的发展对周边地区环境已经造成很大的影响，15%的俄罗斯北极面积被测出受到严重的污染。① 在一些石油开采和运输地区因管道破裂污染饮用水源头的事故经常发生，仅在汉特—曼西斯科石油产地每年几乎发生1900件类似事故。②

（二）俄罗斯北极政策和战略的解读

《北极原则》、《北极战略》和《北极纲要》是俄罗斯有关北极开发的

---

① Боярский П., Великанов Ю., Павлов А. Арктику пора спасать. Нефть России. 1999. №3.
② О состоянии окружающей среды Ханты - Мансийского автономного округа. Югры в 2003 году.

最重要的法律文件，前者是有关界定和实现俄罗斯北极利益的国家总体政策文件，后两份是俄罗斯开发俄联邦北极地区的具体实施战略和纲要。这三份文件构成俄罗斯21世纪北极战略的总框架。

1.《北极原则》共分6章11条，对俄联邦在北极地区的国家利益、俄罗斯北极地区国家政策的主要目标、战略优先方向、基本任务与措施等作了明确的界定和规划。《北极原则》由相关联邦执行权力机关、各联邦主体权力机关、地方自治机关、商业和非商业组织依据各自的权限和活动领域，遵循国家——民间协作的原则，通过采取目的明确、协调一致的行动来执行由俄联邦政府指导和协调的北极地区的发展计划，各主体是计划的主要实施者。

《北极原则》提出了俄罗斯在北极地区的四大利益：一是开发俄属北极区域，将其作为保障国家社会经济发展的战略资源基地；二是保持北极地区作为和平与合作的区域；三是保持北极地区独特的生态系统；四是使用北冰洋海上通道，将其作为俄联邦在北极地区统一的国家交通运输干线。主要内容可以归纳为如下五个方面：一是完成争议边界的论证工作，解决北极地区的主权权利问题；二是扩大国际合作力度，积极开发俄罗斯北极地区的自然资源，政府鼓励并扶持本国团体和个人参与北极开发；三是建设"北方海航道"基础设施和建立交通管理体系；四是运用高新技术，保障对北极经济、军事和生态活动进行有效监督；五是强化俄罗斯北极地区的军事存在，保障俄罗斯在北极的利益和国家安全。

2.《北极战略》共分7章39条，包括总则；主要风险、威胁和目标；优先发展方向和主要措施；实施机制；实施阶段；主要特征和监督机制等。本战略分两阶段完成，第一阶段至2015年，第二阶段至2020年。《北极纲要》分两部分，一是俄联邦北极地区社会经济发展领域的国家政策的优先方向和目标；二是俄联邦北极各地区及其国有企业等参与北极开发的具体指标，即具体任务和完成程度。从《北极原则》、《北极战略》和《北极纲要》的章节内容来看，后两份文件是前者的更新版，是战略执行和具体实施文件，主要涉及的是俄联邦北极地区的发展问题和每个北极地区在规定期限内完成的具体任务。通过解决《北极原则》中规定的战略优先任务，保障俄联邦北极地区国家安全和社会经济的稳定发展，实现俄联邦国家北极政策的主要目标，即实现国家北极利益。

《北极战略》和《北极纲要》的优先任务主要归纳为如下几个方面。

一是加紧获取北极区域的外部边界论据。2008年5月，环北极五国俄罗斯、美国、加拿大、丹麦和挪威通过的《伊卢利萨特宣言》指出，根据现有国际法，主要是《联合国海洋法公约》来解决北极领土纠纷问题，五国同意通过科学研究提供证据来决定北极的主权问题。俄罗斯提出的北极领土主权问题，是以俄罗斯最西北端的科拉半岛、最东北端的楚科奇自治区和北极为基准点确定的三角形区域，罗蒙诺索夫海岭延伸的部分地区位于这一区域，总面积为120万平方公里。从20世纪20年代开始，苏联在地图上标注为其领土，后来也自然被标注为俄罗斯领土。这一状况一直持续到俄罗斯批准《联合国海洋法公约》为止。2001年，俄罗斯向联合国大陆架界限委员会提出申请，要求恢复对120万平方公里"领土"行使主权，被大陆架界限委员会以证据不足驳回。2005年和2007年俄罗斯曾两次组织了科考队赴这些争议地段收集新证据。特别是2007年的科考活动，俄罗斯在北极海底插上俄罗斯国旗，此举引发新一轮北极领土争夺战。2008年至今，俄罗斯政府每年出资资助北极大型科考活动，每年冬季在北极建立浮动科考站，夏季组织核动力破冰船对争议地段罗蒙诺索夫海岭和门捷列夫海岭等地进行专门勘测工作。时任总统梅德韦杰夫在一次国家安全会议上表示，俄联邦政府将在2011~2013年内花费20亿卢布用以收集必要的证据，以论证罗蒙诺索夫海岭是俄罗斯大陆架板块的延伸①。

俄罗斯在对北极提出扩大大陆架主权权利的同时，开展与环北极国家中存在海域等相关主权争议的国家进行谈判的工作。2010年9月15日，俄罗斯和挪威在双方互有让步的前提下签署了《关于巴伦支海及北冰洋地区海

---

① Н. Зайцев. Власти РФ профинансируют экспедицию по исследованию шельфа Арктики, http://eco.rian.ru/business/20100409/220184715.html, 访问日期：2014年10月16日。

域划界和合作协议》，两国终于解决了争议40年的巴伦支海17.5万平方公里的海域划界问题。2011年2月和3月，俄罗斯和挪威两国议会分别批准了该条约。

二是开发北极地区的自然资源。开发北极资源，将北极地区建设成为国家战略资源基地是《北极战略》和《北极纲要》的优先任务之一。2009年8月，俄联邦政府通过的《2030年前俄罗斯新能源战略》草案中强调了开发俄罗斯北极水域能源的重要性。根据新能源战略计划，到2030年，俄罗斯的石油年产量为5.35亿桶，其中3.3亿桶用于出口；天然气年生产量为9400亿立方米，其中3680亿立方米天然气用于出口。

俄罗斯在北极地区能源开发中首先选择北极西部地区及其大陆架海域，是因为西部地区一直是俄罗斯经济发达地区，基础设施和开采条件较好，已形成能源工业产业链，有条件延伸至北部大陆架地区。俄罗斯计划以若干重点油气田为突破口，揭开这一地区新一轮资源开发的序幕。目前，俄罗斯北极地区已探明的油气点有200多个，其中进行开采的只有几十个，主要位于巴伦支海和喀拉海大陆架区域①，其中喀拉海海域、伯朝拉海域和相邻的亚马尔地区蕴藏着极其丰富的油气资源。2013年2月22日，普京在"天然气工业股份公司"成立20周年庆祝会上发言说："亚马尔和大陆架石油天然气产地的开发将改变全球能源市场的力量排序。"② 另一个值得关注的油气开发项目是位于喀拉海海域的面积约12.5万平方公里的3个地段，该项目有俄罗斯石油公司和美国埃克森美孚联合开发。根据初步评估，该区域储存50亿吨石油和10万亿立方米天然气③。2014年9月，两家公司在该区域内

---

① Основы стратегии устойчивого развития арктической зоны России, http://www.arctictoday.ru/council/654.html，访问日期：2014年11月16日。
② Путин освоение Ямала и цельфа Арктики изменит расстановку сил на мировом энергетическом рынке, http://www.arctic-info.ru/News/Page/pytin-osvoenie-amala-i-sel_fa-arktiki-izmenit-rasstanovky-sil-na-mirovom-energeticeskom-rinke，访问日期：2014年12月1日。
③ "'Роснефть' и BP договорились о сотрудничестве на шельфе в РФ", http://top.rbc.ru/economics/15/01/2011/527697.shtml，访问日期：2014年10月16日。

发现新油气田"胜利",并勘探出第一口"大学1号"油井,其石油和天然气储量分别为3919亿立方米天然气和1.287亿吨石油①。"大学1号"油井只是喀拉海海域被勘探出的第一口油井,根据俄专家分析,这口油井石油质量好,其周边均为类此地质,该区域油气储量堪比墨西哥湾。

三是复兴"北方海航道"。全球气候变暖,北冰洋海域适宜海上通航的日期明显延长,2013年已经延长至100天,甚至150天。②"北方海航道"是20世纪30年代开通的,是苏联连接其欧洲部分与远东的3条运输走廊之一(另两条是西伯利亚大铁路和横贯俄罗斯的空中航线)。20世纪90年代"北方海航道"的整体运输结构遭到破坏,航运公司和港口自由化,国家财政停止拨款,导致几十年航行良好的"北方海航道"交通系统崩溃。截至2012年,"北方海航道"的实际年货运能力仅为50万~70万吨,不超过100万吨。③而苏联解体前1989年至1990年的年货运量达到1000万吨④。

21世纪初,"北方海航道"的商业价值因北极冰盖融化和资源开发急速提升。俄联邦政府决心对北极运输系统进行全面恢复和现代化建设。2011年9月,普京在第二届"北极——对话之地"国际论坛上强调了"北方海航道"建设的重要性和必要性。他表示,俄罗斯计划将"这一航道变成最重要的具有全球意义和规模的贸易航线之一"。他认为,"'北方海航道'是未来国际运输大动脉,有能力在服务成本、安全性及质量方面与传统贸易航线形成竞争。"⑤ 为了扩大该航道的运输量,俄罗斯重启"别尔阔穆尔"北

---

① Высокое качество нефти месторождения Победа подтверждено лабораторными исследованиями, http://www.rosneft.ru/news/today/29102014.html, 访问日期: 2014年11月21日。

② Выступление на пленарном заседании III Международного арктического форума? Арктика - территория диалога?, http://www.kremlin.ru/transcripts/19281, 访问日期: 2014年10月16日。

③ В. Андрианов. Арктика не опоздать бы! . Стратегия Росии. 2012, 1, p.69.

④ Д. Данилов. Северный морской путь и Арктика: война за деньги уже началась, http://rusk.ru/st.php?idar=114689, 访问日期: 2014年10月16日。

⑤ Д. Данилов. Северный морской путь и Арктика: война за деньги уже началась, http://rusk.ru/st.php?idar=114689, 访问日期: 2014年3月16日。

方链项目①。该项目的目标是把乌拉尔和西伯利亚与阿尔汉格尔斯克港和摩尔曼斯克港连接起来，项目完成后，不仅将极大地缩短俄罗斯北方交通走廊，而且将极大地提高"北方海航道"的货运量。

最近几年，俄罗斯在"北方海航道"上进行了多次国内港口之间的货物航运，以及从摩尔曼斯克到中日韩等国港口的国际试验性航行，效果很好。2012年7月22日至8月3日，中国"雪龙号"极地科考船成功穿越北极东北航道，到达北冰洋大西洋扇区，完成了中国船舶对北极东北航道的首次穿越。2013年8月8日，中国中远集团下属中远航运股份有限公司的"永盛号"货轮从大连出发，穿越东北航道，于9月11日抵达鹿特丹，与传统航线苏伊士运河航线相比，航程从48天缩短至35天。这是中国商船首次穿越东北航道之行。

除此之外，俄罗斯修改有关"北方海航道"航运的国内法律文件，从法律上明确航行规则，维护其航道利益。2013年1月28日正式生效的《俄罗斯联邦关于北方海航道水域商船航运相关法律修正案》对1999年《俄罗斯联邦商船航运法典》、1998年《俄罗斯联邦内海、领海和毗连区法》和1995年《俄罗斯联邦自然垄断法》相关条文做了重要增补或修订，对那些备受国际社会质疑的强制破冰领航和高额收费等内容进行了修改，将破冰船强制领航制度改变为许可证制度，给出了具体的、可操作和可预期的独立航行许可和不许可条件，使得外国船只在"北方海航道"水域的独立航行成为可能。2013年4月，"北方海航道"管理局在其网站公布了新的《"北方海航道"水域航行规则》和《"北方海航道破冰船"领航收费规定》。新的收费标准按照船舶吨位、船舶冰级、破冰区域数量和航行时期收费，而非过去根据载货种类和载货量进行收费，从根本上改变了过去"北方海航道"

---

① 1996年"别尔阔穆尔"计划制订，主要是关于修建连接俄罗斯4个西北地区公路和铁路等基础设施的计划，为了该计划的实施，还专门成立了"别尔阔穆尔"公司，相关的4个北方地区的地方政府参与这一项目。1998年只修建了几公里的公路后，该计划就搁置了。2007年，"别尔阔穆尔"项目恢复，此时该项目不再仅仅是一个修建道路的计划，而且是作为发展俄罗斯西北地区基础设施的综合性计划被提上议事日程，但是因资金等各方面的问题，该计划再次不了了之。2010年"别尔阔穆尔"项目再度被提上政府议事日程。

破冰船领航的收费原则。

四是保护北极地区的生态环境和安全。北极地区的环境污染问题业已成为全球关注的重要问题。俄罗斯北极地区环境污染问题早已存在，俄罗斯北极大陆的核工业、能源工业、矿产业等污染严重的企业已经影响了周边环境和水域，如果进一步加大俄罗斯北极地区的开发力度，建立更多的大型工业综合体和石油天然气开采基地，必然会加重对周边环境的污染程度，这是一个无法回避的现实问题。因此如何保护和保持北极地区的自然环境，消除在经济日益活跃和全球气候变化条件下生产经营活动所造成的生态后果，是北极战略的主要目标之一。

2010年4月，普京视察弗兰茨·约瑟夫群岛的亚历山大岛后发表了对俄罗斯北极地区进行"大扫除"的讲话，随后，俄罗斯大规模清理北极垃圾的工作开始启动。2011～2013年，俄联邦预算共划拨了14.20亿卢布用于北极的清理工作。2013年俄罗斯完成法兰士·约瑟夫地群岛中亚历山大岛屿上成百上千只废弃燃料桶的清理工作，并着手清理周边其他几个岛屿上积累多年的废弃垃圾。2013年普京在第三届"北极——对话之地"国际论坛上强调，"保护北极大自然，保障经营活动、人类生存和环境保护之间的平衡是北极发展的主要原则和前提"。①普京还表示，俄罗斯作为北极最大的国家将在北极理事会、世界自然基金会和联合国环境署计划范围内与北极国家紧密合作，共同研究，并制定统一的北极生态标准。

五是加强北极地区的军事部署。俄罗斯海军中实力最强的北方舰队位于北极，是俄罗斯北极地区领土安全的重要保障。2007年俄罗斯恢复在其北冰洋上空进行战略导弹轰炸机的空中巡逻飞行任务后，俄罗斯加强了其战略导弹核潜艇在北极冰层下的巡逻航行。俄罗斯为了增强边防机构应对其北极地区所面临的威胁和挑战的能力，决定于2014年年底组建一个新的军事机构"北方舰队－联合战略司令部"，由俄罗斯北方舰队司令弗拉基米尔·科罗廖夫海军中将领导这一新机构，他将直接受俄罗斯国防部长领导。北方舰

---

① Выступление президента Путина, http://www.kremlin.ru/transcripts/19281.

队和陆军北极旅、空军和防空部队的一些下属部队和额外的管理部门将编入新机构。组建新机构的主要目的是在北极地区保护俄罗斯利益，包括"北方海航道"、渔业资源和油气田等，最重要的是保护俄罗斯北方领土的安全。①

三 俄罗斯北极政策和战略的主要特点、目标和手段

（一）主要特点

俄罗斯的北极政策和战略与俄罗斯国家整体战略相辅相成，制定俄罗斯北极开发国家政策的原则和目标，明确发展的主线和需要尽快解决的问题，对具体任务进行分解和责任落实，其主要特点表现在以下方面。

一是目标明确。首先，明确北极开发对俄罗斯中长期发展的意义，显示出普京政府利用北极摆脱俄罗斯资源供给国的全球国际分工地位，实现经济转型的目的；其次，凸显北极开发对俄罗斯提升国际政治地位、经济竞争力、科技发展水平，以及保障安全和主权权益的综合带动力；再次，表明俄罗斯通过北极开发，利用北极地缘优势，面向国际经济新格局，实现大国复兴的意志。

二是对具体任务进行分解和责任落实。俄罗斯的北极政策和战略不仅重申了开发北极的原则和主张，而且明确了在北极开发中国家管理和国家调控的作用，以及国家各级部门、北极每个地区、各个领域的角色、任务和责任，规定任务完成的时间段和进度，并制定核查机制。

三是紧紧抓住"地区发展、资源开发、航道利用"三根主线。提高俄罗斯北极地区的综合社会经济实力、开发自然资源和复兴"北方海航道"是俄罗斯地区开发和发展的关键，也是21世纪俄罗斯国家综合实力持续提

---

① В Арктической зоне РФ появится новая военная структура, http：//www.arctic - info.ru/News/Page/v - arkticeskoi - zone - rf - poavitsa - novaa - voennaa - stryktyra.

升和恢复世界大国地位的重要保障。

四是突出解决阻碍北极开发的紧迫问题。基础设施严重匮乏、劳动力供给不足、资金和技术保障乏力、生产效率低、国际合作滞后等问题是阻碍北极地区发展的主要不利因素。俄罗斯将动员国内各种力量和通过国际合作等途径解决上述问题。

五是注重经济发展利益和安全利益、主权利益的平衡。俄罗斯在对其北极地区进行经济开发的同时，加紧收集扩大外大陆架边界论据的准备工作。同时，着手组建新的军事机构"北方舰队－联合战略司令部"，试图通过经济开发、科学论证和军事手段主导北极事务，在北极地区实现多赢。

六是重视北极科考和国际合作。北极地区是一个国家交织、战略利益广泛、治理机构重叠的区域。北极开发建立在知识和创新技术平台之上，自2008年《北极原则》出台后，俄罗斯每年组织由大批科学家参与的北冰洋科考行动，与世界大型油气公司、船舶制造企业、国际组织等签署合作协议，在北极基础设施、资源开发、生态保护等领域开展合作。

（二）主要目标和手段

1. 掌控俄罗斯能源外交新王牌

俄罗斯北极地区丰富的自然资源和海上贸易通道业已成为俄罗斯外交的新王牌，即"北极牌"。俄罗斯一贯热衷于运用各种政治和经济手段，提升自身的国际地位和影响力。其中，能源资源是俄罗斯多年来牵制西方国家、打压独联体亲西方国家的战略筹码之一。日本"3·11"震灾后福岛核电站的核泄漏事故给世界范围内的核能发展计划蒙上浓重的阴影。德国宣布将在2022年前彻底关闭其核电站，其他国家在核能利用领域采取紧缩政策，寻求更为安全的能源资源来源地。此外，随着北非、中东地区局势持续动荡以及索马里海域海盗活动的有增无减，全球能源开采和运输的风险明显上升。受这些因素的影响，未来一二十年里世界各国对石油天然气的依赖程度将日趋加深，对俄罗斯北极地区的油气资源开发和开辟北极航道的期盼自然会日益加大。

事实上，21世纪初，俄罗斯"北极牌"的雏形已初露端倪。2007年，俄罗斯为报复美国对其采取的遏制政策，选择法国作为其开发什托克曼凝析气田项目的合作伙伴，选择德国作为北极地区天然气主要出口对象国，成为俄罗斯天然气在欧洲的集散中心。同样，俄罗斯最初选择英国BP公司作为喀拉海油气开发项目的外方合作者，除经济因素外，另一个主要原因则是政治上的考虑。2007年的俄英间谍风波和2008年的俄格战争导致俄英两国关系持续恶化。为了降低两国之间的敌意，缓和与改善双边关系，2011年，俄罗斯选择素有英国形象代表之称的英国BP公司参与喀拉海油气开发项目，以达到改善两国关系的目的。英国BP公司由于自身原因退出了这一项目后，俄罗斯在众多知名的国际石油公司竞争者中，如荷兰皇家壳牌集团、美国的埃克森美孚、雪佛龙等大型国际石油企业中，最终选择了埃克森美孚石油公司作为喀拉海油气田的合作者。俄罗斯之所以选择埃克森美孚公司，是因为作为回报，俄罗斯石油企业将获得开发墨西哥湾、得克萨斯州陆上油田和其他地方的石油资源并共享开采平台的机会，使俄罗斯石油公司获得北极大陆架海域油气开采的技术和有机会第一次涉足美洲的石油领域。众多迹象表明，俄联邦政府在其北极地区开发过程中将越来越多地使用"北极牌"，实现其国家利益最大化。

2. 构筑北极地区国际合作新平台

俄罗斯将通过开发其北极地区吸引国外投资和引进先进技术，提升国家综合竞争能力。俄罗斯领导人多次在公开场合表示，希望在北极地区建立一个国际合作和发展的平台。普京表示："我们在2008年通过的《原则》中公开明确地提出我国的国家利益。我们关心稳定、平衡地发展俄罗斯北方地区，加强与邻国的合作。"①

现阶段，俄联邦政府在其北极地区的资源开发问题上倾向于选择环北极国家和欧洲国家，对经济实力强劲的亚洲经济大国怀有一定的戒心。但是由

---

① Председатель Правительства Российской Федерации В. В. Путин принял участие во втором Международном арктическом форуме？Арктика – территория диалога？，http：//premier.gov.ru/visits/ru/16523/events/16536/.

于欧债危机的影响，许多欧洲国家尚未完全走出危机的阴影，亟须掌握一定的资金以应对随时可能恶化的主权债务危机，尚不具备向俄罗斯进行大规模投资的能力。而且2014年年末美欧因乌克兰危机对俄罗斯实施经济制裁，导致原本已与俄罗斯签署协议、合作开发北极资源的美欧石油公司被迫中止项目。相反，地处亚洲的中国、日本两国，外汇储备分别占世界第一和第二，韩国的经济实力也已跃入世界十五强之列。而且，中日韩三国都是能源进口大国，是足以维持俄罗斯能源供应稳定增长的大市场。另外，"北方海航道"的建设需要巨额资金的投入，更需要大量的人力资源，亚洲国家在这两个方面均占据优势地位。俄联邦政府对中日韩三国参与北极地区开发的疑虑有所下降，而且俄罗斯北极地区各级地方政府希望中日韩等亚洲邻国参与本地区社会经济的发展。加之北极国家中的挪威、冰岛等国对亚洲国家参与北极开发持支持态度。俄罗斯开始认真对待吸引亚洲国家参与北极地区的开发和发展，并希望能通过与亚洲国家在北极和远东太平洋地区的合作，为俄罗斯落后的东部地区注入强劲的经济发展活力，同时也为俄罗斯融入亚太、实现"双头鹰"平衡发展创造基础。

3. 确保俄罗斯北极地区在北极国家中的优势地位

俄罗斯北极地区的经济发展优势是能源、军工和交通（"北方海航道"）等领域。俄罗斯北极地区的亚马尔·涅涅茨自治区、萨哈共和国（雅库特）、阿尔汉格尔斯克州和摩尔曼斯克州等在资源开发领域占据领先地位。这些地区的企业生产的绝大多数产品是俄罗斯独一无二的。俄罗斯北极地区与其他北极国家相比，具有的优势表现在以下方面。

一是人口优势。现在居住在俄罗斯北极地区的人口共195万（约占俄罗斯总人口的1.4%），其中87%的居民居住在城市内。[1]

二是政策扶持。普京政府投资支持北极地区兴建大型基础设施，如石油天然气综合体、几千公里长的管道干线、发电站（其中包括比里宾核电站）、矿产基地、铁路、机场、海港和河港等基础设施。

---

[1] Конышев В. Н. Сергунин А. А. Арктика в международний политике Москва, 2011, p. 25.

三是资源与航道优势。俄罗斯北冰洋海域、大陆架区域和陆地渔业资源、油气资源、矿产资源极其丰富。"北方海航道"不仅是连接俄罗斯北极地区与其他地区的主要交通干线，而且是连接欧洲和亚洲最短的货物航运通道，其未来经济利用价值难以估量。

四是军事实力。俄罗斯北极地区传统上分别位于四个军区，列宁格勒军区（从摩尔曼斯克州的别切基到涅涅茨自治区乌斯季—科拉位于该军区）；伏尔加乌拉尔军区（亚马尔—涅涅茨自治区位于该军区）；西伯利亚军区（克拉斯诺亚尔斯克州位于该军区）和远东军区（萨哈共和国和楚科奇自治区位于该军区）。2010年俄罗斯军队改革后，军区数量减少，俄罗斯北极地区属于西部、中部和东部军区联合管辖范围。俄罗斯北极地区的军事力量主要集中在摩尔曼斯克，2/3的俄罗斯海军驻扎在北极。俄罗斯决定于2014年年底组建"北方舰队－联合战略司令部"，负责管辖俄罗斯北极地区的安全问题。

四 关于中国与俄罗斯开展北极合作的基础和建议

自从1996年中俄两国领导人签署联合声明，确定两国间建立平等信任、面向21世纪的战略协作伙伴关系以来，两国的政治互信和经贸合作稳步提升。2013年和2014年两国领导人会晤频繁，两国不仅在世界和地区重大问题上协调立场、相互配合，而且双方都有意愿进一步推进两国之间的互利经贸合作关系。中俄北极地区合作有望成为两国关系中的一个新领域、新亮点。

（一）中俄北极合作的基础和意义

中国虽非北冰洋沿海国，但作为《联合国海洋法公约》和《斯瓦尔巴德条约》成员国，拥有利用北冰洋的合法权利。目前，中国在世界贸易总额中排名第一，是全球贸易增量和总量的主要推动力。而且，中国的进出口贸易90%是通过海运实现的。中国沿海港口的吞吐量已连续9年位居世界第一，海运船队规模位居世界第四。中国也是世界最大的能源消费国和进口国。未来中国对海上航道和能源资源的需求还会进一步增长。中国自然是俄罗斯北极地区开发的受惠国。俄罗斯开发北极地区需要中国的参与和合作，而中国拓展通过北冰洋的海上航道、利用北极地区的资源不可能也无法绕开俄罗斯。2013年中国成为北极理事会正式观察员国，中俄在北极事务上建立相应的协商机制和合作关系符合两国发展战略协作伙伴关系的长远利益。

中俄北极合作的基础主要表现在如下几个方面。

一是两国政治互信处于历史最好阶段。自从1996年中俄两国建立战略协作伙伴关系以来，双边关系得到全面深化和发展。两国在涉及对方主权、安全、发展等核心利益问题上以及重大关切问题上相互理解和支持，在朝核、伊核和叙利亚等重大国际事务中频繁磋商，紧密合作，坚持《联合国宪章》，强调以和平和对话方式解决一切国际争端。两国政府高层会晤已趋制度化，并在上海合作组织框架内定期开展联合反恐军事演习，两国的政治互信处于历史最好阶段。最近两年，两国领导人在互访和多次峰会期间进行了会晤，探讨两国合作事宜，达成了扩大两国地区合作的意向，为深化扩大和深化两国合作奠定了有利的政治基础。

二是两国经贸合作潜力巨大。目前，中俄两国互为对方最重要的经贸伙伴，互补性强，潜力巨大。2013年中俄双边贸易总额达到892.1亿美元，创历史最高纪录。从目前趋势来看，2015年前中俄双边贸易额突破1000亿美元，2020年达到2000亿美元的目标完全能够实现。在可预见的未来，较强的经济互补性将始终是中俄两国经贸合作的主要特征和合作优势。俄罗斯北极开发战略任务艰巨，该地区与俄罗斯其他地区相比，道路、港口等基础设施建设严重滞后，大陆架资源开发不仅需要技术，更需要巨额投资。中国是世界贸易第一大国，外汇储备总额也居世界第一，同时又是能源资源的主要进口国。因此，中俄两国在资金、基础设施和能源资源领域的互补合作具有极大的拓展空间。

三是两国区域合作卓有成效。俄罗斯远东地区和中国东北地区的次区域经济合作已持续20多年，已形成互信、互利、互惠的局面，对进一步拓展两国其他区域之间的合作发挥了重要的示范效应。未来，俄罗斯北冰洋沿海地区与中国东部沿海地区的合作都可以借鉴现有的合作理念和模式,开拓新的局面。未来"北方海航道"的地位将随着气候变暖而不断提升。这一贸易航道对俄罗斯而言,不仅加强了其欧洲部分对东部地区的支援,而且为东部地区融入东北亚经济一体化,从东北亚国家持续而强劲的经济发展中汲取活力创造条件。"北方海航道"对中国和东北亚国家而言,是开辟了一条新的经北冰洋到欧洲的海上贸易通道,该通道不仅缩短了中国至欧洲的货运航线,降低运输成本,而且将推动中俄两国地区的合作从内陆向沿海地区扩大,继而进一步深化中俄全面战略协作伙伴关系的内涵。

(二)中俄北极合作的建议

一是抓住当前中俄北极合作对中国有利的时机,从国家战略层面落实中俄北极合作。随着美欧制裁影响的扩大,俄罗斯北极地区国际合作的东向趋势将日益凸显。目前,日韩印等国已与俄罗斯明确了开展北极合作的意向,甚至越南也不甘人后。越南国家石油公司早在2008年就开始参与俄罗斯北极地区的油气开发项目。中国应该高度认识中俄北极合作的重大意义,利用当前俄罗斯有求于中国的"机会之窗",参与北极地区的油气开发和航道利用等领域的若干大项目,逐渐提高中国在北极事务和地区开发中的存在价值。

二是以中国建设"21世纪海上丝绸之路"与俄罗斯建设跨欧亚发展带相对接为契机,稳步推进中国东海和黄海沿岸地区与俄罗斯北冰洋沿岸地区的地区合作。中国与俄罗斯在东部边境地区的合作已富有成效,两国长江与伏尔加河沿岸地区的合作也已起步,两国沿海地区合作关系的建立无疑将进一步深化两国的全面战略协作伙伴关系。但是,北极自然条件严酷,只有实力雄厚的公司有能力参与其中,因此中国应该有计划有目的地整合国内各项资源,与俄罗斯联邦政府、北极地方和公司等机构建立可持续的合作关系。应该鼓励中国港口城市与摩尔曼斯克、阿尔汉格尔斯克和亚马尔等主要港口和资源产地建立友好城市、友好地区关系,加深双边关系往来,推动实质性合作。关注俄罗斯北极发展战略中"地区发展、资源开发和航道利用"的三条主线。推动双方交通海运管理部门、能源公司之间的接触和协商，将北极航运和能源放在两国整个运输贸易计划之中进行商谈。利用中国的资金优势和基础建设能力，有选择地对俄罗斯北极地区的基础设施进行投资。

三是注意参与北极事务时的公共外交。俄罗斯始终将北极地区与其安全利益相联系，传统的排外思想仍然严重，对中国参与北极活动心存疑虑的人为数不少。因此中国在参与合作的同时，要注重公共外交，要强调尊重俄罗斯的国家主权，强调中国的参与对俄罗斯实现发展目标的帮助。初期的经济活动以"保证不亏损的前提下，以对方盈利为先"，"在获取利益的同时，注重环境和生态保护"为原则，建立信任，逐步推进。

四是开展北极联合科考活动。俄罗斯北极科学考察历史悠久，中国应以北极科考合作为先导，以资金和保障优势为支撑，与俄罗斯研究北极问题的大学和科研机构建立人员交流、培训合作机制，制定有效合作项目，或力争参与俄罗斯北极科考项目，增进互信关系。从科考和学员交流开启中国参与北极的进程。建议中国的海洋大学、北极问题研究机构等与俄罗斯研究北极问题的大学、科研机构等建立北极科考和学员培训等合作协议，鼓励学生前往学习，参与俄罗斯"北极漂流大学"的夏季航行考察活动，培养极地工作者，储备极地航运人才，应对中国的未来之需。

五是实行双边合作与多边合作的有机结合。北极地区开发是一项全球瞩目的大规模系统工程。涉及资金筹措、技术配套、后勤保障、人才培训等各个领域，绝不是一两个国家能够完全承揽下来的，需要有关国家、地区和跨国公司间的通力合作。目前，包括俄罗斯政界和学界在内，国际社会普遍认同在开发北极问题上开展国际合作的必要性。中国在与俄罗斯加强北极地区双边合作的同时，宜注意同多边合作有机地结合起来。首先，是要与美国、加拿大、挪威等北极圈内国家加强沟通，平等合作；其次，是要与日韩等东北亚国家加强合作，协调立场，共同发力。中俄在北极地区的双边合作如能取得明显进展，自然就能增加双方在多边框架内的话语权和主导权，推动北极地区开发的国际合作；而多边合作一旦形成气候，也能增加我国与俄罗斯交涉的筹码，有效化解俄罗斯对中国参与北极事务可能设置的障碍。

总之，俄罗斯北极地区的开发是一项巨大的经济与社会工程。从短期来看，美欧制裁和油价下跌对俄罗斯北极政策的推行和北极油气资源开发会有一定的影响，将减缓俄罗斯北极开发的步伐，但是俄罗斯北极地区在短短的6年时间内所取得的成就，尤其在油气资源开发领域所取得的进展不会因美欧制裁而停止发展。从中期来看，俄罗斯北极地区开发国家政策的全面落实和执行将为俄罗斯经济发展寻找到新的增长点，有利于其改变单一依赖能源、资源的经济结构；从长远来看，整体提升俄罗斯北极地区的竞争优势，将有利于加强俄罗斯在北极地区的大国地位，进一步推动俄罗斯国际影响力的提升，从而最终有利于整个北极地区的和平与稳定。中国如能适时地参与俄罗斯北极地区的开发，则能发挥自身的优势帮助俄罗斯克服资金、技术和劳动力等"瓶颈"问题，促进两国经济社会持续发展，将中俄战略协作伙伴关系推向新的阶段，为中国进一步融入全球经济一体化潮流注入新的动力。

加拿大北极战略分析

郭培清　田延华*

2009年7月26日,加拿大联邦政府公布《加拿大北方战略:我们的北方、我们的遗产、我们的未来》,宣称对北极地区拥有主权,并提出地区发展策略。① 2010年8月20日,加政府又发表《加拿大北极外交政策声明》,进一步表明其主权行使、环境保护和促进社会经济发展等方面的北极战略。声明指出:加拿大是北极大国,北极是加拿大国家认同的基础,行使北方主权是加外交政策的第一任务。声明还表示,加拿大北方战略主要集中于以下方面:积极与北极邻国合作,解决边界争端;争取国际认可,扩展大陆架范围;加强北极问题治理;为持续发展加北极地区创造良好国际环境;与北极邻国一起推进北极生态治理;等等。②

北极国家高密度地出台或更新北极政策具有深刻背景,包括快速变化的自然环境以及由此引发的国内、国际政治环境的变化,是应对北极自然环境、国际形势变化,以及在新一轮北极地缘政治竞争中的反应。具体而言,主要包括以下背景。

首先,快速变暖的北极地区将北极开发带入新的时代,有关国家需拿出应对方略。北极地区迅速变暖给北极地区的开发带来了前所未有的机遇,气

---

* 郭培清,中国海洋大学法政学院教授,极地法律与政治研究所执行主任,主要研究方向为国际关系、极地政治;田延华,中国海洋大学法政学院硕士研究生,主要研究方向为极地政治。
① Canada's Northern Strategy, http://www.northernstrategy.gc.ca/index – eng.asp, 访问日期: 2014年7月14日。
② Statement on Canada's Arctic Foreign Policy: Exercising : Sovereignty and Promoting Canada's Northern Strategy Abroad, http://www.international.gc.ca/arctic – arctique/arctic_ policy – canada – politique_ arctique.aspx? lang = eng, 访问日期: 2014年7月16日。

候变暖使得石油、天然气等能源开采变得容易实现，北极地区资源价值凸显；北极航道开通的商业价值和战略价值凸显。北极开发进入新时代，将对北极各国和国际社会产生深远影响。面对北极自然环境变化带来的发展机遇，北极国家纷纷制定长远战略，并积极落实。

其次，北极变暖在给北极地区带来新发展机会的同时，又造成许多新挑战，北极国家须审慎对待这一区域的环境、经济、社会等问题。气候变暖促使人类在北极地区的活动不断增加，这给北极环境带来了众多干扰，可能给北极生态与社会带来不良后果。事实上，气候变化和一些其他因素已经给北极居民的生活和活动产生了影响，特别对具有特有脆弱性的原住民，适应气候变化十分重要。北极各国需认真应对气候变化给地区居民的生产、生活和社会发展造成的影响。此外，在地区开发和保护中，地方与中央政府间产生的复杂关系需要协调处理。《加拿大北极战略分析》便提出：北方地区对我们的共享遗产和民族命运十分重要；加拿大北方地区首要的是人民，我们处理北方地区的能力将决定我们的未来。①

最后，北极环境之改变引起了国际政治的深刻变化，发展出了复杂的国际关系问题，在北极治理中既有合作的需求，又有应对竞争的需要。北极海床和海底蕴藏着石油、天然气等自然资源，而北极国家之间的海洋边界尚未完全划定，对延伸大陆架的主张存在明显分歧，各国间矛盾可能加剧竞争，北极地区可能会进入以管辖权冲突为特征，为开采自然资源发生冲突，并在全球性大国间爆发新一轮"大竞争"的新时代。北极国家不甘落伍，希望通过制定北极政策，争夺北极竞争主导权。北极国家希望通过法律、制度与机制等力量进行协调，以处理复杂的北极事务。

一 加拿大北极战略梳理

加拿大北极地区面积超过全国国土面积的 1/3，这决定了加拿大比其他

---

① Canada's Northern Strategy, http://www.northernstrategy.gc.ca/index-eng.asp，访问日期：2014 年 7 月 16 日。

国家更重视北极。① 随着历史的发展,加拿大北极政策重心也经历了一个发展演变的过程。

二战以前的漫长时间里,与世隔绝的地理状况和恶劣的气候条件使人们很少关注北极,在这一期间北极问题主要包括原住民在极端环境下的生存;随着早期欧洲探险者的到来,双方发生的零星冲突以及欧洲人带来的传染病对这一地区人们的生存造成了威胁。二战期间,北极因其关乎加拿大和美国的安全开始得到重视,此后的一段时期内,北极问题更多指向军事安全。在太平洋战争中,日本曾攻占阿留申群岛中的两个小岛,美加两国为防止其以此为跳板攻击美洲,修建了阿拉斯加高速公路。1940 年夏,德国辅助巡洋舰科美特号经东北航道进入太平洋,成为第一艘通过此一航线的军舰。二战时的这一系列事件促使人们意识到北极地区对各国安全的重要性。冷战时期,美苏对抗促使北极地区高度军事化。从地理位置看,世界大国和军事强国都集中于北半球,北极点是至各大国的距离之和的最小点;北冰洋厚厚的海冰阻碍了卫星探测,为潜艇发射导弹提供了理想的场所,这使得北极地区更加具有重要的战略地位。冷战时美苏在北极地区部署了大量导弹核潜艇、远程轰炸机等攻击性武器,北冰洋遂成为发起攻击的便捷通道。为防止攻击,美加等国还建设了北方远程预警系统、北美防空司令部等防御设施。可以说,整个冷战时期北约国家和苏联在北极保持了一种威慑平衡。这一时期,加拿大在北极地区关注的重心主要为传统安全,通过与美国结盟以应对苏联的安全威胁;此外,加拿大还通过环保立法等方式应对美国的主权威胁。冷战结束后,北极各国纷纷减少北极地区的军事武器部署,北极地区的军事化问题遂得以缓和,合作成为地区主题之一,在此一背景下,加拿大关注的重心也由以传统安全为主开始向传统安全与非传统安全同时并重发展。一方面,由于北极各国间存在各种纠纷与矛盾,且难以解决,现有国际机制并不能有效协调彼此间的利益纠葛,各国不得不通过自助来保护本国的北极利益,这使得各国在北极均面临潜在军事威胁;另一方面,复杂多变的气候

---

① 赵雅丹:《加拿大北极政策剖析》,《国际观察》2012 年第 1 期,第 72 页。

问题给北极地区带来了威胁,气候变暖使得北极冰川减少,致使生活在北极地区的动植物面临生存危机,而这些生物正是原住民的食物来源。另外,一些北极原住民社区的基础设施也由于气温升高而遭遇到威胁。因此,冷战结束后的北极问题涉及多个方面。

进入21世纪后,加拿大对北极问题的重视进一步增加,开始从多方面关注北极问题,包括主权、环境以及各种社会问题等。2000年,加政府发布了历史上第一个综合性北方地区战略《加拿大外交政策的北方维度》,以更好地对北极地区加强主权控制,并提升社会管理。该文件列举了加拿大政策的四个主要目标:维护加拿大特别是原住民的安全与繁荣、维护加拿大北极地区主权、将北极地区整合建立成一个由国际条约进行约束的地缘政治实体、保护北方人民的安全及可持续发展。该文件还强调,未来几年要采取行动的优先领域包括"加强和促进北极理事会在环北极国家关系及政策协调方面的核心地位","通过双边关系创造和寻求机会以帮助俄罗斯应对其北方挑战,在各种地区论坛中加强同其他北极伙伴的合作关系以及加强同欧盟的合作关系"。[①] 2004年10月,加总理在政府报告中提出"北方战略",其目标之一就是"保护北方地区环境以及加拿大的主权、安全"。2005年,加拿大马丁政府发起两个动议,试图从国内和国际视角审视加拿大的北极需要,并最终促成了一些关于外交、国防、经济和国际贸易发展等文件的出台。这些文件虽然不是白皮书性质的,但已明确提出加拿大要提高保护北极地区的能力。文件宣称,鉴于气候变化和资源开发会使北极地区的国际活动不断增加,加拿大必须采取行动。马丁政府因此制定了一个国内版北极政策,以向国人阐明政府对北方的政策。这个后来被冠名为"北部战略"的政策有七个核心组成部分,其中之一就是"加强主权,增进国家安全,促进北极合作",主旨是提高加拿大保卫北极主权及安全的能力,但是该政策却由于马丁在2006年大选中败北而无从实施。同年,加拿大国防政策声明

---

① The Northern Dimension of Canada's Foreign Policy, http://library.arcticportal.org/1255/,访问日期:2014年9月6日。

明确将北极地区视为"国家至关重要的地区"。加政府发表的《加拿大国际政策声明》也强调加拿大的北极主权忧虑,并强调了加拿大对北方水域的排他性权利。① 在 2008 年 5 月公布的《加拿大第一国防战略》中,加拿大政府明确了提高保护北部地区能力的态度:"在加拿大北极地区,不断变化的气候正在改变其环境,使得海上交通和经济活动成为可能。正在减少的冰雪覆盖为不断增长的航运、旅游和资源开发打开了方便之门。包括西北航道的新交通线路正被热议。虽然这会给加拿大带来巨大的经济利益,但同时也带来了挑战。北极的这些变化可能促发非法活动增加,对加拿大主权和安全有重要影响,需要更多军事支持。"②

2009 年 7 月 26 日,加外交部部长坎农发布了名为《加拿大北方战略:我们的北方、我们的遗产、我们的未来》政策文件。这是加拿大政府公布的最新北极政策报告,它宣称加拿大对北极离岸资源所拥有主权,提出了北方地区的发展战略。坎农表示,北极是加拿大的重要组成部分,它现在的重要性远超过去几十年,并且加拿大也是北极的重要力量之一。这份北极战略文件主要涉及以下方面:加拿大在北极的主权、管理、社会经济发展、环境问题和战略创新等,对北方地区未来发展做出了详尽规划,表现出了对其北方地区发展前所未有的重视态度。2010 年 8 月 20 日,加政府又发表《加拿大北极外交政策声明》,进一步向国际社会表明其在北极问题上关于行使主权、保护环境和促进社会经济发展方面的战略。声明指出:加拿大是一个北极大国,北极是加拿大国家认同的基础,行使主权是加拿大北极外交政策的第一任务。声明表示,加拿大北方战略主要集中于以下几个方面:积极与北极邻国合作,解决边界争端;争取国际认可,最大化地扩展延伸大陆架范围;加强北极治理;为加拿大所属北极地区的可持续发展创造良好国际环境;与北极邻国一起推动北极生态环境治理等。加拿大在这两份主要战略文件中,认识到它必须优先在其北方地区达成四项政策目标:行使主权;促进

---

① Canada's International Policy Statement: A Role of Prideand Influence in the World.
② Department of National Defence of Canada, Canada First Defence Strategy, May 2008.

经济、社会发展；环境保护；促进和改善北极治理。这四项目标不仅关系着加政府的合法性，是其一贯秉持的政治价值和政策内容，也是其必须解决的挑战。具体分析这四项政策目标可以看出以下几点。

首先，行使主权是加拿大北极政策最优先、最重要的主题。面对北极主权争议，加政府强调其在该地区的主权是长期存在的。为确定大陆架边界范围、解决划界争议，加拿大已于2013年底向联合国大陆架界限委员会提交划界申请。① 两个文件都强调确定边界、确保大陆架划界主张得到国际认可的重要性。《加拿大北极外交政策声明》还强调解决危害公共安全、北极治理新问题的能力。为增强行使主权能力，加拿大还向北方地区增派更多陆军、海军和监测设备，根据国内法管理位于北极圈内的水域和土地，并且在他国行动危害国家利益时及时做出反应。

其次，北方居民是加拿大北极政策的主要政策客体。只有获得北方居民的支持和认可，其北极战略才能获得合法性。所以，提升北方居民生活水平是其处理北极事务的核心。为实现促进经济、社会可持续发展的目标，加拿大着力推进三个关键方面的事务：通过高效的机构、透明的规则以确保北极地区的可持续发展，并为能源合作创造条件；寻求投资和贸易机会，以使北方居民受益；深入了解北极居民的需求，加强公共物品提供和基础设施建设。为此，加政府通过领地财政支持计划每年向领地政府提供将近25亿加元支持，此外还通过转移支付和各类项目，促进北方居民的就业和教育。

再次，一些远离北极的环境污染事件也在影响着脆弱的北极环境。加拿大正努力管理这一广阔的区域。在《北方战略》中，加拿大期望依靠地理优势，增进北极科学考察，继续发扬技术优势，成为北极科学和技术的领先者，并通过建立自然保护区以保护其北方的水域环境和土地。《加拿大北极外交政策声明》要求加拿大在国际社会优先开展以下行动：与北极邻国合作改善生态系统；促进并支持国际上消除北极气候变化影响的努力；付出更

---

① 《加拿大欲将北极"据为己有"，已向联合国提申请》，中国网，http://news.china.com.cn/world/2013-12/11/content_30865256.htm，访问日期：2014年9月6日。

大的努力以处理环境问题，包括提升和加强国际标准。

最后，为促进和改善北极治理，《北方战略》提出要团结北方居民，特别是原住民，从而形成国家认同。《外交政策声明》明确地提出增进国家认同、维护国家团结的途径，是对加拿大北方地区进行充分的授权，以推动分权自治。1999年，加政府从西北地区分出努纳武特地区，并由原住民担任行政首长。随后，加拿大致力于解决悬而未决的土地要求以及完成自治协议。2003年开始，加拿大北部各省陆续接管原属于联邦政府的资源管理权和土地。加拿大与北方地区的部落、原住民领袖等建立起了良好的合作关系；并通过沟通协商增进活力，促进可持续发展。加拿大通过分权让北方居民掌握政治和经济命运。授权、自治的治理方式正形成该国新的治理结构。重塑决策过程，扩大公民参与，是为了提高加拿大北极政策的合法性，并在北极地区实现善治。为此，加拿大政府为北方居民提供了参与制定加北极外交政策的机会。

从加拿大政府采取的一系列举动以及出台的战略、政策、声明可以看出，加拿大不但关注北极地区的主权问题，而且对社会、环境等问题都给予了高度重视，采取各种措施，提出多重构想以保护北极地区，改善北方居民生活，保护北方地区文化。

二 加拿大北极政策实践

（一）冷战时期加拿大的北极实践

冷战时期，美苏对抗主导了整个世界的政治、军事形势，这一对抗在北极地区格外突出。处于西方阵营中的加拿大，以其特殊的地理位置使美加两国的关系异常紧密。为保卫北美洲安全，加拿大选择与美国结盟，共同对抗苏联的威胁。但是，在此一过程中加拿大的北极主权意识也逐渐增强，因此保护北极主权也成为其面临的重要任务。冷战时期加拿大在北极地区的威胁主要有两方面，一是苏联在北极地区的军事威胁；二是美国坚持西北航道为国际海峡所造成的主权威胁。因此，冷战时期加拿大北极政策也是围绕如何应对这两方面的威胁开展的。

1. 与美国结盟应对苏联军事威胁

冷战时期，虽然美苏在北极地区以地面部队攻击对方的可能性很小，但随着弹道导弹、远程轰炸机等武器的运用，北极便成为美苏通过空中攻击对方战略要点的便捷通道。为防止攻击，美加采取了一系列措施与合作协议来监控和应对北美的空中威胁，包括成立北美防空司令部，建立雷达站组成远程预警线等。北美防空司令部成立于1958年，是为了监测和控制北美领空，美加两国通过协议成立的一个联合司令部。远程预警线从阿拉斯加开始，绵延整个加拿大北极群岛，直至格陵兰，横贯北美洲陆地边界。

2. 通过环保立法应对美国的主权威胁

冷战时期，加拿大北方地区的军事威胁主要来自苏联，但北方地区的主权威胁却来自盟国美国。在加拿大与美国为对抗苏联采取联合行动时，加拿大渐渐地意识到其主权正遭受美国的践踏和漠视。双方的分歧主要集中于西北航道地位问题，美国坚持西北航道为国际海峡，享有过境通行权；而加拿大坚持西北航道属于加拿大内水，外国船只仅享有无害通过权。在"曼哈顿"号事件与"极地海"号事件发生后，加拿大对北极主权的主张变得明确而坚决。这种主权宣誓经过了一个由弱到强，由犹豫到坚决的过程。从"曼哈顿"号事件发生后加拿大制定《北极水域污染防治法》，通过加强北极水域环保间接控制主权，到"极地海"号事件后加外长克拉克在国会直接宣布对北极主权的声明，并宣布北极群岛实行直线基线，制定《加拿大海岸管理法》等，都可以看出加拿大的这一策略。

（二）20世纪90年代加拿大的北极政策

冷战末期，随着美苏关系缓和，戈尔巴乔夫的摩尔曼斯克讲话传递出了北极合作的信号，因此在冷战末期及冷战结束后的90年代，北极合作浪潮爆发。加拿大在这股浪潮中尤为积极。1990年8月28日，丹麦、加拿大、冰岛、芬兰、挪威、美国、瑞典及苏联八个国家的代表，在加拿大瑞萨鲁特湾市签署了国际北极科学委员会章程条款,宣布国际北极科学委员会成立,为各国在北极开展科学合作创造了条件。为应对环境污染与生态破坏等环境威胁,保护北极地区环境,北极各国签署了一系列协议并促成"北极环境保护战略"的实施,这些活动最终推动了北极理事会的成立。① 另外,在这个时期北极地区还成立了许多国际组织,如北方论坛、北极地区议员会议、巴伦支欧洲-北极理事会等,加拿大政府与地方政府也都积极参与到这些组织中,并发挥积极作用。由此可见,20世纪90年代加拿大在北极地区的主要活动是积极倡导建立地区合作机制,融入北极地区合作潮流。

(三)21世纪以来加拿大的北极政策

面对北极巨量的资源及其他利益,以及近年来周边国家在北极的一系列举动,加拿大逐渐认为其北极地区主权受到了挑战,因此感到前所未有的紧迫感,认识到必须发展海上力量以做好保护国家利益的准备。因此,加政府考虑无论是基于环境、安全还是经济因素,加拿大都应该明确申明对北极地区的管辖权,并不惜动用一切资源保证这一权利。这主要表现为以下几方面。

1. 通过多种措施维护主权

21世纪以来,加拿大在应对主权及外国威胁方面采取的措施主要是增强法律、政策,增加在北极地区的存在,加强管理等。

首先,增强政策、法律支持力度。加拿大有较完善的海洋管理体系,并且制订了相应的战略、规划和大量的行动计划以实施这些法律、战略。1996年,加拿大颁布的《海洋法》,明确了联邦政府和沿海省级政府的管理界线和事权划分,以及联邦政府各个职能部门的管理职责。该法还建立了海洋合作联邦法律框架,使加拿大成为世界上首个具备综合性海洋立法的国家。加拿大《海洋法》颁布后,政府又出台了一系列海洋战略与规划,包括《加拿大海洋战略》、《2005~2010年战略规划——我们的水,我们的未来》、《海洋行

---

① 郭培清、田栋:《摩尔曼斯克讲话与北极合作——北极进入合作时代》,《海洋世界》2008年第5期,第67~73页。

动计划》等。2009年7月26日,加拿大发布《加拿大北方战略:我们的北方,我们的遗产,我们的未来》。2009年6月11日,加拿大批准《北极水域污染防治法修正案》,并于2009年8月1日生效。修订后的法律使加拿大具有了对这些水域进行更大控制的权限。该法修订后加拿大还具备了执行环境法律的管辖权,任何进入这一水域的船只都必须遵守当地的环境法案。修正案扩展了"北极水域"定义,使该法适用范围扩展至距离海岸线200海里,比此前增加了一倍,扩展到了专属经济区全部,这与加拿大《海洋法》建立专属经济区的规定是一致的,并与1999年《加拿大环境保护法》中"海"的定义相符。它还规定管理者可据《2001年加拿大航运法》第136节建立"船舶运输服务区"等相关扩展水域。同时,加拿大防止船舶污染面积扩大的能力也得到提升。此外,政府还修订了2001年的《加拿大海运法》,增列新条款,以要求船只在进入距离加海岸线200海里以内水域前向加方报告。

北极立法范围扩大直接关系到加政府实施的《北方综合战略》。它是加政府依据"国家水战略"实施的优先领域。在这一战略中政府承诺确保北极航运的可持续发展以及综合管理方法,达到确保主权与安全的目标。加拿大渔业与海洋部为支持政府的《北方综合战略》实施的计划包括:以新的极地破冰船替代海岸警卫队的Louis S. St Laurent号;调查北极海底以支持加拿大提交联合国大陆架界限委员会的关于200海里专属经济区外大陆架的声明;在旁纳唐(Pangnirtung)建造一个小型港口并支持那里的商业渔业;补充人员以支持北部发展;帮助建立北极研究设施;与加拿大印第安和北方事务部及其他部门规范北方发展;根据国际极地年计划开展气候多样化和变化对北极海洋生态系统影响的研究。2009年7月26日,加拿大发布《加拿大北方战略:我们的北方,我们的遗产,我们的未来》。这一战略主要包括四个方面:行使主权;促进经济、社会可持续发展;环境保护;促进和改善北极治理。[1] 北极被列为"绝对优先领域",并支持绘制新地图,以构建对

---

[1] Canada's Northern Strategy, http://www.northernstrategy.gc.ca/index-eng.asp,访问日期: 2014年7月16日。

北方潜在的物资和石油的认识。2010年8月20日,加政府又发表《加拿大北极外交政策声明》,进一步向国际社会表明其主权行使、环境保护和促进社会经济发展等方面的北极战略。①

其次,增加北极地区存在。除增强重视程度外,近年来加政府还不断增加在北极地区的存在,向世界展示加拿大有能力维护本国北极利益,通过开展军事演习、建造深水港、加强巡逻等一系列举动,扩大在北极的影响。在加拿大北极外交政策中,最重要的一步就是行使主权。加政府历来倾向于不作为和最小化北极地区的军事存在。在该区域的最大武装力量是加拿大游骑兵,这是由加拿大北方原住民自愿组建的自卫队,具体任务是通过在北极地区的生活和巡逻以保护加拿大主权。游骑兵具有娴熟的生存和航行能力,但他们没有重武器,巡逻范围也不会远离自己的居住地。加拿大有效行使北极主权,意味着需要在北极地区维持军事存在,并加强地区管理。加拿大通过在耶洛奈夫设立预备役军队,并对游骑兵扩容和提供现代化装备,增进其在北极的存在。2002年加拿大军队在北极地区进行了20多年来的首次联合军演。2005年8月,两艘军舰30多年来首次进入哈得逊湾。2006年4月,加拿大正式批准新修订的北美防空司令部协定,以允许美国海军和海岸警卫队在加拿大领海(包括北极海底地区)部署美国军舰,两国将防御范围扩展到了水面区域。2006年8月,加拿大陆海空三军在兰开斯特海峡举行了联合军演,重申加拿大对极圈内领土的主权。同时,为彰显主权,加拿大每年在北极地区进行三个主要军事演习——纳努克、努纳利福特和Nunakput行动。自2007年开始的代号为"纳努克行动"的年度例行军事演习到2013年已经举行了七次。2010年的"纳努克行动"中,加拿大军队与美国海军和海岸警卫队、丹麦皇家海军一起训练,目的是与邻国一起解决北极的紧急事件。加拿大北方军区利用极地安全跨部工作组和国内其他部门协调演习。加拿大国防部重新进行北方联合军事演习(比如独角鲸系列军演),增强皇家

---

① Statement on Canada's Arctic Foreign Policy: Exercising : Sovereignty and Promoting Canada's Northern Strategy Abroad, http://www.international.gc.ca/arctic - arctique/arctic_ policy - canada - politique_ arctique. aspx? lang = eng,访问日期:2014年9月12日。

骑警队、海岸警卫队和航天局在内的协调能力。政府还开展了如增加北极/近海巡逻舰、配备新破冰船项目等。2008年宣布定购新的北极/近海巡逻船，扩大加拿大巡警计划，在努纳武特南尼斯维克建设北极深水码头和补给设施，在努纳武特省坚决湾建立加拿大军队北极训练中心，购买新的极地级破冰船，完成水下大陆架绘图工作。2009年3月中旬，加拿大宣布派考察队至北极点附近开展延伸大陆架勘测，计划在北极投入更多军事力量，为此在其新的《北方战略》中重申先前的战略内容，宣布巴芬岛的深水港建设、6艘北极巡逻舰的建造、在雷索卢特湾的新军事基地建设等计划。2010年以来，政府推动RADARSAT项目，为加拿大提供覆盖加东、北、西海岸的陆地和海洋全天候实时监控。在2005年竞选期间，加拿大保守党曾承诺购买三艘武装破冰船，计划斥资70亿美元以建造8艘巡逻舰，保证北极巡逻，建立深水港和建设北极作战训练中心，以满足全年训练需要。目前，港口和培训中心正在建设，但由于资金制约，破冰船计划屡次遭遇缩减，虽提出以较小的巡逻舰进行代替，但是没有进展。

最后，加强北极管理。随着气候变化，人们在北极地区的活动不断增加，加强对北极管理是应对北极问题的重要途径，也是加强主权控制的有效方式。加拿大拥有统一的海上执法力量海岸警卫队。海岸警卫队是加拿大海上执法的主力。加政府已经表示要加强海岸警卫队的能力，以保证外国船只遵守加政府的规定。其加强海岸警卫队能力是通过"海岸警卫队振兴计划"这一项目得以实现的。自2005年开始，政府为海岸警卫队建设投入大量资金。2005年加政府就批准了资助建造12艘中型近海巡逻艇的预算，后由于标价过高而被耽搁下来。2006年和2007年的预算为购买3艘近海渔业科考船和1艘近海海洋调查船提供了资金。2008年8月，加政府宣布一项建造一艘新极地级破冰船的计划。此外，加拿大还计划斥资31亿加元建造6~8艘极地/海岸巡逻船。2009年初，《加拿大经济行动计划》获批，其中向渔业与海洋领域投资1.75亿加元以用于政府履行其海岸警卫队拥有必要船舶的承诺。依《加拿大经济行动计划》，加拿大渔业与海洋部未来2年内将获得总共3.43亿加元的投资，用于小型海港的建造、维护与改进，海岸警卫队船舶购进、资助社区调整、近岸渔场科考船及联邦实验室及科学设备的建设等。2009 年 8 月，加拿大通过修订《北极水域污染防治法》，使该法的适用范围从距海岸线 100 海里延伸至 200 海里，覆盖了专属经济区范围；加政府正根据 2001 年的《加拿大航运法》制定新法规，要求所有船只进入加拿大北极水域时，向海岸警卫队北方交通管理系统报告，该制度已于 2010 年 7 月 1 日开始实施；加拿大正与北方社区和政府协同工作，以确保其搜救能力满足北方地区的需要。皇家骑警负责内陆以及内陆水域搜救；海岸警卫队负责海上以及海岸搜救，并负责管理加拿大北方交通，提供破冰服务；此外，还包括其他搜救部门，他们分工合作，统筹协调，以共同完成搜救任务。

2. 推动经济社会可持续发展

气候变化给北方居民带来了巨大威胁，温度升高使冻土逐渐融化，在此之上的房屋、道路等变得不稳定；北极地区的生态多样性恶化，以打猎为生的原住民食物来源受到威胁；随着外来人员增多，北方居民的语言与生活方式也遭到巨大冲击。从目前看，气候变化给北方居民带来的弊端远大于受益，导致其国家向心力的下降，影响社会稳定。因此，改善北方居民生活质量，提升其生活水平是政府的重大任务。2000 年，加政府发布《加拿大外交政策的北方维度》，提出加外交政策的四个目标，其中就包括"提高加拿大北方居民，特别是原住民的安全与繁荣"，"推动北方人类安全与北极地区可持续发展"；① 2009 年《加拿大北方战略》也提到"支持增进北方居民福祉"，"为支持健康和充满活力的社区，加政府通过领地财政准则，每年向领地无条件提供近 25 亿加元，以使领地政府可以为学校、医院、社会服务和基础设施计划提供资金"。"通过针对性投资，解决医疗、住房、技能培训和其他服务需求。"② 2010 年出台的《加拿大北极外交政策声明》，提到"加拿大鼓励对北极人类维度有更大理解，改善北方居民生活，并通过

---

① The Northern Dimension of Canada's Foreign Policy, http：//library.arcticportal.org/1255/，访问日期：2014 年 9 月 12 日。
② Canada's Northern Strategy, http：//www.northernstrategy.gc.ca/index - eng.asp，访问日期：2014 年 9 月 12 日。

北极理事会实现此项目标",为保护北方地区社会安全,这一地区的国际组织采取了应对措施,包括北极理事会出台的"北极人类发展报告",因纽特人－环北极理事会组织的"2008北极原住民语言研讨会"等,加政府在这些活动中起到了积极领导作用。另外,加拿大还宣布将在提高北方居民健康水平、保护传统文化等方面与北极理事会加强合作。

长期以来,北方居民在教育、就业、住房、医疗方面与南方居民存在差距,基础设施落后,这一切都体现出南北方发展水平存在巨大差距,因此,促进北方经济发展,提高北方居民生活水平,缩小南北差距一直是政府的重要责任。2008年出现的金融危机给加拿大经济带来了严重冲击,因此摆脱经济不景气的状况,寻找新的经济增长点也是政府面临的主要任务。2009年8月,加政府成立北方经济发展局,期望为北方经济营造强大活力。加拿大还通过该部门支持北方地区经济增长,消除私人投资障碍,在不损害环境的条件下放开资源开采。加拿大于2010年5月开展"营养加拿大北方地区"活动,缩减食品空运成本。同时,政府延长了2010年财政预算案的"地区内健康可持续发展倡议",以减少北方居民对区外医疗系统和服务国际化的依赖。北极地区蕴藏着丰富的自然资源,因此加强资源开发对繁荣北方经济以及振兴全国经济都具有重大意义。在北方的西北准省、育空、努纳武特等地,矿业是其重要的经济部门,资源开采将带动设备制造业与维修业、运输业、建筑业等相关行业发展,并提供就业机会。2009年《加拿大北方战略》和2010年《加拿大北极外交政策声明》均提出加快北方地区经济发展。其中,《加拿大北极外交政策声明》指出北极地区有丰富的资源,"这些资源将是支撑北方经济繁荣的基石,也是繁荣原住民和北方社区的关键因素"。除为绘制北极地区能源地图提供投资,加拿大还采取措施促进北方的经济繁荣和发展,包括"采取措施改善北方管理,解决基础设施需要,创建北方经济发展局,为改善原住民技能和就业提供支持"。2014年1月,加拿大在西北地区举行开工仪式,宣布修建连接伊努维克与图克托亚图克之间的公路,该公路将首次通过陆路交通方式连接加拿大东、西、北海岸,是加拿大第一条可将北极海岸与其他地区连接的公路。这条公路全长137公里，建成后将改变北极地区只能通过冰原大道、驳船或飞机与外界联络的现状。在国际方面，加拿大在外交政策声明中提出了将以下三方面作为促进经济和社会可持续发展的优先领域，"为可持续发展创造合适条件，寻找投资和贸易机会，鼓励对北极人类更大的理解以改善北方居民生活"。在为可持续发展创造条件方面主要强调在北方资源开发活动中要做好环境保护；在寻找投资和贸易机会方面主要强调加强与北极国家开展合作。2013 年加拿大接任北极理事会轮值主席国之后，利昂娜·阿卢卡克主席多次强调要发展北方经济，以使其达到与加南方同样的繁荣程度。2014 年 3 月 18 日加拿大大使赵朴先生（Guy Saint - Jacques）访问中国海洋大学时表示加拿大正积极推动北极地区的商业开发，并欢迎中国的参与。2014 年 3 月 26 日在加拿大小城耶洛奈夫召开的北极高官会议一致同意继续推动建立北极经济理事会（Arctic Economic Council），以推动北极地区的经济发展，而建立这一机制也是加拿大担任北极理事会轮值主席国期间的优先任务。

3. 增强环保力度

"曼哈顿"号事件是北极国家开始以行动保护北极环境的导火索。尽管加拿大的应对措施为颁布《北极水域污染防治法》，但事实上却向国际社会辩护了自己保护北极海洋环境免受污染的行为。而且，加政府一直很重视北极环境，并采取立法和行政措施保护北极环境。最为典型的是《北极水域污染防治法》，它算是加拿大北极环境立法的开山之作。在加拿大的推动下，1982 年《联合国海洋法公约》载入了"冰封区域"环境保护条款，允许北极沿岸国家对航运进行立法管辖。对加拿大而言，《联合国海洋法公约》第 234 条规定就意味着制定《北极水域污染防治法》获得了国际承认，而且也给加拿大保护其"北极利益"提供了基础。此外，还有 20 世纪 80 年代末制定的《北极海洋保护战略》，其主要原则为有效处理经济发展与环境、海水污染以及废弃物处理等关系。加拿大在北极环境保护战略（AEPS）框架下有效处理污染物的能力也得到了强化。此外，加拿大 1996 年颁布的"海洋条例"，导言部分便声明北极海域是加拿大的公共财产，而且加政府将采取预警措施来保护、管理以及开发当地资源，并保护环境。2004 年 10

月,总理在政府报告中提出《北方战略》,其目标包括"保护北方环境及主权、安全"。

2007年联邦政府宣布保护海洋环境、反污染和加强预防措施的长达5年的财政支持计划,以作为《国家水战略》的一部分实施。该计划包括加拿大渔业与海洋局、环境部、公园局、运输部、印第安和北方事务部等部门开展的项目。对渔业与海洋局开展行动的资助包括冷水珊瑚保护战略、北极理事会生态项目、联邦—省—自治领海洋保护区网络发展、提供科学支撑和建议、联邦海洋保护区战略、缅因湾项目、实施以海洋综合管理为目的评估方法、加强北极溢油应急能力及海岸警卫队建设等。2009年召开的"第14届国际极地健康大会"上,加政府承诺,为支持北方研究提供资助,包括:资助加拿大参与国际极地年15600万加元;两年内为保持或升级现有重要研究设备资助8500万加元等。2009~2010年,政府还通过设立保护区以保存独特的野生动物。将纳汉尼国家公园保护区范围扩展到30000平方公里。《北极水污染防治法》将加拿大的环境法律和航运管制范围扩展到离岸200海里,通过空中监视提高加拿大监测污染的能力。为搜集波弗特海的相关信息,政府还对波弗特海地区进行了环境评估,并将向该区域发出可持续发展倡议。

加拿大在北极环境保护国际合作中起了积极作用。首先,它将与北极国家合作推动建立基于生态系统的管理方式,通过与北极理事会及其他北极国家的合作,在北极保护生态多样性,如《联合国生物多样性公约》、《候鸟条约》、《北极熊保护公约》等,加拿大与美国为保护和管理北极熊签署了谅解备忘录;加拿大将继续建立保护区以保护生物多样性。其次,加拿大致力于推动应对气候变化的努力。一方面,通过推行低碳经济以降低国内温室气体排放;另一方面,通过国际合作,在哥本哈根协定基础上建立公平、环保、综合的国际气候变化治理框架。再次,加强在减少有机物污染、汞污染等其他环保事务方面同其他国家的合作。

纵观加拿大北极环境保护立法过程,通过环保名义加强主权,并将这一政策实践得相当成功。因此,在形成综合性的北极环境保护体系前,加拿大的北极环境政策已经为其维护国家利益赢得了主动权。

4. 促进和改善北极治理

参与和自治是加政府重视的价值观，分权与和解是加拿大的政治传统。为维护加拿大北极主权，加政府通过协商推动善治，为原住民提供更多的公共产品以提升其生活水平。1999年，努纳武特地区从西北地区中分出，并由原住民担任行政首长。随后，加拿大致力于解决土地要求和完成自治协议的议题。2003年始，加拿大北部各省陆续接管原属于联邦政府的土地及资源管理权。加拿大与北极圈内的部落、原住民建立起良好的合作关系；并通过协商提升地区活力、促进地区可持续发展。《加拿大北方战略》提出团结原住民，形成加拿大的国家认同；《加拿大北极外交政策声明》更明确提出对北方地区进行充分的授权和分权自治，是增进国家认同、维护国家团结的途径。政府将继续与北方地区合作伙伴共同努力，提升治理模式。加拿大非常看重原住民民间社会对北极战略的支持。2010年8月，加拿大政府正式向20世纪50年代被安置于北极高纬地区的因纽特人道歉。政府高度赞扬他们面对困难的勇气及毅力，承认他们的贡献——他们在北极高纬度地区的生活宣示了加拿大在这一地区的存在。同时，加拿大致力于成为北极事务的全球领导者和推动者。在2010年3月，加拿大主办了北冰洋沿岸国会议（加拿大、美国、俄罗斯联邦、丹麦和挪威参加），促使各国就北冰洋治理进行建设性讨论。

加拿大政府十分重视科学在决策中的作用。该国今后的科研计划主要有：第一，绘制北极地图。加拿大在海岸带地质调查与管理技术上处于世界领先地位，近年来政府更是投入巨资支持以海洋地质调查为核心的调查。2008年8月，加政府宣布将在未来5年内拨款1亿加元用于勘探北极资源，并绘制出相应地图，供日后资源开发使用。第二，实施海岸警卫队北极应急战略。通过实施"海岸警卫队北极应急战略"，继续加大其对北极海域的研究及保护，扩展北极地区的海洋保护区，并建立生态监测网络，促进北极地区溢油应急能力建设。其他研究活动还包括检测北极地区雷达系统，并于2010~2011年开始提供航行警示服务等。这都将为加拿大宣示北极主权夯实基础。

（四）加拿大北极政策实践评估

加拿大北极政策实践所面对的既有冷战遗留问题，也有加拿大"搭美国便车"造成的不利影响。北美防空司令部是美加合作的基础，满足了保障加拿大北部安全的需要。加美两国有相同的价值观及良好的政治互信，因此，在维护北方安全时主要依靠美国。虽然美加两国之间存在利益冲突，但鉴于双方共同的安全需要，这些利益冲突并没有对双边合作产生太大的不利影响。美国顾忌盟友关系，需要在次要问题上做出让步。但是在较大的争端中，美国必然占尽优势。

加拿大的北极战略对北极水域管辖范围的扩大，将对其他利益攸关国产生不同影响。美国与加拿大除在西北航道存有争议外，还对阿拉斯加和育空地区间的海上边界存在争议。美加之间仍存在未解决的波弗特海划界争端，加拿大主张根据1825年英俄《圣彼得堡条约》确定的141°子午线延伸至北极点作为波弗特海地区两国的海域分界线，美国则主张从两国陆地边界点出发，在两国海域之间划出中间线。这就形成一个位于加拿大育空地区和美国阿拉斯加之间面积约2.1万平方公里的争议区域，并且两国都声称对此区域拥有主权。时至今日，加拿大已经领略到了忽略北极地区军事存在的苦果——美国可能会损害加拿大国家利益，而加拿大除了外交手段外缺乏其他解决手段。于是，加拿大另辟蹊径，在国际多边合作中引入次国家组织直接参与来推进北极治理。

加拿大非常看重原住民社会对北极战略的支持，支持原住民在北极问题上发挥更大影响力，通过制订一系列行动计划促进社会的繁荣和发展。为增进北极治理建立了广泛的政策网络，包括学术机构、非政府组织、联邦、省和地区各级科学家和政策专家、涉及北极业务的私营公司及其顾问等。加拿大北极战略结合了精英和公众的意愿，参与决策的主要是包括原住民、其他北方人、国会议员、政策专家在内的公众。目前北极区域缺乏明确的政策系统，北极国家只关注国内北极问题，导致北极政策缺乏连贯性和统一性。作为处理北极事务的北极理事会，在加拿大推动下与各国的原住民政府组织建立了沟通渠道，保障了原住民决定本地区事务的能力。

三 加拿大北极政策的特点

（一）冷战时期加拿大北极政策的特点

冷战时期，加拿大的北极战略为维护北极军事安全以及北极主权起了一定作用，并体现出以下特点。

1. 过分依赖美国，缺乏独立性

加拿大北方地区的防卫事务长期以来并未引起政府的足够重视，北极防卫力量相对薄弱。二战以来，尽管日本与苏联相继给加北方地区带来严重威胁，然而加政府并没有致力于建设一支独立的防卫力量，主要有下述几个原因：第一，由于美国为维护加北方安全提供了防务，而建设独立的防卫力量也将耗费巨大资金，因此加拿大认为没有必要再在该地区浪费资金；第二，在当时情况下，日本及苏联给北极地区带来的安全威胁同来自其他国家与地区的威胁相比未免相形见绌，二战时，加拿大政府认为威胁主要来自德国，冷战期间，苏联在亚欧大陆的行动分散了其能够对加拿大北极地区产生威胁的能力；第三，即便具有一定威胁，但这一威胁感知也被美国分担了，由于美国拥有强大的防卫力量，也更能满足维护北极安全的需要，因此加拿大政府便将保护北极安全的希望寄托于美国方面；第四，随着阿拉斯加高速公路、远程预警线与北美防空司令部等基本防卫设施的建立，加政府认为没有必要再增加其他防卫措施了。

2. 维护主权时表现得十分被动

20世纪中叶，加拿大对北极陆地及群岛的主权基本上得到了国际社会的承认，但是加拿大政府在维护北极水域的主权方面却略显滞后，直到1951年挪威渔业案时，加拿大学者和政府官员对于海域主权几乎视而不见。① 直至1960年美国核动力潜艇"海龙王"号横穿西北航道时，加国内

---

① 郭培清等：《北极航道的国际问题研究》，海洋出版社，2009，第63页。

也没有对此提出任何反对或者质疑的声音。与此同时，美加北美安全共同防卫合作正如火如荼地进行着，但此一过程中美方的行为也使得加拿大北极主权意识逐渐觉醒，开始担心盟国在承担北方群岛防务责任的权力，进一步蔓延到主权控制。[①] 美国"曼哈顿"号于20世纪60年代末强行通过西北航道后，激起了加拿大国内的强烈反应，加政府顺势在1970年通过了《北极水域污染防治法》，企图通过增强环保措施这一方式加强对北极水域的管理和控制，从而间接地实现宣誓主权的目的。1985年，美国破冰船"极地号"再次通过西北航道，加拿大国内舆论反应更为强烈，外长克拉克此后在国会发表了加拿大北极主权的声明，明确表示"加拿大的北极主权包括陆地、海洋和冰盖，并且这一权利不受阻挠地沿北极群岛外侧延伸向海洋"。

从以上事实可以看出，加拿大的北极主权意识并非自发萌生，在美国完全无视其北极主权的行动发生后，加拿大才开始采取措施维护其北极主权。可以说，冷战时期在美国一步步的"漠视与侵犯"下，加拿大对北极主权的控制才逐渐增强，因此，这一时期加拿大的北极战略是十分被动的。

（二）20世纪90年代加拿大北极政策的特点：低政治性

这一时期加拿大的北极战略重心主要为推动北极合作，而对主权、军事等高政治领域关注明显不多，低政治性凸显。

冷战结束后，北极地区面临的安全威胁近乎消失，各方纷纷减少北极地区的军事部署，加拿大也做出了相应举措，其北极军事力量无论从人力还是财力上均大幅缩减。1989年，加拿大停止了海军在北极地区的活动，同年的《加拿大国防白皮书》中提到的采购水下声呐监测系统以及核动力潜艇等计划也由于财力不支最终被搁置。北极地区的空中巡逻也大量减少，1990年还有22次，到1995年便只剩下一次，之后每年都会有一到两次的例行巡逻，其宣示意义大于实际意义。1993年克雷蒂安上台后加拿大航空团被解

[①] Elizabeth B. Elliot, "*Meisel, Arctic Diplomacy: Canada and The United States in the Northwest Passage,*" p.104, 转引自郭培清等《北极航道的国际问题研究》，海洋出版社，2009，第64页。

散，而该团在存在时，能够在 24 小时内将 500 名伞兵投放到加拿大领土任何地方。① 从上述加拿大政府的举动可以看出，美苏冷战后，北极军事对抗近乎消失，加拿大不再重视北极军事安全问题。从 90 年代成立的一些涉及北极问题的国际组织来看，北极各国将关注重点都放在了科学研究与国际合作上，从而应对北极地区的环境与社会威胁，更加关注地区的可持续发展，以及应对公共安全和提升原住民生活水平等问题上，就连北极理事会也有专门条款禁止其讨论安全问题，这表明各国关注点已经转向低政治领域。

（三）21 世纪以来加拿大北极政策的特点

作为对国际社会日趋激烈的争夺北极这一趋势的回应的加拿大北极政策，表现得更为引人注目。因为加拿大人已经意识到其长期以来不重视北极地区的严重后果。因此，当北极地区的开发潜力日益显现的时候，加拿大更加重视维护其北极利益。加拿大的北极政策行动，由最初的科学考察转向以维护主权、可持续发展为主，这也体现出了北极争夺的特点。

1. 通过加强军事存在维护主权诉求

主权归属是北极争夺的核心。由于在地缘战略、资源、航道方面的重要性，加拿大早在 20 世纪 50 年代就宣布对北极拥有主权，随机引起国际社会抗议。后国际法庭裁决为：若在此后一百年内没有人对加拿大的声明提出异议，则此声明便可生效。然而事情的发展并不尽如人意，在 2004 年，丹麦科技大臣桑德便宣称，若能够找到北极点所在的海底是丹麦所属格陵兰岛的自然延伸的证据，丹麦就将"拥有开发那里的石油和天然气资源的权利"。随后丹麦政府斥资 2500 万美元，派出一支科学考察队赴北极进行考察。桑德于考察结束后宣布：北极与格陵兰岛是由罗蒙诺索夫海岭连接着的。② 这便意味着丹麦在北极地区拥有主权，因而否认了加拿大所谓的北极主权。

---

① Michael Byers & Suzanne Lalonde，"Who Controls the Northwest Passage？"，p. 28，转引自郭培清等《北极航道的国际问题研究》，海洋出版社，2009，第 153 页。
② 《冰面上下的北极较量：北冰洋权益之争已愈演愈烈》，http://www.china.com.cn/international/txt/2007 - 08/01/content_ 8612516. htm，访问日期：2014 年 1 月 8 日。

虽然加拿大一方面寻求北极主权，另一方面又竭力阻止其他国家的主权诉求，然而事与愿违，因此面对北极主权归属的挑战，加政府意识到要成功应对这一挑战，显然不能仅仅依靠发出维护领土主权的声明，还应当切实采取行动捍卫领土主权。加政府首先想到的便是努力强化北极军事存在。为宣示其军事力量在北极的存在，加拿大军队于2004年8月在北极圈内进行了代号为"独角鲸"的海、陆、空联合军事演习。与此同时大幅增加国防预算，在其北极地区国境线上以反恐为名加强军事部署。在加拿大2005年国防政策声明中进一步明确北极地区对国家至关重要。①扩建海岸警卫队方案于2007年通过，在北极地区建设北极军队训练基地、成立北极海岸巡逻船队、兴建北极深水港等项目也随之展开。②加拿大政府已经从美国购买了4架C—17"环球霸王"大型运输机，这使得空军力量也得到大幅提升。此外，加空军还准备购进"全球鹰"远程无人侦察机，以实现对整个北冰洋地区进行全天候的空中侦察。海军则在努力提高破冰能力，加政府于2008年计划耗资7.2亿加元建造破冰船，以保证海军在北冰洋的巡航能力。③除加强军事力量外，加政府还通过不断发出声明以维护其北极主权。哈珀政府于2008年6月出台《加拿大第一国防战略》报告，指出要保护加拿大北方地区。外长坎农于2009年3月的一次演讲中宣称加拿大是"北极超级大国"，对北方资源拥有所有权；加政府于2009年7月26日发布《加拿大北方地区战略》，宣称北方地区是加拿大的重要组成部分，加拿大是北极地区的重要力量，加拿大对相应地区的资源拥有主权，北极地区是加政府的首要

---

① Department of National Defence, Defence Policy Statement (Ottawa: Department of National Defence, 2005), p. 8, http://www.forces.gc.ca/site/reports/dps/pdf/dps_e.pdf, 访问日期：2014年1月8日。
② Office of the Prime Minister of Canada, "Backgrounder – Expanding Canadian Forces Operations in the Arctic," accessed 5 September 2007, http://www.pm.gc.ca/eng/media.asp?id=1785, 访问日期：2014年1月8日。
③ Christensen, "The Navy in Canada's Northern Archipelago," p. 85, Chapter 6 in *Defence Requirements for Canada's Arctic*, Edited by Brian MacDonald, CDAI Vimy Paper, 2007, pp. 79 - 95, http://www.cdacdai.ca/Vimy_Papers/Defence%20Requirements%20for%20Canada's%20Arctic%20online%20ve.pdf, 访问日期：2014年1月8日。

关注点之一。该战略强调，保证全人类从经济和社会发展中获益是发展北方的最终目的。哈珀在 2010 年 8 月视察爱德华王子岛省表示，加强和维护北方主权是加拿大北方战略最重要的内容。外长坎农于同日在渥太华发布《加拿大北极外交政策声明》，该声明指出：加拿大是北极大国，在北极事务上具有重要作用，加拿大愿与美国、丹麦两国就尚未解决的边界纷争进行接触，也愿意同北极理事会成员国合作，探索北极地区的可持续发展。

2. 通过环境保护间接维护主权

加拿大北极环境政策将环境与主权紧密联系在一起，用环境保护的方式加强主权，有效避免了同其他北极国家的直接对抗。

对北极海域的管辖是加北极政策的重点。加北方事务局局长在 1956 年针对北极主权问题在众议院的听证会上就指出，加北方主权包括陆地以及领海；前总理特鲁多于 1969 年明确表示北极群岛水域是加拿大内水。[①] 加议会根据直线基线原则于 1964 年通过《领海和渔区法案》，规定加领海基线距离为 3 海里。但是上述条例仅划定了东海岸和西海岸的海域，并没有将北冰洋海域包括在内。因此加政府于 1970 年又出台《北极水域污染防治法》，规定北纬 60 度以北的水域属加拿大管辖范围，沿海 100 海里范围内禁止船舶污染。此外，《北极水域污染防治法》还提出《船舶安全航行控制区域条令》，据此在距海岸线外 100 海里范围内设立了 16 个"航行安全控制区"，管理通过这一海域船只的建造标准和航行规则。

1997 年，为进一步对北冰洋海域实施有效管辖，加政府又颁布了《海洋法》，随后据此法律制订了沿海地区管辖计划。

21 世纪以来，面对新形势新变化，《加拿大海洋战略》随之出台，该战略提出加政府处理海洋事务的三原则：可持续发展、综合管理以及预防为主。而在具体实施过程中，要注重加强研究，保护生物多样性，预防和处理水污染等。《加拿大海洋行动计划》依据《加拿大海洋战略》于 2004 年应

---

① Ian Townsend, "Gault the International Legal Context of Petroleum Operation in Canadian Arctic Waters," The Canadian Institute of Resources Law, 1983, p. 57.

运而生，明确加拿大短期内行动重点集中于以下几个方面：首先是国际海洋管理，加拿大应当在全球海洋管理以及推动全球海洋论坛方面发挥领导作用，研究制定北极海洋保护战略，同北极国家及原住民团体就解决环境污染、保护生物多样性以及生态系统完整性、维护人类健康等问题共同开展研究；其次是解决大西洋西北海域的过度捕捞问题；最后是加强海洋综合管理。加政府在北极海域划定了5个优先领域以进行管理规划，以实现对这些区域环境污染的有效治理。[①] 为提升海洋环境保护能力，加拿大海洋与渔业部联合环境部于2005年发布《联邦海洋保护区战略》，主要涉及科学研究、海洋保护区建设以及为公众提供咨询等问题。上述战略还指出，加拿大海岸带生态系统健康状况正在不断恶化，多种原因引起了这一恶化状况，包括肆意排放、过度捕捞、外来物种入侵以及全球气候变化影响等。《加拿大北方战略》将环境保护列为北方战略四大优先领域之一。由此可见环境保护在加北极政策中占重要地位。

3. 以资源开发带动社会经济发展

随着全球气候变暖及北极冰川消融，埋藏在北极的资源日益受到重视。北极无疑具有重大的战略价值，在资源争夺日趋激烈的情势下，北极国家无不跃跃欲试，面对北极资源争夺战，加拿大除了完善立法体系以维护主权主张外，还在加速推进北极区域开发，促进社会经济可持续发展，从而实现对北极区域全方位掌控的目的。北极地区早期的资源开发主要以资源掠夺为主，不仅造成十分严重的环境问题，更使得原住民群体的生活环境与生活习惯遭到巨大破坏。虽然加拿大北方地区人员稀少，但无论如何我们都应当了解因纽特人才是这片土地的主人。加拿大原住民权益在经历了一系列民族自决运动后逐步得到改善，加拿大的北极政策也开始将目标定位于可持续发展。但是由于长期与世隔绝，原住民群体社会经济文化极度落后，仅仅依赖政府投入不能面面俱到，仍然存在难以辐射到的盲区，因此加拿大政府实行

[①] 高峰等：《世界主要海洋国家海洋发展战略分析》，《世界科技研究与发展》2009年第10期，第973~976页。

了包括私企、地方利益相关者以及政府在内的多方合作计划，调动各方资源推进北极战略的实施。从而实现北方地区的可持续发展。同时，加拿大政府还大力推进北极地区的能源和矿产测绘项目，以查明矿产和石油的分布区域，为企业投资提供指导，并创造就业机会。然而开展经济社会活动需要具备完备的基础设施，虽然加拿大已经投入资源进行相关基础设施建设，但总体而言加拿大北方地区基础设施仍然相当滞后。目前加拿大正积极努力开展北极的国际合作以推动北方地区发展。

4. 积极推动区域内国际合作

曾经作为冷战前线的北极，目前仍然深受持久性有机污染物、核废料污染的影响，而气候变化带来的一系列后果更对北极环境造成了难以估量的影响，随之而来的问题都是全球性的，仅凭一国之力必然难以解决，因此实现北极有效治理必须重视国际合作，然而由于受国际社会无政府状态影响，在国际合作中，各国必会寻求自身利益最大化，并以此为指导确定合作项目的优先顺序及资源投入程度。出于维护本国利益的需要，加拿大当然期望国际社会按照加拿大北极战略设定的四个优先领域作为参与北极事务的指导。2010年颁布的《加拿大北极外交政策宣言》便强调：加拿大长期以来追求国际合作以促进共同利益，并通过务实合作解决相关问题；加方坚持推动与维护国际合作，并将其作为维护国家利益的重要平台；加拿大需要在北极国际合作中增强自身的桥梁和纽带作用，并据此掌握主动权。加拿大还特别强调将推动使"北极意识"成为北极各国的共同价值观，并在相互认同的氛围中建立北极各国之间的沟通网络，共同应对北极问题。具体而言，加拿大通过以下三个方面的措施来实现上述目标。

首先，加强同北极国家的双边关系。在北极国家中，由于美、俄具有十分重要的地位，因此这两个国家也是加拿大双边合作的重点。加拿大北极合作的首要伙伴是美国。加拿大与美国在安全防卫、环境保护以及资源的可持续开发方面开展了长期合作。在安全防卫方面，美国通过北美防空司令部以及为加拿大防卫力量提供现金支持和技术支持等方式扩大双方合作，而正由于美国在军事安全方面提供的支持和保护，使加拿大在冷战期间避免了被拖入军备竞赛的危险,双方在防卫方面的这一合作在冷战结束后仍然继续存在并发挥着功效。加拿大还曾是北极地区唯一一个与俄罗斯建立过战略伙伴关系的国家,而双方的合作则源于苏联时期的遗留问题。苏联解体后,俄罗斯经济遭遇了严重衰退,俄北方地区管理水平急剧下滑,人民生活质量大幅下降。根据国际原子能机构的报告,在原苏联的摩尔曼斯克和阿尔汉格尔斯克地区最高时有多达150个退役核潜艇的反应堆等待拆除,此外在巴伦支海还有超过8500吨的高浓缩铀燃料以及多达500万立方米的低放射性废物等待处理。① 若处理不当,上述废弃物将对北极环境造成严重威胁。此外,俄罗斯是在北极地区拥有人口最多的国家,位于北极圈内的人口数量约有724.1万人,占北极总人口的80%,其中包括176.7万原住民,占北极原住民总数的88.35%,这对俄罗斯的发展至关重要。因此,加拿大和俄罗斯的合作要优先解决经济社会发展、环境保护以及地区可持续发展的问题。加拿大在北极资源开发、放射性污染物清理以及环境保护方面拥有大量经验,并且拥有资金以及管理技术等多方优势,这些都可以帮助俄罗斯解决北极地区的困难,因此俄加两国的合作空间巨大。

其次,加强北极理事会也是加拿大实现北极区域内国际合作的重点。作为处理北极事务最重要的平台,北极理事会在科学研究以及环境保护方面做出了大量贡献。加拿大通过北极理事会与北极各国就北极事务交流看法,在合作中逐步构建起一个"北极国家的内部社会"。加拿大通过多方努力确保北极理事会成为处理北极事务的核心组织。北极理事会提供的协商平台能使有关各方坐到一起,就北极治理中共同关心的问题进行讨论,同时这也可以避免一些北极大国采取单边行动威胁加拿大的北极利益。加拿大于2013年再度接任北极理事会轮值主席国,其北极战略重点也已悄然发生转变,正在由维护主权转向推动经济社会发展,在北极理事会第八次部长会议上,阿格卢卡克明确表示北方人民的福祉与繁荣是加拿大担任北极理事会轮值主席国

---

① Prepared by the Communications Bureau Department of Foreign Affairs and International Trade, *The Northern Dimension of Canada's Foreign Policy*, p. 14.

期间关心的头号问题。① 2013 年 6 月份阿格卢卡克在一次会议讲话中将加拿大北极政策四大优先领域的排序进行了调整,推动社会与经济发展被排在了第一位,维护主权放到了最后,这一变动具有重要意义。② 加拿大政府通过致力于推动北极经济理事会成立,一方面实现其北方地区的可持续发展,另一方面则是希望借此增强北极理事会的功能。作为本届北极理事会轮值主席国的加拿大也将经济理事会的成立视为其担任轮值主席国期间的重要成果,此举也可被视为加拿大的阶段性胜利。然而令人遗憾的是,作为北极开发潮流产物的北极经济理事会,本应顺应经济全球化的大势,以开放姿态推动北极开发与保护,但在北极理事会轮值主席国加拿大的主导下,经济理事会反而走向了比北极理事会更加"极端"的道路——不设观察员,对话仅限于北极国家之间,只留下工作组一条途径给非北极国家,这显然有悖于当下合作共赢的时代潮流。

最后,推动多方参与于多边合作,突出的表现为推动原住民组织参与到北极事务当中,以及同其他北极相关组织展开合作。作为加拿大一贯秉持的价值观的民主和参与也被充分运用到北极事务中,作为与利益相关者持续互动和讨论的过程的协商合作也被加拿大十分看重,因此他致力于推动北极理事会成为一个强有力的合作框架,为北极各国政府、原住民、企业及非政府组织之间合作提供平台,建立北极利益相关者的伙伴关系网络,特别是在原住民组织的参与问题上。据此,加拿大致力于推动原住民组织积极参与北极理事会的各项协商与谈判,充分展现其北极地区的主人翁地位。北极理事会特别接受六个原住民组织作为"永久参与者",以确保北极原住民组织能够参与北极理事会的各项议程。而相应的北极理事会也通过这一方式获得了合法性,使其决策更加科学化,政策执行更为有效。在就北极事务与推动相关

---

① Foreign Affairs, Trade and Development Canada, "National Statement by Minister Aglukkaq at the Eighth Ministerial Meeting of the Arctic Council," http://www.international.gc.ca/media/arctic-arctique/speeches-discours/2013/05/15a.aspx?lang=eng.
② Foreign Affairs, Trade and Development Canada, "Address by Minister Aglukkaq to the Economic Club of Canada," http://www.international.gc.ca/media/arctic-arctique/speeches-discours/2013/06/07a.aspx?lang=eng.

国际组织合作方面，加拿大在其《外交政策宣言》中首次明确提出要加强同包括国际海事组织、巴伦支欧洲北极理事会在内的其他多边机构的合作，为极地航运法规、气候变化和汞排放等问题提供解决方案，这些组织也有助于共享信息、加强协调，为共同采取应对措施提供平台。此外，加政府还需同联合国、北约，以及欧安组织等加强对话，必要时采取共同行动，以作为对北极理事会的有效补充。

四 加拿大北极政策中的中国元素

加拿大北极政策的优先领域，除主权行使具有排他性而外，经济社会可持续、保护环境、促进和改善北极治理都具有普遍性。由于中国并非北极国家，与加拿大不存在北极争端，因此，中加北极合作空间巨大。对中国而言，如何进行战略定位是介入北极事务的关键，合理的定位可以推动中国参与北极事务。北极资源开采、航运等对中国经济发展十分重要，但由于地理限制，中国在北极并无多大影响力。因此，我们应将战略定位于开展经济合作。同时，中国在开展经济合作时还要注意尊重当地人的价值观。在增加投资和经贸往来的同时，与当地居民、政府、学术等机构建立良好的伙伴关系，保护环境，提供公共物品，促进社会可持续发展和地区治理。一个稳定的北极地区，有利于中加双方利益最大化。中国虽不是北极国家，但北极地区的生态和环境变化关乎全球环境的安危。作为安理会常任理事国之一，中国有义务有责任保障北极地区的生态环境不受破坏，维护北极地区的和平与稳定，这也是负责任大国应当做出的贡献。

至于中加合作的方式，除投资和经贸往来外，双方还可以在科学研究、环境保护等方面开展合作。中加双方可鼓励两国的科研单位、学者进行交流，双方也可以建立定期的交流机制。在北极事务上，中国可以积极推动在包括北极理事会在内的多边框架下开展合作，以实现和平、可持续利用北极的目的。此外，中国若要参与北极事务，增加话语权，加强与加拿大地方政府的合作也不失为有效策略，加拿大原住民具有强烈的发展意愿，其自治政府也相对开放，中国可借此参与北极事务。通过经济开发，逐步扩大我国在北极事务中的影响力，为全面参与北极事务夯实基础。

五　中国参与北极事务的建议

作为近北极国家，中国在环境、经济、政治、社会与安全等诸多方面，与北极地区息息相关。我们应尽早开展对北极地区的国家利益评估，指导我国参与北极治理以及北极事务实践。就针对加拿大北极政策而言，本文在结合国内外学者研究基础上就我国制定北极战略给出以下几点建议。

首先，针对加拿大的主权主张，不偏袒任何一方。中国应当加强北极政治与法律问题研究，以尊重国际法为基础，为维护国家利益争取主动。北极地区国际海底区域开发应由国际社会共享，我国自然享有相应权利主张。而事实上，非北极国家参与北极权益分享阻力重重，因此我们应加强北极国家相关政策研究，及时掌握北极事务新动态，从维护中国北极权益的高度制定相应对策。此外，开展科学研究是中国介入北极事务的有效手段，我们应当确保中国的北极科学研究既能够解决国际上有关北极的前沿科学问题，又能为维护我国北极权益提供有力支持。

其次，积极探索符合共同利益的合作途径，加强同北极国家以及北极理事会等国际组织的交流合作。北极自然环境独特，北极事务往往涉及非常复杂的国际关系问题，一国难以单独解决众多北极问题，据此，合作在处理北极事务时尤为重要。对中国而言，同北极国家或相关组织开展合作是中国参与北极事务的重要路径。中国应积极发展同加拿大、美国、俄罗斯等北极国家的双边及多边关系，探讨符合维护我国国家利益的合作途径，在参与北极事务上寻求理解和支持。同时，还应积极发展同包括北极理事会在内的相关国际组织的关系，寻找参与北极事务的机会。

最后，北极事务包含海域、大陆架分歧、资源开采等国际纷争，也包括环境保护方面的合作，争议容易导致紧张，而合作则能够将国际社会凝聚在一起。北极环境保护以及可持续发展不能局限于北极国家范围内，必须得到国际社会的参与及合作，这为我国参与北极事务提供了重要途径。事实上，在科学研究、环境保护、可持续发展等领域的国际合作已经展开。中国应从环境保护、科学研究等易取得共识的领域开始参与北极事务，并以此为切入点，不断丰富合作内容，逐渐扩大北极事务参与权。中国应加大北极科学研究力度，以更细致地掌握北极地区的情况，为评估我国在北极利益提供支持。我国科研人员已经开展了对北极地区的相关研究，获得了大量数据和成果，但离我们完全掌握北极的状况尚存较大距离。因此，中国宜增加投入，推动对北极的科学研究，重点获取同我国利益密切关的科学数据和成果，以利于我们在北极事务中进行科学的决策。

挪威北极战略分析

张 沛*

一 挪威国家概况

挪威位于斯堪的纳维亚半岛的西部，东邻瑞典，东北与芬兰和俄罗斯接壤，南同丹麦隔海相望，西濒挪威海。挪威国土面积总计 385186 平方公里，包括本土、斯瓦尔巴德群岛（Svalbard）和扬马延岛（Jan Mayen）。此外，挪威在遥远的南大西洋还有一个南极领地布维岛（Bouvet Island），同时挪威还对南极彼得一世岛（Peter Ⅰ Øy）和莫得女王岛（Queen Maud Land）提出领土要求。挪威本土是南北狭长的山国，最宽处 430 多公里，最窄处仅为 1.6 公里，海岸线曲折，总长达 28953 公里。挪威与瑞典、芬兰、俄罗斯相邻，国际边界长为 2562 公里。

挪威北极领土部分主要由四部分组成，包括北纬 66°33′以北的挪威本土领土、斯瓦尔巴德群岛、熊岛（Bjørnøya）和扬马延岛，其本土部分位于北极圈内的主要包括诺尔兰（Nordland）郡、特罗姆斯（Troms）郡和芬马克（Finnmark）郡，面积约 11 万多平方公里，约占挪威国土面积的 1/3，人口约 47 万人，约占挪威现总人口 509 万人的 1/10。挪威居住在北极圈内的主要有萨米人原住民和少数民族芬兰人的后裔，挪威是北极国家中萨米人居住最多的国家，也是北极人口最密集的地区。

挪威自然资源十分丰富，主要表现在石油、水力、渔业、农业、森林和

---

* 张沛，上海国际问题研究院海洋与极地研究中心副主任，博士，主要研究方向为中国特色外交理论与实践、欧洲问题研究等。

矿产等方面，其中挪威的石油及天然气是其支柱产业，对GDP的贡献率超过20%，现为西欧最大产油国、世界第三大石油出口国。挪威还是世界上重要的海事国家，境内有众多岛屿和优良港口。人均国内生产总值达579632挪威克朗，逾95000美元，而失业率仅有3.5%，是世界上最富裕的国家之一，并连续多年被联合国评为世界上最适宜居住国家。

挪威是君主立宪制国家，实行议会民主制，国会实行一院制议会（Stortinget），行政权由以挪威首相为首的内阁负责。现任政府为2013年9月选举获胜的保守党和进步党联合组成的内阁，首相为埃尔娜·索尔贝格（Erna Solberg）。挪威不是欧盟成员国，但是欧洲经济区（European Economic Area, EEA）成员国，与欧盟在经济上有着密切关联。挪威是北约（NATO）成员国，同西方国家在防务上有结盟关系。[1]

挪威是北冰洋沿岸国，是北极国家中最先出台北极战略和政策文件的，也是更新其北极战略和政策文件最频繁的，同时也是在北极区域和次区域治理、开发和合作中取得成效最显著的国家。

挪威是北极地区小国，但又是能源、资源和管辖水域"大国"，特别重视国际合作，是许多国际协议的签署地，也是许多北极合作机制的倡导者，还是北极合作机制建设的重要推动者。

高北地区概念，是理解挪威北极战略和政策的出发点。挪威高北战略有三大支柱，包括存在、知识和活动，三大支柱是不断丰富和发展的。

北极事务是挪威最重要的战略议题，在与中国加强北极事务合作问题上，挪威也有共识，对中国也有很大期待，希望中国在北极科学考察以及在北极事务的双边合作、多边合作（主要是理事会）、全球合作（主要是在气候变化和国际海事组织）等层面上发挥建设性作用。

---

[1] 关于的挪威统计数据可参见挪威官方统计数据网，http://www.ssb.no/en/forside; jsessionid = 2C78E3CA738C43C2B8EB8E4137322727. kpld – as – prod04，访问日期：2014年11月3日。挪威驻中国大使馆关于挪威的简明资料介绍，http://www.ssb.no/a/english/minifakta/ki/。Klaus Munch Haagensen (ed.), *Nordic Statistical Yearbook*, 2013, http://www.ssb.no/en/befolkning/artikler – og – publikasjoner/nordic – statistical – yearbook – 2013，访问日期：2014年11月3日。

中国应从战略高度认识挪威的独特作用和影响力，寻机消除政治障碍，推进中挪在北极事务上的双边、多边和全球层面的合作，创造良好氛围，切实加强中国在北极的存在。

二　挪威北极战略和政策形成的历史脉络

（一）挪威北极战略和政策的形成和发展

挪威是北冰洋沿岸国，历史上就有在北极开展活动的传统，曾出现过多位著名的探险家，对北极地区也最为关切和重视。挪威是北极国家中最先出台北极战略和政策文件的，也是更新其北极战略和政策文件最频繁的，同时也是在北极区域和次区域治理、开发和合作中取得成效最显著的国家。

理解挪威北极战略的形成和发展，离不开一个词——"高北地区"（High North），这是挪威政府描述北极的一个话语体系和关键词，也是理解挪威政府北极战略和政策的切入点。高北地区的概念并不完全等同于北极（The Arctic），两者之间既有联系，又有明显的区别。尽管划分北极的标准并不相同，但北极主要还是一个地理概念，而高北地区概念的含义则要广泛得多。

高北地区一词最早出现于1986年，最初是挪威政府将其作为挪威语"北方地区"（nordomradene）的官方英语翻译，此后便很快开始在挪威内外流行，其最初主要是一个地理概念，指挪威政府管辖下从挪威本土延伸到北极领土（岛屿）和海域以及次北极的地区，包括毗邻的高纬度海域和大陆架（主要是专属经济区）。但随着挪威政府在北极战略文件中明确使用这一词后，其内涵和外延都发生了本质变化，它不再是一个纯粹的地理和领土概念，而首先是一个灵活的政治概念，而且与挪威历史、政治和文化有着密切的联系，在挪威国家形象构建方面发挥了重要作用，成为挪威的身份特征（identity）。同时，它还与俄罗斯有着密切的联系，俄罗斯因素和与俄罗斯合作是高北地区战略的重要组成部分。①正如挪威前首相斯托尔滕贝格（Jens Stoltenberg）在为挪威2006年高北地区战略文件所写的前言中所说，高北地区是挪威政府最重要的优先地区，这一政策并不只是外交政策，也不只是国内政策，而是涉及挪威继续负责任地管理资源、行使主权以及和邻国、伙伴和盟国密切合作的问题。同时它还是一个广泛地、长期地动员挪威的力量和资源发展国家整个北部地区的问题。挪威的高北地区战略不仅是对高北地区的规划，而且是对整个国家的规划，也是对欧洲北部的规划，其结果对整个欧洲大陆都将带来重大影响。②因此，高北地区是挪威一个非常广泛、灵活并不断发展的概念，包括地理、政治、文化和国际合作等多个层面，具有丰富的内涵。

挪威政府经历了较长时间逐步形成和完善了自己的高北地区战略。2003年3月，挪威政府建立了一个专家委员会，就高北地区出现的挑战和机遇以及如何更好地保护挪威在这一地区的利益进行研究，后挪威政府根据该委员会的报告向议会提交了一份《北向战略！北方地区的挑战和机遇》（Look North! Challenges and Opportunities in the Northern Areas）的白皮书，后经议会批准成为官方文件，该文件为挪威高北地区战略奠定了基础。③ 2005年秋季，挪威红绿政府确定高北地区是挪威战略和外交政策的核心。2006年，挪威正式颁布《挪威政府高北地区战略》（The Norwegian Government's High North Strategy）。④ 2009年，挪威政府又推出更新版的北极战略文件——

---

① Odd Gunnar Skagestad, "The 'High North': An Elastic Concept in Norwegian Arctic Policy," http://www.fni.no/doc&pdf/FNI - R1010.pdf, 访问日期：2014年11月3日。

② Norwegian Ministry of Foreign Affairs, *The Norwegian Government's High North Strategy*, 2006, p. 5, http://www.regjeringen.no/upload/UD/Vedlegg/strategien.pdf, 访问日期：2014年11月3日。

③ Norwegian Ministry of Foreign Affairs, *Opportunities and Challenges in the North*, Report No. 30 (2004 - 2005) to the Storting, p. 5, http://www.regjeringen.no/nb/dep/ud/dok/regpubl/stmeld/20042005/report_no-30_to_the_storting_2004-2005.html? id = 198406, 访问日期：2014年11月3日。

④ Norwegian Ministry of Foreign Affairs, *The Norwegian Government's High North Strategy*, http://www.regjeringen.no/upload/UD/Vedlegg/strategien.pdf, 访问日期：2014年11月3日。

《北方新基石：政府高北地区战略的下一步》（New Building Blocks in the North：The Next Step in the Government's High North Strategy），确立了挪威政府在高北地区未来 10~15 年的优先原则。①这些文件共同构成了挪威政府高北地区战略框架。②

（二）挪威形成北极战略和政策的主要部门和职能机构

挪威高北地区战略制定程序大体经过三个步骤：战略设计制定、提交议会讨论、议会通过并颁布成为官方正式文件。在这一程序过程中，挪威外交部发挥的作用最大，既是主要战略设计、制定和报告撰写者，同时又是一个协调机构，还是一个最终执行者。这主要源于挪威高北地区战略最初主要关注的就是外交层面，是外交战略的一部分，这就赋予了挪威外交部在起草和制定高北战略方面的特殊地位。同时，由于挪威高北战略并非仅仅涉及外交层面，还涉及经济、能源、文化、社会发展、地方政府合作、企业等多个层面，需要相关其他政府部门有关机构和地方政府，包括社会团体和企业的参与，而这些参与者也都希望在战略形成过程中享有话语权，这就需要外交部发挥一个协调机构的作用，在制定战略和政策时要多咨询、倾听来自各相关部门和各方的意见并加以整合。当初步的战略报告形成以后，外交部就将其提交给议会进行讨论，议会则会将报告转交给议会外交事务常设委员会（Standing Committee on Foreign Affairs）和国防部。议会外交事务常设委员会推选出一个代表作为议会发言人，其职责是通过广泛征询不同的国际组织、政府部门、地区和当地行政部门、非政府组织、企业包括石油工业代表等的意见，草拟委员会提出的政策建议并提交议会听证会讨论，同时报告还会发

---

① Norwegian Ministry of Foreign Affairs, *New Building Blocks in the North：The next Step in the Government's High North Strategy*, http：//www.regjeringen.no/upload/UD/Vedlegg/Nordomr? dene/new_ building_ blocks_ in_ the_ north.pdf, 访问日期：2014 年 11 月 3 日。
② Norwegian Ministry of Foreign Affairs, *The High North：Visions and strategies*, Meld. St. 7 (2011 - 2012) Report to the Storting (white paper), http：//www.regjeringen.no/en/dep/ud/documents/propositions – and – reports/reports – to – the – storting/2011 – 2012/meld – st – 7 – 20112012 – 2.html? id = 697736, 访问日期：2014 年 11 月 3 日。

到各党派，听取不同的反映和意见。最后经过各方不同意见和建议整合的报告经议会表决通过后就成为挪威政府官方文件，一般会由首相撰写前言，由外交部对外发布，并最终成为各行政职能部门执行的指导性文件。①

在具体执行过程中，外交部和国防部显然是最为重要的职能机构，因为这是挪威高北战略最关注的两个领域。但由于挪威高北战略所涉及内容越来越广泛，实际上职能执行机构已经涵盖到了所有的政府部门。挪威政府共设有17个部，每个部都有相关部门涉及高北地区，其重要性和卷入的程度则依据战略文件的优先原则来确定。如近年来，除外交和国防部外，挪威交通部、石油和能源部、气候变化和环境保护部、渔业部、贸易和工业部门在挪威高北地区战略中的作用开始加强。

挪威实行的是议会民主制，每四年举行一次大选，由议会多数席位政党组成政府。2003年10月，挪威进行的新一轮大选，由埃尔娜·索尔贝格领导的保守党、进步党、基督教人民党和自由党击败了执政8年的红绿政府，组成了新内阁政府。政党更替，对挪威高北地区战略并不会产生重大影响。因为将高北地区作为挪威优先发展方向已经成为挪威的共识，而红绿政府时期通过的两个战略文件也是得到当时尚处于在野党的右翼党派所认可的，因此，挪威高北地区战略不会有大的变动，但可能在一些细节上会有微调。如在对待非政府组织在高北地区战略上的作用，在经济发展和环境保护上优先次序发展有差异等问题上，会有一些新的变化。②

（三）挪威参与北极治理活动的情况与国际合作

挪威是北极地区小国，但又是能源、资源和管辖水域"大国"，其实力和能力有着较大的差距，而且还与一个强大的国家为邻，因此，挪威特别重

---

① 笔者在与挪威北极大使 Else Berit Eikeland 女士 2013 年 11 月 15 日的访谈中，对挪威高北地区政策的制定程序进行了详细了解。也可参见 Pål Arne Davidsen, "Making Policy for the North: Norwegian Perspectives," http://www.gwu.edu/~ieresgwu/assets/docs/Davidsen_MakingPolicyNorwegianPerspectives.pdf, 访问日期：2014 年 11 月 3 日。
② 作者在与挪威北极大使 Else Berit Eikeland 女士 2013 年 11 月 15 日的访谈中，对挪威政党变化对高北地区政策的影响进行了详细了解。

视国际合作，其高北地区战略的出发点一开始就是从国际合作出发的。挪威是许多国际协议的签署地，也是许多北极合作机制的倡导者，还是北极合作机制建设的重要推动者。

早在1973年11月15日，挪威就邀请加拿大、丹麦、美国和苏联五国在挪威首都奥斯陆签署了《北极熊保护协定》（Agreement on the Conservation of Polar Bears），①这是北极国家第一个针对北极事务专门制定的条约，具有标志性意义。北极五国关于领土和海洋权益的争端协商机制也是由挪威发起的，2007年10月15~16日，在挪威政府的邀请下，北极五国在奥斯陆举行了高官会议，对国际法律框架，特别是《联合国海洋法公约》（United Nations Convention on the Law of the Sea，UNCLOS）在北极的适用和贯彻进行了非正式磋商，从而为两次北冰洋会的召开打下了基础。挪威也是最早提出巴伦支地区合作倡议的，1992年1月，时任挪威外交大臣的托瓦尔·斯托尔滕贝格（Thorvald Stoltenberg）正式提出了"巴伦支地区"概念，并于次年1月邀请丹麦、瑞典、芬兰、冰岛、俄罗斯和欧盟委员会的外交部部长或代表在挪威的基尔克内斯（Kirkenes）举行了部长会议，发表了《巴伦支欧洲—北极地区合作宣言》（Declaration on Cooperation in the Barents EURO–Arctic），亦称《基尔克内斯宣言》，成立了巴伦支欧洲—北极地区合作机制。

挪威不仅是北极各种治理机制的倡导者和创始会员国，而且对北极治理机制化建设作出了重大贡献。挪威积极推动北极理事会设立常设秘书处，并于2013年1月21日在挪威特罗姆瑟正式成立，这标志着理事会最终有了永久常设机构，在制度化和机制化方面取得了一定的进展。此外，挪威还是巴伦支欧洲—北极合作机制永久秘书处——"国际巴伦支秘书处"（The International Barents Secretariat，IBS）的所在地。在推动北极理事会两个具有法律约束力的条约形成过程中，挪威也发挥了重要的作用。挪威还积极致力于推动在国际海事组织（International Maritime Organization，IMO）框架下

---

① Agreement on the Conservation of Polar Bears, http：//pbsg. npolar. no/en/agreements/agreement1973. html，访问日期：2014年11月3日。

建立在北极海域航行的具有约束力的极地航运规则（The Polar Code）。在域外国家参与北极治理问题上，挪威持开放态度，欢迎域外国家参与北极治理，并与许多域外国家包括欧盟和亚洲国家都建立了对话渠道。

在双边合作上，挪威最主要的和优先合作对象是俄罗斯，这种合作是一种包括海洋、能源、核安全、地方、海关等各种层面的合作。双方合作取得了重大成效，特别是2010年挪威和俄罗斯签署的《挪威王国与俄罗斯联邦关于在巴伦支海和北冰洋的海域划界与合作条约》（Treaty between the Kingdom of Norway and the Russian Federation concerning Maritime Delimitation and Cooperation in the Barents Sea and the Arctic Ocean），[1]结束了两国长达40年的海洋边界冲突，为两国合作开发北极石油天然气能源和渔业合作扫清了障碍。而在核安全方面，2003年，挪威、瑞典、丹麦、芬兰和俄罗斯共同签署了《俄罗斯联邦多方位核生态计划协议》（The Multilateral Nuclear Environmental Programme in the Russian Federation，MNEPR），这一协议为俄罗斯安全使用核燃料和管理放射性废料提供了一个机制性框架。[2]

挪威还有一个非常重要的合作对象就是北约，其合作领域主要是安全领域。挪威认为通过和北约的一体化空中防御，盟国参与对挪威北部的监控，可以帮助挪威行使自己的主权，因此北约保持在北极的密切关注和存在是非常重要的。挪威坚持认为这与发展同俄罗斯的友好睦邻关系并不矛盾，相反，北约在北极的存在应该被视为有助于地区稳定和可预期性（predictability）的因素之一。[3]

---

[1] Treaty between the Kingdom of Norway and the Russian Federation concerning Maritime Delimitation and Cooperation, http://www.regjeringen.no/upload/SMK/Vedlegg/2010/avtale_engelsk.pdf, 访问日期：2014年11月3日。

[2] Olav Schram Stokke, Geir Honneland and Peter Johan Schei, "Pollution and Conservation," *International Cooperation and Arctic Governance: Regime Effectiveness and Northern Region Building*, eds. Olav Schram Stokke and Geir Hønneland (Routledge, 2007), p.95.

[3] Norwegian Ministry of Foreign Affairs, The High North: Visions and strategies, Meld. St. 7 (2011–2012), Report to the Storting (white paper), p.70, http://www.regjeringen.no/en/dep/ud/documents/propositions-and-reports/reports-to-the-storting/2011-2012/meld-st-7-20112012-2.html? id=697736, 访问日期：2014年11月3日。

三 挪威高北地区战略和政策主要报告解读

（一）挪威高北地区战略和政策报告出台的历史背景和主要动因

挪威高北地区正式官方战略虽然形成于2003年以后，但同时也是建立在冷战时代和冷战后基础之上的。冷战时期，由于东西方之间的严重对峙，加上挪威是北极地区唯一与苏联海上和陆上均接壤的西方国家，处于北极冲突的最前沿，双方空中、地面和海上摩擦不断，因此，这一时期挪威的北方战略主要是由安全战略构成的，目的在于对付来自苏联的威胁，也使得挪威较易形成统一的北方战略。但这一状况在戈尔巴乔夫摩尔曼斯克讲话，特别是冷战结束以后发生了根本的转向。一方面，东西方的和解和冷战的结束为北极合作打开了方便之门，出现了北极合作的"奥林匹克盛会"①和北极机制的纷纷建立。另一方面，在共同的威胁消除后，挪威北极战略却出现了碎片化的倾向，难以形成统一的北方战略。②这也就解释了为什么在冷战结束以后乃至北极许多治理机制建立后长达10多年的时间里，挪威一直迟迟没有推出其正式北极战略和政策文件。同时这也是冷战结束后北极地区地缘政治、地缘战略和经济地位一度边缘化的结果。

随着21世纪的到来，北极地区发生的深刻转变正在改变全球对北极的固有认识。从全球角度来看，一方面，全球气候变暖的持续和加速发展，对北极脆弱的环境带来了更加严峻的挑战，北极不再是"冰冻荒漠"

---

① Olav Schram Stokke and Geir Hønneland (eds.), *International Cooperation and Arctic Governance: Regime Effectiveness and Northern Region Building*, Introduction, Routledge, 2007, p. 5.
② Norwegian Ministry of Foreign Affairs, *Opportunities and Challenges in the North*, Report No. 30 (2004 – 2005) to the Storting, p. 8, http://www.regjeringen.no/nb/dep/ud/dok/regpubl/stmeld/20042005/report_no-30_to_the_storting_2004-2005.html?id=198406, 访问日期：2014年3月20日。

(frozen desert），而是处在"变化中"（Arctic in Change）；① 另一方面，气候变暖和冰川消融，也使北极蕴藏的丰富资源更易获得，新航路开辟的潜在巨大利益也日益显现，因而促使国际社会更多地关注北极，也由此带来了北冰洋沿岸国家对北极岛屿、海洋的争夺的日趋复杂。北极地缘战略、政治、经济重要性的"再中心化"是促使挪威高北战略和政策出台的外部原因。

从内部来看，这一时期挪威面临着特殊的机遇和挑战，相较于人口规模和国家实力而言，挪威拥有着"不相称的"广大水域和自然资源，北极的变化无疑为挪威开发和利用其巨大的水产资源和丰富的油气资源提供了重大机遇，但同时它也带来了一些严重的问题，这就是挪威如何在可持续发展的前提下更好地管理、开发和利用这些资源，如何在北极地缘政治升温的情况下更好地行使自己的主权，如何在俄罗斯转型的过程中更好地促进双边合作。更重要的是挪威需要在北极环境变化的情况下重新凝聚共识，制定统一的高北战略和政策，以巩固和加强挪威在北极的存在和政治影响力，应对外界质疑。②

正是在这些内外因素的促动下，挪威从 2003 年推出第一份挪威北方战略政策文件后，很快在 2006 年和 2009 年相继出台了两份高北地区战略文件，并在 2011 年又推出了一份关于《高北地区——愿景和战略》的白皮书，形成了挪威统一而又联系并不断丰富发展的高北地区战略和政策。

（二）挪威高北地区战略文件的主要内容和解读

1. 挪威在 2003 年推出了其第一份北极战略文件——《北向战略！北方

---

① Timo Koivurova, "Limits and Possibilities of the Arctic Council in a Rapidly Changing Scene of Arctic Governance," *Polar Record*, 46（2010）: 4.
② 挪威北极大使 Else Berit Eikeland 女士在笔者 2013 年 11 月 15 日与她的访谈中曾经提到，促使挪威 2006 年战略文件出台的一个很重要的原因，就在于 2005 年部分欧洲国家和欧盟都曾提议应加强联合国对北极的治理，加强对北极资源开发的管理，加强欧盟的作用等，这引起了挪威的关注，认为挪威应该形成统一和持久的北极战略，以保护自己的利益。

地区的挑战和机遇》（2003 年 12 月），① 该文件共分 7 个部分，内容涉及挪威北方政策面临的机遇和挑战、北方政策的主要目标以及实施手段、政策特征、国际法、核安全合作、地区合作、经济和行政管理等方面。该文件在许多方面为后来的挪威高北地区战略和政策打下了基础，② 而且从话语体系分析角度来看，尽管文件名称使用的是北方，而非高北，但实际上它标志着高北一词在挪威外交政策中的回归。③

2. 2006 年，挪威政府又推出了第二份北方战略文件——《挪威政府高北地区战略》（2006 年 1 月）。该文件第一次以高北地区命名，正式将高北地区确定为挪威北极战略和政策的核心，并对高北地区政策进行了明确阐述，指出高北政策并不只是外交政策，也不只是国内政策，而是涉及挪威对资源的管理、行使主权以及和邻国、伙伴和盟国密切合作的问题，包括挪威对整个国家的规划，对欧洲北部的规划，乃至对整个欧洲大陆的重大影响。④ 该文件将挪威高北战略总结为三个关键词：存在、活动和知识。文件除前言和总结外，共分 9 个部分，涉及挪威外交政策、知识和能力建设、原住民事务、民间交往、环境、海洋资源管理和利用、石油活动、海洋运输、产业发展等内容。

3. 第三份文件是 2009 年推出的更新版的北极战略文件——《北方新基石：政府北方战略的下一步》（2009 年 12 月），该文件出台前正是北极地缘

---

① NOU, *Mot nord! Utfordringer og muligheter i nordområdene* (Look North! Challenges and opportunitiesin the NorthernAreas), 2003, http: //www. regjeringen. no/en/dep/ud/documents/nou – er/2003/nou – 2003 – 32. htmlid = 14902，访问日期：2014 年 11 月 3 日。

② Norwegian Ministry of Foreign Affairs, *The High North: Visions and strategies*, Meld. St. 7 (2011 – 2012) Report to the Storting (white paper), p. 9, http: //www. regjeringen. no/en/dep/ud/documents/propositions – and – reports/reports – to – the – storting/2011 – 2012/meld – st – 7 – 20112012 – 2. html? id = 697736.

③ Leif Christian Jensen, Øystein Jensen and Svein Vigeland Rottem, "Norwegian foreign policy in the High North: Energy, international law and security," http: //www. atlcom. nl/ap_ archive/pdf/AP%202011%20nr. %203/Jensen. pdf，访问日期：2014 年 11 月 3 日。

④ Norwegian Ministry of Foreign Affairs, *The Norwegian Government's High North Strategy*, 2006, p. 5, http: //www. regjeringen. no/upload/UD/Vedlegg/strategien. pdf，访问日期：2014 年 11 月 3 日。

争夺再次加剧之时，同时美国和欧盟也先后推出了各自的北极战略文件，这使得挪威有了更强烈的紧迫感。该文件在前言中明确指出，高北战略是一项不断演进的规划，要取得持久性的结果就需要不断地努力，挪威正处在一个新的起点上，新战略是要为挪威未来在高北地区10~15年的战略规划奠定新的基础。

该文件由两部分组成，第一部分确立了政府战略将要努力发展的7个方向。第一，培育高北地区关于气候和环境的知识。具体措施包括：在特罗姆瑟培育一个气候和环境研究中心；建立新的技术研究基础设施；对多样海床进行测绘等。

第二，在北部水域加强监控、紧急情况反应和海洋安全体系。具体措施包括：建立一个一体化的监测和通知系统；改进污染和紧急情况反应系统。

第三，促进可持续的离岸石油和可再生海洋资源的利用。具体措施包括：培育海洋工业；培育海洋产业；开发以石油为基础的产业活动。

第四，促进北方陆上产业发展。具体措施包括：开发旅游业；培育以采矿为基础的产业；培育适应北极状况的专业技能和产业活动；加强创新和发展能力。

第五，进一步发展北方基础设施。具体措施包括：培育知识基础设施；形成运输网络；更新电力基础设施和提高供电安全；进一步发展空间基础设施。

第六，坚定实施在高北地区的主权并促进跨境合作。具体措施包括：加强海岸警卫队活动；进一步加强对边境的控制；进一步加强边界民事监控和控制；促进能力建设合作；加强文化合作等。

第七，确保原住民文化和生活状况。具体措施包括：记录传统的萨米人的知识；设立原住民文化产业项目；形成北方经济活动伦理指导纲领；为原住民语言发展建立数码化基础设施；强化萨米人机构能力和权限。

文件的第二部分主要是为文件第一部分的主要战略提供一些背景知识，通过一些案例来说明挪威高北地区战略所面临的多重挑战和机遇，并对所关注的问题作出一个总体的评估。其内容主要涉及国际合作、地区机遇、来自油气资源方面的财富创造、环境和生活状况以及渔业、知识对战略实施的重要性等 5 个方面。

值得关注的是尽管文件在政府战略优先发展方向上并未将主权问题列在前面,但在前言中却突出强调了挪威政府在高北地区的努力是要巩固实施主权和促进可持续管理资源的能力,明显带有这一时期地缘争夺加剧的特征。

挪威高北地区战略和政策并非只是这三份挪威官方正式北极战略文件,除此之外,它还体现在政府的一些白皮书中。2011 年 11 月,挪威外交部推出了一份新的白皮书——《高北地区——愿景和战略》。①这份白皮书在对挪威高北政策所取得的成就进行评估后,对挪威未来 20 年的高北战略提出了 15 项优先原则,涉及知识、主权、管理、环境、双边与多边合作、国际法、渔业、油气资源、海洋运输、陆地产业发展、基础设施、原住民、文化和民间交流等方面,可以视为挪威高北政策的一个扩展版。这份白皮书有一个重要的转向,这就是从关注高北地区的环境保护和气候变化转向更加重视经济发展和价值创造,政府的总体目标就是要为此提供一个充分考虑环境、气候变化和原住民利益的发展框架。

2013 年 9 月,挪威举行大选,选出了由保守党和进步党组成的新政府。在其发布的《政治平台》(Political Platform)文件中,新政府明确表示将推行更加积极的高北地区政策,这一政策将促进挪威工业发展,确保挪威利益,加强同俄罗斯和北极国家的合作,强化北极活动和定居点的活动。政府将确保国家在这一地区明确的存在,可持续地管理自然资源,对环境保护的经济预防,救援行动和基础设施的扩展。②新政府的目标是要将高北地区发展成为最具创新和可持续发展的地区之一,其优先战略要点体现在 13 个方

---

① Norwegian Ministry of Foreign Affairs, The High North: Visions and Strategies, http://www.regjeringen.no/upload/UD/Vedlegg/Nordområdene/UD_nordomrodene_innmat_EN_web.pdf.
② Political Platform for a Government Formed by the Conservative Party and the Progress Party, Undvollen, 7 October, 2013, http://www.hoyre.no/filestore/Filer/Politikkdokumenter/Politisk_platform_ENGLISH_final_241013_revEH.pdf,访问日期:2014 年 11 月 3 日。

面：①确保挪威在高北地区，包括斯瓦尔巴德群岛强大的存在和宣示的主权；②继续发展同北极国家的建设性关系；③密切与北部地区邻国之间的工业合作和民间往来；④为北部本土工业集群发展建立合适的框架；⑤为高北地区自然资源可持续地开采准备一个统一的管理和发展计划；⑥促进高北地区渔业和水产业的发展；⑦确保地区渔业和水产业得到补充；⑧为旅游业的增长提供机遇；⑨帮助提高国家和国际对高北地区气候和环境的研究能力；⑩促进挪威北部工业私营企业的发展；⑪促进北部各郡矿业资源开采；⑫增加挪威食品安全局开放时间以促进渔业产品出口；⑬增加边境口岸开放时间。从挪威新政府颁布的新文件中，可以看出它既有高度的一致性，又有一定的差异性，同原有挪威官方文件相比，其最大的变化一是再次将挪威在高北地区的主权列为最重要的优先原则；二是淡化了与俄罗斯之间的关系，更强调同北欧邻国之间的合作关系，文中仅提到俄罗斯一次，这同以往的文件相比是一个明显的变化；三是突出了对高北地区的经济发展以及资源利用和开发，13条优先原则中有9条都涉及这一点，而环境保护的内容则被大大弱化了。尽管该文件还不是挪威新政府的官方文件，但它还是表现出了挪威未来高北政策的一种新动向。

（三）挪威北极科考政策、能力和投入

科学研究是挪威高北战略的一个重要组成部分，一方面，北极急剧变化的环境，促使挪威必须加强对北极的科学研究，积累对北极气候变化、污染和生物多样性的了解。另一方面，科学研究也是挪威加强在北极的活动和存在、加强对北极资源的管理、利用和价值创造的基础。因此，挪威对北极科学的研究极为重视，在其2006年的《挪威政府高北地区战略》文件中，明确将知识作为其战略的三大支柱之一，并在随后的战略文件中不断得到强化，甚至成为挪威政府高北战略最优先的原则。

挪威北极科考政策主要体现在其官方高北地区战略和政策文件中，其2006年和2009年战略文件对挪威北极科考的重要性、原则、资金投入、规划、研究重点、科学合作等都做了详尽阐述，确立了科考在挪威高北战略的

核心地位。①此外，挪威其他一些相关政治文件和白皮书也为挪威北极科考提供了指导纲领。例如，挪威 2008 年关于斯瓦尔巴德的白皮书就将斯瓦尔巴德视为挪威和国际科学研究的一个重要平台。另一份白皮书《气候研究》（Climate for Research）则确立了政府关于科学研究的目标。其他如《政府环境政策和挪威环境现状》（The Government's Environmental Policy and the State of the Environment in Norway）、《挪威气候政策》（Norwegian Climate Policy）等白皮书则从不同专业领域对挪威北极科考提供了纲领性文件。②

在挪威北极科考中，挪威研究理事会（Research Council）发挥着关键的作用。挪威研究理事会成立于 1993 年，是挪威为加强科学研究设立的国家战略和基金机构，主要负责贯彻、组织和执行国家科研优先项目，协助各部门制订科研计划，为科研和国际合作项目经费拨款，向政府提供科技报告和科技咨询。挪威国家科研项目资金大部分都是通过该理事会下拨的，2012 年，理事会全部财政预算达到 74.33 亿挪威克朗。③ 随着挪威政府对北极科考的不断重视，该理事会对北极科研项目的投资也在不断增加，2013 年，该理事会对北方高纬度地区研究拨款约为 5.7 亿挪威克朗。

挪威另一个研究北极的重要机构是 2010 年在特罗姆瑟成立的弗拉姆研究中心（Fram Center），这是一个顶尖的国际研究中心，汇聚了 19 个研究机构的 500 多位科学家研究北极气候和环境。此外，挪威政府还十分重视挪威北部大学和研究机构之间的合作，同时注重加强与俄罗斯、加拿大和美国的教育和研究合作，支持建立科学研究网络。斯瓦尔巴德则成为国际科学研究与合作的一个重要平台，如挪威创立的国际北极地球观测系统，就吸引了近

---

① Norwegian Ministry of Foreign Affairs, The Norwegian Government's High North Strategy, http://www.regjeringen.no/upload/UD/Vedlegg/strategien.pdf, Norwegian Ministry of Foreign Affairs, New Building Blocks in the North: The next Step in the Government's High North Strategy, http://www.regjeringen.no/upload/UD/Vedlegg/Nordområdene/new_building_blocks_in_the_north.pdf, 访问日期：2014 年 11 月 3 日。
② The Research Council of Norway, Norwegian Polar Research: Policy for Norwegian Polar Research 2010–2013, The Research Council of Norway, 2010, p.38.
③ 参见该理事会官方网站：http://www.forskningsradet.no/en/Key_figures/1138785841814, 访问日期：2014 年 3 月 16 日。

20个国家参与其中。

在加强科学研究基础设施方面，2012年，挪威拨款14亿挪威克朗新建一艘科研破冰船，破冰能力可达一米，可在环境和极地研究及自然资源测绘等方面发挥重要作用。在资金投入方面，挪威在巴伦支2020战略项目上，从2007年到2012年总投资达3.03亿挪威克朗；2011年为研究理事会的一个新的极地研究项目拨款4500万克朗，2013年为挪威北极空间研究拨款超过7.5亿挪威克朗。在挪威举办的2007～2008年的国际极地年中，挪威共拨付了3.3亿挪威克朗。除此以外，政府还支持建立一系列地区研究资金，鼓励企业对极地研究进行资助。

挪威北极科学考察的目标就在于要使挪威成为高北地区科学研究的领导者。得益于挪威优越的地理位置、强大的科研队伍和充足的资金投入，挪威在北极气候、环境、资源、能源、海洋、空间研究上都取得了重大成就。据统计，2005～2007年出版的有关北极的科研出版物中，挪威位列世界第三，仅次于美国和加拿大。[①]

四 挪威高北战略和政策的主要特征和政策取向

（一）挪威高北战略的主要特征和途径

挪威自出台其高北战略和政策文件以来，逐渐确立了高北地区这一话语体系，并使之成为挪威的一种身份特征。挪威高北战略有三大支柱，即存在、知识和活动，尽管这三大支柱的顺序在不同时期可能会有细微变动，但其实质内涵并没有发生过根本变化，而且是不断丰富和发展的。

首先，强化在北极的存在，这是挪威高北战略的根本，其目的在于确保挪威在高北地区的主权、主权权利和管辖权，保障挪威的国家利益。

---

① The Research Council of Norway, Norwegian Polar Research: Policy for Norwegian Polar Research 2010-2013, The Research Council of Norway, 2010, p.2.

实现这一目的的手段是通过加强军事力量投入和民事力量介入，以一种可靠的、一致的和可预期的方式来加以实施。为此，挪威采取了一系列加强北极军事存在的措施，如将挪威联合指挥部从南部的斯塔万格（Stavanger）移到北部的博得（Bodø），在北部苏特兰（Sortland）建立海岸警卫队指挥部，装备新型海岸雷达，购买F-35战斗机，升级海上警卫队战舰，加强海上巡逻，举行军事演习，加强同盟合作，扩充军费开支等。资料显示，挪威2011年军费开支占到其年度财政支出的3.6%，是北欧国家中占比最高的。① 民事力量介入则通过在高北地区鼓励定居、价值创造、自然资源管理、就业和文化发展等措施巩固挪威在这一地区的存在。

其次，加强知识构建，目的是要使挪威成为在高北地区和关于高北地区知识领域的领导者，为强化挪威在高北地区的存在提供智力支撑。实现这一目的的手段是强化知识在挪威高北政策中的核心作用，通过加强北极科学研究、科学规划、科学指导、科学管理，加大资金投入，开展科学国际合作等措施加以实施。随着挪威对高北地区经济开发的日趋加强，挪威科学研究也开始出现两个新的趋向，一是对社会科学研究的加强，二是对矿产资源科学研究的加强，以适应高北地区新的发展趋势。②

最后，促进在高北地区的经济与社会活动，目的是要使挪威成为高北地区经济活动关键领域中的出类拔萃者以及环境和自然资源最好的管理者。实现这一目的的手段就是通过对高北地区能源资源的开发和利用，创造价值，使挪威整个国家都能从中获益。这是挪威高北战略的最终目的。

高北地区在挪威经济构成中的作用越来越重要。在挪威渔业产业中，北部挪威占到了30%，而且自2004年以来每年都在以超过20%的速度增长；

---

① Klaus Munch Haagensen（ed.），*Nordic Statistical Yearbook*，2013：116，http：//www.ssb.no/en/befolkning/artikler - og - publikasjoner/nordic - statistical - yearbook - 2013，访问日期：2014年11月23日。
② 作为挪威科学国家管理机构的挪威研究理事会即将推出其新的极地研究报告，这一新的报告将反映出这样一些新动向。这是笔者在2013年11月14日与挪威理事会气候变化和极地研究部门学者座谈时所得到的最新信息。

2004~2011年，芬马克郡离岸供应产业每年增长速度达37%；而挪威所拥有的价值大约1.4万亿克朗的矿产资源中，绝大部分也是在北部。①高北地区已经成为挪威新的经济增长点。在挪威政府为未来20年确定的15项优先战略目标中，其中有一半涉及在高北地区的经济和社会活动，包括挪威试图要把巴伦支地区打造成为欧洲的一个新能源地区（new energy province in Europe）。挪威新政府上台后，很有可能会继续推进对这一地区的经济开发。

（二）挪威对北极国际合作的态度和政策取向

强调在高北地区的国际合作是挪威政府的又一大特色，这是因为挪威高北地区战略和政策从一开始主要就是外交政策，目的在于加强同北极国家之间的关系，特别是同俄罗斯的关系，努力使高北地区成为"高北纬、低冲突"（High North, Low Tension）的地区。挪威在北极的国际合作主要体现在双边、盟国、次区域和区域四个层次上。

挪威在北极双边关系中的重中之重是与俄罗斯的关系，与俄罗斯的关系占挪威高北地区战略文件的大部分篇幅。在挪威政府未来20年的15项优先战略目标中，每一条都与国际合作紧密联系，而俄罗斯则是其中不可或缺的角色，并且专列一条要进一步深化同俄罗斯的合作关系，包括进一步加强双方之间的边境合作、海关合作、人员往来合作、环境合作等具体内容。而双方合作也取得了重大成效，特别表现在2010年挪威和俄罗斯签署的《挪威王国与俄罗斯联邦关于在巴伦支海和北冰洋的海域划界与合作条约》，2003年挪威、瑞典、丹麦、芬兰和俄罗斯共同签署的《俄罗斯联邦多方位核生态计划协议》和双边在巴伦支的全方位合作上。

挪威的盟国合作主要体现在与北约的关系上，挪威认为北约应该将高北

---

① An active High North policy – growth and innovation in the north University of Tromsø, Speech by Minister of Foreign Affairs Børge Brende, 28 October 2013, http：//www.regjeringen.no/en/dep/ud/whats – new/Speeches – and – articles/speeches _ articles/2013/growt – innovation – norsh.html? id = 744676，访问日期：2014年6月9日。

地区列入其议程，认为对北约来说，通过演习和培训保持其在高北地区的存在是非常重要的。挪威也常通过一些其他场合向北约通报高北地区形势，而挪威一些建议也反映在了北约的新战略概念中。

挪威的次区域合作主要体现在巴伦支欧洲—北极合作机制的倡议和推动以及北欧国家之间关于北极的合作上。2009年，挪威前外交大臣斯托尔滕贝格推出了一份《北欧国家关于外交和安全政策合作》，报告获五国外长会议通过。报告提出了加强北欧国家在13个不同领域中的合作，其中多条涉及北欧国家在北极事务上的合作。[1]

挪威区域合作主要体现在对五国协商机制的推动以及北极理事会的参与和合作上。挪威实际上发起了北冰洋沿岸五国关于领土和海洋权益的争端协商机制，为在国际海洋法基础上解决北极领土和海洋争端奠定了法律基础。挪威也是国际海洋法的坚定拥护者，在此基础上通过协商谈判同俄罗斯达成了海上划界协议。迄今为止，挪威是北极国家中唯一明确其大陆架划界的国家。在北极理事会中，挪威不仅是创始会员国，而且对北极治理机制化建设做出了重大贡献。挪威积极推动北极理事会设立常设秘书处。挪威还积极推动了北极理事会两个具有法律约束力条约的形成，并积极致力于推动在国际海事组织框架下建立在北极海域航行的具有约束力的极地航运规则。

五　关于中挪北极合作及其政策建议

（一）中挪双边及在北极合作现状

中国与挪威虽相距遥远，但却拥有悠久的通商历史。新中国成立后，挪威于1954年10月5日与中国建立正式外交关系，是最早与中国建交的西方

---

[1] Thorvald Stoltenberg, Nordic Cooperation on Foreign and Security Policy, Proposals Presented to the Extraordinary Meeting of Nordic Foreign Ministers in Oslo on 9 February 2009, http://www.mfa.is/media/Frettatilkynning/Nordic_ report.pdf，访问日期：2014年6月9日。

国家之一。改革开放以来，中挪关系不断深化，从造船、海上石油技术和海洋资源开发，到北极合作，能源、环保、教育和科研合作以及文化交流等一系列广泛领域中开展了紧密合作。

中挪经贸关系优势互补，利益共享，发展迅速。2012年，中挪贸易额达到602亿挪威克朗，占挪威全部外贸额的4.22%。在中挪贸易中，海产品占到了很大比例，除了三文鱼外，挪威出口到中国加工业的冷冻鱼肉占挪威对华渔业出口的80%以上。

在能源领域和环境以及气候变化等领域，中国和挪威合作也有较长时间。挪威拥有先进的深海采油专业知识和技术，对中国陆上及海上的石油作业非常重要。中挪在环境污染控制、生物多样性管理及应对气候变化方面也展开了长期合作。

中挪之间关系的发展，使挪威政府看到了新的机遇。正由于此，早在2007年，挪威外交部就发布了一份《挪威政府的"中国战略"》（The Government's China Strategy），试图加强与中国在经贸、可持续发展、民主与人权、社会和国际合作等领域的进一步合作，并同中国开展了自贸区谈判。但由于2010年挪威诺贝尔和平奖评选委员会授予刘晓波诺贝尔和平奖问题，使中挪关系大幅缩水，政治关系几乎完全停顿，经贸关系也深受影响。

但中挪在北极事务上的合作似乎并没有受到严重影响。挪威一直都赞赏并欢迎在现有的法律和政治框架下，加强与中国在北极问题上的合作。挪威曾与中国举办过两次高北问题对话，并积极支持中国和其他五个国家在2013年5月成为北极理事会的观察员。在北极科学研究上，中挪之间也有着密切的合作。中国在挪威新奥尔松（Ny‐Ålesund）建有黄河科考站，中国是新奥尔松科学管理委员会（Ny‐Ålesund Science Managers Committee，NySMAC）的成员，中国还参与了挪威研究理事会和极地研究所等挪威研究机构的多项联合科学研究项目。

北极事务是挪威最重要的战略议题，在与中国加强北极事务合作问题上，挪威也有共识，对中国也有很大期待，希望中国在北极科学考察以及在北极事务上的双边合作、多边合作（主要是理事会）、全球合作（主要是在气候变化和国际海事组织）等层面上发挥建设性作用。[①]

（二）推进中挪在北极事务上合作的政策建议

第一，中国已成为北极理事会正式观察员国，对中国进一步扩大参与北极治理与合作带来了一个重大机遇，但北极理事会对观察员国的重重限制，也对中国发挥更大的作用带来了严峻挑战。中国需要加强同北极成员国的关系，通过并借助其实现中国加强在北极存在的需求。

第二，要正确认识挪威在北极事务上的特殊地缘（区位）、理念、资源优势，改善中挪关系，使其成为中国在北极治理中发挥重大作用的重要支柱。在中国参与北极治理中，北欧国家具有特殊重要地位，因为这些国家都是小国，又都是北极理事会成员国，较具开放意识，对域外国家参与北极治理普遍持欢迎态度，可作为中国参与北极治理的重要依托和桥梁。而在北欧国家中，挪威又有其特殊重要性，一是挪威是北冰洋沿岸国（丹麦虽也是，但却是通过格陵兰岛才成为北冰洋沿岸国的，而且格陵兰岛有独立之虞）；二是挪威是重要的资源国，拥有丰富的油气、矿产和渔业资源；三是挪威拥有许多天然良港和离岸产业的发展，将会在未来北极航路发展中起到中枢作用；四是挪威是北极一些重要治理机制的倡议者和重要推动者，享有远超其实力的影响力；五是挪威拥有强大的极地科研能力和资金投入。更重要的是挪威始终对中国参与北极治理持积极和欢迎的态度。因此，中国应当将其视为中国参与北极治理最重要的合作对象。

第三，中国应尽快破解双方争执的僵局，为中挪在北极进一步合作创造良好氛围。中挪之间的紧张关系，虽还未造成中挪自然科学研究方面的严重障碍，但在经济领域、社会科学和其他方面的交往上，已显严重滞后端倪。政治关系不畅，必然会对其他领域交往带来困难。在政治障碍暂时无解的情况下，可适当鼓励社会层面和学术层面的交往，以利于形成缓冲并为未来关

---

① 笔者在2013年11月3~15日与多位挪威官员和学者访谈中得到的相关信息。

系的发展奠定基石。

第四,中挪北极合作,应基于双边关系,但又要超越双边关系;既要加强在北极理事会中的合作,又要加强在全球层面的合作。挪威对中国在北极科学研究、参与北极理事会工作组工作和在联合国气候变化以及国际海事组织关于北极航行规则制定中的合作有重大期待。挪威认为中国是一个科研大国,也是一个海事大国,又是联合国安理会成员,期待中国在这些问题上发挥建设性作用。同时挪威对与中国开展联合搜救等方面的合作也有重大期待。中国可利用其独特优势在多个层面上同挪威进行合作,增强能力建设,更有效地参与北极治理。

第五,北极理事会是目前北极最重要的治理平台。北极理事会对观察员国虽有严格限制,但中国仍有多种途径可施加重要影响力。一是可以通过全面参与各个工作组,行使自己的权利。二是可以借用挪威等理事会成员国,借助其提出嵌入我主张和利益的方案。三是可借鉴波兰经验适时主办观察员国会议,加强相互之间的政策沟通和协调。

第六,挪威对中国参与北极治理尚存不解和矛盾心态,如认为中国参与北极治理是利益驱动、资源驱动,并担心中国会将强硬应对与周边国家领土争端的做法带入北极事务中,而且挪威普遍对中国在北极的立场和政策无知或误解。鉴此,中国应采取有效措施,增加中国北极政策的透明度,消除障碍。一是尽快颁布中国北极战略文件,强化中国与北极地理(近北极国家)、气候变化、生态环境的密切关联,强调中国和平发展、和谐发展、创新发展、人本理念,突出中国应承担的责任和义务,淡化权利和利益,消除其疑虑。二是尽快设立北极大使,理顺外交沟通管道,积极参与北极的各种论坛,宣示中国涉北极立场和政策,获得更广泛的理解、认同和支持。三是针对两国不同优势,推动双方在航运中枢建设、海上灾难救助、环保技术方面的务实合作。四是加大中挪之间的智库交流和社会交流,消除其对中国参与北极事务的疑虑和担心,创造有利于中国更好参与北极合作的环境和氛围。

丹麦北极战略分析

叶 江*

一 丹麦与北极事务

丹麦王国由丹麦、格陵兰和法罗群岛三个部分组成。丹麦，面积43096平方公里，位于欧洲北部，南同德国接壤，西濒北海，北与挪威、瑞典隔海相望。格陵兰，面积2166086平方公里，大约81%都被冰雪覆盖。格陵兰是丹麦王国的海外属地与王国内的自治体，位于北美洲东北，北冰洋和大西洋之间，西面隔巴芬湾和戴维斯海峡与加拿大的北极岛屿相望，东边隔丹麦海峡和冰岛对望，全岛约4/5地区处于北极圈之内。2008年格陵兰就更大的自治权举行全民公决，75%的选民支持自治。格陵兰地方政府从2009年6月21日起拥有更大的自治权，并接过天然资源管理权、司法及警察权，以及部分外交事务权。① 目前格陵兰政府为内政基本独立，但外交、国防与财政相关事务仍由丹麦代管的过渡政体。法罗群岛是丹麦自治领地，面积为1399平方公里。是一个由18个主要岛屿组成的岛群，离北欧约655千米，居于挪威海和北大西洋之间，临近冰岛和苏格兰的埃利安锡尔。要之，丹麦王国之所以成为一个重要的北极国家乃至北冰洋沿岸国家，主要是凭借格陵兰和法罗群岛两个自治领地的地理位置。

在对外关系方面，丹麦王国积极参与地区和全球事务，努力发挥自身影

---

* 叶江，上海国际问题研究院全球治理研究所执行所长、研究员，主要研究方向为全球治理理论与实践、发展援助、欧洲问题等。
① 《格陵兰全民公投结果支持当地获取更大规模自治》，中国新闻网，http://www.chinanews.com/gj/oz/news/2008/11-26/1463419.shtml，访问日期：2014年11月8日。

响力。视联合国、欧盟和北约为其外交的三大支柱,视美国为最重要的战略盟友,视北约为其安全保障,积极拓展以北欧合作为基础的环波罗的海合作。重视应对全球化挑战,强调发展和中国、印度、巴西等新兴国家的关系。积极推行"气候外交"。重视对外发展援助,强调以外援促进人权与民主。① 需要特别指出的是,虽然丹麦是欧洲联盟成员国,但格陵兰和法罗群岛不属于欧洲共同体的一部分。丹麦的海外领土格陵兰在1973年丹麦加入欧盟后也自动成为欧盟的一部分。1979年格陵兰取得自治地位,该地区在举行全民公决后决定于1985年2月1日离开欧洲共同体,这也是第一个离开欧盟的地区或国家。格陵兰重新加入欧盟的可能性非常小,因为它已经越来越独立,并且与地理上更接近的北美国家发展了关系。在从欧盟退出之后,格陵兰被授予"海外国家和领土"(Overseas Countries and Territories,OCTs)的地位。从那时开始,欧盟与格陵兰之间的关系一直很紧张,尤其是在与捕猎海豹业和北极野生动物产品贸易相关的领域,还在气候变化和国际气候政策以及碳氢化合物的开采等方面。然而,欧盟已经认可格陵兰作为北极相关行为体的地位,例如在欧盟的北方政策中关于"北极窗口"的格陵兰倡议,以及在2008年11月的关于北极地区的通信中加强"与格陵兰进行北极相关合作"的建议。②

丹麦本土位于北欧,但并不在北极圈内,更不濒临北冰洋。丹麦王国主要通过其海外自治领地格陵兰与法罗群岛成为北极区域内,乃至北冰洋沿岸国家。从冷战后期开始,特别是在冷战终结之后,丹麦始终积极参与北极事务,强调北极区域内各国的国际合作。1989年9月20～26日丹麦参与了由芬兰政府牵头,北极区域内八国代表出席的第一届"北极环境保护协商会议",共同探讨通过北极区域内的国际合作来保护北极环境。1991年6月14日,北极八国在芬兰罗瓦涅米签署《北极环境保

---

① 《格陵兰全民公投结果支持当地获取更大规模自治》,中国新闻网,http://www.chinanews.com/gj/oz/news/2008/11-26/1463419.shtml,访问日期:2014年11月8日。

② http://www.geopoliticsnorth.org/index.php?option=com_content&view=category&layout=blog&id=40&Itemid=108,访问日期:2014年10月9日。

护宣言》，丹麦为签署国之一。之后，1996年丹麦与北极区域内其他七国一起共同签署《渥太华宣言》，北极理事会由此成立。从此丹麦积极参与北极理事会的各项事务，致力于北极地区的环境、社会与经济的可持续发展。

在相当程度上，丹麦因其海外自治领地格陵兰濒临北冰洋、地处北极圈内而更为重视北极区域内的北冰洋沿岸5国之间的北极区域合作。2008年5月丹麦邀请其他北冰洋沿岸国家——挪威、俄罗斯、加拿大和美国的代表在格陵兰的伊卢利萨特召开"极地海洋会议"，这一举措彰显出丹麦参与北极事务的轻北极8国而重北极5国的特征。伊卢利萨特开会主要讨论如何依据《联合国海洋法公约》划定各国在北极的外大陆架界限问题，并且最终发表《伊卢利萨特宣言》(The Ilulissat Declaration)。通过强调《联合国海洋法公约》，宣言事实上终结了建立一个新的独立于现有组织外的法律框架的选择，并且强调北冰洋沿岸五国签署《伊卢利萨特宣言》的主要目的就是阐明决心和平地划分外大陆架，并确认五国在未来将采取负责任和合作方式行动。①

丹麦在后冷战时期积极参与北极事务，尤其是积极推动北极区域内的北冰洋沿岸五国更为紧密的合作。其目的是表明：丹麦是一个积极的并且是具有影响力的国际行为体，希望通过和平的方式，借助北极区域治理机制北极理事会来管理北极区域内的共同危机，同时希望通过加强国际法，加强与北极区域内各国尤其是北冰洋沿岸各国在《联合国海洋法公约》框架下的有效合作，积极应对北极区域所面临的挑战。另一方面，丹麦更希望通过积极参与北极事务来平衡格陵兰和法罗群岛不断加强的自治法律地位。所有的这一切都在2011年9月推出的《丹麦王国北极战略（2011～2020）》报告(Kingdom of Denmark Strategy for the Arctic 2011-2020)中有更为明确的反映。接下来我们将围绕该报告对丹麦当前和未来相当长一个时期内的北极战略和政策做更为深入的探析。

---

① The Ilulissat Declaration, Arctic Ocean Conference, Ilulissat, Greenland, 27-29 May 2008.

二 《丹麦王国北极战略（2011~2020）》的形成

（一）丹麦王国制定2011~2020年北极战略的历史背景

1. 全球气候变暖使北极地区成为新的热土

北极地区覆盖了地球陆地总面积的1/6以上，还包括为北极沿海国家所围绕的北冰洋。与南极洲不同（南极洲的常年温度也相对较低），北极地区居住着大量人口，包括30多个不同民族的原住民，例如起源于图勒文化的因纽特人。在过去10年中最重要的全球性问题之一是气候变化，气候变化使北极地区发生巨大变化，从而引发世界对北极地区的关注。全球气候变化导致北极地区部分冰雪融化，这对北极地区的原有生态环境构成了挑战，但也带来了很多经济机会，例如海底资源的开采、新航线的使用和渔场北移。据估计，北极可能含有全世界未发现天然气资源的30%和未发现石油资源的10%。[①] 冰雪融化使得这些资源的开采更具可行性。航行于东亚与西欧之间的船舶，如果不走苏伊士运河的南方航线而选择西伯利亚北部的北方航线，会节省40%以上的运输时间和燃料成本。此外，气候变化导致北极海水温度上升，这会使渔业资源向北转移，从而为北极地区提供新的渔场。这些经济机会吸引了全世界的目光，也为丹麦王国的经济发展提供了新的机遇。丹麦王国正是在这一背景下自进入21世纪以来更为重视北极事务，并把对北极地区事务的参与提升到战略高度。

2. 丹麦继续积极推进"气候外交"的需要

在全球气候变化的大背景下，丹麦政府希望通过积极的气候外交来加强丹麦在当前国际体系中的影响力。丹麦政府一直高度关注气候变化之于国际合作的意义，并在2007年获准承办2009年联合国气候大会，其议题是协商

[①] Denmark, Greenland and Faroe Islands: Kingdom of Denmark Strategy for the Arctic 2011–2020, p. 9.

丹麦北极战略分析

产生新的国际气候协定，以取代 1997 年的东京议定书。在准备此次会议时，丹麦积极推进"气候外交"，其中的一个方面就是邀请国际关系中的决策者召开非正式会议。然而，2009 年在丹麦哥本哈根举办的联合国气候大会并没有取得预想的成果，这给丹麦政府很大的打击。但是丹麦希望通过继续抓住与气候变化息息相关的北极事务这一抓手，不断推进其"气候外交"，从而提升丹麦的软实力及其国际地位。

3. 丹麦国内政治新发展的推动

丹麦王国不是联邦制而是单一制国家，但格陵兰和法罗群岛享有自治地位。丹麦凭借着格陵兰和法罗群岛成为一个北极区域国家，并且更为重要的是凭借着格陵兰而成为北冰洋沿岸国家，并由此而居于北极区域的中心位置。法罗群岛和格陵兰岛分别从 1948 年和 1979 年开始实行自治。更重要的是，法罗群岛与格陵兰的自治安排在不断更新，最近的安排包括 2005 年法罗群岛的《权力事宜与责任领域的接管法案》（The Takeover Act on Power of Matters and Fields of Responsibility）和《法罗群岛外交政策的权力法案》（The Act on Faroes Foreign Policy Powers in the Faroe Islands），以及 2009 年的《格陵兰自治法案》（The Greenland Self-Government Act）。[①] 实际上，上文已经提及的 2008 年格陵兰有关获得更强更大自治的全民公投，以及 2009 年《格陵兰自治法案》的推出是丹麦国内政治的两项重大新发展，对丹麦制定新的北极战略具有直接的影响。由于自 2009 年之后格陵兰获取了更大规模的自治权力，因此在与北极有关的事务中，丹麦的中央权力有相当部分下放给了格陵兰地方政府，例如，格陵兰接管的领域之一是矿产资源。对格陵兰岛的资源进行开发、勘探和开采的决定权已经被格陵兰当局接管。[②] 而法罗群岛早在 2005 年就获得了相当部分的外交权力。在这样的形势之下，丹麦王国越来越多地包含了重大的政治多样性，丹

---

① Denmark, Greenland and Faroe Islands: Kingdom of Denmark Strategy for the Arctic 2011-2020, p.10.

② Denmark, Greenland and Faroe Islands: Kingdom of Denmark Strategy for the Arctic 2011-2020, p.10.

麦在北极区域的经济权力也不断地分散化，同时丹麦还容纳了更多的文化差异，比如格陵兰与法罗群岛的第一官方语言为格陵兰语与法罗语而非丹麦语。因此，丹麦王国更需要有一个新的北极战略来适应国内政治的新变化，即一方面这样的战略需要处处体现格陵兰和法罗群岛的自治地位，另一方面新的北极战略也需要对格陵兰和法罗群岛更强的自治地位进行某种程度的平衡。

（二）丹麦王国2011～2020年北极战略的形成

在2011～2020年丹麦王国北极战略形成之前，丹麦就在2008年5月和格陵兰共同拟定了一个战略草案：《转折时期的北极：在北极地区活动的战略草案》（The Arctic at a Time of Transition：Draft Strategy for Activities in the Arctic Region），后来这一草案又作为实际战略得到批准。这一战略草案是第一份丹麦与格陵兰共同拟定的北极政策联合文件，包含一系列的政策目标，大致分为两类：第一，支持和加强格陵兰的自主权和自治；第二，维护丹麦（即王国）作为北极地区主要参与者的地位。

2008年的丹麦北极战略文件草案清晰地阐述了丹麦王国的国内模式，在这一模式下丹麦和格陵兰将分享利益共担责任。这种全面战略的思想来自平衡格陵兰更强自治法律地位的需要。与此相关联的是，丹麦和格陵兰于2008年5月在格陵兰的伊卢利萨特联合举办五个北冰洋沿岸国家参与的"极地海洋会议"。就如前文已经分析过的那样，会议所签署的《伊卢利萨特宣言》既表明了北冰洋沿岸国家打算如何去追求自己的利益，也表明了他们相互合作的意愿。接着在2009～2011年担任北极理事会主席期间，丹麦一方面努力确保理事会作为重要国际行为体的地位不被改变，另一方面确保格陵兰在向领土自治方向的发展过程中，丹麦不会退出北极舞台。也就是在上述一系列事件的推动下，丹麦启动了2011～2020年丹麦王国北极战略的制定程序，决心制定一项适用于丹麦、格陵兰和法罗群岛的北极战略，该战略报告于2011年8月正式提出。

三 《丹麦王国北极战略（2011~2020）》的内容

《丹麦王国北极战略（2011~2020）》（Kingdom of Denmark Strategy for the Arctic 2011 - 2020）是由丹麦、格陵兰岛和法罗群岛共同拟定与发表的丹麦王国政府文件。在该战略文件中，"丹麦王国"包含丹麦、格陵兰和法罗群岛三个组成部分，而且三个部分之间是平等伙伴关系。这十分明显地体现出哥本哈根和格陵兰自治政府之间的新关系，并且通过确立丹麦、格陵兰岛和法罗群岛的平等关系而加强丹麦王国在北极事务中的合法性地位。

总体而言，《丹麦王国北极战略（2011~2020）》所提出的丹麦北极战略目标是双重的：第一，对北极地区环境与地缘政治的变化以及全球对该地区日益增长的兴趣进行回应；第二，为丹麦王国重新定位并加强该国作为北极行为体的地位。[①] 根据该战略文件，丹麦王国将致力于"和平、可靠和安全的北极；自我维持的增长与发展；尊重北极脆弱的气候；并与我们的国际伙伴密切合作"。该文件将此战略描述为"首先是有利于北极居民的发展战略"。作为最重大的全球性议题之一，鉴于北极地区发生的巨大变化，丹麦的全球性视角很明确，"因为世界正将注意力转向北极"，目标必须是"加强王国在北极作为全球性行为体的地位"。[②]

《丹麦王国北极战略（2011~2020）》报告所提出的丹麦的北极战略非常全面，详细涵盖了所有相关领域。报告在论述丹麦北极战略核心的四章中，每章都列出围绕"回应全球对北极地区不断增长的兴趣"和"加强丹麦作为北极行为体地位"这两个战略目标而制定的一系列具体任务。概括而言，有如下几个方面。

---

① http：//www.geopoliticsnorth.org/index.php？option＝com_content&view＝article&id＝157：danish - preliminary - arctic - strategy - &catid＝40：denmark - &Itemid＝108，访问日期：2014年10月9日。

② http：//www.geopoliticsnorth.org/index.php？option＝com_content&view＝article&id＝157：danish - preliminary - arctic - strategy - &catid＝40：denmark - &Itemid＝108，访问日期：2014年10月9日。

(一)和平、稳定和安全的北极

该战略报告的第一章"一个和平、稳定和安全的北极"讨论了以下三个目标：①依照国际法解决海上边界争端；②加强海上安全；③实施主权和进行监控。该战略明确指出了国际法（尤其是《联合国海洋法公约》）在北极地区发展及在该地区进行国际合作的重要性。在提到海上安全时，文件认为迫切需要改善基础设施并落实安全防范措施，如"北极航行的全球规则和标准"①。并且"在重要地区通过武装部队的可见存在来执行主权"被视为优先事项。②与其他北冰洋沿岸国家的战略相似，丹麦的北极战略也强调北极区域内的北冰洋沿岸国家的国家主权和国家安全的重要性。然而，丹麦战略是唯一一个突出北约及在"北极五国"之间进行合作重要性的战略，强调安全与保护格陵兰岛的经济基础之间的联系。③

1. 以《联合国海洋法公约》作为北极地区和平合作的基础

国际社会对北极地区不断增长的兴趣已经导致了该地区对法律控制的日益重视。然而，北极并非是一个法律的真空，与无人居住的南极相比，人类在北极居住已经有了数千年的历史。在国家管辖范围内的北极地区受沿岸国政府的法律管控。一些国际法也适用于北极地区，特别是1982年的《联合国海洋法公约》包含了详细的规定，例如航行权和资源管理。虽然现有的国际法，尤其是《联合国海洋法公约》为沿岸国家在北极的开发合作奠定了坚实的基础，但可能在特定的部门仍需要更为详细的规定。一个例子是2011年5月在努克举行的北极理事会外长会议上通过的有关搜索和救援的协定。

---

① Denmark, Greenland and Faroe Islands: Kingdom of Denmark Strategy for the Arctic 2011-2020, p. 18.
② Denmark, Greenland and Faroe Islands: Kingdom of Denmark Strategy for the Arctic 2011-2020, p. 20.
③ http://www.geopoliticsnorth.org/index.php?option=com_content&view=article&id=157: danish-preliminary-arctic-strategy-&catid=40: denmark-&Itemid=108，访问日期：2014年10月9日。

1982年的《联合国海洋法公约》是与北极海域相关的全球性国际法律文书，公约界定了沿海国在利用海洋时的权利和义务。丹麦于2004年11月16日代表王国批准了《联合国海洋法公约》。北冰洋的五个沿海国家中，只有美国还不是《联合国海洋法公约》的缔约方，但美国2009年1月9日的总统令特别批准了公约可以作为解决北极地区大陆架边界争端的一种手段。①

根据《联合国海洋法公约》，沿海国有权创建专属经济区。在此区域，沿海国有勘探和开发海洋和海床及其底土自然资源以及其他经济开发的专属权。沿海国还可以在此区域行使环境管辖权。专属经济区最多可以扩展到200海里（约370公里）。丹麦和格陵兰岛拥有自己的专属经济区，而法罗群岛渔业领土尚未宣布专属经济区。②根据《联合国海洋法公约》第76条规定，对有关沿海国来说，如果公约生效十年之内它能将科学标准得以满足的文件提交给根据《公约》设立的"大陆架界限委员会"，该沿海国有将其大陆架延伸至200海里以外的可能性，但"不应超过从测算领海宽度的基线量起三百五十海里，或不应超过连接二千五百公尺深度各点的二千五百公尺等深线一百海里"。沿海国届时将对200海里之外的海床上面及底下的生物与非生物资源拥有权利。因此，丹麦王国需在2014年12月16日这一最后期限之前向大陆架界限委员会提交数据和其他材料，以作为将大陆架延伸至200海里之外的基础。但是在特殊情况下，根据公约伙伴国在2008年做出的决定，只要在最后期限之前向大陆架界限委员会提交初步信息，时限可以延长。③

为了提供延伸大陆架的证明，丹麦王国已经推出了一个大陆架项目，总部设在科学、技术与创新部，并与法罗群岛政府、格陵兰岛政府、首相办公

---

① Denmark, Greenland and Faroe Islands: Kingdom of Denmark Strategy for the Arctic 2011 – 2020, p. 14.
② Denmark, Greenland and Faroe Islands: Kingdom of Denmark Strategy for the Arctic 2011 – 2020, p. 14.
③ Denmark, Greenland and Faroe Islands: Kingdom of Denmark Strategy for the Arctic 2011 – 2020, p. 14.

室、外交部和财政部合作运行。该项目包括丹麦、法罗群岛和格陵兰当局以及科研机构的参与，确定可以将大陆架延伸到哪些区域并收集、解释和记录必要的数据，提交给大陆架界限委员会。丹麦王国已经向大陆架界限委员会提交了文件，对法罗群岛附近的两个地区提出要求，并计划到2014年提交文件对格陵兰附近的三个区域提出要求，包括格陵兰北部覆盖北极点的一个区域。

丹麦王国大陆架的要求会在某些区域与其他国家的大陆架要求重叠。在解决200海里以外悬而未决的边界问题时，丹麦与其他北冰洋沿岸国家有密切的合作。正如《伊卢利萨特宣言》中所强调的，将根据国际法解决北极地区悬而未决的边界问题。除了海上边界问题，丹麦王国还有一个悬而未决的问题，那就是丹麦与加拿大都宣称对汉斯岛拥有主权。2005年9月，丹麦/格陵兰和加拿大就汉斯岛发表了联合声明，双方就该岛问题还在进行频繁磋商。丹麦王国认为"在找到该问题的永久性解决方案之前，该纠纷将得到专业性处理，正如对两个邻国与亲密盟友之间所预期的那样"[①]。

在涉及适用于北极地区的法律框架方面，丹麦王国未来的政策包括：根据《伊卢利萨特宣言》，王国将致力于在北冰洋沿岸国家进行和平合作；王国将在必要的时候推动具体国际法律规章的建立；王国将寻求解决悬而未决的边界问题并积极开展工作以减少大陆架界限委员会的处理时间；王国将继续致力于大陆架项目，以推进其根据《联合国海洋法公约》所提出的要求。[②]

2. 加强北极区域海上安全

冰盖的缩小（尤其是在夏季）使得海上交通显著增加，包括在格陵兰岛和法罗群岛周围的海域。在人烟稀少的北极地区，由于天气条件极端，船

---

① Denmark, Greenland and Faroe Islands: Kingdom of Denmark Strategy for the Arctic 2011 – 2020, p. 15.
② Denmark, Greenland and Faroe Islands: Kingdom of Denmark Strategy for the Arctic 2011 – 2020, p. 15.

舶事故的预防在北极地区就显得尤为关键。无论气候怎样变化，在北极地区仍然需要考虑到海冰、低温、极端天气和搁浅的风险。因此，船舶的建造与装备能否在这些条件下运行就显得至关重要。尽管强度不断增加，但海上交通将仍然散布在远离港口的广阔的地理区域。因此，在发生事故时，船舶应首先用自己的救援设备，直到负责该区域政府的救援部署到位。因此，必须采取预防措施使北极地区的航行能够持续增加，同时也要有效地预防和减少海上事故的发生并减轻对环境和自然的破坏。

丹麦王国努力在各主要论坛上推动海上安全合作，特别是在国际海事组织（IMO）（该组织正在制定具有约束力的北极航行规则），同时也通过在北极理事会加强合作。为了增加在北极水域航行船舶的安全，丹麦已经引入了对驶往格陵兰的游船在港口国的进一步控制。而且，当其他国家的船舶进入丹麦港口而后再驶往北极时，丹麦政府也敦促这些船舶采取同样的措施。海上交通的增加也加大了对基础设施的需求，因为海洋船舶需要完善的基础设施进行支持。格陵兰政府更多关注这一挑战，于2009年成立了运输委员会。对海图进行更新也将是一个重要因素，今后，船舶将越来越多地使用电子海图并利用基于卫星的导航系统（如GPS），这对图表的准确性提出了更高的要求。特别是，对水的深度有全面的了解对海上安全航行十分必要。2009年，丹麦王国环境部长与格陵兰政府达成了一项协议，对格陵兰海图进行更新，这意味着格陵兰西南部大部分的海图需不迟于2018年予以纠正和数字化。[①]同样，海上安全还有赖于获得关于天气、海况和冰情的可靠信息。丹麦气象研究所（Danish Meteorological Institute）的格陵兰海冰服务站（The Greenland Ice Services）成立于1959年。迄今为止，服务站的主要任务是绘制告别角（Cape Farewell）地区的冰情图，以确保格陵兰和丹麦之间货船的安全航行。此外，加强对北极地区海上交通的监控将有助于改进事故预防和救援协调工作。这也为在事故发生之前进行介入提供了更大的机会。目

---

① Denmark, Greenland and Faroe Islands: Kingdom of Denmark Strategy for the Arctic 2011 – 2020, p. 17.

前，驶往格陵兰的船舶必须向所谓的 GREENPOS 汇报系统进行汇报，该系统要求位于格陵兰水域的船舶不断向格陵兰指挥部（Greenland Command）报告自己所处的位置。①

未来丹麦王国在海事安全领域的政策包括：①推动与其他北极国家和有关国家的合作。与其他北极国家的合作必须支持海洋的可持续发展，例如通过建立与北极航行有关的更好的知识库。②加强具体的预防措施，以提高北极地区的航行安全。尤其是通过与其他北极国家的合作让国际海事组织通过强制性的极地守则（Polar Code），以确保格陵兰水域的安全。③游船在航行时应与紧急救援服务进行协调（包括其他游船，如果发生海上事故其他游船会赶来救援），在国际海事组织的主持下，努力将这些要求列入极地守则中。在北极理事会中，丹麦将努力收集游轮安全航行标准的知识，以促进游船在北极航行的"最佳实践"，也考虑更加注重游轮在驶往北极之前的港口国控制。④继续准备格陵兰的海图，以避免在格陵兰水域发生海上事故并支持矿产资源的活动。支持格陵兰海域的测量工作，以及与其他北冰洋沿岸国家在北极水文学委员会（the Arctic Hydrographic Commission）的合作。⑤努力为北极地区的航行引进具有约束力的全球性规则和标准，优先考虑通过国际海事组织在全球海运调控方面达成协议。如经证明无法达成有关全球性规则的协议，王国将考虑实施在北极航行的非歧视性的地区安全与环境规则，实施时与其他北极国家进行协商并考虑国际法，包括海洋法公约中关于为海冰所覆盖水域航行的规定。⑥不断加强与邻国在监测、搜索和救援方面的合作，例如支持关于加强与搜救有关的协调和数据共享的"联合北极合作协议"的实施，该协议是在北极理事会的主持下于 2011 年 5 月生效的。⑦努力帮助格陵兰居民参与海事安全领域的任务，如测量、设置浮标和海上搜救等。⑧研究是否有必要建立新航线，并对其进行实施，促进海上安全和海洋保护的程度。例如，在关于安全与环境方面，有特别需要在法罗群岛水域为

---

① Denmark, Greenland and Faroe Islands: Kingdom of Denmark Strategy for the Arctic 2011 – 2020, p. 17.

游船、油轮和其他船只建立经过确认的航线。①

3. 在北极区域行使主权和进行监控

丹麦王国认为，北极必须是以和平与合作为特征的区域。尽管北冰洋沿岸国家有着密切的工作关系，但仍需要加强丹麦在北冰洋地区的主权。虽然王国在北极的区域为北约条约关于集体防御的第五条所覆盖，但主权的行使从根本上来说是王国的中央权威。主权的行使是由武装部队通过在该地区可见的存在来实施，其中监控是主要任务。此外，武装部队也在一系列与平民相关的任务中扮演着重要角色。在整个工作范围内，王国高度重视与北极伙伴国之间建立信任与合作。

关于防务的长期政治协定（《丹麦防务协定2010~2014》）更加注重丹麦武装力量在北极地区的任务。该协定包括四个压倒一切的倡议，其中的前两个倡议为：首先，通过将格陵兰司令部和法罗群岛司令部合并为北极司令部，北大西洋武装部队的命令结构将被简化。其次，通过建立北极快速反应部队，军队在北极环境中进行操作的能力将得到加强。反应部队的设立并不是永久性的，而是从现有的武装力量和有北极能力或有潜力具备北极能力的紧急防备单位中指派。②

在实施主权和进行监控方面，丹麦未来的政策包括：①在主权与监视执法方面，军队必须明显存在于格陵兰与法罗群岛及其周边海域。北大西洋命令结构将通过建立北极司令部进行精简，北极快速反应部队将从现有单位中指派。②王国将通过与其他北极国家进行合作加强建立信任，以维持北极作为一个以合作和睦邻为特征的地区。王国将强调就监控增加合作的潜力。③

---

① Denmark, Greenland and Faroe Islands: Kingdom of Denmark Strategy for the Arctic 2011 – 2020, p. 18.
② Denmark, Greenland and Faroe Islands: Kingdom of Denmark Strategy for the Arctic 2011 – 2020, p. 20.
③ Denmark, Greenland and Faroe Islands: Kingdom of Denmark Strategy for the Arctic 2011 – 2020, p. 21.

(二)自我可持续的增长和发展

在第二章"自我可持续的增长和发展"中,主要推出了一长串发展经济的任务,其中包括:①最高的国际标准下开采矿物资源;②增加可再生能源的使用;③以可持续的方式获取生物资源;④在北极开拓新的经济机会;④在研究领域保持国际领先地位;以及⑤促进北极在人类健康和社会可持续发展方面的合作。事实上,丹麦的北极战略报告特别强调除了历史上最重要的渔业之外的北极地区新的经济活动与产业。这些新兴产业包括水电、采矿业、旅游业和其他矿物的勘探,其中特别是海上化石燃料和其他能源资源被视为对格陵兰的发展至关重要。相比较而言,航运、运输和新的海上航线则不太受到这份战略报告的重视。这一切可以被视为丹麦吸引产业到格陵兰岛并对其进行投资的手段。①

虽然海上油气勘探对格陵兰岛的发展至关重要,但战略鼓励高标准和可再生海洋资源的使用。战略报告在"使用可再生能源资源"这一措施时敦促以可持续、基于科学的方式获取生物资源②,这表明将利用与自然资源的可持续使用以及与环境保护联系起来的更全面和更复杂的方法来对海上油气资源进行勘探和开采。此外,在这份战略报告里,捕鲸被描述为一种较为独特的经济活动,因为王国的三个部分"每部分都有自己的捕鲸政策"③。

增长和发展被描述为是以知识为基础的;因而国际科研合作以及格陵兰岛在这种合作中扮演的重要角色被凸显。例如,王国将努力"在一系列与北极相关的研究领域保持其国际领先地位",尤其在与气候变化的全球及地

---

① http://www.geopoliticsnorth.org/index.php?option=com_content&view=article&id=157:danish-preliminary-arctic-strategy-&catid=40:denmark-&Itemid=108,访问日期:2014年10月9日。
② Denmark, Greenland and Faroe Islands: Kingdom of Denmark Strategy for the Arctic 2011–2020, p. 23.
③ Denmark, Greenland and Faroe Islands: Kingdom of Denmark Strategy for the Arctic 2011–2020, p. 33.

区影响有关的领域。然而，研究必须"也有助于支持文化、社会、经济和商业的发展"①。最后，战略报告强调北极在公共卫生和社会凝聚力领域进行合作。

（三）尊重北极脆弱的气候、环境与自然的发展

第三章"尊重北极脆弱的气候、环境与自然的发展"强调了解更多关于气候变化及其全球和地区影响的知识。必须进一步加强研究，对北极自然环境的管理必须依据最好的科学知识和标准。在提到北极地区脆弱的气候时，战略报告特别强调应对污染的措施，通过学习和了解更多关于气候变化及其全球、区域和本地影响来实现。它认识到气候变化、可访问性的提高与勘探机会之间的明确联系，同时再次强调北极地区脆弱的气候，而该战略草案则认为气候变化会使勘探更加容易。在这方面，最终的战略要点更加复杂，强调关于气候及其影响的知识和知识积累。

该战略报告还讨论了环境和生物多样性的保护，并将北极环境的管理建立在"可能最好的科学知识与保护标准"的基础之上。② 接下去，重要的是要促进国际合作，同时"在关于新的国际气候协定的谈判过程中促进原住民的权利"③。

（四）在北极区域与国际伙伴密切合作

在最后一章"与我们的国际伙伴密切合作"中，该战略报告将全球性合作放在优先位置，尤其是在气候变化、环境保护、海事安全和原住民权利等领域特别强调全球性合作。当然，报告也十分重视在北极理事会、欧盟及其区域理事会，以及在"环北冰洋五国集团"中加强合作；此外报告还强

---

① Denmark, Greenland and Faroe Islands: Kingdom of Denmark Strategy for the Arctic 2011 – 2020, p. 36.
② Denmark, Greenland and Faroe Islands: Kingdom of Denmark Strategy for the Arctic 2011 – 2020, p. 43.
③ Denmark, Greenland and Faroe Islands: Kingdom of Denmark Strategy for the Arctic 2011 – 2020, p. 44.

调提升北极区域内的双边合作与对话。值得注意的是,"全球性挑战的全球解决方案"①,专门讨论了丹麦王国在全球层面的战略以及王国的全球政策,其具体的表现就在于强调丹麦在处理北极事务中要与一系列世界性组织协调,如联合国及其子组织、"联合国气候变化框架公约"、联合国环境署、生物多样性公约、国际海事组织和世界贸易组织等,其中也提到了《联合国海洋法公约》和"大陆架界限委员会"。

当谈到加强北极区域合作时,战略报告突出了2008年"极地海洋会议"(Polar Sea Conference)及其宣言的重要性。丹麦"将保留环北冰洋五国集团",但也通过在北极理事会内的合作加强北极理事会。欧盟与格陵兰的良好关系也被提及,它还提到了有关原住民、联合国、联合国人权理事会及其原住民常设论坛,国际海洋勘探理事会,北大西洋海洋哺乳动物委员会,西北大西洋渔业组织,东北大西洋渔业委员会和国际捕鲸委员会在渔业和狩猎的背景下也被提及。最后,在双边合作方面,战略报告提到了加拿大(与大陆架有关)、美国(在格陵兰、丹麦和美国之间的联合委员会合作)、北欧国家、俄罗斯、中国、日本和韩国。②

在提到中、日、韩三个东北亚国家时,这份战略报告将它们都称为"合法的利益攸关方"③。宣称丹麦王国非常关注这三个东北亚国家是否赞同北冰洋沿岸国家已经达成的共识,即《联合国海洋法公约》必须成为北极地区法律框架的主要基础。丹麦王国支持它们各自成为北极理事会观察员地位的愿望。丹麦王国也建立了与这些国家的双边对话,尤其是在海事法律问题上,如对北极地区的大陆架和未解决边界问题上的声索。此外,报告也提到,迄今丹麦已经与中国建立了一些与北极有关的特殊

---

① Denmark, Greenland and Faroe Islands: Kingdom of Denmark Strategy for the Arctic 2011 – 2020, p. 49.

② http://www.geopoliticsnorth.org/index.php? option = com _ content&view = article&id = 157: danish – preliminary – arctic – strategy – &catid =40: denmark – &Itemid = 108, 访问日期: 2014年10月9日。

③ Denmark, Greenland and Faroe Islands: Kingdom of Denmark Strategy for the Arctic 2011 – 2020, p. 54.

的合作项目,例如在自然科学领域哥本哈根大学和一些中国大学之间的合作,以及新开始的丹麦技术大学和哈尔滨工业大学在北极技术方面的合作。

未来几年中,全球对北极的兴趣将会继续增加。随着北极地区的战略、经济和能源相关的潜力变得更加清晰,将有更多的国家希望深入了解并影响北极地区的国际合作。因此,丹麦王国希望通过在双边关系中促进开放与包容的对话发挥重要作用。丹麦将加强与北极新的利益攸关方之间的对话,并通过在商业和研发方面的合作从它们的资源和专长中获益。除了这一点,这些新的行为体将被纳入丹麦王国和其他北冰洋沿岸国家认为应当适用于北极的规范和价值观中去。①

《丹麦王国北极战略(2011~2020)》代表着"到2020年及其以后的一个重要里程碑"②。为了确保实施,该战略报告提出将对丹麦王国的北极战略做评估,通过建立一个跨学科指导委员会,在2014~2015年进行中期评估。然后丹麦的北极战略将在实施的过程中和评估的基础上于2018~2019年做进一步的更新。

综上,《丹麦王国北极战略(2011~2020)》的优先领域和主要任务是:首先,在北极区域加强海上安全和行使主权;其次,在北极区域开采矿产资源和寻找新的经济机会(主要在格陵兰岛),并使用可再生能源,同时在北极研究中保持领先地位,以及在人的健康方面促进北极地区的合作;再次,了解更多关于气候变化的知识,在最好的科学信息的基础上管理北极环境;最后,重视全球性合作,并加强在北极理事会和"环北冰洋五国集团"中的合作。在这个意义上,丹麦王国的北极战略有着双重的重点和最终目标:一方面,加强格陵兰作为自治实体的新位置,并重新定义丹麦王国在北极地区作为"全球性行为体"的角色;另一方面,对近来的环境、地缘经济和

---

① Denmark, Greenland and Faroe Islands: Kingdom of Denmark Strategy for the Arctic 2011-2020, pp. 55-56.
② Denmark, Greenland and Faroe Islands: Kingdom of Denmark Strategy for the Arctic 2011-2020, p. 57.

地缘政治变化以及全球对北极兴趣增加做出反应和应对。很明显,丹麦的该北极战略有明确的全球视野。①

四 中国与丹麦的北极合作

(一)中丹双边关系回顾

1950年1月9日,丹麦承认新中国,同年5月11日,两国正式建交。丹麦是继瑞典之后第二个同中国建交的西方国家。中丹建交以来,两国在各个领域的交流与合作逐步开展。2008年10月,丹麦首相安诺斯·福格·拉斯穆森出席第七届亚欧首脑会议并正式访华,两国共同发表《中华人民共和国政府和丹麦王国政府关于建立全面战略伙伴关系的联合声明》,中丹关系迈入新阶段。2011年10月,外交部部长杨洁篪访丹。2012年6月时任国家主席胡锦涛访丹,这是中丹建交以来中国国家元首首次访丹。9月,丹麦首相托宁—施密特来华出席在天津举办的第六届夏季达沃斯论坛年会,并参访北京、天津、上海。12月,丹麦外交大臣瑟芬达尔来华进行正式访问。丹麦王储腓特烈因私访华。2013年1月,丹麦王夫亨里克亲王、王储腓特烈相继因私访华。②

中丹于1980年建立经贸联委会机制,中丹经贸联委会第20次会议于2012年9月在京举行。近几年来,双边贸易迅速扩大。据我国商务部统计,2012年双边贸易额为94.4亿美元,同比增长2%;我国对丹麦主要出口机电、服装、纺织品等,自丹麦进口农产品、医药品、精密仪器、发电及制冷设备等。截至2012年底,我国累计对丹麦投资5506万美元,主要企业包括

---

① http://www.geopoliticsnorth.org/index.php? option = com_ content&view = article&id = 157: danish – preliminary – arctic – strategy – &catid =40; denmark – &Itemid = 108,访问日期: 2014年10月9日。

② http://www.fmprc.gov.cn/mfa_ chn/gjhdq_ 603914/gj_ 603916/oz_ 606480/1206_ 606772/sbgx_ 606776/,中国外交部网站,访问日期: 2014年10月9日。

中化石油天然气控股公司、鹏达航运集团、中国国际旅行社丹麦有限公司、中国国际航空公司哥本哈根办事处等。①

（二）中丹北极合作的路径

丹麦是北极地区的一个小国，并且主要通过目前已经获得很强自治权的格陵兰而成为北冰洋沿岸国家，丹麦在北极区域的这种特殊的地位决定了其对北极地区之外的利益攸关方参与北极事务具有矛盾的心态。一方面它不太希望太多行为体分享北极资源，从它对"北冰洋沿岸五国集团"的强调可略见一斑。另一方面它又担心北极事务由美俄主导，希望引入欧盟和中国这样的行为体来平衡美俄的力量。这也就是丹麦为什么支持中国成为北欧理事会的正式观察员国的原因所在。

丹麦驻华大使裴德盛（Friis Arne Petersen）在中国申请成为北极理事会正式观察员国的过程中曾接受《南方周末》专访，当时他就明确表示丹麦支持中国以永久观察员国家的身份加入北极理事会。他认为中国在北极地区有着合法利益："除北极圈内国家之外，包括中国在内的其他利益相关方同样在北极地区拥有不断增长的合法利益：对气候变化的研究，新的国际航道带来的交通运输机会，以及从北极地区的能源开发中获益的机会。"②裴德盛提到了丹麦对国际合作感兴趣的领域：关注气候变化，保护生态环境，执行严格的国际海事规则，并继续将当地土著居民的权利放到首要位置考虑。他表示，为了更好保护各方利益，丹麦还将提升与各国的双边合作和对话层次——其中既包括已有的合作伙伴，也包括新的合作伙伴，中国就在其中。③

在2013年中国成为北极理事会正式观察员国之后，笔者在2013年6月

---

① http://www.fmprc.gov.cn/mfa_chn/gjhdq_603914/gj_603916/oz_606480/1206_606772/sbgx_606776/，中国外交部网站，访问日期：2014年10月9日。
② 《北极开发，中国不可缺席——专访丹麦驻华大使裴德盛》，http://www.infzm.com/content/67434，访问日期：2014年10月9日。
③ 《北极开发，中国不可缺席——专访丹麦驻华大使裴德盛》，http://www.infzm.com/content/67434，访问日期：2014年10月9日。

访问丹麦时专门拜访了丹麦北极大使克劳福斯·霍尔姆（Klavs A. Holm）。霍尔姆大使认为：丹麦因为有格陵兰而成为北极5国。因此格陵兰对丹麦而言很重要，而格陵兰需要经济发展，丹麦和格陵兰之间的渔业和能源贸易是格陵兰岛发展的基础。格陵兰的能源矿产资源开发既需要重视，也需要保持可持续发展。丹麦欢迎中国参与北极事务，也欢迎中国企业对格陵兰投资。但是格陵兰的石油和矿产产业将会带来巨大的环境成本，中国企业对此必须予以重视。霍尔姆大使还认为从政治上来看，中国对北极治理具有较好的意愿，中国承认北极国家在北极区域的主权，但是，他对中国提出的"中国是近北极国家"的观点持保留态度，同时还指出丹麦关注中国企业对格陵兰的投资，但是格陵兰的开发环境和条件都比较严酷，投资收益比较小，如果中国的企业不顾成本只是为了所谓的战略考虑而留在格陵兰，那么这就可能成为问题。不仅如此，霍尔姆大使还认为，中国成为北极理事会的正式观察员国之后不应该和俄罗斯靠得太近，不应该在北极治理中采取俄罗斯的言语和论调。

从上述两位丹麦大使有关中国参与北极事务的言论可见，丹麦对中国参与北极事务与北极治理既持支持的态度同时也有相当的警觉。正因为如此，中国与丹麦在北极事务方面的合作应该注意选择合适的路径。

1. 加强在北极科学考察和研究方面的合作

丹麦在其北极战略中明确提出重视北极事务的全球性合作。中国在成为北极理事会正式观察员国之后，应更进一步加强中丹之间在北极事务方面的合作。由于丹麦非常重视北极的科考以及与北极相关的知识积累，希望能够在北极研究方面处于国际领先水平，因此中丹北极事务合作的主要路径就是加强中国与丹麦在北极科考和北极研究方面的合作。丹麦希望在2014年底向大陆架界限委员会提交其对北冰洋大陆架声索的资料，因此北冰洋科考对其具有紧迫性，中丹应当加强在这一领域的科考合作。

目前，丹麦技术大学和哈尔滨工业大学已开始在北极技术方面进行合作。在中国国家海洋局的支持下，中国极地中心与北欧国家的相关研究机构已经在上海建立了"中国－北欧北极研究中心"（China – Nordic Arctic

Research Center，CNARC)。研究主题包括北极气候变化及其影响；北极资源、航运与经济合作；北极政策制定与立法等。丹麦的"北欧亚洲研究所"（Nordic Institute of Asian Studies）是该中心的合作伙伴之一。另一方面，中丹之间应当推进在北极理事会下辖的"北极检测与评估项目"、"北极动植物保护"、"紧急、预防、准备、反应"、"保护北极海洋环境"、"可持续发展"等五个进行实际工作的工作组中的合作。

2. 加强中国与丹麦在基础设施领域的合作

丹麦王国认为北极冰雪融化会给格陵兰和法罗群岛的发展带来重大机遇。格陵兰和法罗群岛有望成为北极新航线的重要一部分，其旅游业也将迎来重大机遇。而要为这些未来的机遇做好准备，基础设施建设不可或缺。中国在基础设施建设方面具有优势，亦是未来格陵兰和法罗群岛国际游客的重要来源地，因此中丹在丹麦的北极地区，其中包括格陵兰和法罗群岛，应当积极地展开在基础设施建设领域的合作。中国应当积极了解丹麦在基建领域的有关标准并参与其招投标活动，并更为积极地参与丹麦在北极地区的基础设施的建设。

3. 推动中国参与丹麦王国北极地区的矿产开采

据估计，在格陵兰东北海岸外可能会发现310亿桶石油和天然气，在格陵兰以西加拿大以东的区域可能会发现170亿桶的石油和天然气。格陵兰岛还含有丰富的矿藏，包括锌、铜、镍、黄金、钻石和铂族金属，并拥有大量的所谓关键金属的蕴藏（包括稀土），其中几个是高端技术的重要组成部分，包括绿色能源技术。作为长期审慎战略的结果，格陵兰的矿产资源部门在过去的10~15年中已经明显成熟。在2009年12月7日通过关于矿产资源和相关活动的第7号议会法案后，2010年1月矿产资源部门由格陵兰自治政府全面接管，并成为促进工业增长和自我维持经济建设的一个关键要素。[①]但丹麦北极战略指出，对这些资源的开采必须遵守最高的国际标准。

---

① Denmark, Greenland and Faroe Islands: Kingdom of Denmark Strategy for the Arctic 2011 – 2020, p. 24.

"我们的目标是根据国际最佳实践对北极地区的矿产资源进行开采……确保这些矿物资源在勘探和开采时符合安全、健康、环境、应急准备和透明度的最高标准。在开发矿产资源行业时，必须考虑到北极环境的脆弱性，因此使它有助于健康的经济发展，包括创造新的就业机会和对社会最大的回报。在进行矿物资源活动时也要有足够的防备措施，使公众远离伤害（基于污染者付费原则）……这应该是整个北极地区的资源开发模式。"[1]

在石油和天然气部门，许可证招标从2002年以来每两年举行一次，并且近年来随着油价的上涨，对格陵兰石油潜力的国际兴趣有了突破性增加。在格陵兰南部和西部近海20多万平方公里的区域内现在为20个勘探和开采许可证所覆盖，并且2010年在格陵兰西北海岸的巴芬湾又发放了7个新的勘探许可证。2012～2013年，在东格陵兰北端外海将进行石油勘探的许可证招标。丹麦在北极战略中提到："尤其在未来的几年内，需要保持格陵兰西部和西北部近海的活动水平，同时确保对格陵兰东北部外海更为人迹罕至地区专业知识的积累。"[2] 2000年，法罗群岛大陆架的第一批勘探许可证得以发行，随后在2005年和2008年有两次许可证招标。总共有17个许可证已经发出，其中12个目前处于活跃状态，一共有11个许可证持有者。到目前为止的7个钻井中，5个包含碳氢化合物，但是具有商业规模的发现尚未得到证实。在可能包含大量碳氢化合物的结构中仍有不可预期的勘探潜力。目前，有两个显著的钻井承诺，其中第一口井将于2012年开钻。[3]

不久前，丹麦在其北极战略中列出了活跃在格陵兰和法罗群岛石油公司的名单，其中尚未见到中国石油公司的身影。中国的公司应该更加积极地参与到这些勘探与开采活动中去，当然，这需要中国公司不断提高自身的技术水平，达到丹麦所要求的开采标准。

---

[1] Denmark, Greenland and Faroe Islands: Kingdom of Denmark Strategy for the Arctic 2011 – 2020, p. 24.

[2] Denmark, Greenland and Faroe Islands: Kingdom of Denmark Strategy for the Arctic 2011 – 2020, p. 25.

[3] Denmark, Greenland and Faroe Islands: Kingdom of Denmark Strategy for the Arctic 2011 – 2020, p. 25.

（三）中国与丹麦北极合作需要注意的事项

从以上分析中可以看出，中国与丹麦都有在北极地区进行合作的意愿，在很多领域有着巨大的合作潜力。中丹双方都能从北极事务合作中获得利益。但是，在中丹北极事务合作方面中国需要注意下述事项。

首先，在政治上坚持承认丹麦在北极区域中所拥有的主权，不干预丹麦在格陵兰和法罗群岛事务方面的内政。只要格陵兰和法罗群岛依然是丹麦王国的海外自治领地，不论它们目前拥有多大自治权，中国依然应当坚持承认丹麦是北冰洋沿岸国家，丹麦与格陵兰及法罗群岛的关系是丹麦的内政，中国从不干预他国内政的国际法原则出发，尊重丹麦的主权。

其次，对丹麦在北极区域与其他北极国家之间的矛盾，中国也应当采取不选边，严守中立的原则。丹麦与加拿大有领土争端；丹麦在处理北极五国与北极八国的关系上与非北极圈内的北极区域国家有矛盾；丹麦在格陵兰和法罗群岛的自治乃至独立问题上与冰岛等北极国家也有很大的不同立场；对这一系列问题，中国应坚持中立的立场，强调这些问题应该由北极区域国家通过双边或多边的途径和平解决。

此外，在经济事务上，中国应当在目前格陵兰拥有强大的处理内部事务的现实条件下，积极加强与格陵兰地方政府的交流与合作，未雨绸缪，积极推动中国企业参与对格陵兰的能源矿产资源的开发。但是，中国与格陵兰政府之间的关系应集中于经济事务，并且应该主要由中国的企业唱主角，而政府只是扮演推手的角色。

最后，加强与丹麦的北极区域原住民之间的交流，近年来，北极区域原住民在北极事务中的影响力不断加强，而丹麦的北极地区的原住民也就是格陵兰岛和某种程度上法罗群岛上的原住民已经获得越来越大的政治影响力。因此，在中丹的北极事务合作中，中方不仅要与丹麦官方，而且更重要的是要与丹麦北极地区也就是格陵兰和法罗群岛的民间即与那里的原住民进行直接的交流，努力通过与那里的原住民在政治、经济和文化领域，其中尤其是在文化领域的交流，增信释疑，促进理解，为中丹的北极事务合作打下坚实的原住民民间基础。

芬兰北极战略分析

程保志*

芬兰位于欧洲北部，东邻俄罗斯，北接挪威，西北接瑞典，西濒波的尼亚湾，南临芬兰湾。芬兰有1/3的国土位于北极圈内，是名副其实的极地国家，其北纬60°内人口占世界该区域总人口的1/3，是北极理事会、巴伦支——欧洲北极理事会等多个涉北极治理机构的成员国。芬兰约有人口530万，是一个人口密度很低的国家。人口大部分居住在气候比较温和的南部。其中芬兰族占91.2%，其他有瑞典族及少量萨米人（又称拉普人）。① 官方语言为芬兰语和瑞典语，但大部分人能用英语交流。

芬兰经济开放，倡导自由贸易，欢迎外资进入并为芬兰创造就业机会。在投资环境方面，芬兰具有综合竞争力强、技术水平先进、劳动力素质高、政府清廉透明的优势。芬兰实行共和制和"议会代表"民主体制。二战后，芬兰长期奉行同苏联保持睦邻友好关系、不介入大国冲突、同各国发展友好关系的"积极的和平中立政策"。冷战结束、苏联解体后，芬兰对其外交政策进行了重大调整，将发展同欧盟的关系作为外交重点。1995年1月1日起成为欧盟正式成员。芬兰仍坚持奉行军事不结盟和独立可靠的防务政策，密切与北约的合作，同时继续与俄罗斯保持睦邻关系，支持俄罗斯融入国际社会。

---

* 程保志，上海国际问题研究院海洋与极地研究中心博士，主要研究方向为北极治理与相关国际法问题。
① 萨米人是以驯鹿为生的游牧民族，广泛分布于挪威、瑞典、芬兰三国以及科拉半岛。

一 芬兰出台北极战略文件的背景分析

（一）芬兰2010年出台北极战略文件的背景与动因

芬兰是北极理事会成员国，但并非北冰洋沿岸国。① 虽然直到2010年前其一直未公开发布北极政策文件，但芬兰在20世纪90年代初有关北极事务的两项提议反映其早就形成了"事实上的"（de facto）北极或北方政策。其一是1989年9月芬兰政府提议北极八国召开第一届"北极环境保护协商会议"，从而推动了北极理事会的前身——《北极环境保护策略》于1991年诞生；② 其二是根据芬兰1997年提出的北方政策（Northern Dimension, ND）倡议，经欧盟理事会批准，该倡议于1999年正式成为欧盟的北方政策。③

可见，芬兰对于冷战后北极地区国际合作机制的构建以及欧盟北极政策的发展起到了独特作用，但促使芬兰政府下定决心出台北极正式战略文件的

---

① 1939年苏芬战争爆发，芬兰战败，被迫把战略地位极其重要的科拉半岛割让给苏联，并被剥夺了通向巴伦支海及北冰洋的出海口。
② 1989年9月20日，根据芬兰政府的提议，北极八国派出代表召开了第一届"北极环境保护协商会议"，共同探讨通过国际合作来保护北极环境。1991年6月14日，八国在芬兰罗瓦涅米签署《北极环境保护宣言》，在这一过程中，芬兰政府发挥了积极的撮合作用。罗瓦涅米宣言的签署，引出了保护北极环境的系列行动（"罗瓦涅米进程"）——北极环境保护战略（AEPS），该战略提出，今天污染已不再局限在政治边界内，任何国家都无法独自应对北极地区的环境威胁，北极地区的环境问题需要广泛的合作，建议成员国在北极各种污染数据方面实现共享，共同采取进一步措施控制污染物的流动，减少北极环境污染的消极作用。宣言提出将周期性召开会议，评价计划进度，交流信息。
③ 1997年芬兰提出北方政策倡议，目标是"提供一个共同框架，促进北欧的对话，巩固合作，加强稳定、繁荣与发展"。1999年，该倡议得到欧盟理事会的批准，成为欧盟的北方政策。该政策的参与者为冰岛、挪威、欧盟和俄罗斯四方，加拿大与美国为观察员，其他利益攸关方还包括北极理事会、北欧部长理事会、巴伦支欧洲——北极理事会（BEAC）、波罗的海国家理事会等。该政策覆盖范围是从西边的冰岛、格陵兰到东边的俄罗斯西北部，从北部的北极地区到南部的波罗的海南部海岸。2006年，欧盟对北方政策进行了更新；在新政策中，北极和次北极地区（包括巴伦支地区），以及巴伦支海和加里宁格勒被界定为优先地区。

直接原因恐怕还是 2008 年 5 月在格陵兰伊卢利萨特举行的北冰洋沿岸五国（美加俄丹挪）外长会议。该次会议会后发布的宣言认为，北冰洋沿岸五国在处理北极海域的问题与挑战方面处于独特的位置；在国际海洋法的框架内，五国将有序地解决相互重叠的主权权利要求。五国同时认为，国际海洋法为五个北冰洋的沿海国通过国内法和其他方式"负责任地"管理北极海域事务提供了坚实的基础，因而，"没有必要建立一个综合性的国际法律制度来管理北冰洋"。五国之间将依据国际法加强合作或与其他的利益方合作，以保护北极海域脆弱的海洋生态环境。《伊卢利萨特宣言》实际上向国际社会发出了这样的信号：北极事务将主要由这五个北冰洋沿海国自己来处理，不需要其他国家或机构过多地插手。这种高度排他性的会议机制安排当然招致国际社会，包括芬兰、瑞典、冰岛等北极国家以及广大非北极国家的反对。鉴于此，芬兰政府发布正式战略文件予以回应，表明自身的北极国家身份，宣示自己的北极利益关切和政策立场是必然的选择。

2010 年 8 月芬兰总理府正式发布《芬兰北极地区战略》（2010 年芬兰北极战略）。2010 年北极战略的文本由总理府任命的工作组（由内阁各部相关人员组成）负责起草，并经征询芬兰中央政府另单独成立的北极事务咨询委员会的意见后，以报告形式提交到芬兰议会。该文件开宗明义地宣示："作为北极国家，芬兰是北极地区事务理所当然的参与者，尤其是北极问题关系到芬兰北部地区及人口；芬兰的大部分区域受亚北极气候影响，整体而言，芬兰是世界上最北端的国家之一。"2010 年战略的主体内容主要包括引言、脆弱的北极生态、经济活动与技术、交通与基础设施、原住民、北极政策工具、欧盟与北极地区等 7 个部分；文件主要集中于对对外关系问题的论述，初步确定了芬兰北极战略的政策目标：加强北极多边合作、参与形成欧盟北极政策以及提升芬兰作为北极事务专家的地位。芬兰在北极对外关系领域的政策目标则包括：通过以条约为准则的国际合作为芬兰在北极地区的活动奠定基础；致力于在国际、地区层面及双边关系中增强北极事务的国际合作；推动欧盟北极政策的进一步发展对芬兰而言至关重要。

对于 2010 年发布的北极战略，有学者认为，芬兰的最优先领域还是包括海上运输、基础设施及专业知识、技能在内的经济利益考虑,因此文件整体而言是商业导向的,强调芬兰在经济活动及油气等自然资源利用上所拥有的专业技术与知识优势,致力于使自身成为北极专业知识领域的国际专家。此外,该北极战略文件也反映出在北欧五国中,芬兰是最为关注与积极推动欧盟北极政策发展的国家;这当然与芬兰属于欧盟成员国及欧元区国家有关。最后,芬兰2010北极战略过于强调对外关系(仅北极政策工具及欧盟两部分就占整个文件篇幅的近1/3),因此与其他国家的北极战略相比较,显得有点缺乏远见;如挪威、丹麦就把重点放在北极地区的开发上,并将其作为国家发展战略规划的一部分。①

(二)芬兰2013年修订北极战略的背景与动因

2011年6月芬兰新任总理卡泰宁在其政府纲领中提及要加大力度实施北极战略,试图借"北方发展"这一契机重振受到"欧债危机"冲击的芬兰国民经济。加之近年来,北极地区在国际政治中的重要性不断提升,气候变化和航运、自然资源的开发等北极治理问题日益"国际化"和"全球化",以及芬兰作为一个北极国家的概念得到强化,芬兰现政府决定对这项战略进行重新评估和修订,并设立专门工作组,由芬兰北极大使哈利宁先生牵头,工作组人员由外交部、司法部、内政部、国防部、财政部、教育与文化部、农业与林业部、就业与经济部、交通与通讯部、社会事业与卫生部、环境部及总理府等部门组成。工作组从2012年11月开始,其间召开多次听证会和专家咨询会,历经半年时间最终完成修订版的北极战略文本,并提交内阁审议。

与2010年北极战略文件主要聚焦于对外关系相比,2013年的修订版北极战略则涵盖了更为全面的领域,包括加强芬兰在北极地区的地位、创造北极地区的商业机遇、北极环境和地区安全及稳定、芬兰北部地区的地位、国际合作以及芬兰具备的广泛意义上的北极技能等。新战略明确了芬兰在北极

---

① Lassi Heininen, "Arctic Strategies and Policies: Inventory and Comparative Study," 2011, p.64.

地区的角色定位主要包括四个方面，即芬兰是一个北极国家，芬兰拥有丰富的北极专门技能，兼顾可持续发展与环境保护，以及重视北极国际合作。在2013年8月23日的新北极战略发布会上，卡泰宁总理表示："我很高兴看到北极所取得的进展。北极地区的潜能对所有国家经济和社会福利的增长具有重要的促进作用。芬兰的优势在于其广泛的北极专门技能；在未来数年，这种技能的进一步发展和跨界合作的新形式只会更为重要。当然，我们需要牢记的是，该地区的资源必须是以可持续的方式加以利用，并适当虑及环境和当地居民的福祉。"芬兰的北极愿景是：作为一个积极的北极行为体，芬兰在加强国际合作的同时，能以可持续的方式协调北极环境所施加的限制及其所带来的各种商业机遇。与其他北极国家已发布的北极战略相比，芬兰新北极战略所具有的特点在于其涵盖领域、政策目标，以及达到这些目标的切实计划和行动方面最为完善。并且该战略将根据芬兰中央政府的财政限额和预算以针对具体产业的措施加以实施。欧盟的资金则根据欧盟计划以及已确立的支持条件予以资助。

二 芬兰北极战略文件的解读与分析

如前所述，芬兰高度重视北极事务，2010年推出《芬兰北极战略》，2012年成立专家组对该战略进行更新，并于2013年推出《2013芬兰北极战略》。该战略集中阐述芬兰对北极事务的政策主张，提出芬兰是北极事务中负责任的积极参与者，将致力于维护北极的环境和稳定，同时积极促进北极地区的开发和经济增长。为便于更好地把握2013年新战略的全面性和可操作性，首先对其与2010年战略的结构框架进行比较，再结合文本内容作一定程度的解析，最后归纳出2013年新战略的主要特点。

（一）2010年与2013年北极战略的结构比较

以2010年战略文本为序，在右侧表格内罗列2013年战略文本中相对应的内容及新增内容，以便从宏观上把握战略文本在结构及主体内容上的异同。

2010年和2013年芬兰北极战略

2010年芬兰北极战略	2013年芬兰北极战略
1. 引言 　1.1 北极地区与芬兰 　1.2 北极对于全球的重要性	Ⅰ 内容摘要 Ⅱ 北极战略的构成要素 1. 芬兰的北极愿景 　1.1 更新战略的背景 　1.2 国际运作环境 　1.3 其他北极国家采取的政策
2. 脆弱的北极生态 　2.1 气候变化 　2.2 环境污染 　2.3 生物多样性	2. 芬兰的北极人口 　2.1 可持续且运转良好的社会与工作环境 　2.2 芬兰萨米人和北极地区其他的原住民
3. 经济活动与技术 　3.1 自然资源 　3.2 技术与研究 4. 交通与基础设施 　4.1 芬兰北部的运输、通信与物流网络 　4.2 北方海航道运输量与日俱增 　4.3 航运安全	3. 教育与研究 　3.1 芬兰的北极专业技能 4. 芬兰在北极的商业机遇 　4.1 北极的商业机遇 　4.2 能源产业 　4.3 北极海事产业和造船业 　4.4 可再生的自然资源 　4.5 矿业 　4.6 清洁技术 　4.7 旅游 　4.8 交通运输系统 　4.9 信息通讯与数字服务
5. 原住民 　5.1 原住民概况 　5.2 芬兰萨米人	5. 环境与稳定 　5.1 北极环境 　5.2 北极稳定 　5.3 内部安全
6. 北极政策工具 　6.1 全球层面 　6.2 区域层面 　6.3 双边合作 　6.4 资金来源 7. 欧盟与北极地区 　7.1 欧盟作为全球北极事务的参与者 　7.2 巴伦支海地区对欧盟的重要性 　7.3 欧洲北方政策:欧盟北极政策的利器	6. 国际合作 　6.1 芬兰作为北极国家的地位 　6.2 北极的国际合作 　6.3 双边北极伙伴关系 　6.4 欧盟在北极的作用
8. 结论:目标与行动建议	Ⅲ 目标和达至目标的行动
附录(15)	附录(2)

首先,我们可以非常直观地看出,就整体而言,2013年战略文本对于北极地区的经济潜力及其给芬兰带来的各种商业机遇方面可谓浓墨重彩,极其详尽,具体涵盖了能源、海事、造船、可再生的自然资源(林业)、采矿、清洁技术、旅游、交通运输、信息通信与数字服务等八大产业,并且强调芬兰在这些行业都拥有丰富的专业技能,因此芬兰企业未来在上述行业将具有广阔的发展空间。其次,一个最明显的变化就是将北极气候、环境及生态变化的问题上升到地区安全和稳定的层面。最后,无论是2010年文件,还是2013年文件,均对欧盟北极政策的发展给予了特别关注;这从一个侧面反映了作为欧盟成员国,芬兰具有在北极问题上与欧盟相互倚重,以平衡美加俄等北极大国的战略意图。

(二)芬兰2013年北极战略的内容解析

1. 以国际法为指导原则和行动指南,积极发展在国际组织框架下的涉北极工作

芬兰认为,《联合国海洋法公约》(以简称《公约》)是北极地区相关政策形成的法律基础。但《公约》仅提供了政策方向,较少就具体问题提出解决方案。北极的合作与管理应统一建章立制,可在《公约》基础上,根据北极特点有针对性地进行完善和补充。如在联合国"里约+20"发展大会上,《公约》就作为一个附加根据被用于保护生物多样性。在新条约的制定上,应采取循序渐进的原则,同时严格执行审订标准。

国际海事组织作为处理海运技术安全标准问题的专门机构,在北极航运技术合作、航运安全、防止和控制海洋污染等相关法律问题处理等方面提供了制度性支持。芬兰积极参与国际海事组织关于"极地航行规则"的制定工作,认为应就当前在北极航行上的各项海事标准加强协调和统一,海事监管力度应进一步加强。

2. 北极理事会是涉北极事务的首要合作机构

当前,环境变化、新航线开通等诸多北极问题已成为全球性问题,北极理事会也因此成为国际性组织,担负相应的国际责任。在芬兰的支持下,北

极理事会通过接纳新观察员增加了行动资源；设立永久秘书处完善了理事会机制；发表研究报告表达了重大关切；并将理事会议题从传统的环保领域扩大到航运、资源开发等政治经济方面。下一步，芬兰支持北极理事会成为一个以条约为基础的国际组织；在工作层面上应具可操作性；适时举办北极峰会，通过邀请观察员国参与，扩大理事会工作力度，拓宽工作范畴，统一协调北极政策和发展战略；提高理事会相关研究成果的曝光度和社会认知度，为北极事务的有关决策提供参考。

3. 欧盟是北极事务的重要参与者

北极地区发展对欧洲未来发展有着重要影响。芬兰支持欧盟2008年出台的"北极政策"，将在北极理事会内支持欧盟的观察员地位，主张欧盟在各国际组织和场合中维护成员国的北极利益，在其科研计划中加大对北极科考的支持，将北极能源储备作为欧洲能源安全的重要考量，将北极议题作为跨大西洋关系及与俄、加、中、日、韩等国双边关系的重要内容。芬兰还将加强与瑞典和丹麦在欧盟内关于北极事务的合作，将"欧盟北极信息中心"设在芬兰罗瓦捏米地区的拉普兰大学北极中心。

4. 重视与周边地区组织及邻国加强合作

地区层面上，巴伦支—欧洲北极理事会和巴伦支地区理事会是连接巴伦支地区国家政府和地方当局的有力沟通渠道，在涉及地区传统、原住民和地区事务上起着独特作用。上述组织在资金和人力资源方面应得到加强。

北欧部长理事会是北极理事会的观察员，为北极理事会和巴伦支—欧洲北极理事会提供了年均120万欧元的财政支持，在2012~2014年为25个北极项目提供资助，对北极合作有着重要意义。此外，在北欧部长理事会框架下成立的"北卡洛特理事会"（成员为芬兰、挪威、瑞典三国北部的省份）是芬挪瑞三国在地方层面上的北极事务合作平台，对于跨地区工商业发展与合作起到积极作用。

在双边层面，芬兰尤其重视同俄罗斯开展北极合作，双方将按照2010年两国元首达成的"北极伙伴计划"加强在北极事务上的协调，并在北极地区金融创新、企业合作等方面加强合作。

5. 关注北极环境问题

芬兰认为生态的可持续与经济社会发展息息相关，积极倡导北极地区陆地及海域的环境保护和生态可持续的经济、社会发展。气候变化、远距离航行、人类极地活动对北极脆弱的生态环境带来冲击，也直接影响到芬兰在极地的原住民——萨米人的驯鹿养殖等传统生活方式。对北极环境的考量和评估必须引入北极合作的各个层面。各国在北极环境、气候、气象监测等领域的合作应进一步加强，对北极科考应加大支持力度。在全球气候谈判中，芬兰通过强调该地区的气候变化问题，支持国际社会富有雄心的减排目标。对芬兰而言，优先扶持易受极地气候变化影响的产业，是其在该议题上的首要内容。

芬兰关注海上航行对北极生态的影响，航行事故、油污泄漏等都将对极地生态系统造成威胁。各国开展的极地航行应首先在《联合国海洋法公约》和国际海事组织有关规定下进行。同时，各国应就航行安全、极地导航、危机预防等领域的规则进行统一协调。在此领域，芬兰与俄罗斯、爱沙尼亚在波罗的海/芬兰湾海域的成功经验可予借鉴。

芬兰认为提升核安全在北极事务中有重要意义。主张俄罗斯应积极参与北极事务合作，在科拉半岛核设施安全、核废料处理、北部矿产开发等项目上积极开展工作，有效控制辐射。

6. 重视北极地区的安全与稳定

北极地区的安全与稳定对北极的经济发展有着重要意义，也关系到北极的地区发展和社会繁荣。芬兰认为，北极地区遵循国际法原则，发生军事冲突的可能性较小，各国的军事和防卫力量对于民事安全、救援和减灾等起着重要的保障作用。考虑到北极的特殊环境，芬兰主张北极相关方应积极发展信息共享渠道，及时应对有关安全风险。芬兰的防卫力量在北极地区经常举行军事训练，有着丰富的北极行动经验，还为其他国家提供相应经验和培训。此外，芬兰在《斯托尔滕贝格报告》[①]基础上与其他北欧国家在北极地

[①] 2009年2月9日，北欧五国外交部部长在挪威首都奥斯陆开会探讨在新形势下深化北欧地区外交与安全合作的问题，会议主要讨论了挪威前外交大臣斯托尔滕贝格提交的一份《北欧外交和安全政策合作》报告。报告提出北欧国家在13个领域可以展开密切合作，（转下页注）

区开展了有效的空军军事合作。

7. 积极谋求在北极相关领域的商业利益

芬兰在极地资源开发上拥有多项优势，如船舶制造、破冰技术、低温作业、极地风能、冬季导航、极地基建、抗寒材料、极地矿产开发、海洋环境监测、风险分析、油污处理等。芬兰拟加大在教育、科研、技术、产品等开发领域的投入，不断强化并升级自身优势，将芬兰打造成"北极专家"。另一方面，利用技术优势积极参与北极开发竞争，为芬兰企业，特别是中小型企业寻求商机。

目前，芬兰企业参与了俄罗斯在巴伦支地区的 Shtokman 油气开发项目，并积极发挥芬兰企业在离岸产业、基础设施建设、机械设备、环保等领域的优势。为更好地促进有关合作，俄方应在人员流动和管制上提供更加便利的条件。

"东北航道"的开通符合芬兰利益，极地交通、运输和物流的发展将为芬兰带来积极利益。芬兰主张巴伦支地区国家应从战略角度加强协调，统一行动，为该区域建立行为规范，以保障通行、保护环境、缓解矛盾、共同发展。芬兰认为，收费航段不应成为东北航道发展的障碍，其收入应用于保障航线的健康发展。

8. 维护原住民的权益

在北极居住的 400 万人口中，原住民约占 1/10，其中包括居住在芬兰北部的约 9500 名萨米人。北极原住民利益受芬兰宪法保护，维护萨米人的语言和文化发展是芬兰人权政策的重要内容之一。芬兰认为，生活在芬兰北部地区居民的精神和身体健康、工作就业、富有效率的基本服务、平等、安全及教育必须得到保障。繁盛的地区人口也有利于经济稳定和提升竞争力。在国际层面，芬兰致力于确保原住民在讨论影响其原住民地位问题上的参与

（接上页注①）如和平建设、空中巡逻和海上监控、北欧安全、网络安全、外交事务和国防合作。至于如何合作，斯托尔滕贝格希望为不稳定地区打造军事和民事力量、联合两栖部队、灾难救援部队、海岸警卫队级海上反应部队、联合网络防御系统、联合空中/海上和卫星监督、北欧政府间合作以及战争犯罪调查机构等。

权。保证出席北极理事会的原住民组织人员能够参与理事会各个层级的工作十分必要。自北极理事会1996年成立伊始,芬兰一直将提升原住民的参与度和代表性作为理事会工作的重要努力目标。芬兰在巴伦支——欧洲北极理事会也把维护原住民利益作为其工作的重要内容。

联合国土著问题常设论坛关注北极原住民的经济和社会发展,对原住民的教育发展、环境保护、文化传统、人权保障等发挥着重要作用。芬兰参与了《联合国土著人权利宣言》的起草工作,该宣言是维护原住民权益的一项国际性政治文件。芬兰认为,北欧国家2005年10月通过的《北欧萨米人协议》(草案)对于萨米人语言、文化、传统地可持续发展有着重要意义。北欧各国在处理北极原住民问题上的相关合作应遵循该协议有关精神。在芬兰国内,除各项法律保护原住民权益外,芬兰还对萨米族的两个濒危语种制订了特别保护计划。

(三)芬兰2013年新北极战略的主要特点

1. 战略内容涵盖广泛,高度重视北极开发的经济价值

2013年的芬兰新北极战略既涵盖了对外政策与国际合作,也涉及国内产业发展和民生改善;既注重环境、生态的保护,也重视经济社会的可持续发展,内容上可谓十分全面,这似乎表明芬兰有意将其最新战略文本打造成其他北极国家日后修订北极战略所仿效的模板。

正如前文对战略文本的解读所展示的,芬兰现政府非常看重北极地区的经济潜力及其给芬兰带来的各种商业机遇,并不认为促进北极地区的可持续发展及稳定与充分利用北极地区所显露的商业机遇这二者之间存在任何矛盾或冲突;在芬兰看来,在脆弱环境下开展的北极经济开发只要考虑到自然环境所施加的限制,并且对于当地社群来说是可持续的,那么经济开发活动就是可行的。芬兰拥有世界先进的造船技术和丰富的航运管理经验,因此在北极海事技术和航运领域成为领先国家符合芬兰的国家根本利益。北极地区采矿业的发展,也将为芬兰公司带来更多国际商机;这种商机既涉及采矿技术,也包括货运能力的提升。同时,北极地区需要新的电力传输线路以及分

散化的能源生产，芬兰在提高能源效率和可再生能源开发方面也能够提供特殊技术。北极地区经济活动的增加以及产业的发展，也将为芬兰清洁技术和相关行业的公司带来巨大商机。因此，北极地区对芬兰而言就是一个位于"家门口"的巨大市场，极具发展潜力。

2. 强调专门知识和技能对参与北极开发的重要作用

2013芬兰北极战略强调，得益于其先进的教育、研究和培训体系，芬兰具备开发北极的广泛技术优势，并明确表明将通过在教育和科研领域继续加大投资强化这种技术优势，以便为巴伦支和北极地区的经济社会发展提供强有力的技术支撑。为达到世界顶尖水平，芬兰的大学和技术学院将继续发展其北极专门技能，并且芬兰的各类涉北极行为体必须加强彼此间的合作。2013年战略文件中还专门明确列出了芬兰拥有独到而领先的专门知识技能的各类领域，具体包括：离岸产业、海事产业、航运、海运、气象与冰情服务、林业、矿业、金属加工业、旅游业、传统生活方式、低温技能、冬季测试、计量学、发电及地热配送、节能与能效、风能技术、基建、环境技术、环境影响管理、可持续的社会理念、北极环境技能、北极卫生及福利、废物管理技术、信息技术、公共信息服务、创新驱动发展、寒冷气候研究、生物和纳米技术、风险分析、防止油污技术、材料技术以及水资源管理等。从经济角度而言，芬兰具有在北极地区作出积极贡献并取得成功的潜力。

芬兰拥有多样化的北极专门技能，而且参与北极地区发展也很符合芬兰的国家利益；因此新战略在某种程度上，也是寻求实现其国家利益的一种反映。在气候变化领域，芬兰将重点加强与北极环境相关的国民生计的适应性评估，支持影响决策的区域气候变化模型的开发，并通过在全球气候磋商中强调北极地区气候变化来支持严苛的减排目标。在生态保护问题上，芬兰在加强生物多样性保护的同时，强调通过积极参与和管理来提高核安全度，尤其是科拉半岛的核安全。在北极航运问题上，芬兰计划更好地利用其冬季航运经验、北冰洋运输与造船的专业技术，服务于北极航运和海洋经济，并加强北部交通基础设施建设以对接北极东北航道通航的商机。除高效的交通运输服务（含航空、公路及铁路运输）外，芬兰认为，可靠的高性能信息技术与网络服务对促进芬兰北方地区的经济活力及国家整体竞争力至关重要,因此有意将罗瓦捏米打造成"云服务产业中心"以便占领未来信息密集型产业发展的制高点。

3. 重视北极国际合作,尤其支持欧盟发展其北极政策

北极国际合作是芬兰外交政策的重要构成要素;而提升北极国家身份,强化北极合作则是芬兰北极政策的重要目标。芬兰认为,北极地区是一个发展中的市场,需要进行长期、有远见的合作,需要国家层面和国际层面的公私密切协作,才能取得成功。就区域性机制而言,北极理事会、巴伦支-欧洲北极理事会和巴伦支地区理事会以及北欧部长理事会是芬兰参与的最主要的国际合作机构。此外,联合国及其下属机构(海洋法、人权、可持续发展、气候变化、教育、研究等)、生物多样性公约、联合国环境规划署、国际海事组织、世界气象组织等也是芬兰借重的多边机制。双边层面,芬兰重视与俄罗斯的北极伙伴关系,并希望通过"芬兰团队网络"(Team Finland Network)加强与其他北极行为体的合作。欧盟通过巴伦支地区合作机制及其北方政策框架,事实上已参与了北极事务。芬兰支持欧盟加强在北极地区的存在和影响,高度评价欧盟委员会与高级代表2012年6月联合发布的《知识、责任与参与》通告,认为其有助于增强欧盟北极政策的整体一致性和内部协调,并敦促欧盟理事会对委员会与高级代表发布的通告予以回应。芬兰还试图影响欧盟研发计划,希望在欧洲空间局(ESA)和欧洲利用气象卫星组织(EUMETSAT)未来项目的选定中优先将北极监测服务列为优先项目。芬兰高调支持欧盟北极政策发展实质上是基于其很现实的战略需要,作为欧盟的三个北极成员国之一,芬兰试图通过欧盟的参与以平衡俄美加在北极地区的"独大",增强其在北极事务上的话语权和参与权。

三 中芬北极合作现状及相关建议

中芬自1950年10月建交以来,双边关系发展良好,很少受到社会制度、意识形态和价值观差异的负面影响。两国始终坚持相互尊重、平等相待、求同存异，政治互信不断加强，务实合作广泛深入。芬兰是世界闻名的创新强国和绿色发展的典范，当前我国正在转变经济增长方式，调整产业结构，推进可持续发展。中芬在科技创新、城镇化、可持续发展等领域合作潜力巨大，前景广阔。

在北极事务上，芬兰认为中国成为北极理事会正式观察员国，对于北极合作具有重要意义，愿与中方加强北极事务交流与合作。事实上，中芬之间无论是在北极科考，还是北极政策协调方面都已开展了富有成效的合作。我国新建的极地考察破冰船就是由我国与芬兰阿克北极技术有限公司联合设计。① 我国外交业务部门及有关政府智库与芬兰方面保持着有关北极问题的沟通与对话。2011年10月27日，时任外交部部长助理刘振民会见了来华进行双边北极事务交流的芬兰北极事务大使哈利宁。双方就中芬双边关系、对北极问题的原则立场、北极理事会、双边北极合作等问题交换了意见。双方认为应以此次交流为起点，加强在北极政策、法律事务方面的沟通与协调，逐步开展双方北极合作，为两国关系发展注入新的动力。② 2012年4月19~22日，上海国际问题研究院代表团一行访问芬兰赫尔辛基，拜访了芬兰外交部政策规划司、芬兰北极大使、芬兰国际问题研究所，与芬兰有关政府官员和学者就北极治理问题进行了深入探讨，宣介中国在北极问题上的政策立场，增进了中芬两国学界就北极问题达成的共识。2013年4月16日，由上海国际问题研究院与芬兰拉普兰大学联合主办的"北极安全与国际合作"国际学术研讨会在中国上海举行，中外专家学者围绕北极安全与地缘政治、北极治理与国际合作、北极事务和中国参与以及北极国际社科研究现状评估等问题展开深入研讨。上海国际问题研究院有关学者还成为拉普兰大学 Lassi Heininen 教授主编的《北极年鉴2013》相关稿件的匿名评阅人，有效引导国外学者有关中国北极政策的观点论述，避免"中国威胁论"、"能

---

① 《新建极地科学考察破冰船详细设计合同在京签署》，http：//www.coi.gov.cn/news/guonei/201208/t20120801_23539.html，访问日期：2014年8月1日。
② 《外交部部长助理刘振民会见芬兰北极事务大使哈利宁》，http：//www.fmprc.gov.cn/mfa_chn/wjbxw_602253/t897088.shtml，访问日期：2014年11月3日。

源饥渴论"再现。

为进一步推动中芬北极事务合作,我国可采取以下一些步骤和措施。

首先,在继续保持双边高层互访和工作层就北极事务展开双边对话的同时,加强与芬兰等北欧国家在北极理事会、国际海事组织、联合国气候变化磋商等多边机制中的沟通与协调。鉴于芬兰对制定适用北极相关领域的具体规则持相对开放的态度,我国可围绕《海洋法公约》在北极的适用性、北极航行排放标准等问题与其展开探讨,从侧面摸清北极国家的不同立场,以为我国所用。

其次,牢牢抓住北极开发的难得机遇,加强和芬兰企业在造船、清洁技术、污染治理、创新驱动发展,以及水资源管理等领域的合作,以增强我国在北极地区的实质性存在。芬兰在造船和海事产业方面有悠久的传统,是芬兰重要的高技术产业之一,而中国正成为未来全球最重要的海事工业国和发展区域。[1] 北极造船业的兴起可能成为未来双边经贸关系新的增长点。芬兰在创新和绿色发展等方面的先进做法也可为我国经济转型升级和新型城镇化提供典范和借鉴。

最后,继续加大资金投入,支持中芬大学、企业、研究机构间开展持续性的合作和对话,形式包括但不限于合作研究、联合考察、共办国际会议、互派学者或研究生访学;不仅支持自然科学项目,还应大幅提高对人文社科领域研究和交流的支持力度。目前我国虽然启动了一些有关北极问题的项目,但较为分散,且大多存在低水平重复研究的嫌疑,如有可能,可考虑在国家层面设立一项北极专项研究基金,定点定向支持一批北极专门人才的建设,知识和技能才是我国加强北极实质性存在的关键性基础。

---

[1] 《2013中芬北极海洋技术论坛在天津举办》,http://news.sina.com.cn/o/2013-11-20/182028763852.shtml,访问日期:2014年5月18日。

瑞典北极战略分析

于宏源*

无论从地理还是人口角度上看,历史上的瑞典都与北极地区有着自然且强有力的联系。在超过一个世纪的时间里,瑞典对于极地研究有着卓越的贡献。瑞典于 2011 年正式出台北极战略文件。文件反映出瑞典北极战略建立在较低的冲突和广泛的全球治理基础之上,认同相互依存,推动对话、透明、互信机制以及在国际法范围内的合作。瑞典北极战略主要基于三个方面:气候变化与全球变暖、原住民的生活状况以及自然资源。瑞典北极战略政策定位基于"合作安全"理念,并主要依靠对欧盟成员国和北欧国家合作。在重点领域方面,瑞典意图在北极地区推进经济、社会和环境的可持续发展,并将致力于大规模减少温室气体的排放和保护环境生态多样性,增强北极社区的长远治理能力和对气候变化的适应能力,最终实现北极地区的长期可持续发展。

一 瑞典北极战略报告的出台及其内容

瑞典是北极理事会创始会员国之一,但也是北极八国中最晚公布其北极战略文件的国家。2011 年之前,瑞典政府或政治家很少就北极和北方事务发表宣言或者讲话。其中之一是外长 Carl Bildt 在 2009 年的一个讲话,他指出哪些重要事项将会出现在瑞典的日程表上。之后,瑞典国际事务研究院

---

* 于宏源,上海国际问题研究院比较政治与公共政策研究所执行所长、研究员,主要研究方向为气候变化、环境与能源治理等。

（UI）和斯德哥尔摩国际和平研究所（SIPRI）于2011年4月在国内组织了首场会议，会议主题是北极正在遇到的挑战以及如何提升北极理事会。这是瑞典首次举办这样的会议。此外，正是瑞典担任轮值主席国时推动欧盟理事会于2009年12月通过了有关欧盟北极战略的决议。2011年时值瑞典担任北极理事会主席国，来自国内外要求政府采取行动的压力越来越大。2011年5月瑞典发布其北极战略之时正是它接过北极理事会主席国职务和公布《瑞典的北极理事会计划（2011～2013）》的那一天。

瑞典外交部部长比尔特在2009年北极理事会部长会议上的发言集中阐述了瑞典的北极政策，即主要关注北极的生态平衡和气候问题。在气候问题上，瑞典认为北极气候的变化不仅影响北冰洋和全球气候系统，同样影响沿海国依靠北极海域生存的关键经济产业，如捕鱼、运输、采矿、开发天然气等，这些行业是北极国家的经济基础。在北极生活的瑞典土著居民（萨米人）也依赖于北极海域的生态系统。瑞典不仅在国内及欧盟层面采取措施，而且还在世界范围推动各国达成共识以应对北极气候变化。

瑞典北极战略文件包括概论、介绍和三篇主要章节，附录中还有关于北极理事会、欧洲-北极理事会和北部空间（Northern Dimension）的简介。概论部分解释了为什么需要北极战略。一个原因是全球变暖，另外一个是本地人群生活的条件，在战略中瑞典明确声明针对北极、功能良好的多边合作是瑞典的首选。它提及的合作平台包括北极理事会、欧盟、北欧合作（包括北欧部长理事会）、巴伦支地区合作、联合国及其公约（例如《联合国海洋公约》）、机制（包括国际海事组织、《联合国气候变化框架协议》和《生物多样性公约》）和机构（例如联合国环保署和世界卫生组织）、北极五国以及跨国Sámi合作，特别是Sámi议会理事会。瑞典是以上论坛和组织的成员，表明有效的多边协作对于北极的重要性。瑞典长久以来都采取了与其他国际机构保持积极合作的政策，只是这一次是首次运用在现代北极合作方面。

该文件的下半部分是关于瑞典北极战略的三大优先项：它们包括"气

候和环境"、"经济发展"以及"北极地区居民及其生活状况的改善与提高"。对于每一优先项的讨论都首先提出瑞典在近期希望实现的目标。

（1）气候和环境，涵盖了气候、环境保护、生物多样性及对气候和环境变化的研究等领域。具体而言，就是致力于减少温室气体排放、确保北极气候变化及其影响在国际气候谈判中得到应有的重视、保持及维护北极生物多样性、加大在气候及环境变化对人类影响研究方面的资金投入。

（2）经济发展方面的领域及利益，包括采矿业、油气资源开采及林业；陆上交通及基础设施；海上安全与航运；空海救助；破冰服务；能源；旅游业；驯鹿牧业；教育与科研等。具体目标则是，促进北极地区经济、社会及环境的可持续发展；突出在能源、资源利用方面遵守国际法的重要性；促进瑞典在环境技术及专业知识方面的运用；以及促进瑞典在北极地区的商业利益。瑞典北极战略中的"经济发展"是最丰富和功能最多样化的，特别是它强调在北极地区的自由贸易、巴伦支地区的产业政策以及很多领域的经济利益，例如矿业、石油、林业、旅游业、交通、航运和破冰以及驯鹿养殖。特别令人意外的是，该战略强调油气产业超过矿业，而后者是瑞典的支柱产业。由此可见，经济发展是瑞典北极政策的重中之重。

（3）北极地区居民及其生活状况的改善与提高，包括北极环境变化对人类健康的影响；气候变化对人类的影响；气候变化对土著居民文化和产业的冲击；萨米人语言的消亡问题；传统知识等。瑞典致力于在北极理事会内推动萨米人公约；保护萨米人及其他土著居民的语言；促进青年人及妇女更积极地参与政治进程；利用北欧及北极合作机制促进研究与土著社群的知识转移。瑞典北极战略也强调北极地区居民及其生活状况的改善与提高。

瑞典北极战略的六大次级选项是"北极地理条件影响人类健康"、"气候变化和危险物质影响人口"、"对于本地文化和产业的影响"、"Sámi 语言的存亡"、"知识转移"以及"对于 Sámi 社群的研究"。瑞典的目标包括在北极理事会内部采取措施来强调人类空间；推动对于 Sámi 以及其他本地语言的保护；支持推动年轻人和妇女在政治进程中的参与；利用北欧和北极合作平台来推动科学、本地和其他北极社区之间的知识转移。

二 瑞典北极战略报告的特点：环保、资源和多边外交

（一）气候环境优先是瑞典北极战略的重中之重

瑞典北极战略最关注的是气候、环保、生物多样性以及气候和环境研究。在这些领域中，瑞典正致力于减少温室气体排放，确保气候变化及其影响在国际谈判中受到重视，推动北极地区生物多样性的保护和可持续利用以及持续投资，从而使瑞典在对于气候、环境和气候变化对人类影响领域的科学研究继续走在世界前列。报告中还指出，瑞典将关注和应对因气候变化、有害物质，以及在北极地区预期增加的自然资源使用所导致的对身体健康和社会的负面影响。

瑞典继续作为一个在气候与环境研究方面的领先国家，尤其重视气候变化的影响，致力于大幅度减少全球温室气体的排放和短期气候变化因素。同时，瑞典还致力于确保北极的气候变化和其全球影响在国际气候谈判中得到重视。为此，瑞典将采取一系列措施：将与其他北极国家合作，一同提出有关知识建设的提议，以及开展加强对气候变化的适应能力和恢复能力的行动；将参与公约，致力于限制船舶产生的温室气体的排放的国际努力；将致力于采用并参与碳排减公约；将致力于支持北极研究并监测脆弱的海洋环境；针对地区的可持续管理和发展，瑞典将致力于研究资源的改善与合作。

在气候环境方面最为有趣和重要的是对生物多样性的保护。瑞典积极推动消除北极附近地区汞的使用、运输和传播的国际协议，通过积极努力减少持久性具有生物累积性质的有机污染物，并且保护北极生物多样性，防止并限制由于在北极开辟新航道对环境造成的潜在的负面影响，保证环境影响评价将会在北极发挥更广泛的作用，参与以生态环境为基础的北极海洋管理和空间规划以及针对由狩猎和捕鱼及环境变化造成的物种影响的国际管理计划。

此外，由于北极水域航运的发展大大增加了石油泄漏的风险，同时由于

非事故相关的石油和化学物的泄漏、空气污染、废物和非生物的传播对环境也存在巨大的负面影响。瑞典还将致力于减少石油、化学物、垃圾、非生物和其他空气污染物的排放和扩散等。蓬勃发展的航运业也将海洋运输的安全问题摆在了不容忽视的位置,瑞典正在致力于引入一种机制来应对石油泄漏问题。

对于瑞典来说,积极地参与并继续制定有关减少船舶产生的碳排放的规定意义重大。瑞典积极支持国际海事组织的工作并尝试促进科技和操作办法来减少船舶产生的温室气体的排放。在国际海事组织,目前促进安全航行、保护北极水域环境的《极地规则》正在制定中。

(二)适度开发是瑞典北极发展战略的支撑

瑞典北极战略突出了在北极和巴伦支区域的诸多商业和经济利益。同时,瑞典北极战略还强调瑞典正致力于或者计划在北极地区提升经济、社会和环境的可持续发展,强调利用能源资源时对国际法的尊重,推动在环保技术领域使用瑞典专长以及增强瑞典在北极的商业利益。

一方面瑞典工业界在北极和巴伦支资源开发中存在重要利益。它的次级选项包括"矿业、石油和林业"、"陆地运输和基础设施"、"海洋安全和环境对于航运的影响"、"海洋和空中救援"、"破冰"、"能源"、"旅游"、"驯鹿养殖"以及"其他活动"(例如通信技术太空技术)。"教育和研究需要"是另一次级选项。瑞典资源基础包括经验、技术、系统和机器提供商。瑞典在破冰、海洋运输以及北极气候下的商业咨询也发挥了重要作用。瑞典船运公司在北极航道运输方面具有领先优势,瑞典先进的运输船只在适应极端气候方面有着先进的技术与巨大优势。瑞典能源市场也会从北极地区能源开发中获益。挪威与俄罗斯未来10~15年在巴伦支海的石油和天然气的开采将为瑞典的采矿和石油公司打开许多机会之窗。铁矿石的开采在全球经济议程中占据重要位置,这导致了瑞典采矿工业的投资水平的提高。廉价金属、铁和钛的开采项目也处于运作中。瑞典拥有世界领先的造纸和木材加工业,这也需要利用北极的森林资源。森林与渔业资源是北极最重要的可再生资源。

对于吸收就业和发展地方经济来说，打猎、捕鱼以及饲养驯鹿是瑞典北极区域的关键产业，该地区拥有整个北极世界一流的造船业和船舶测试产业。旅游业也是瑞典北极区域的重要产业，被认为有大量的增长空间。此外，瑞典在巴伦支海地区有着巨大的工业政策利益，其中包括了主要矿石、矿产、森林和鱼资产，即瑞典较强并有丰富研究技术的工业。

另一方面瑞典将从经济、社会、环境的可持续发展方面提升整个北极地区。瑞典坚持考虑到北极独特的条件、敏感的环境和野生生物，应该在资源不被耗尽的同时支撑其他工业的发展。瑞典的成长和竞争力可以通过更广泛的自由贸易和前瞻性的努力来突破北极地区的技术贸易边界。瑞典将致力于以一种在环境、经济、社会方面可持续的方式，确保未来预期对自然资源的开发（石油、天然气和其他矿产）以及可再生资源的使用（包括森林矿产）。在北极海运方面，瑞典强调对运输设备的改良是至关重要的，在北极的任何活动应都以最安全的方式和技术进行。瑞典将会高度重视在北极开采能源资源时对国际法律的尊重。

和北冰洋海岸国家相比，瑞典在该地区并没有直接的能源利益，它也没有参与到该地区的能源合作倡议中去。为应对在北极地区进行贸易的技术障碍而从中获利，瑞典仍积极表达自己的立场并做出努力。瑞典主张所有北极化石燃料必须在社会、经济和环境可持续发展的方式下开采。瑞典北极战略报告认为北极地区拥有的天然气资产可能多达世界未被发现储备的1/3，而且技术的发展已经使石油开采活动蔓延至北极大范围地区。北极油气出口促进国际天然气自由贸易发展，减少传统生产国对油气资源定价和合同的控制。瑞典坚持在北极资源开发增加长期可持续保护，特别是必须在开发时保护敏感地区，瑞典也推动把环境影响评价在北极得到更广泛适用，比如在采矿、航海和石油开采上。制定一项更周全的协议同样迫切，它需要规定对石油泄漏进行更严格的限制，并且重视与石油运输相关的风险。瑞典主张对航运交通、预防措施、关于空气和海上救助的跨地区合作监测都是北极资源开发中的重要组成部分。瑞典认为，为了保护独特的北极环境，减少石油燃料开采活动增长的负面影响和风险，需要大力推动国际合作。瑞典正在努力确保敏感地区免于遭受开发的破坏，并强调需要进行更多的环境影响评估，未来对石油的开发应当以可持续的方式进行。可持续的林业是整个北极地区的目标，瑞典还正在努力对北极的森林资源以环境可持续的方式进行开发利用。瑞典同时推动在北极地区开发绿色的、不影响气候变化的能源，包括水电、风电、太阳能和生物能源，以及提高能源效率和减少二氧化碳排放量的技术。总之，瑞典致力于以环保、经济以及有助于社会可持续发展的方式开采石油、气体和其他自然资源。

（三）突出多边合作的安全和国际组织外交

2010年俄罗斯和挪威关于巴伦支海的划界协定被认为是体现国家之间互谅精神的范例。同时，北极巨大的经济潜力和新近开发的航线也为新型的战略安全政策带来了机遇和挑战。作为气候变化的后果之一，安全问题可能变成如何在极端气候条件下进行公共危机管理的问题；安全问题还有可能变成如何适应气候变化以更好地保护人类的生命、健康以及财产的问题。在一个气候变化的世界中如何针对社区和环境的长期管理制定出合理的发展战略变得越来越重要。基于此，瑞典将其安全政策定位于"合作安全"理念，这意味着欧盟成员国和北欧国家的安全政策将会对瑞典的安全政策产生重要影响。

北极多边合作的有效运作是瑞典北极战略的首要目标，而合作机制包括：北极理事会、欧盟、北欧合作机制（如北欧部长理事会）、巴伦支地区合作机制、联合国及其有关公约（如《海洋法公约》、《气候变化框架公约》、《生物多样性公约》）和机构（国际海事组织、环境规划署及世界卫生组织）、北冰洋五国协商机制、以萨米人议员大会为代表的萨米人合作机制等。瑞典也将力争巩固北极理事会这一北极问题多边论坛的角色，加强与解决巴伦支海问题尤为相关的巴伦支海地区各种各样合作机构的角色。瑞典将为欧盟北极政策的进展做出贡献。在北欧部长理事会中，瑞典将致力于聚焦与北极有关的各项活动，这对北极理事会的发展有明显的附加价值。瑞典在北极的活动和合作项目将遵守国际法，包括联合国公约和其他的国际条约。

首先,瑞典北极合作机制的焦点是成立于1996年的北极理事会,它实际上建立在该地区内部从20世纪90年代初开始的环境合作之上。北极理事会的支撑力量是6个以环境为中心的工作小组。北极理事会是瑞典处理一些特定北极问题的主要的、多边的权力舞台。尽管它并不建立在具有法律约束力的协议之上,其运作方式类似于一般的国际组织,但是理事会主要关注与北极的环境和气候相关的研究活动,与北极问题相关的其他组织和论坛相比,北极理事会在其会员国和专业性方面具有明显的优势。如果理事会将重要的战略性议题如合作安全、基础设施和社会及经济发展等纳入讨论议程,以更多具体的项目以及明晰的政治措施补充理事会既有的工作,它将会变得更具活力。加拿大、丹麦、挪威、俄罗斯和美国是北冰洋沿岸的五个国家,它们已经把确定大陆架界限作为当前开展北极事务的重点。瑞典对北冰洋没有任何领土要求,但是强调沿岸国家大陆架的确定要遵守《联合国海洋法公约》。一个有效的北极理事会可能减少沿岸国家在北冰洋五国内部取得协调一致的必要,北极理事会的作用应该得到加强。对于有合法利益的芬兰和瑞典来说,参与决策过程并在北极理事会拥有一席之地很有必要。

其次,瑞典将会积极促进欧盟北极政策的进展。1995年1月1日,欧盟接纳瑞典、芬兰和奥地利,其成员增加到15国。欧盟是世界上最大的援助方,其官方发展援助的拨款占到全球发展援助总额的2/3。而瑞典则是欧盟中对外援助额最高的国家之一。最近的统计数据表明,瑞典对外援助额占其国民总收入的0.81%。欧盟的聚合政策既覆盖了瑞典,也包括了挪威和芬兰地区。此外,这些地区还可以在框架内与俄罗斯共同合作。北斯堪的纳维亚也可在框架内与冰岛和格陵兰岛合作。在2009年12月,在瑞典作为欧盟主席国期间,欧洲各国的外交部部长支持欧盟在北极问题上的渐进政策。部长们还表示支持欧盟理事会对于该项政策的既定目标:保护并维持北极的人口承载力;促进资源的可持续利用;致力于北极的多边治理。瑞典支持欧盟理事会对北极理事会的永久观察员的申请。

再次,联合国多种多样的活动和它为数众多的分支机构为讨论北极地区事务提供了重要的舞台,瑞典在其中发挥了积极的作用。在联合国及其专门机构主导下制定的重要的国际条约包括《联合国海洋法公约》、《联合国气候变化框架公约》、《生物多样性公约》和《联合国土著人民权利宣言》(United Nations Declaration on the Rights of Indigenous Peoples)。除上文提到的国际海事组织之外,联合国开发计划署和联合国环境规划署也与北极问题有关。

此外,在北欧部长理事会中,瑞典将致力于聚焦与北极有关的各项活动,这对北极理事会的发展有明显的附加价值。在北欧部长理事会中,瑞典将致力于提出能够增加北极关注度的议案。同时瑞典应该尽一切可能在巴伦支-北极理事会和北极理事会,以及多种多样的欧洲合作项目之间寻求合作和相互协调的优势。瑞典在巴伦支海合作上也会意图实现其北极政策的相关部分。

三 结语

瑞典作为北极理事会主席国(2011~2013年)提出的计划强调的领域是"气候和环境"以及"北极地区居民及其生活状况的改善与提高"。瑞典北极战略优先考虑能够推动北极环境可持续发展的事务,包括"环境和气候"、"人"以及"一个强有力的北极理事会"。瑞典的北极战略只包括三大优先项,是北极国家北极政策中目标最为集中的北极战略。特别需要指出的是,气候变化对于极地地区有着很深远的影响,从其直接影响看,气候变化对海冰、冰川和极地野生动物的影响已经凸显,从其后续影响看,气候变化带来的海冰减少乃至消失,不仅使得开辟通过西北航道和北海航线商业海运的前景大增,而且使得极地地区的矿藏资源更加容易被开采。尽管各利益相关方的争夺日益加剧,但是瑞典对北极资源开发有自己的理解和战略,即站在全球环境治理的角度推动北极资源可持续发展。瑞典认为北极开发实际上是由高层次的国际合作和商业竞争构成的,而非地缘政治冲突问题,国际法提供了处理资源问题的原则和基础。瑞典也从经济相互依存角度看待北极资源开发，认为北极地区能源开采将影响到欧洲能源市场的价格以及能源供应安全。总而言之，瑞典的北极战略囊括了大多数现代政治战略的特色，特别注意在每一优先项下设立务实目标。该政策可以说是对目前北极地区出现的重大、多功能变化的反应，同样也是为了应对与日俱增的北极利益和来自其他北极国家和非北极国家的压力。

冰岛北极战略分析

邓贝西 张 侠*

一 冰岛政治经济概况

冰岛（Iceland），位于北大西洋与北冰洋的交汇处，国土面积10.3万平方千米，人口约32万，为欧洲人口密度最小的国家。冰岛地处大西洋洋中脊，亚欧板块与美洲板块的交接处，地质条件复杂，火山、地震等地质活动频繁。冰岛虽地处北极圈边缘，但有墨西哥湾暖流流经南、西、北三面，故气候温润，苔原广布，附近海域利于浮游生物生长，适合发展渔业与畜牧业。

冰岛在历史文化上与其他北欧斯堪的纳维亚国家有着深厚的渊源，大多数冰岛人是公元9～10世纪斯堪的纳维亚人与凯尔特人移民的后裔，如今的冰岛语也与挪威西部方言极为接近。冰岛曾在公元930年建立了世界上最早的议会（Althing），在冰岛联邦（Commonwealth）维持了300多年的独立后，曾先后沦为挪威与丹麦的殖民地或附属国，直至1944年冰岛共和国建立。战后的冰岛成为率先接受"马歇尔援助计划"的欧洲国家，顺理成章地加入欧洲经济合作组织（OEEC），即经济合作与发展组织（OECD）的前身。随着冷战阵营对峙的加剧，冰岛保持"中立性"的立场有所动摇，于1949年加入北约，允许美国在凯夫拉维克设立军事基地，同时决定不再配设常备军队。

---

* 邓贝西，中国极地研究中心极地战略研究室助理研究员，中国-北欧北极研究中心执行秘书；张侠，中国极地研究中心极地战略研究室主任，主要研究方向为极地战略。

战后几十年来，渔业一直是冰岛的支柱产业，并因这一资源与周边国家发生过数次冲突，其中包括与英国著名的"鳕鱼战争"①（Cod War）。1994年冰岛加入欧洲经济区（European Economic Area），该协议倡导物资、人员、服务与资金的自由流动以及经济多元化。伴随着第二、第三产业投资的增加，冰岛逐渐从一个极度依赖渔农业的单一经济体转变为以金融、能源、冶金、医药、电脑软件、旅游业为新兴支柱产业的多元经济体。然而好景不长，由于对银行业的低管制与缺乏强有力的实体经济做支撑，当2008年全球金融危机对冰岛产生多米诺效应时，政府无力救市，最终导致国家信用破产，引发一系列政治经济动荡。

在冰岛对外关系方面，冰岛认为自身安全和经济利益与美欧大陆紧密相连，因此冰美、冰欧关系构成冰岛对外关系的两个重要组成部分。冰岛视美国领导下的北约为其安全与外交政策的基础，希望继续保持双边及在北约内部的安全与防务合作，但近年，双方就美军是否继续在冰岛基地驻军的问题上产生分歧，谈判陷入僵局。欧盟则是冰岛最大的贸易伙伴，尽管冰岛已经加入欧洲经济区及申根协议，但由于担心欧盟的共同农业、渔业及能源政策有损冰岛的主权利益，直至2009年7月，后金融危机时代的冰岛出于强化货币政策与解决国家债务的考虑，向欧盟提出正式入盟申请。但是近期的政府更迭与民意摇摆动摇着冰岛的入盟意愿，2013年7月，冰岛正式宣布暂停入盟谈判，冰岛加入欧盟的前景不甚明朗。除此之外，冰岛与北欧国家保持着传统密切关系，主张强化北欧的内部合作，加强北欧国家在欧洲事务、对俄关系，以及在环境保护、渔业资源、能源开发等领域的政策协调。

21世纪以来，随着气候变化、资源开发与利用、大陆架划界申请、新航道开辟等诸多热点问题的浮现，北极地区在国际事务上的重要性与日俱增。作为北极国家与北极理事会成员国之一，冰岛地缘政治的立场以其经济对北极资源的依赖程度决定了其要发展成为在北极事务上具有影响力的国

---

① 为了保护冰岛海域的渔业资源，冰岛曾于1958年、1971年和1974年将领海，即禁渔界限扩大到12海里、50海里和200海里，但遭到英国的强烈抵制，双方多次爆发海上冲突。随着欧洲共同体1976年公开宣布欧洲各国海洋专属经济区界限定在200海里，英国才最终妥协。

家,维护自身经济、资源、环境与安全利益,并与其他国家、国际组织、公民社会等利益相关者,开展更为密切的合作。

冰岛在北极的利益关切主要体现在:一,通过开展双多边外交和参与北极(次)区域性合作机制,确保冰岛在北极地区的实质存在;二,避免单一国家或利益集团对北极及北冰洋资源进行垄断,尤其是近年来,以环北极五国为代表的区域内部新的利益集团与地缘政治组合的形成及其排他性倾向,在冰岛看来,将会对其参与北极事务设置重重阻碍,也会削弱北极理事会作为区域治理机制的整体性与权威性,因此冰岛对与域外国家的合作持相对积极的态度。下文将通过分析冰岛北极政策形成的历史脉络与冰岛北极政策的主要报告解读,以及冰岛现阶段北极政策的主要特征、目标和手段,对冰岛北极政策做一个全面的阐述。最后,结合中国与冰岛在双边领域和北极事务上合作现状,提出未来中冰北极合作的政策建议。

二 冰岛北极政策与战略形成的历史脉络

在北极区域界定的问题上,若以地理上的北极圈作为分界线,冰岛的主岛则全部位于北极圈以南,因此冰岛认为北极地区的定义不应狭义地以北极圈为界,而应寻求一个结合环境、政治、经济及安全关切,且与地理学上北极地区概念尽可能接近的新的定义。北极理事会下辖的"北极监测与评估项目"(Arctic Monitoring and Assessment Programme, AMAP)结合多学科考虑,提供了一个北极地区的界定范围。它将北极地区的边界设置在北纬60°与北极圈之间,同时作了一些具体的调整[①],其中包括:在东北大西洋,沿北纬62°设南部边界,将冰岛与法罗群岛包含其中。地理学与地缘政治相结合的方法界定北极区域界线,更有效地体现出环北极国家的北极政治、经济、安全等利益关切,对于地处北大西洋与北极外围的冰岛尤为如此,例如:"北约"框架下的美-冰防务合作,冰岛与挪威、丹麦、加拿大的区域安全合作,

---

① 陆俊元:《北极地缘政治与中国应对》,时事出版社,2010,第5~6页。

北极理事会框架下冰岛与其他北极国家的合作,通过参与"北方区域规划"(North Dimension)与欧盟预备接纳援助机制(Instruments for Pre-accession Assistance)开展与欧盟的合作,以及通过巴伦支欧洲-北极理事会(BEAC: Barents Euro-Arctic Council)、北欧部长理事会(NCM: Nordic Council of Ministers)、北方论坛(Northern Forum)、波罗的海国家理事会(Council of the Baltic Sea States)等次区域性国际组织机构保持与北极各利益攸关方的合作。

冰岛对北极的关注始自2005年冰岛外交部发布的关于"航运业与北极的未来"的政策研究报告①。该报告从航运历史、气候条件、经济收益、港口基建、环境影响等方面阐述了北冰洋航线的现状与未来商业运行的可行性,展望冰岛未来建设成为北冰洋航线的中转港口,发展航运、港口经济促进产业多元化。报告建议,冰岛环境部应牵头开展环境立法工作,加强应对以原油泄漏为代表的突发性环境事件的应急预案,与建设应对以港口污水为例的持续性环境问题的长效机制。2007年3月,冰岛外交部与北极理事会"北极海运评估"(Arctic Marine Shipping Assessment)工作小组在冰岛阿库雷里召开"北极发展与海洋运输——跨北极航线的前景与机遇"②主题会议,就三个议题展开讨论:海冰监测与未来研究展望;海洋应急事件的预防与反应;跨北极航线通航的可行性。由此可见,在北极气候变暖与海冰融化的背景下,冰岛在出台全面的北极政策之前,将战略目光主要投射在北极的经济利益上,发展以冰岛为枢纽的跨北大西洋、跨北冰洋的航运业,以及由此衍生的经济产业;同时加强应对突发环境事件的能力建设,避免及缓解海洋污染对冰岛海洋生态系统与渔业资源的危害。

2009年2月,北欧外长齐聚奥斯陆,就"北欧外交与安全政策合作"③

---

① North Meets North, Navigation and the Future of the Arctic, http://www.mfa.is/media/Utgafa/North_ MeetsNorth_ netutg. pdf.
② Arctic Development and Maritime Transportation, Prospects of the Transarctic Route – Impact and Opportunities, Akureyri, March 27 – 28, 2007 at Hotel KEA.
③ Nordic Cooperation on Foreign and Security Policy, Proposals Presented to the Extraordinary Meeting of Nordic Foreign Ministers in Oslo on 9 February 2009, http://www.mfa.is/media/Frettatilkynning/Nordic_ report. pdf.

(Nordic Cooperation on Foreign and Security Policy)的议题展开磋商，通过了一项包含13条建议的提案，其中第六条建议敦促北欧国家就北极事务展开更为务实的合作，主要措施包括以下几方面。

①建设北欧海洋监测系统、北欧卫星系统与北欧合作空中监察；

②成立具备破冰技术与专业搜救能力的北欧海上反应部队（Nordic Maritime Response Force）；

③成立北欧两栖部队（Nordic Amphibious Unit），提高在北极环境下的作业能力；

④在北极理事会的平台上加强与加拿大、美国、俄罗斯在北冰洋海域海空搜救能力建设上的合作。

从某种意义上讲，在美冰关于北约冰岛驻军去留问题上的谈判陷入僵局的情况下，强化北欧国家统一的外交与安全防务政策符合冰岛的现实需求与利益，以应对海域突发事件与潜在的军事威胁。值得注意的是，北欧共同安全防务政策的提议由挪威牵头，以回应俄罗斯2007年"插旗事件"与2008年提出的"将北极变成21世纪能源基地"的国家战略，然而作为中立国的瑞典与芬兰的参与意愿是否足够强烈，对冰岛而言北欧安全合作能否代替现有的北约共同防务机制，北欧安全合作范围是否将会涵盖波罗的海并朝着"欧洲北方国家安全防务联盟"的制度化的趋势发展？这些问题值得思考。

同年，冰岛外交部发布了冰岛语的《冰岛与北极》政策报告[①]（Island in the Arctic）。该报告全面地分析了冰岛在北极的多边合作、安全、环境与自然资源、航运与交通、原住民与文化、科学与专业知识等利益关切，主要内容如下。

1. 多边合作

开展与北欧邻国的合作是冰岛外交政策的重心，也符合冰岛参与北极事务的近期与长远利益；

北极理事会是北极国家以及原住民团体，在讨论北极可持续发展的议题

---

① Ísland á norðurslóðum, www. mfa. is/media/Frettatilkynning/Nordic_ report. pdf.

上最为重要的平台与磋商机制;

巴伦支地区理事会,覆盖北欧及俄罗斯西北部人口稠密地区,是一个非常重要的地区间合作机制。

2. 安全

冷战结束以来,北极地区的安全态势得以保持,区域各国在国际条约与规则的基础上达成共识,通力合作,积极应对可能的突发事件,维护地区的安全与稳定;

冰岛应密切监测冰岛海域可能发生的油气泄漏事件,确保海洋生态系统免受破坏;

冰岛敦促国际海事组织(IMO)设立冰封海域或海冰覆盖海域航行的强制性安全准则,降低环境事故的风险;

冰岛希望加强与其他国家在应对环境事件上的合作,并针对北冰洋及北大西洋海域日益渐增的航运与资源开发活动,探讨在冰岛建立国际监测与反应中心的可行性。

3. 环境与自然资源

冰岛应重点关注北极地区脆弱的生态系统的保护;

北极资源的开发利用应致力于提高当地居民及原住民社团的生活水准,避免损害地区的可持续发展;

冰岛应积极适应气候变化对北极地区所带来的影响,探索海底资源利用、新航道开辟等经济活动的可能性;

冰岛应与海域邻国通过协议的方式确定渔业捕捞份额,并有可能的话,建立区域渔业管理机制,促进渔业的可持续发展;

冰岛东北部的 Dreki 海域蕴藏着巨大的油气储备,冰岛需研究冰岛近海及格陵兰东北海域油气勘探事宜;

出于对能源利用的长远考虑,冰岛应将能源发展的重心放在可再生能源上。

4. 航运与交通

随着海冰融化与航海新技术的发展,未来几年,连接北大西洋与太平洋的北极新航线的通航成为可能;

冰岛独特的地理与战略位置使其具备成为欧美至亚洲海运中转港口的资质，冰岛政府应持续关注并推动冰岛航运业的发展，冰岛凯夫拉维克机场同样可以成为连接欧美与亚太地区的中转空港。

5. 原住民与文化

北极原住民社团有着独特的文化传承，冰岛应倡导在全球化时代下发展并丰富北极原住民的文化认同；

冰岛希望与拥有共同文化认同的周边国家，尤其是格陵兰与法罗群岛开展合作，推动可持续性旅游业的发展。

6. 科学与专业知识

冰岛应加强北极科研领域的国际合作，应对气候变化对北极所带来的环境与社会影响；

在冰岛的积极推动下，建立了以共享北极信息，支持国际科研、观测、教育等领域合作为宗旨的北极之门（Arctic Portal）门户网站；

冰岛外交部与阿库雷里大学签订协议建立研究机构，为冰岛的北极政策制订提供技术支持。

综上，冰岛北极政策的制定具有较强的专业性与操作性，主张在北极地区资源利用与社会经济发展的问题上坚持可持续的原则，通过开展全球性或区域性的国际合作保护北极海域脆弱的生态系统与冰岛的渔业资源；在区域治理的问题上，主张强化北极理事会的作用，使之成为北极事务的首要磋商平台与合作论坛。但是，该报告对冰岛北极政策的阐述略显笼统，缺乏根据针对冰岛地缘政治的特性提出具有差异化的政策安排。直至2011年，冰岛议会通过了一项包含12条原则的冰岛北极政策决议[1]（A Parliamentary Resolution on Iceland's Arctic Policy），其核心意在"维护与确保在涉及北极气候变化、环境、资源开发、航运、社会发展以及与其他北极国家或利益攸关者合作等事务上冰岛的政治、经济与战略利益"。这些利益关切也在12

---

[1] A Parliamentary Resolution on Iceland's Arctic Policy (Approved by Althingi at the 139th Legislative Session, March 28, 2011), http://www.mfa.is/media/nordurlandaskrifstofa/A-Parliamentary-Resolution-on-ICE-Arctic-Policy-approved-by-Althingi.pdf.

条原则中得以展现。

在这项决议中,冰岛特别提到要将自身定义为"北极沿岸国家"(Arctic Costal State),避免北极理事会内部出现排他性利益集团的分化,如环北冰洋五国集团(Arctic 5),巩固北极理事会作为北极事务上最重要的合作磋商论坛的地位。另外一个转变是冰岛北极政策存在政治经济重心向西北欧转移的倾向,希望借助西北欧理事会加速与格陵兰、法罗群岛政治经济一体化的进程。尤其伴随着北极气候变暖,北大西洋西部海域及近海油气与矿产资源开发成为可能,同时可供捕捞的鱼群也逐年向北迁徙,如果能形成类似联合国气候变化谈判中的"岛国联盟"的利益集团,无疑能为冰岛与希望拥有独立话语权的格陵兰、法罗群岛增加在北极事务上的谈判筹码。另外冰岛有望取代丹麦成为格陵兰的贸易中转港口,并为将来待北极航道规模化运行后冰岛发展欧美-亚洲新航路的转口贸易提供铺垫。

冰岛议会的北极政策决议及其十二条原则构成现阶段冰岛北极政策的基石,也是冰岛外交部未来出台冰岛北极政策文件的主要决策依据。下文将从冰岛开展的北极国际合作与国内政策两方面展开,探讨现阶段冰岛北极政策的主要特征、目标与手段。

三 冰岛北极政策的主要特征、目标和手段

冰岛现阶段北极政策制订的基础是基于冰岛为"北极沿岸国家"(Arctic Coastal State)的前提。作为身处北极圈的岛国,冰岛对北极海域的资源与脆弱的生态系统的依赖程度比其他北极国家更甚,例如,作为冰岛传统支柱产业的渔业占冰岛出口总额的比重超过30%,冰岛全国发电量的99.5%来源于以潮汐发电为主的可再生能源。因此,冰岛希望确立并被承认北极沿岸国家的政治地位,参与国际层面的与经济、生态、制度安排相关的北极政策制定,但同时,北极理事会作为在北极问题上最重要的国际合作平台,其功能应得到进一步强化。

（一）国际合作

1. 北极全球层面的治理机制

（1）北极争端解决的法律框架

冰岛①认为，需确保《联合国海洋法公约》作为北极地区解决基于管辖权与主权权力所可能引发的争端的主要法律基础。《联合国海洋法公约》为海洋权益争端的解决提供了一个法律框架，涵盖了包括国家主权权力、海上航行、海洋划界、油气及大陆架自然资源的开发与利用、渔业、海洋环境与生物资源保护等海洋法所能涉及的领域。基于北极独特的地理、环境与历史，《联合国海洋法公约》不可能对北极的法律地位、环境保护、科学考察、资源开发等方面的制度做出专门规定，但并不妨碍《联合国海洋法公约》作为"北极海洋基本法"与北极争端解决的法律基础。

2009年4月29日，由冰岛外交部牵头的国家大陆架界限委员会（National Commission on the Limits of the Continental Shelf）向"联合国大陆架界限委员会"提交冰岛（外部）大陆架划界的部分申请（partial submission）②，主要涉及雷克雅内斯海岭（Reykjanes Ridge）和可能与丹属法罗群岛、挪威产生重合区域的Ægir海盆。与此同时，冰岛密切关注挪威、丹麦、俄罗斯、加拿大等北极国家大陆架划界申请的进展。

（2）全球层面的针对北极特定领域的制度安排

冰岛认为，在涉及冰岛北极权益的特定领域，期望与相关国际组织、北极域内及域外的利益攸关方展开合作，参与全球层面的针对北极特定领域的协议和制度安排。例如，适用于北极海域的国际海事组织（IMO）有关船舶

---

① 冰岛于1985年6月21日签署《联合国海洋法公约》，于1994年11月16日生效。
② The Icelandic Continental Shelf, Executive Summary of Partial Submission to the Commission on the Limits of the Continental Shelf Pursuant to Article 76, Paragraph 8 of the United Nations Convention on the Law of the Sea in respect of the Ægir Basin Area and Reykjanes Ridge, http：//www. un. org/depts/los/clcs_ new/submissions_ files/isl27_ 09/isl2009executivesummary. pdf.

航行和海洋环境污染防治的一系列国际公约，适用于北极区域渔业管理制度的《联合国鱼类种群协定》（UN Fish Stock Agreement），以及涉及其他北极治理问题的《联合国气候变化框架公约》、《关于持久性有机污染物的斯德哥尔摩公约》等协议。

2. 北极区域性治理机制

冰岛认为北极理事会，作为在北极问题上最重要的国际合作平台的作用应得到进一步强化。北极理事会自1996年成立以来，关注的热点议题始终如一，即北极地区环境保护与可持续发展，涵盖了气候变化、航运与海洋环境、海空搜救、污染物防治与生物多样性保护等诸多领域。随着近年来北极气候变化的不断加剧、新航道的开辟，以及可预期的北极资源开发与利用，北极理事会在北极事务中所发挥的话语权有望得到提升。在北极理事会现有的六个工作小组中，冰岛担任"北极海洋环境保护"（PAME – Protection of Arctic Marine Environment）工作小组协调主席国的角色，牵头常规海洋污染防治的政策制定，这也凸显了作为北极地区岛国，北极海洋环境是冰岛持续关注的重点议题。

此外，冰岛积极响应并推动北极理事会达成并签署在特定领域具有法律约束力的协定。除了已于2011年签署的《北极地区海空搜救协定》（Agreement on Cooperation on Aeronautical and Maritime Search and Rescue Agreement），在2013年5月北极理事会基律纳（Kiruna）会议上达成了第二个具有法律约束力的协定，即《北极海洋石油污染应急合作协议》（Agreement on Cooperation on Marine Oil Pollution Preparedness and Response in the Arctic）。北极理事会从没有法律约束性的政府间协商论坛向具有机制化和法律化的决策型区域组织转变的倾向，冰岛持欢迎态度，并希望类似上述具有法律效益的协议能够拓展到更广泛的领域。毕竟对冰岛来说，最为重要的是避免北极理事会出现排他性利益集团的分化，导致北极理事会在北极事务中地位的削弱。针对环北冰洋五国分别在2008年格陵兰伊卢利萨特和2010年加拿大切尔西召开的北极峰会（Arctic Summit），冰岛政府对此类绕开其他北极理事会成员国、北极原住民社团等北极利益攸关方展开小范围政治磋商的行为，公开表示抗议。

作为非公认的北冰洋沿岸国，冰岛在北极事务中不具备如环北冰洋五国的地缘政治优势，因而北极理事会成为冰岛在北极事务上发出声音和发挥作用的最佳平台和首要选择。

3. 北极次区域合作

基于地理毗邻性、历史文化的关联性与社会经济的相似性，冰岛期望在西北欧理事会①（West Nordic Council）的框架下深化与格陵兰、法罗群岛两国的合作，促进三方在北大西洋海域的集体利益，合作领域涉及：商贸、能源、资源开发、环境保护与旅游业。2005 年 8 月，在西北欧理事会的框架下，冰岛与法罗群岛签署了一份自由贸易协定，涵盖了除渔业之外的几乎所有贸易与交流领域。

在与格陵兰合作的问题上，冰岛期望尝试在经过可行性论证与政治磋商后将《冰岛-法罗群岛自由贸易协定》的范围延伸到格陵兰。另外，出于环境关切的考虑，冰岛希望未来能够为与之毗邻的格陵兰东北部陆地及海域的油气及矿物资源的勘探与开采活动提供专业的技术咨询服务。然而冰岛目前仅有一家 2012 年成立的私营企业——冰岛石油②（Iceland Petroleum）从事冰岛大陆架油气资源开发，且资历尚浅，在与国际能源巨头竞标格陵兰勘探许可证方面无优势可言，冰岛通过何种渠道与方式参与格陵兰油气资源开发尚不得而知。

（二）国内政策

1. 冰岛的北极安全观

冰岛认为，北极地区需加强普遍安全的措施与非军事化的进程，冰岛已

---

① 西北欧理事会成立于 1985 年，原名为西北欧议会合作理事会（West Nordic Parliamentary Council of Cooperation），1997 年更为现名，并批准了现有理事会章程。格陵兰、冰岛、法罗群岛议会各遴选 6 位代表列席理事会。在这 18 位代表中，各国议会另指派一位代表组成三人主席团（Presidium），负责理事会的日常运作。

② 详细情况请访问公司官网，http：//www.icelandpetroleum.com/。

与丹麦、挪威、加拿大等国签署了在特定传统安全领域的双边防务协议。同时，冰岛也有意愿与其他北极国家在海空监测、突发环境事件的应对、近海油气资源开发与海上航运相关的海上事故处理等非传统安全领域加强安全合作。在未来双边协议的签署上，冰岛希望将合作领域拓展到与海上航运与近海油气开发等相关领域的普遍污染防治。

在冰岛-北约北极安全与防务合作的问题上，随着北约驻军2006年9月起逐渐从凯夫拉维克空军基地撤军，冰岛尝试寻求与北约在非传统安全领域通过非军事化的途径开展合作的新模式。2009年1月在冰岛首都雷克雅未克召开了"高北地区的安全前景"（Security Prospects in the High North）研讨会，双方表达了通过开展情报搜集与监测，加强北极海域海空搜救与污染防治能力建设的意愿。冰岛重申：北约在北极的存在并非促使北极军事化，而意在维护地区稳定，这也解释了大部分北极国家，包括联盟外的瑞典与芬兰，选择与北约开展在搜救活动、海岸警卫队能力建设等方面的合作。

2. 经贸发展

不断变化中的北极为冰岛民众创造了多元的就业机会，尤其在油气开发、航运、渔业、可再生能源等领域前景广阔。冰岛所积累的专业知识、技术与经验有助于其适应北极快速多变的社会环境，尤其是经历了金融危机的重创，冰岛将经济发展的重心投射到与地缘和资源相关的实体经济与服务业，尤其是利用冰岛地处北美与欧洲大陆中间的区位优势以及北极的资源优势，发展建设成为北极航道（包括东北航道、西北航道、北冰洋中心航线，以及连接加拿大与俄罗斯的"北极海桥"Arctic Sea Bridge等四个潜在商业航道）集海运、中转、仓储、信息服务为一体的物流中心，同时积极参与有关航运的国际规范或双多边国际协议的制定，加强航运安全的能力建设，以及配套相关航运服务产业链（金融、引航、拖轮、理货、补给等）。据冰岛外交部表示，已有新加坡、迪拜、欧洲等港口企业对冰岛未来航运业的发展表示了兴趣。除此之外，冰岛积极牵头的西北欧经济一体化的进程，探讨将格陵兰纳入《冰岛-法罗群岛自由贸易协定》的可行性，深化三方在渔业、油气与矿产资源开发、可再生能源、环境保护、旅游业等多领域的合作。

3. 北极原住民权益

如今北极地区居住着40多个文化、语言传统迥异的原住民族，总人口至少达到37.5万。目前在北极理事会中，六个有资格代表北极地区原住民的组织作为永久参与方参与理事会的各项工作，使得原住民的利益诉求在北极理事会的决策过程中得到一定程度的考虑。然而北极理事会内部的区域大国有意试图将北极原住民社团边缘化，并排除在北极事务的决议之外，这在格陵兰伊卢利萨特与加拿大切尔西环北冰洋五国会议上体现得尤为明显。冰岛倡导北极原住民在北极事务上的特有权利，尤其当涉及与原住民政治、经济、社会、文化、环境等利益时，需尊重原住民的传统文化习惯，充分考虑并保障他们的正当权益。

4. 科考与软实力建设

作为北极国家，冰岛应促进有关北极地区的教育与研究工作，涵盖尽可能广泛的领域，如气候变化、海洋生物学、冰川研究、国际政治和法律、非传统安全、油气资源开发、历史与文化、经济和社会发展、性别平等、医疗卫生与北极航运。冰岛应鼓励更多的冰籍学者与研究机构参与北极科学领域的国际合作，如北极理事会下辖的国际北极科学委员会（IASC）工作小组，同时积极开展与他国研究机构、国际组织（尤其是欧盟）在北极科研与教育领域的合作。目前，冰岛阿库雷里大学（University of Akureyri）正在筹备一个北极国际研究中心，除此之外六所冰岛的大学也加入了北极大学（UArctic）的合作框架。冰岛有意将自身打造成为"北冰洋知识中心"，通过召开有关北极的学术研讨会或国际论坛，加强冰岛北极软实力的建设。例如，冰岛牵头的"北极圈（Arctic Circle）国际论坛"已召开两届，成功吸引了1200多位来自40余个国家或组织的政界、商界、学术界、原住民社团、非政府组织与媒体代表就北极热点话题展开对话，营造了一定的国际影响力。

概而言之，冰岛的北极政策既是内政，亦是外交，其国民经济依赖于北极海域的渔业、油气、潮汐等自然资源，但也离不开在海洋环境保护、突发环境事件应对等领域的国际或区域层面的合作。相比于冰岛传统外交侧重于与美国的安全防务合作和与欧洲大陆的经贸关系,冰岛的北极政策则凸显了高度的灵活性、独立性与务实性,因为在未来北极才是冰岛内政外交的重中之重。尽管冰岛在北极的政治舞台上被视为"小国",且北极域内大国不承认其"北极沿岸国家"的政治地位并逐渐使其边缘化,但并不妨碍冰岛通过与在北极有利益关切的域外国家或国际组织(如中国、日本、欧盟)开展合作使部分北极议题国际化,通过与北欧国家和原住民社团的合作强化北极理事会作为北极最为重要的多边协商机制的作用,通过与格陵兰、法罗群岛的北极次区域合作,促进西北欧(West Nordic)政治经济一体化进程,在日后北极事务的磋商中形成"岛国联盟",增加谈判筹码,并试图打破北极域内大国对北极政治话语权的垄断,使冰岛成为在北极事务上不容小觑的行为体。

四 中冰北极合作的政治背景、路径与展望

中国与冰岛于1971年12月8日正式建立外交关系。中冰建交42年来,双方坚持相互尊重、平等互利,两国关系取得长足进展,人文交流、科技合作取得丰硕成果,政治互信水平得到提高。尤其是近年来,高层互访频率加深,在经贸、海洋与极地外交等领域的务实合作成果显著。中国与冰岛在北极事务上的合作有着双重的政治背景。

一方面,北极国家出于自身不同利益的考虑存在不同的战略选择:部分大国在北极事务中占有主导性地位,为实现自身北极利益的最大化而试图在北极国家内部形成一个具有垄断性与排他性的利益集团(如环北冰洋五国集团),并为域外行为体参与北极事务设置重重阻碍。而中小国家,尤其是被环北极五国边缘化的冰岛、芬兰等北欧国家,则希望借助域外国家的力量平衡与域内大国的关系,对与域外国家的合作呈相对积极的态度。例如芬兰北极政策的一个重要支柱就是使芬兰倡导的"北方区域规划"成为欧盟对外关系中北极政策的一个核心工具。尽管冰岛现阶段的北极政策文件中并没

有明确表达对域外行为体参与北极事务的态度，但对冰岛而言，最重要的是避免北极国家内部出现排他性利益集团的分化而导致北极理事会在北极事务中地位的削弱，同时在冰岛关切的海洋环境污染治理、船舶航行安全以及渔业资源管理等问题上强调全球层面的制度安排。因此与域外国家开展北极治理层面的国际合作符合冰岛的现实利益。

另一方面，随着北极航运、资源开发、环境保护等跨区域问题的涌现，北极域外国家不可能永远只做北极航道的使用者或北极能源的消费者。近年来，非北极国家或集团，如中国、印度、日本、韩国、欧盟等，积极呼吁北极治理问题的国际化，并要求参与实质性的北极事务决策。显然，美国、加拿大等北极大国不会轻易与域外国家分享北极治理的主导权和北极事务的决策权。那么北极域外行为体参与北极事务的突破口就在于那些试图借助外部力量获得北极政治更大话语权的中小国家与原住民社团。例如，欧盟委员会2012年发布的《发展中的欧盟北极政策》的文件指出，欧盟应以冰岛、格陵兰以及北极原住民社团为切入点开展双边外交。这种务实的战略定位与中国的战略选择是不谋而合的。

另外值得注意的是中冰经贸关系的深化为中冰在海洋与极地领域的政治合作创造了契机。2008年以来受金融危机重创的冰岛亟须外部资本的投入助其经济复苏，而中国给予了极大的支援。2010年来华参加夏季达沃斯论坛的冰岛总统格里姆松也坦言："冰岛遭受金融危机的冲击后，得到的最大帮助不是来自欧洲，也不是来自其他西方国家，而是来自中国。"[1] 而2013年在冰岛入盟谈判陷入僵局，欧盟预备接纳援助机制不能到位的情况下，冰岛与中国签署了自由贸易协定，根据协定，中国对从冰岛进口的7830个税号产品实施零关税[2]，涵盖了包括渔业，以地热、潮汐为主的可再生能源，以及高新技术等冰岛经济的支柱产业，这些以出口为导向的生产与服务的实

---

[1] 《格里姆松：冰岛金融危机后得到的最大帮助来自中国》，新华网，http：//news. xinhuanet. com/fortune/2010-09/15/c_ 12552884. htm，访问日期：2014年11月3日。

[2] 《中冰签署自贸协议 撬动中欧经济合作》，《解放日报》，http：//newspaper. jfdaily. com/jfrb/html/2013-04/17/content_ 1008702. htm，访问日期：2014年11月3日。

体产业正是带动冰岛经济复苏强有力的驱动力。中国与冰岛在政治领域合作的不断深化反映了当前中国外交以经济合作带动政治合作的基本思路和主要特征。

现阶段中冰的北极合作体现在以科考代表的低政治层面的合作。2012年4月，温家宝总理访冰期间，国家海洋局与冰岛外交部签署《海洋与极地科技合作谅解备忘录》。《备忘录》确定："两国将进一步加强在海洋政策和立法、海洋监测、预报和研究、气候变化对环境的影响、海洋环境保护、海洋和极地科技研究，以及北极考察、科研船只在连接北太平洋和北大西洋的新航线航行的相关研究等领域的合作。通过联合举办学术研讨会、互派科学家访问交流、开展教育培训等方式，共建合作平台，交流海洋和极地科技领域最新成果，推动两国海洋与极地工作的发展。"[1] 同年8月，中国北极科学考察队队员乘"雪龙"船首次穿越东北航线访问冰岛，并受到冰岛总统的热烈欢迎，成为"海洋外交"的典范。

2013年10月，根据中国极地研究中心与冰岛研究中心签署的《中冰联合极光观测台框架协议》，占地约2370亩的中冰联合极光观测台的建站工作在冰岛第二大城市阿库雷里启动。建立永久性极光观测台对于推进我国空间科学研究、保障航天工程和人类太空活动安全具有重要意义[2]，这是我国继位于斯瓦尔巴德群岛的黄河站后第二个北极陆基考察站，是对我国"雪龙"船从事船基科考的有力补充，也是对我国北极科考在陆地、岛屿等薄弱环节的有力加强。这种在北极国家通过土地租赁，共同管理的建站方式具有高度的创新性、前瞻性和可复制性，以及推广到其他自然科学领域的可行性，比如在格陵兰建立冰川与海冰联合观测站，为我国气候变化、海冰变化、北极航运等课题研究提供有力的战略支撑，达到我国北极科考科学目标与战略目

---

[1] 《国家海洋局局长刘赐贵随温家宝总理访问冰岛——在两国领导人见证下签署〈中国国家海洋局与冰岛外交部海洋与极地科技合作谅解备忘录〉》，国家海洋局官网，http://www.soa.gov.cn/xw/ldhd/lyx/201211/t20121107_4422.html。

[2] 《中国-冰岛联合极光观测台建站工作取得实质性进展》，中国极地研究中心官网，http://www.pric.gov.cn/detail/News.aspx?id=92739a68-d8d3-4f2c-87d2-637677274d14，访问日期：2014年11月3日。

标的结合与统一。

在全球气候变暖与海冰融化的大背景下,北极在全球的战略地位日益显著,冰岛北极政策的独立性、灵活性与务实性使其成为中国参与北极事务的落脚点、突破口与前沿阵地,而冰岛的经济复苏和北极事务上话语权的提升离不开与中国的合作。基于互利共赢的考虑,中国与冰岛的北极合作未来有望进一步深化,并主要体现在如下方面:

第一,北极航道与航运业。伴随着海冰融化,冰岛在北极航线上的战略要冲地位与日俱增,而中国绝大多数商品进出口依赖于集装箱货运,随着未来北极航线的通航,冰岛很有可能成为中国至欧洲、北美航运的中转站与补给站。中国港口工程建设与管理的先进经验(如洋山深水港)也值得意图发展为区域性航运中心的冰岛参考与借鉴。

第二,北极油气开发。据美国地质调查局报告分析,北极地区拥有全球13%的未探明石油储量和30%的未探明的天然气储量,这些资源多数分布在北极国家近岸。近年,冰岛国家能源管理局(Iceland National Energy Authority)接受有资质的国际石油企业申请在冰岛北极海域油气勘探、开发与生产的许可证。据《金融时报》报道,冰岛 Eykon Energy 公司已与中海油(CNOOC)联合竞标冰岛东北部 Dreki 海域的油气勘探许可证。① 也有消息称,中国石化(Sinopec)就北极油气开发已与冰岛政府展开磋商。然而,北极地区恶劣的自然条件对近海油气开采的技术提出极高的要求,也使石油企业的投资回报存在很大的不确定性,中国石油企业参与冰岛油气项目的谈判值得关注。

第三,中国对冰岛的直接投资。金融危机冲击下的冰岛制订了一系列社会经济发展计划,其经济复苏有赖于大量投资的支持。2012 年 4 月中国国家开发银行(CDB)与冰岛投资贸易促进会(Promote Iceland)签署了一份谅解备忘录,国家开发银行有望在基础设施建设等领域开展互利共赢的投资项目。

---

① 《中海油联手冰岛集团寻找北极油气开发的机会》(CNOOC Teams Up with Icelandic Group in Its Play for Arctic Oil),《金融时报》(*Financial Times*),2013 年 6 月 9 日。

第四,北极国际层面的治理。中国成为北极理事会常任观察员国离不开冰岛的支持,与冰岛的合作伙伴关系有助于促进与其他北欧国家的合作。诚然,北极理事会观察员国的资格并不意味着中国在北极事务上享有决策权与投票权,但通过认同并试图加入现有北极治理体制并逐渐渗透影响力,增强中国未来在北极治理的全球性问题上,如北极气候变化、北极航道的商业利用、北极公海的资源开发与渔业管理等领域的话语权。

主要域外国家的北极政策

中国北极政策分析

孙凯 徐世杰[*]

在全球气候变化以及经济全球化的推动下,北极地区的环境、经济和地缘政治等正经历着前所未有的变化。一方面,北极地区的变化越来越受到外界的影响;另一方面,曾经遥远的北极越来越受到国际社会的关注。中国作为"近北极国家",北极地区的变化与中国的关联十分密切。随着北极气候的加速变化和北极地区开发前景的明朗,这一关联将不断拓展与加深,近年来中国加大了对北极事务的关注和参与,尤其是在气候治理、航运交通、科学考察等方面。北极不仅仅是区域问题,同时也是全球问题,作为负责任的大国,中国也应对北极事务给予重视。

---

[*] 孙凯,中国海洋大学法政学院副教授,主要研究方向为国际关系、北极治理;徐世杰,国家海洋局极地考察办公室政策法规处处长。

一 北极地区的变迁与中国

随着北极地区态势的变迁及其与中国关联的加强,中国近年来加大了对北极事务的关注和参与。北极地区的变化对中国的影响与关联主要体现在以下三个方面。

第一,北极地区的气候变化对中国的环境、农业生产以及国家安全等产生影响。北极地区的气候变化所产生的影响是具有全球性的,尤其中国处于北半球的中高纬度,所受到的影响更为明显。另外,北极气候变化也会对我国的自然生态系统、农业生产、牧业、旅游等多个层面的生产活动产生重大的影响。[1] 更为甚者,随着北极地区环境的变化以及极端气候事件的增多,也可能会产生更多的自然灾害问题,这将极大地影响中国的生态安全和粮食安全,而北极地区的冰雪融化也可能导致全球范围内的海平面上升,这对中国沿海城市的安全会产生直接的影响。[2]

第二,北极航道的通航会对中国产生直接的影响。由于气候变化对北极地区的影响,导致北极地区冰融加速,这使得北极航道的开通与商业性运营成为可能。最近几年北极地区冰的融化较之往年有增无减,由于北极地区气候变化的负反馈效应的影响,北极地区的冰融速度几乎接近全球其他地区的冰融速度的两倍。甚至有科学家预测,最乐观的估计是在未来十年内北极地区将出现无冰的夏季,较之以往的估计早了 30 年。[3] 北极地区一旦出现无冰的夏季,对北极地区的影响将是巨大的。这意味着在北极地区多年冰将不再存在,北极航道的通航以及商业性运营将指日可待。中国作为海运大国以及能源进口大国,中国对海上航运的依赖,都导致北极航道的通航将对中国

---

[1] 陆俊元:《北极地缘政治与中国应对》,时事出版社,2010,第 297 页。
[2] 夏立平:《北极环境变化对全球安全和中国国家安全的影响》,《世界经济与政治》2011 年第 1 期,第 122~133 页。
[3] Co-Chair's Summary, Melting Ice: Regional Dramas, Global Wake-up Call, Tromso, April 28, 2009.

产生重大的影响。不仅仅是节省商业性航运的运行成本，还可以改变中国的航运布局以及国际贸易格局，实现中国国际航运和航线的多样化，还可以避免遭受马六甲海峡海盗之困扰。

第三，北极地区的资源开发将对中国的发展带来机遇。北极地区蕴藏着丰富的自然资源，根据美国地质勘探局的研究，北极地区蕴藏的天然气储量占全球储量的30%，还拥有丰富的能源和矿物资源。[①] 北极航道的通航前景，使得北极地区能源资源的开发利用前景更为光明。崛起中的中国正处于经济高速增长期，对能源和资源有巨大的需求，北极地区蕴藏着丰富的能源资源和矿产资源，拥有巨大的油气供应前景，一旦这些资源的开发和利用成为现实，将对世界的能源资源供应产生重大的影响。对能源进口高度依赖的中国，可以将北极地区的能源资源储备作为进口的一个新选择，这将丰富中国能源采购的多元化以及为中国的能源安全提供更为可靠的保障。

二 中国参与北极事务的进程

中国在北极事务中的参与可以追溯到1925年，当时的北洋军阀政府代表中国签署了《斯瓦尔巴德条约》。新中国成立以后，1964年成立了国家海洋局，其任务包括"将来进行南北极海洋考察工作"的内容，但当时的工作在很长一段时期内仅限于南极事务，并没有对北极地区进行关注。

在20世纪80年代国际社会加强了对气候变化问题的研究，中国随后也开始准备北极科学考察工作，并且派了一些科学家到北极国家进修学习，一些科学机构和团体也陆续组织了北极考察和探险活动。[②] 随着中国对北极科学考察兴趣的增长以及对北极科学考察的筹备工作，中国申请加入国际北极科学委员会（IASC）。1996年4月23日，在德国布莱梅市的阿尔弗雷德·

---

① United States Geological Society, "Circum-Arctic Resource Appraisal: Estimates of Undiscovered Oil and Gas North of the Arctic Circle," http://pubs.usgs.gov/fs/2008/3049/fs2008-3049.pdf, 访问日期：2014年10月8日。
② 北极问题研究编写组编《北极问题研究》，海洋出版社，2011，第347页。

韦格纳极地与海洋研究所,国际北极科学委员会主席 M. 麦格努森宣布:"经全体国家代表的认真审查和讨论,特别理事会会议一致通过中国成为国际北极科学委员会成员国,中国极地考察工作咨询委员会是 IASC 理事会的中国代表"。[1] 中国从此成为 IASC 的第 16 个成员。加入 IASC 标志着中国的北极研究与国际上的北极研究实现了接轨,这使中国可以方便地获取 IASC 及其下属科学工作组的所有信息、科研资料等,并且可以参与制订 IASC 的研究计划,发挥中国已经在极地考察中所取得的优势和积累的经验,通过国际合作,达到和赶超国际先进水平。

1996 年,"南极考察办公室"经国家批准,正式更名为"国家海洋局极地考察办公室",标志着中国将北极考察纳入国家目标,由国家海洋局统筹负责组织管理。1999 年中国组织了第一次北极科学考察,参加科考的 124 人中,科考人员 66 人,船员 38 人以及新闻记者 20 人;随后在 2003 年实施了第二次北极科学考察的 96 名队员中,就有来自美国、芬兰、加拿大、日本、韩国、俄罗斯的 13 名队员,美国阿拉斯加大学、美国华盛顿大学、国际北极研究中心、加拿大海洋科学研究所、韩国海洋研究所极地科学实验室、日本北海道大学、俄罗斯南北极研究所等,都参与了第二次北极科学考察。许多观测为中外联合进行,资料充分共享,大大增加了此次考察研究的活力和中国北极研究在国际上的影响力。

北极地区主要是陆地包围着北冰洋,雪龙船开展的几次考察主要是在北冰洋海区,建立北极陆地科学考察站是加强在北极地区的实质性存在、为北极科学考察和研究建立立足点的重要步骤。中国作为《斯瓦尔巴德条约》的缔约国,可以通过申请合法的在北极的斯瓦尔巴德地区建立科学考察站。基于这一考量,1996 年,由中国科学院陈宜瑜副院长率团来到挪威,就广泛开展中挪科研合作以及中国在斯瓦尔巴德建立科学考察站问题等事宜与挪威的相关部门进行会谈和交流;1997 年,中国科学院收到了挪威驻中国大

---

[1] 陈立奇:《北极在召唤——中国加入国际北极科学委员会》,《海洋世界》1996 年第 7 期,第 22 页。

使馆邀请中国赴斯瓦尔巴德建站的正式信函。① 自1999年中国首次北极科学考察之后，国家海洋局根据我国参与北极事务的需要和科学家的建议，开始组织实施建立北极科学考察站的活动，并支持和资助了一批科学家前往北极地区开展国际合作研究。

2004年7月28日，中国的北极科学考察站黄河站正式建成并投入运行。中国北极黄河站选址挪威斯匹次卑尔根群岛的新奥尔松，是北极地区的第八座国家级科学考察站。新奥尔松地区作为极地研究的"小联合国"，此前已有挪威、德国、法国、英国、意大利、日本、韩国在此建站，极地研究需要国际大合作，中国正快速加入其中。极地科学考察站的建立，为中国在北极地区建立了一个永久性的科研平台，极大地促进了中国在北极地区的科学考察和国际合作。

在气候变化和经济全球化的背景下，北极地区的事务越来越融入全球事务之中，北极地区国际社会中的重要性得到了迅猛提升。② 随着国际社会对全球气候变化研究的深入，尤其是北极地区气候变化对全球气候的影响，北极成为国际社会关注的热点地区之一。2004年北极理事会发布的《北极变暖的影响：北极气候影响评估》报告，明确指出人类排放的温室气体导致北极地区的变暖，并且可能带来一系列的不利影响。③ 中国早期在北极事务中的参与也与此相吻合，对北极地区的环境变化及其影响进行科学研究。进一步助推中国在北极事务中的参与的动力，来自国内和国际社会两个层面的因素：在国内层面，随着中国经济的发展以及科研能力的提升，中国参与北极事务的能力与意愿都得到了提升与增强，另外，地处"近北极"位置的中国，北极地区环境的变化会对中国带来不可避免的影响；在国际层面，国

---

① 《中国人的北极科学考察站概况》，http：//www.china.com.cn/chinese/zhuanti/182735. htm，访问日期：2014年11月8日。

② LassiHeinnien& Chris Southcott, "Globalization and the Circumpolar North: An Introduction," *Globalization and the Circumpolar North*, ed. LassiHeinnien& Chris Southcott (Fairbanks: University of Alaska Press, 2010), pp. 1 – 20.

③ Arctic Climate, Impact Assessment, *Impacts of a Warming Arctic: Arctic Climate Impact Assessment*, Cambridge: Cambridge University Press, 2004.

际社会对气候变化问题的关切以及中国作为温室气体排放大国,国际社会期待中国积极参与北极事务,以应对北极地区的气候变化问题,另外,随着北极地区能源开发与利用的加速,国际社会也需要中国参与到这一进程中来。

北极理事会是北极地区层面最有影响力的国际机构,[①] 其成立之初关注的重点也主要是北极地区环境的变化。中国作为温室气体排放大国,北极国家越来越意识到需要中国参与到北极治理的进程中来。中国自2006年开始应邀派员参与北极理事会的活动,并随后提出了北极理事会观察员资格的申请。

中国在北极地区存在重大的关切和现实的国家利益。随着中国走向世界,中国依据国际法、国际公约以及国际多边或者双边协定,在北极地区享有海上航行自由的权利,尤其是依据《斯瓦尔巴德条约》,在斯瓦尔巴德群岛地区享有国民待遇,可以开矿并享有科学考察等权利。同时,也依据条约或协定,负有与国际社会一道应对气候变化、保护北极地区环境等国际义务,树立起一个负责任大国的形象。参与北极事务、维护在北极的权益是中国应有的权利。同时,我们应该看到,中国参与北极事务存在一个身份问题。[②] 早期有学者提出的中国作为"近北极国家"的身份,是从地缘邻近的角度出发,认为这个概念符合中国与北极地区的位置关系的现实,又将中国等国家从更广泛的非北极国家中分离开来,表明中国等国家与北极地区之间的特殊地缘政治关系,不能被简单地排除在北极地区之外。[③] 这一提法后来也被中国的一些官方人士所引用,阐释中国在北极事务中的关切。[④] 尽管中国作为"近北极国家"可以为中国

---

① 陈玉刚、陶平国、秦倩:《北极理事会与北极国际合作研究》,《国际观察》2011年第4期,第17~23页;孙凯、郭培清:《北极理事会的改革与变迁研究》,《中国海洋大学学报》2012年第1期,第5~8页。

② 陆俊元:《北极地缘政治与中国应对》,时事出版社,2010,第339页。

③ 中国是"近北极国家"的概念来源于中国极地研究中心极地战略所主任张侠研究员。陆俊元:《北极地缘政治与中国应对》,时事出版社,2010,第339页。

④ "China Defines Itself as a near-Arctic State",http://www.sipri.org/media/pressreleases/2012/arcticchinapr,访问日期:2014年10月8日。

参与北极事务提供合法、合理的依据，而中国作为北极事务"利益攸关方"的身份，更加能够体现中国参与北极事务的现实依据和未来利益拓展的空间，进而实现通过与包括北极国家在内的国际社会进行合作，寻求"利益汇合点"。①

中国在2006年提出申请北极理事会观察员资格之后，至2013年中国成为北极理事会正式观察员这一段时间内，中国积极主动地构建中国作为北极事务"利益攸关方"的身份，并在国际场合多次提及中国是"近北极国家"的地缘身份，这一时期的北极外交更加积极、主动和有针对性。具体而言，这包括在北极科学研究和北极事务参与能力方面的建设、北极事务国际合作与人文交流的加强与制度化，以及有针对性地与北极国家加强经贸、科技等方面的合作与交流。在北极科学研究和北极事务参与能力建设方面，中国在2008年、2010年和2012年组织了三次北极科学考察，考察队伍的组成也充分体现了国际性，在2008年第三次北极科考的61名科考队员中，就有来自法国、芬兰、美国、日本和韩国的12名外国科学家；2010年第四次北极科考的64名科考人员中，有5名外国科学家；2012年第五次北极科考的59名科考人员中，有4名外国科学家。时任中共中央政治局委员、国务院副总理曾培炎在中国参与的2007～2008年国际极地年系列活动中强调，"中国政府坚持科学发展、和谐发展、和平发展的理念，积极响应第四次国际极地年计划，大力发展极地科学考察事业，与有关国家和国际组织携手合作，为促进全球可持续发展作出应有的贡献"。② 中国在国际极地年期间，认真制定并执行了《第四次国际极地年中国行动方案》，专门执行了一批特定的科学考察任务，广泛开展公众参与和宣传活动。

---

① 郑必坚：《关于中国战略和"利益汇合点"、"利益共同体"问题的几点思考——21世纪第二个10年中国发展及对外关系的前景展望》，《毛泽东邓小平理论研究》2012年第1期，第2页；郑必坚：《中国和平发展道路与构建利益共同体——在第五届"世界中国学论坛"上的主旨讲演》，《解放日报》2013年3月24日，第7版。
② 《曾培炎出席国际极地年中国行动启动仪式并致辞》，人民网，http://cpc.people.com.cn/GB/64093/64094/5430179.html，访问日期：2014年10月8日。

三 提升中国参与北极事务的路径

中国成为北极理事会正式观察员之后,依据北极理事会的章程以及《观察员手册》的规定,中国可以参加北极理事会的部长级会议,并且可以派科学家参加北极理事会下属的工作组所负责的工作。在这种"身份升级"之后,中国的北极外交应该更具长远性与战略性,从追求"身份承认"转向北极事务的"综合外交",多行为主体、多层面、多领域地参与北极事务,立体化地拓展中国的北极外交。在这种变化的背景下,中国应该更为积极地参与北极事务。另外,由于北极事务的影响具有全球性,中国作为世界最大的发展中国家参与北极事务也应该履行其作为负责任大国的担当。对此,中国在北极事务中的参与可以依照《中国的和平发展》白皮书所言,即"中国把中国人民的利益同世界各国人民的共同利益结合起来,扩大同各方利益的汇合点,同各国各地区建立并发展不同领域不同层次的利益共同体,推动实现全人类共同利益,共享人类文明进步成果"。[①] 也就是说,在中国参与北极事务的进程中,寻求中国的北极利益与北极国家的北极利益的最佳结合,在实现北极地区善治的同时最大限度地拓展中国在北极地区的权益。具体来说,可以包括以下四个方面。

(一)推进中国与北极国家之间的双边合作

中国与北极国家的国际合作在北极态势变迁的背景下又有了新的内容,除了传统的经济政治往来之外,中国与北极国家之间的外交与合作近年来集中在北极地区的航运管理、北极科学考察、北极事务的文化交流以及中国在北极事务如何深入参与等。就中国参与北极事务的态度而言,在北极八个国家之中,北欧五国对包括中国在内的域外国家参与北极事务持比较积极的态度,因此与中国就北极事务的合作更为流畅和主动。在2012

---

① 中华人民共和国国务院新闻办公室:《中国的和平发展》,2011年9月6日。

年中国第五次北极科学考察队赴北极进行科学考察之前,中国当代世界研究中心联合瑞典斯德哥尔摩的国际和平研究所召开了议题为"北极问题:中国与北欧国家的对话"的研讨会,针对中国在北极事务中的参与以及寻求中国与北欧国家在北极问题上的利益契合点进行了沟通和交流。中国第五次北极科学考察队在北极地区考察期间,冰岛总统奥拉维尔·格里姆松亲自接见了来自中国的北极科学考察队员,并参加了第二届中冰北极研讨会。在研讨会上,中国和冰岛就在上海成立中国-北欧北极研究合作中心和在冰岛建立联合极光观测台签署了谅解备忘录。随后中国-北欧北极合作研究中心在上海的中国极地研究中心建立,成为中国第一个以北极社会科学问题的研究为主的国际合作研究中心。① 中美之间在北极事务上的合作和交流在20世纪80年代就已经开始,在近年来举办的系列中美战略与经济对话的成果清单中,中美在极地事务上的对话也纳入其中,并进行了广泛深入的交流。② 中俄就北极事务的开发和北极航道的利用以及中加在北极矿物资源的开发方面也在进行着多方面的合作。

(二)加强与北极域外国家的协调和沟通

尽管中国不属于传统意义上的北极国家,但近年来由气候变化所导致的北极地区的变化所产生的影响是全球性的,也给中国带来了挑战和机遇。因此,中国近年加大了对北极事务的关注。实际上不仅仅是中国,很多的域外国家包括日本、韩国、印度、新加坡,以及欧洲的意大利、英国、德国等都加强了对北极事务的关注与兴趣。由于这些传统意义上的"域外国家"在北极事务的参与中存在共同或者相似的利益诉求,因此中国在参与北极事务的进程中可以适当协调与这些国家的协作和合作,进而形成对北极事务共同的或者集体的看法或者主张,从而可以在北极事务的参与中获得更为有利的

---

① 《中国北欧北极合作研究中心将落户上海》,新华网,http://news.xinhuanet.com/tech/2012-08/18/c_123599688.htm,访问日期:2014年10月8日。
② 《中美举行第三轮海洋法和极地事务对话》,http://www.fmprc.gov.cn/chn/pds/wjdt/sjxw/t934717.htm,访问日期:2014年10月8日。

参与渠道和平台。近年来,地处东亚的中日韩在北极事务中的合作有所加强,除了中日韩三国之间极地研究机构的科学交流之外,在韩国海洋研究院的组织下,也初步达成了建立中日韩三国就北极事务社会科学研究与交流机构的意向,此举意在加强中日韩三个国家中北极事务研究人员就北极事务立场的协调与研究交流,进而更为有效地推动三个国家在北极事务中的参与。① 这种平台可以作为北极事务中第二轨道的外交平台,通过交流可以为各国决策者提供更为有效和有针对性的对策建议。

(三)推动企业界参与北极事务

在经济要素全球流动的时代,资源配置也是全球化的。作为经济发展中的重要元素,企业是推动经济全球化的中坚力量和主要行为体。由于企业规划经济活动的灵活性,可以更为便利地参与到一些政府不能或者不便于参与的领域,而企业的经济活动将是一种双赢的局面,不仅可以促进企业的发展,也可以为当地的经济发展与开发做出贡献。在北极事务中的主要经济相关领域包括北极航运、北极资源开发,以及北极地区旅游的发展等。中国的大型石油企业、矿产相关企业以及中国的旅游公司、航运公司和造船公司等,都可以加强对北极事务的关注以及在北极地区事务中寻求商机。中国企业在参与北极事务开发的过程中,要加强企业的社会责任,树立中国企业负责任经营的良好形象,避免做出竭泽而渔的短视行为。

四 结论

中国参与北极事务,是因为中国在北极地区存有重大的关切、权益和义务。在中国参与北极事务的进程中,中国并不是如某些媒体所描述的要去北极"分一杯羹"以及挤占北极国家的权益空间,中国的参与意在实现北极

---

① 笔者孙凯在2013年7月应邀赴夏威夷参加北太平洋北极论坛的时候,与韩国、日本的参会人员就此问题进行了交流,并达成了初步的意向。东亚国家北极事务交流机制后来在2014年3月的韩国济州岛会议上得到了进一步的推进。

地区善治的基础上，充分发挥和利用中国在北极事务中的参与能力和知识积累，为北极地区的治理做出中国贡献。中国是一个新兴的发展中大国，近年来也一直倡导构建"和谐世界"，中国在北极事务的参与也必定是践行这一理念，在实现北极事务善治的基础上，实现各参与方的共赢。

中国没有出台参与北极事务的北极战略，这引起了一些国家和学者的揣摩与猜测，对中国在北极事务的参与目的不明确。但实际上，中国学者或官员已经在多个场合阐明了中国参与北极事务的立场与基本看法，即中国是北极事务的积极参与者、贡献者，中国充分尊重北极国家在北极地区依据国际法享有的权利和利益。中国可以组织制定并适时发布相关的北极政策文件，以进一步向世界明示中国参与北极事务的理念与政策。另外，在这一进程中，需要加强立体式的沟通，促进政府、学者、智库之间的交流，并鼓励企业界对北极事务的参与，推动北极地区的可持续发展与北极地区的善治。

日本北极政策分析

陈鸿斌*

2013年5月15日,日本与中国、韩国等6个国家同时被接纳为北极理事会的正式观察员,尽管日本的申请晚于中韩两国。日本参与北极由此进入了一个全新的阶段,全国各大报纸纷纷发表社论,国内掀起了关注参与北极的热潮,这对日本的北极参与无疑是一个重大利好。

一 深厚的北极科考积累

日本的北极研究起步很早。早在19世纪下半叶,作为首届国际极地年活动,12个国家的科学家分别在北极和南极设立了13个和2个观测站,于1882年8月至1883年8月对极地的气象、地磁和极昼现象开展观测和研究。日本当时虽未能直接参与,但应邀在中低纬度对地球磁场的变化进行了观测,因为中低纬度的观测也非常重要。半个世纪后,第二届国际极地年活动于1932年启动,作为26个参加国之一,日本在萨哈林设立了地磁观测站,在北极海域的浮冰上开展相关研究。与此同时还在富士山顶设立了气象观测站,因为日本当时认为高处的气候与极地是相似的。20世纪50年代后期,北海道大学理学部教授中谷宇吉郎在冰岛的观测基地参加观测,此后日本的部分科研人员或小组分别参与了欧美的相关科研项目。70年代日本成立了国立极地研究所,主要研究北极的中高层和超高层大气环流。80年代末,日本与苏联在西伯利亚和萨哈林开展了有关开辟北极航道的联合调研课题。1990年日本成立了北极圈环境研究中心,由此全面启动了北极研究。日本

---

* 陈鸿斌,上海国际问题研究院信息研究所副研究员,主要研究方向为日本问题等。

还成为当年成立的"国际北极科学委员会"的成员（共有 19 个成员），其代表性的科研机构就是此前成立的"国立极地研究所"。1991 年日本海洋研究开发机构就与美国合作观测北极海域。1992 年日本在斯瓦尔巴德岛设立了与挪威共同使用的观测基地。1993~1999 年，日本海洋政策研究财团就与挪威的南森研究所以及俄罗斯中央海洋船舶设计研究所共同实施了"国际北极航道"调研课题，对包括北极航道在内的整个北极海域进行了全面调研，并于 2000 年推出其调研报告《北极航道：连接欧洲与东亚的最短航道》，该报告至今仍在该领域内受到好评。此后，日本又于 2002~2006 年开展了"关于推动北极航道与寒冷海域安全航行体制"的调研课题，对利用北极航道付出了努力。因此，日本认为今后它在北极科考、调研和环保等强项领域可望作出更大的贡献，开展更多的国际合作。

由于地球变暖造成的北极冰块融化，北极环境发生了很大变化。此前日本的北极科研均为纯粹的科研项目，北极环境的明显变化使得北极开发成为可能。于是为了整合日本国内的北极科研，日本文部科学省于 2008 年 8 月发表了有关日本北极科研的现状和未来战略的中期报告，提出日本的北极研究战略必须设立一个联合体，以此推动横向联合。

以往日本各大学或科研机构的北极科研完全是各自为战，始终未能形成合力。各单位均自找门路，与国外同行开展合作，而国内却几乎没有任何合作。近年来日本科研人员看到了这一做法的弊端，认识到加强国内合作的必要性和重要性，1998 年各科研机构共同利用"未来号"前往北极海域开展观测和研究，其成果得到了国际北极研究界的认可。从 2006 年以来日本各科研机构连续联合举办相关的国际研讨会。例如 2008 年 11 月各相关单位联手合作，在日本科学未来馆召开了"第一届北极研究国际研讨会"，60 名外国学者和 130 名日本学者与会。另外科研人员还打破藩篱，共同申请相关的课题，有些课题的申请人多达 50 人。经过这样的整合，目前其研究能力明显加强。

2011 年 5 月，日本的北极环境研究联合会（Consortium for Arctic Environment）宣告成立，在两个月后其会员就达到 266 人之多，远远超出当初的预计。联合会下设由 24 人组成的运行委员会，负责相关的制定规划、开展研究和交流以及人才培养等各项工作。

作为北极综合研究课题，同时作为文部科学省所推动的"卓越绿色网络"（GRENE）的一个组成部分，日本于2011年开始实施"急剧变化的北极气候体系及其对全球的影响的综合分析"课题。该课题包括以下4个部分：①北极变暖机制；②北极在全球气候变化及未来预测中的作用；③北极环境变化对日本周边的气象和水产资源的影响评估；④与北极航线可能性评估相关的未来浮冰分布预测。这些课题都是在日本全国范围内公开招标进行的。经过招标，最后确定资助以下7个课题的研究：

1. 基于再现验证北极气候以及分析北极气候变化机制，建立升级版的、缜密的全球气候模式；

2. 环北极陆地范围的变化对气候的影响；

3. 北极变暖的机制及其对全球气候的影响：对大气过程的全面研究；

4. 北极积雪、冰川和冰床在全球变暖过程中的作用；

5. 了解北极温室气体的循环及其气候应对；

6. 北极海域环境变化研究：冰山缩减与海洋生态体系的变化；

7. 与北极航线可能性评估相关的未来浮冰分布预测。

其中第6项课题的目的在于把握包括水产资源在内的北极海域生态系统的变化，在课题实施过程中将利用海洋科考船"未来号"和北海道大学水产学部的练习船"忍路丸"，采用多种方法开展现场观测。

在日本的极地科研中，南极研究的积累和成果都要多于北极研究。文部科学省下属的"南极地域观测统合推进本部"负责协调各相关科研机构的科研活动及后勤保障，该机构是根据1955年11月的一次内阁决议设立的。国立极地研究所当初的主要课题都是围绕南极展开的。该所拥有的科考船"白濑号"是日本国内唯一可在极地海域行使的船舶，过去该船属于海上自卫队，由海上自卫队为南极观测运输物资和人员，每年的利用时间约为5个月。而南极科研与北极科研的一个最大不同，就在于南极科研主要在陆地，而北极科研主要在海上。日本虽然在南极科研方面有深厚的积累，但就北极科研而言，在手段上也就是往返北极的交通工具，在主要科研平台上面临着很大的制约。

原先的"白濑号"南极科考船从1982年开始投入使用,船长138米,宽28米,吃水9.2米,排水量为12500吨,可在1.5米厚的冰层中以每小时3海里的速度前进,包括80名科考队员在内,乘员为179人,可载1100吨物资。该船每年前往南极考察,后因老化于2007年退役。当年日本开工建造新的南极科考船。但新船于2008年下水,到2009年才投入使用,以至2008年日本的南极科考只能租借澳大利亚的相关船舶。而且就是这艘新的科考船,也比科研部门要求的2万吨排水量要小得多,仅为12500吨。该船每年的利用率以及行动范围都很有限。目前日本没有财力建造具有破冰能力、可全年使用的北极科考船,因此只能用南极科考船凑合。从这一角度来看,参与北极将推动日本提高破冰船设计和生产能力。目前包括海上自卫队和海上保安厅在内,日本一共只有3艘破冰船,而且破冰能力非常有限。日本欲加快参与北极研究,当务之急是补长这一"短板",加快破冰船的建造,否则就无从谈起。

日本的海洋研究开发机构从1991年开始与美国联手观测北极海域。该机构拥有的"未来号"科考船于1997年下水,1998年该船首次试航北极海域。该船长128米,宽19米,吃水6.9米,排水量为8687吨,航速16节,航距为1.2万英里,载员80人。该船装备有多普勒雷达、卫星数据接受系统、多窄波束测深仪、超声波流向流速仪、海洋激光系统、20米活塞式质子磁力仪和CTD采水等先进设备。其动力是柴油机,破冰能力很有限,只能在夏秋季的北极薄冰中穿行,如冰层稍厚就只能在边缘海域行驶,因此活动范围相当有限。截至2010年,该船共航行北极海域9次,多年来一直由日本国内各大学和科研机构共同利用,在北极海域展开相关的海洋气象科研活动。该机构还从1997年开始,与设立在阿拉斯加大学的国际北极研究中心开展共同研究或接受对方的委托课题。

日本的宇宙航空研究开发机构则负责解读从卫星接收的遥感数据,这一环节如今在地球科研活动中是不可或缺的,尤其是对难以置身现场的北极海域的观测和科研,解读各类遥感数据,已成为极为重要的一个环节。该机构也与国际北极研究中心共同开展了北极科研课题。迄今为止,该机构已先后在本国以及美国和哈萨克斯坦的发射场发射了多颗科研卫星,开展了包括极地在内的范围广泛的科研活动。

北海道大学低温科学研究所以研究高寒地区的生物环境、冰雪、水·物质循环闻名,它也通过许多课题涉足北极研究。1997~2002年,作为科学技术振兴事业团的战略创造性科研项目,该研究所与俄罗斯合作,对鄂霍次克海冰块的实际状况在气候体系中的作用开展了课题研究。该大学水产学部所拥有的练习船"忍路丸"于1983年下水,其排水量为1383吨,属于拖网渔船。1991年和1992年该船相继在北极楚科奇海域航行,通过捕捞那里的鱼类开展相关的海洋调查。多年来,该船一直在开展气候变暖对海洋生态影响的相关研究。2013年和2014年也预定前往楚科奇海域进行考察。但目前该船已届"而立"之年,同样有待更新,目前北海道大学已在研究该船的更新换代问题。在日本学者看来,如果建造新船,其适用性和安全性必须大幅度提高,包括生物采集和调查、观测等很多活动必须在同一甲板层开展,船舶的通信功能必须加强,必须进一步确保操作方便,即便严重受损也不致迅速沉没,具备污水和废水处理功能,确保沿岸和相关海域的环境等。而且新船不能仅隶属于北海道大学,其应用应全国通盘考虑。日本国内强烈希望借此能彻底走出不具有冰海航行手段的困境。

日本在北极既不拥有领海也没有专属经济区,所以日本的科考必须尽可能与北极沿岸国联手开展。但欲有效推进这一合作,就必须拥有一个平台,这就是可全年在北极航行的多功能科考船。日本是在全球造船技术领域处于领先地位的国家,日本科技界极为希望能由本国建造这样的科考船,这是上策。但限于国家的严峻财政状况,目前实现这一愿望的可能性微乎其微。因此只能退而求其次,拥有每年部分时段可在北极海域航行的科考船。那就是将目前完全用于南极科考的"白濑号",转用于北极科考。该船目前在科考期以外基本都在维修保养或训练。只要稍加改造,该船用于北极科考是可行的。

日本是1993年成立的巴伦支欧洲北极理事会的观察员。全球变暖导致北极融冰加速,这一自然环境的变化也带来了地缘政治的微妙变动,日本开始关注由此对其安全环境可能产生的影响。为此,在中国和韩国相继申请北极理事会观察员地位后，日本亦于2009年7月正式申请成为北极理事会的观察员，随后开始积极参加北极理事会的各种会议，包括每年两次的高官会议。在日本看来，它虽非北极国家，但作为一个海洋国家和高度关注全球环境的国家，必须以"适当方式"参与北极事务。只有获得观察员地位，才可能在北极治理中发挥作用，为建立相关的框架做出贡献。今后能否在北极的航道和资源领域获益，完全取决于各国对北极治理的贡献。在这一理念指导下，2010年9月，外务省组建了一个超越原先行政框架的"北极工作组"，开始加大参与北极的力度。2012年7月，日本超党派的"北极圈安全保障议员联盟"开始启动。8月，国土交通省开始成立"北极海航道研讨会"，具体研讨因气候变化而出现的利用北极航道的问题。在民间层面，海洋政策研究财团在2009~2011年通过"日本北极海会议"这一架构，多次召集有识之士，研讨相关的北极参与战略，并于2012年3月向日本政府提交了政策建议报告。2012年11月，日本外务副大臣吉良州司在瑞典首次出席了北极理事会高官会议。

二 期待改变北极治理架构

日本相当关注北极的治理架构。在日本海洋政策研究财团于2012年3月向日本政府提交的《日本北极海会议报告》看来，目前的北极管理体制是一个相对松散的架构，还很难形成类似《南极条约》那样对归属和利用问题均做出详尽规定的严密的体制架构。但与此同时，如同《伊卢利萨特宣言》所显现的，北极沿岸国家为确保本国的权益，并不希望签署一项让众多非沿岸国加入的具有约束力的条约。因此从现状来看，北极的未来仍面临诸多不确定因素。就现状而言，也许在一定时期内维持现状是可能的，即在这一时期可采取灵活应对措施。

目前各相关国家所面临的确定归属和划界问题，包括审查各国提出的延长大陆架申请，都需要相当的时间，只能达成双边协议或在《联合国海洋法公约》的框架内解决。关于沿岸国对船舶航行和环境保护行使管辖权，只能在相关条约、国际海事组织和北极理事会框架内予以应对。

虽然北极理事会对扩容问题非常谨慎,但在欧盟内部却出现了形成统一的北极政策的动向,因此目前北极的治理架构并非铁板一块,今后也许会出现一定的变化。总之,国际社会形成关于北极问题的治理框架,将会是一个缓慢的过程。

日本虽非北极沿岸国,但北极对日本来说利害攸关。报告认为它奉行"海洋立国"的基本国策,必须对北极问题明确表明态度,保持参与。应积极通过联合国、国际海事组织和北极理事会等框架,与中国、韩国、德国和挪威等在海事、资源、物流等领域拥有共同关切和利益的国家及相关国际组织,对包括国际法在内的有关利用北极的制度架构持续开展合作研究。

日本是在2009年7月申请成为北极理事会观察员的,虽然这一申请落后于中国和韩国等邻国,但却在2013年5月同时被接纳为观察员。在日本看来这是理所当然的,因为它在与北极沿岸国联合开展北极科考的历史相当悠久。根据各国对北极的贡献来看,它获得这一地位是实至名归的。被接纳为观察员后,报告建议提供其南极科考船"白濑号"作为与沿岸国联手开展北极科考的新平台,以此表明其为北极利用作出更大贡献的意愿。由于观察员地位并非永久的,今后是否继续拥有这一地位取决于各国对北极事业的贡献。为了不再失去这一重要平台,报告建议应反复强调迄今为止日本的北极科考成就,在认真分析日本的关切和利益所在的基础上,明确还能作出哪些具有日本特色的贡献,并尽快付诸实施。

报告认为在联合国及其所属的环境规划署和国际海事组织等专业机构内,日本不宜笼统地提出问题,而应从保护北极环境和维护生物多样性等具体的切入点入手,以防止地球变暖为理由,因为全人类都会受到北极环境变化的影响,所以所有非北极沿岸国应携起手来,通过签署条约或提出相关建议等方式付出相应的努力。与此同时,虽然面临着很大的难度,在联合国层面也必须开展同样的努力,以便争取将北极治理纳入联合国的管辖之下。日本必须制定相关的战略,推动国际社会朝这一方向前进。如能实现这一愿望,日本将获益匪浅。

报告认为，保护好北极的环境对保护全球环境至关重要。万一今后在北极的商业航行过程中发生触礁事故并导致燃油泄漏造成海域污染，这些有害物质的清除和分解难度将比其他海域大得多。与此同时，对防止由压舱水所带来的外来生物、船舶排放废气所导致的大气污染，也须比在其他海域更小心谨慎。此外，目前北极沿岸的港口能力也极为有限，一旦发生突发状况，船舶都无法进港避难。日本今后打算充分利用其气象卫星，在航季中始终保持对北极海域浮冰的监控，从而为各国货轮选择航线提供帮助。

随着北极的商业航行案例不断增加，污染和事故的风险也相应加大。报告认为必须积极采取防范措施，从现在开始就做好相应的准备，以便一旦事故发生就能发挥作用。在利用北极的同时，为确实保护好北极环境，应建立相应的国际合作或治理体制。报告提出必须通过联合国环境规划署和国际海事组织这样的平台，推动国际社会签署相关的条约。

北极航线开通以后，中国和韩国通过这一航线运输货物的概率将大大提高，在日本本州和北海道之间的津轻海峡作为国际水道，其通航量将明显上升。倘若不采取相应对策，报告很担心这些船舶在对该海域状况缺乏足够了解的情况下通行而引发环境污染。因此日本从现在开始就必须做好相应的预案，利用迄今为止所积累的相关经验，制定有关的路线图。

报告认为，北极海域比全球任何其他海域都更寒冷，常年保持冰天雪地状况。船舶欲在北极海域航行，就必须在结构和设备等硬件以及驾驶操作等软件方面符合要求。国际海事组织在2002年通过了《在北极冰覆盖水域内船舶航行指南》（以下简称《指南》），虽然并非是强制性的，但该组织目前又在制定相关的《极地航行规则》，将来它可能具有强制性。如果船舶在北极海域发生漏油事故就很难恢复，因为那里因极为寒冷，生态非常脆弱。一旦发生这样的事故，那北极的阶段性商业利用就会被迫全面停止，这是日本极不希望看到的。

今后若开始适用《极地航行规则》，则将在北极范围内为防止海难事故发挥巨大作用。日本急欲参与该规则的修订，使《指南》具备强制性。但眼下参与该规则修订的均为北极沿岸国。报告认为如果它能间接为该规则的修订做出贡献，也就为北极的安全利用做出了贡献。因为北极理事会完全根据各国对北极的贡献大小决定其参与程度，报告指出日本必须竭尽全力，为增强在北极的存在作出不懈的努力。

当然，对日本这样一个完全依赖进口能源和资源以及国际市场的国家来说，它首先关注的当然是北极的能源开发和航线价值，其次是相关的立法和治理架构以及环境保护。从这一角度来看，它认为加强与俄罗斯以及挪威这两个北极沿岸国的关系尤为重要。报告认为它必须在日俄双边或在日俄挪三边，在政府层面或二轨层面开展合作，有利于推动日本加大北极参与力度，为北极开发做出贡献。这包括推动北极航线合理的商业化，促进资源开发和海上运输的具体化，建立相关的环保标准乃至框架，从法律层面解决有关问题。这是既现实也相对可行的方案。

在报告看来，虽然北极海域大多为沿岸国的领海或专属经济区，但就北极环境变化对全球环境的影响而言，北极问题绝非仅限于几个北极沿岸国的问题，而是整个国际社会或曰全人类的问题。换言之，对北极海域的适当管理，是一个全球性的重要问题。

报告指出：从北极理事会的相关动向可以清楚看出，北极沿岸国总想将北极问题视为其独特的权益，而所有其他非沿岸国从国际社会的角度联手关注北极事务，应该是具有说服力的，也是有效的。从现实来看，联合国及其环境规划署和国际海事组织等相关机构，从环境和生物多样性等防止全球变暖的角度正在不断加大介入力度，从而显示整个国际社会对北极治理的影响力在逐渐加大，这对改变仅限于沿岸国管理的现状是有效的。报告认为下一阶段的可行做法是继续通过联大保持介入。虽然就目前而言还很难签署一项关于北极问题的条约，但可望通过宣言或建议的方式，将个别北极问题纳入联合国的管辖之下。为此日本正在制定相关的战略，力争在国际社会取得主导权。

东京大学研究生院法学政治学研究科教授中谷和弘在日本国际问题研究所提交的调研课题报告《北极治理与日本的外交战略》中指出，在北极问题上所有相关国家应遵循以下原则：确保航行自由；确保环境不受到污染；

在资源开发上应确保透明、公开、公正和妥善管理；确保科考自由；确保原住民的利益；通过和平手段解决由此引发的纠纷。

中谷教授分析，北极的法律归属只有四种可能：①属于五个沿岸国，即俄罗斯、美国、加拿大、丹麦和挪威；②属于北极理事会，其成员国处于绝对主导地位，即上述五国加上瑞典、冰岛和芬兰；③与北极有关国家，包括在北极航行的船舶悬挂船旗国和船舶所属企业的所在国，在北极开采资源的国家；④联合国大会。在中谷教授看来，第一种归属最不符合日本的国家利益，日本坚决反对。至于第四种归属，中谷教授担心联大可能会过多迁就发展中国家的立场，而若基于"人类的共同遗产"这一理念来开采深海底资源，也许并不符合市场机制。如今日本虽然已成为北极理事会的观察员，但话语权毕竟还很有限，北极理事会仍是沿岸国说了算，所以中谷认为第二种归属也非上策。最理想的是第三种归属，只有出现这一局面，日本才会面临历史性机遇，其参与北极的可能性才可望大为增加。因此今后日本将竭尽全力为实现这一归属而努力。

中谷教授的这一思路，是鉴于20世纪90年代后有关南极问题协商的相关经验。直到80年代，关于南极问题的所有问题，都在南极条约的协商会议上决定，而协商国仅有美国、苏联、英国、澳大利亚、阿根廷和日本等12个国家。时任马来西亚总理马哈蒂尔在联合国大会发言时指出：南极问题并非仅是协商国之间的问题而是整个国际社会的问题，南极属于"人类的共同遗产"，这一意见获得了广泛支持。如果今后有足够多的国家关注北极问题并希望介入北极，那北极也同样可能成为"人类的共同遗产"。中谷教授认为在北极问题上完全可以沿用这一做法，从而为日本加大参与北极的力度打开方便之门。

如今日本虽然已成为北极理事会的观察员，但中谷教授认为它在该平台上的话语权还是受到制约的，因此他建议，日本应将其对北极问题的诉求更多地通过G8这一途径来表述，因为美国、俄罗斯和加拿大均为G8成员，同时又是北极理事会的成员，在G8这一平台上，彼此地位是平等的，这有利于抬高日本的身价。

三 日本的新动向与组织架构

在日本看来,全球变暖促使北极融冰加速,由此导致北极地缘政治的巨大变化,这给日本、中国、韩国、俄罗斯和美国等一些国家带来巨大机遇,同时这些国家也面临着一系列新的课题。日本若欲抓住这一历史机遇,就必须一改此前的滞后状态,从国家层面制定明确的北极战略,全面推动相关的科考、航运和资源开发活动,及早建立相应的安全保障体制,加强与相关国家的合作。

2012年年底,日本自民党重新夺回政权,安倍晋三再度出任首相。安倍内阁启动后,在坚持错误历史观的同时,还全力开展所谓"积极外交",即在加强日本同盟的同时,还拉拢某些东亚国家,极力拼凑"对华包围圈"。在安倍内阁看来,参与北极事关日本的重大国家利益,是其全球战略的重要组成部分,日本必须为此不遗余力。

因此进入2013年以后,日本在参与北极问题上"突然发力"。先是在2013年3月,外务省设立了北极大使这一职务,由负责文化交流的外交官西林万寿夫兼任该职务。[①] 上任伊始,西林大使就以临时观察员国代表身份,出席了2013年3月20~21日的北极理事会高官会议,并在会上为日本拉票,吁请北极理事会各成员国在当年5月的北极理事会部长会议上接纳日本为正式观察员。随后他马不停蹄地东奔西走,为日本的北极参与大声疾呼。西林是一名资深外交官,曾先后在多个驻外使领馆工作过,但此前并未涉及过北极相关工作。今后他将作为日本的代表,出席相关的北极问题会议,以便加强日本在包括北极理事会在内的相关北极国际组织中的存在感,与各国官方人士就北极问题展开积极讨论。

2008年3月日本首次出台《海洋基本计划》时,还只字未提北极,但在2013年4月修订该计划时,就多次提及北极。明确表示:"随着全球对北

---

① 《日本经济新闻》,2013年3月20日。

极航线的关注，日本国内也期待能由此推动北极科考，降低航运成本，并就北极航运、环境、科考、国际合作和安全制定综合政策。"与此同时，日本舆论一致认为，培养人才是日本参与北极的当务之急，政府和企业都应将此列入重要的议事日程。另外，为了在全社会形成重视北极问题的氛围，在学校教育中也必须将北极纳入相关课程。

2013年4月28~30日，安倍首相应邀访俄，双方发表了联合声明。该声明指出："两国领导人表达了充分利用双方的外交磋商机制，推动两国在北极问题上合作的意愿。俄罗斯总统注意到日本申请成为北极理事会观察员。"据媒体披露，双方的合作将以海上搜救为主，其范围今后将从北极海域扩展到鄂霍次克海。此举使日本与俄罗斯的北极合作明确载入了两国政府的正式文件。①

2013年7月，在国内有关部门的强烈呼吁下，日本相关政府部门成立了关于北极问题的联席会议，其成员单位包括内阁官房长官海洋政策本部事务局、外务省欧洲局和国际法局、文部科学省研究开发局、经济产业省能源厅资源·燃料部、国土交通省综合政策局·海事局·港湾局·北海道局·气象厅、环境省水·大气环境局、防卫省防卫政策局。该联席会议的主要功能包括：利用北极航线与行政体制；应对环境问题；开展科考活动；推动国际合作；促进资源开发；探讨如何与北极理事会合作。

2013年9月上旬，日本海洋政策研究财团相继在东京和札幌召开有关可持续利用北极航线的国际研讨会，东京会议的与会者多达250人，札幌会议的与会者也有100多人。俄罗斯专家在会上介绍了该航线的利用现状，挪威和美国专家也参加了研讨会。此后东京如愿以偿获得2020年奥运会主办权，在日本国内也被视为参与北极的利好因素，因为此举提升了日本的国际地位，所以要"用足政策"。

2013年11月11日，在印度新德里举行的亚欧外长会议期间，日本外相岸田文雄与北欧和波罗的海八国外长首次举行会晤，讨论了包括北极合作

---

① 《产经新闻》，2013年4月30日。

在内的众多问题。八国欢迎日本成为北极理事会观察员,并期待加强与日本的北极合作。

日本一贯极为重视海洋,但在体制上却存在明显的短板,这自然对其参与北极产生了负面影响。作为一个四面环海的岛国,日本虽然早在20世纪上半叶就提出了"海洋立国"的口号,但迄今为止却没有一个主管海运的政府机构。国土交通省下属的海事局仅管辖海运事务,港湾局下设海洋/环境课,相当于中国的处。在该课下面才设有一个"海洋利用开发室",这是一个科的设置。同样,外务省的国际法局国际法课下面,才设有一个"海洋室",相关的北极外交政策,主要是由该室负责的。由这样小到不能再小的机构来主管日本的海洋事务,显然是小马拉大车,力不从心。

根据2007年出台的《海洋基本法》,日本组建了"综合海洋政策本部",由首相出任本部长,官房长官担任副本部长,所有内阁大臣担任其成员。该本部下设事务局负责相关日常事务。但该本部并非独立机构,其事务局设在内阁府。相关政府机构如外务省、防卫省、国土交通省、文部科学省等对海洋事务又管又不管。有利的大家都要伸手,棘手的都避之唯恐不及,整体上处于一盘散沙、各自为战的状态,每年由上述本部召开一两次会议予以协调。但如此非常态化的协调毕竟难以有效应对大量的日常事务。此前虽然成立了政府部门之间的联席会议,但仍是换汤不换药,问题依然如故。对这一问题日本国内大声疾呼了多年,但始终没有根本改观。因为设立新部门就要增加人员编制,就要增加开支。由于财政状况极为严峻,目前日本政府想方设法压缩开支,对北极问题也同样如此。日本国内的有识之士多年来始终在大声疾呼,呼吁日本政府重视这一问题,但在剧烈的政局变动背景下,无论是此前的民主党政权,还是2012年年底重新夺回政权的自民党政府,这一问题都很难被优先考虑。因为它不涉及公众对政府以及执政党的支持率。

对日本这样一个资源和市场两头在外、完全依赖海上运输的岛国来说,参与北极开发将获益匪浅是不言而喻的。但经历了泡沫破灭后长达20多年的折腾,日本经济确实已元气大伤,以致对参与北极开发这样完全符合日本长远利益的重大项目，也一度表现出力不从心之态，在 2009 年之前该项目始终无法列入议事日程，所以也根本没有相应的预算经费。外务省国际法局长在 2008 年回答为何日本不申请成为北极理事会观察员一事时，就曾经如此明确表态："没有这笔钱，另外在外交上也排不上号。"[①] 由于中韩两国尤其是中国积极参与北极的姿态对日本产生了触动，从 2009 年以来日本开始重视北极问题。

由于 2012 年钓鱼岛问题的激化，日本政府的当务之急是全力在国际社会以及中国周边构建包围圈，这从安倍重新担任首相以来的出访国家便可清楚看出。虽然在安倍访俄的联合声明中提及了双方的北极合作，但仅与俄罗斯合作显然是不够的。对此，日本国际问题研究所研究员小谷哲男在 2013 年 3 月由该所提交的《北极治理与日本的外交战略》（外务省委托课题，耗时一年）报告中指出：日本与北欧国家的关系相当薄弱，而这些国家都是北极理事会的重要成员，因此日本外交的当务之急是加强与北欧国家的关系。由于日本在外交上对美国的依赖是很深的，在参与北极问题上也同样如此。尤其是因新航道开通可能引发的安全问题，日本更是强调必须加强与美国的合作。[②]

由于此前日本政府对参与北极重视不够，至今尚未开展过国家层面的北极调研，对北极及其沿岸国的信息掌握也不够。迄今为止尚未形成全面的参与北极国家战略。在人力和设施方面，日本都尚未构建起完善的北极参与体制。这就使日本无法对北极的资源开发制定具有前瞻性的整体方案。日本国内的有识之士均认为其参与北极起步太晚，当务之急是建立一个相应的机构，由该机构主导制定相关的国家政策，有序地推动北极科考、航道和资源开发，并着手与相关国家就由此可能出现的安全问题开展探索与合作。

---

① 《朝日新闻》，2008 年 10 月 6 日。
② 〔日〕小谷哲男：《北极问题和东亚国际关系》，《北极治理与日本外交战略》，日本国际问题研究所报告，2013，第 86 页。

四 日本的利益所在：资源与航道

日本位于亚洲的东北端，北极航道如能开通，日本受益匪浅是不言而喻的。比较经由苏伊士运河的现行航道和经由白令海峡的北极航道，在中日韩的三个代表性港口中，横滨受益最大，其次是釜山，上海则名列其后。如果是北海道苫小牧港的话，则受益更为明显。

2012年11~12月，装载着13.5万立方米液化天然气的俄罗斯"鄂毕河号"货轮，从挪威北部港口哈梅菲斯特经由北极航线抵达日本北九州港，为九州电力公司提供了发电燃料，这是北极航线首次运输液化天然气，日本由此突然感到北极是如此邻近。[①] 这是由俄罗斯天然气公司买下的挪威产液化天然气，该公司将日本作为首选客户。在俄罗斯看来，日本市场的魅力大于欧洲，今后该公司将逐步增加对日本的天然气供应。为了抗衡美国的页岩气革命，俄罗斯迫切需要出口更多的天然气，这势必提升北极航线的利用价值。而2011年大地震导致核电站弃用后，液化天然气在日本能源结构中的比重提升，成为不可或缺的重要能源。此前日本的进口液化天然气主要来自印度尼西亚和马来西亚等东南亚国家，新开通的欧洲渠道无疑有利于日本实现进口的多元化，分散风险，降低成本。欧洲仅在冬季对北极地区生产的天然气具有需求，夏季相对凉爽，并不需要天然气发电降温，于是北极在夏季生产的天然气只能向东亚销售，这对日本填补能源缺口是不小的利好。在日本看来，参与北极的资源开发，就是积极推动资源生产秩序的形成，是双赢或多赢。目前，俄罗斯、挪威、美国和格陵兰均在吸引外资参与北极地区的资源开发，但那里气候严寒，开采成本相对高昂，而且尚未研发出可有效应对原油泄漏的技术。眼下北极的资源开发，既有对商业利益的追求，也有相关国家确保能源稳定供应的考虑。为推动资源的持续开发，需要大量投入来

---

① 〔日〕本村真澄：《北极地区的能源资源和外国的作用》，《北极治理与日本外交战略》，日本国际问题研究所报告，2013年8月，第13页。

建设相关的基础设施，通过互惠的利益分配来形成北极地区的资源开发秩序。

为了更好地参与北极的能源开发，目前各国的油气企业都在摩拳擦掌，跃跃欲试。在这一领域，日本认为它还是具有一定优势的。北海道北面的鄂霍茨克海域在冬季的气候条件与北极海域相似，日本今后将在那里加强相关的实验，由此开发适合北极的能源技术，然后再前往北极海域予以现场验证，从而确保其在北极能源技术领域的领先地位。在北极这个"新边疆"，相比其他已形成规模的各大油气产地，进入的可能性无疑要大得多。谁能开发出最适合北极的开采技术，谁就可能捷足先登，占尽先机。日本不希望在这场白热化的竞赛中输在起跑线上。

迄今为止，日本参与北极基本以科考为主，对因气候变化而产生的北极地缘政治环境的变化，日本始终在注意收集相关资讯。财界对北极当然非常关注，但因北极航道还面临许多不确定因素，企业一直在算小九九，大多处于按兵不动状态。在资源开发领域，日本原先一直认为北极开采的石油价格偏高，因此日本企业总是驻足观望。但在2011年3月发生大地震后，日本对液化天然气的需求骤然猛增，因而对北极的液化天然气兴趣大增。为参与北极的天然气开发，日本的住友商事、出光兴产、帝国石油等企业已联合出资成立了"格陵兰石油开发"公司，参与格陵兰东北部的海底油田招标活动，表现出积极的参与姿态。①而出光兴产公司成立于1989年的一家子公司，目前在北海已拥有6座油田。虽然日产原油仅为3万桶，但其利润竟占到全公司的70%。该公司的员工总数是7000人，而这家子公司包括当地员工在内，才只有35人！2012年7月这家子公司参加了巴伦支海斯诺赫维特以南约30公里的某油气田的招标，虽未成功，但此后将继续参加其他项目的招标。出光公司的一位副总裁如此表示："不进入北极就要落伍，10年后就会无利可盈。"

另外，如果北极航道正式开通，日本海就会成为繁忙的水道，位于

---

① 〔日〕秋元一峰：《中国与北极——密切关注与有克制的挑战》，《北极海季报》第5期。

日本海的日本各港口将获得重大利好。自从 1995 年阪神大地震神户港遭受重创以来,日本就失去了东亚枢纽港的地位,而北极航道的开通无疑将有利于恢复其物流基地的功能,尤其是日本海沿岸的一些港口。日本相关部门呼吁应及早对今后的物流变化趋势做出预测,制定相关法律,建立相应的基础设施,包括资助造船厂建造破冰船。在 2012 年 6 月日本政府推出的资源开发五年计划中,就明确提出要尽快开发北极等地区的油气资源。

2012 年 3 月推出的"日本北极海会议报告"明确提出,可与中国和韩国开展各种形式的合作,因为从东亚至北极的航道为中俄日韩所共有,在维护该航道安全问题上,这些国家将面临协调还是对立的选择。中国在日本的非北极沿岸国的合作对象中位居首位。与中韩开展双边或三边的合作极为重要。从此前的极地科考积累与经验来看,日本在与中韩的合作中显然处于有利地位。彼此可就包括国际法在内的北极参与的制度框架开展合作,明确表达诉求,保持参与。① 这不是某一个人的看法,而是作为课题组的共识提交给日本政府的。

五　关注中国动向,希望与中国合作

日本在密切关注北极事务的同时,对中国参与北极的相关动向保持高度关注。外务省一名官员就明确指出:中国参与北极的态势对日本来说是一个重大战略课题。因为在日本看来,一旦北极航道正式开通,中国作为全球屈指可数的大市场,成为该航道的主角是显而易见的,欧盟是中国的头号贸易伙伴,中国与欧洲之间的物流体系将由此得到明显加强。如果中国全面参与北极,会对日本产生什么影响,这是日本相关部门高度关注的热点话题。而相比日本国内大肆炒作"中国威胁论",尤其是对中国进军海洋的动向几乎达到神经质的地步,日本对中国参与北极的分析却显得相对客观和理性,包

---

① 〔日〕秋山昌广:《北极海域的管理体制》,日本北极海会议报告,2012,第 123 页。

括日本自卫队相关研究人员也同样如此，这是很耐人寻味的。

　　日本海洋政策研究财团的主任研究员秋元一峰在由该财团编辑发行的《北极海季报》第5号上撰文，曾如此分析中国的相关动向。在这篇题为"中国与北极"的论文中，作者的结论是这样的：中国拥有为开发北极的意愿，但无意引领相关的国际框架。作为非北极国家，日本与中国和韩国在北极参与上是同舟共济，因为所有这些国家均可通过参与北极在航运和资源领域获益。这些国家整合其北极战略的话，无疑将使东亚地区共同受益。如果中国与日本在北极参与上携手合作，则显然可形成双赢。① 这位作者曾在海上自卫队服役30年后又供职于防卫研究所，在日本军方炒作"中国海军动向"早已司空见惯的当今，如此分析中国的北极参与，显得颇为"另类"。另一位该财团的特聘研究员在通过详尽分析国家海洋局极地考察办公室等机构的网站后认为，看不出中国在获取北极的资源上会表现出咄咄逼人的姿态。

　　日本海上自卫队的一名上校一年后在同一份刊物上如此分析今后的北极外交态势：美俄两大海军强国加上中国将成为北极的主角，因为中国的海军实力在明显增强并且在不断向外海进发。未来自由通航和拒绝外国船只进入以及保卫海上航线将成为北极问题的关键词，由此呈现极为复杂的局面。②

　　出于上述考虑，虽然近年来中日双边关系龃龉不断，但日方对两国在参与北极问题上的合作还是非常看好的。2010年12月由日本海洋政策研究财团召开了"北极的资源开发"国际研讨会，包括美国、俄罗斯、加拿大这三个北极国家和中日韩这三个东北亚国家的专家出席了会议，日方的会议综述如此表述："尽管日中两国的出发点不尽相同，但均对北极航道问题高度关注。双方一致认为：为开辟该航道，确保对以俄罗斯为首的北极国家的影响力，日中韩三个国家的合作是必不可少的。本次会议堪称是非北极沿岸的这三个国家探索其合作框架的一次尝试。"③ 紧接着2011年8月，太平洋沿

---

① 《第三届"北极资源开发"研讨会综述》，《北极海季报》第8期。
② 〔日〕佐藤丰：《北极融冰所引发的战略架构变化》，《北极海季报》第9期。
③ 〔日〕和田大树：《中国资源外交与北极参与》，《北极海季报》第9期。

岸六国（美国、加拿大、俄罗斯、中国、日本和韩国）的专家又在夏威夷的东西方中心聚会，中国、日本和韩国从非北极沿岸国的角度表达了他们的诉求，会议还讨论了北极理事会应建立怎样的机制以便充分听取这些国家的呼声。由此看来，在北极参与问题上，中日韩的合作已是大势所趋，无法回避。为此，小谷哲男在上述报告中如此呼吁：与其与中国和韩国竞争，还不如联手合作，力争同时成为北极理事会的观察员。因为这三个国家在参与北极问题上的利益是一致的。

日本在中国的北极参与问题上表现出相对理性的姿态，并在双边关系处于低谷之际仍毫不掩饰对中日韩合作的强烈渴望，这显然与日本的国家利益密切相关，因为参与北极符合日本的根本利益。中国参与北极的姿态也许比日本更积极，但日本完全不必对中国的目的和动机说三道四，因为那样做显然不利于日本自己参与北极。目前中国的国际地位处于全面上升过程，国际社会也需要中国的更多参与，日本对中国的北极参与自然是乐观其成，因为非北极国家在参与北极问题上的利益是一致的，中日韩这三个东北亚国家就更是如此。凡是中国在北极参与问题上取得的进展，日本也可望同样受益，这又何乐不为呢？日本乐得由中国来整合非北极国家，扫除在参与北极过程中的各种障碍，日本坐享其成，获得其所渴望的回报，这是日本求之不得的，它实在没有理由质疑中国的北极参与。况且，通过对比中国的积极姿态，还可以反过来倒逼日本政府更加重视北极参与，尽快建立相应的体制和机制，这同样是日本各界所热切盼望的。因此在该问题上看不到日本的情绪性宣泄是很自然的，这对推动中日韩的北极合作是非常有利的。

韩国北极政策分析

李 宁　龚克瑜*

一　韩国与北极

韩国位于亚洲大陆东北部的朝鲜半岛南端，自北向南延伸，全长1100多公里。它由单一民族朝鲜族组成，是一个具有历史文化底蕴的中等发达国家。韩国在20世纪60年代开始实施"出口导向型"发展战略后，经济迅速发展，创造了"汉江奇迹"，成为亚洲四小龙。根据2013年9月韩国中央银行和世界银行发布的世界发展指数（World Development Indicators）显示，截至2012年，韩国已经连续五年GDP排名世界第十五位。[①]

但是韩国是小国，资源、能源相对匮乏，所以在政治上，韩国依附美国，作为美国在亚洲最稳定、密切的盟友之一，其国际政治地位不高；在安全上，众所周知，朝鲜的核威胁牵制和制约了韩国的发展；经济上，在经历了1997年亚洲金融风暴和2008年全球经济危机这两次严重的经济危机之后，韩国自身的发展也遇到了一些问题与瓶颈。韩国政府希望能够找到类似三星产业链这样具有产业创新意义的突破口，为经济发展创造新动力，不断提高国力。

在这样的背景下，北极海航道的商用通航迅速成为韩国官、产、学、研，甚至广大民众各界关心的焦点，韩国政府对北极事务的参与也很快被提上议事日程，加速重视起来。

---

* 李宁，上海国际问题研究院全球治理研究所助理研究员，主要研究方向为韩国问题等；龚克瑜，上海国际问题研究院世界经济研究所副研究员，主要研究方向为韩国问题等。
① http://world.huanqiu.com/exclusive/2013-09/4390419.html，环球网，访问日期：2014年12月8日。

由于韩国一直以来在极地事物参与上"重南轻北",对北极事务的参与起始时间较晚,属于北极事务的"后来者",且又为北极域外国家,所以在北极事务上话语权有限。但另一方面,由于韩国是小国,对北极事务的参与不存在明显的政治意图,且在长期出口导向型经济发展模式下,韩国逐渐形成了自身在造船、运输、海洋成套设备等方面的国际领先实力,加之韩国多年来对自身"国际形象"的经营,使得韩国得到很多国家的好感,有利于其对北极事务的参与。

在相继成为斯瓦尔巴条约成员国和北极理事会正式观察员国之后,在国内学界及产业界的大力推动下,韩国政府于2013年5月发布了针对国内北极政策方面不足而推出的《北极综合政策推进计划》,该计划拟推进以北极航道开发建设为重点,多角度、全方位参与北极事务的北极综合政策建设。在现政府的大力支持、推动下,在韩国国内产业界、学界、广大民众的热切关注下,韩国对北极事务的参与如火如荼地展开。

二　韩国北极战略和政策的形成

韩国对北极事务的参与虽然起步较晚,但发展较快。随着东北航道商业通航可能性的加大,韩国的官、产、学、研等各方在政府支持下积极行动,通过通航可行性研究、韩国北极航道战略研究、各式国际国内研讨会、试航等多方面努力,推进韩国北极战略和政策的形成。另一方面,各地方政府也积极活动,希望利用政府对北极事务的参与,挖掘新的商业模式,带动地方经济发展。

2012年9月,(原)韩国国土海洋部、韩国海洋水产开发院(KMI)、经济人文社会研究会共同举办了"第一届北极海战略确立政策论坛"。在论坛上,韩国官、产、学、研等各方针对韩国缺乏关于北极的中长期战略政策问题进行了深入讨论。2013年,朴槿惠总统上台,将北极航道开发列入国家重要施政课题,其后韩国成为北极理事会正式观察员国,进一步促进了《北极综合政策推进计划》的出台。韩国的北极战略和政策正一步步走向明朗化。

（一）参与过程

韩国对于北极事务的参与起步时间较晚。一直以来，韩国对极地事务"重南轻北"。韩国认为南极是"无主之地"，在《南极条约》的维护下，在南极的科考等各种活动都不会引起国际摩擦进而引起国家间的矛盾，而北极不同。自从 2007 年 8 月俄罗斯将国旗插入北冰洋底，俄、美之间关于北极领土争夺问题明朗化之后，北极海周边国家对北极的竞争一直持续着比较激烈的状态。在这种情况下，韩国认为，对北极事务的参与，可能会介入大国争夺之中，且如果把握不好，容易引起不好应对的国际问题，对韩国国家利益没有好处。2002 年韩国在北极建立茶山基地，也主要是以科考为主。[①] 在北极航道商用开放可能性逐渐显露的背景下，2012 年，时任韩国总统的李明博依次访问了俄罗斯、格陵兰岛（丹麦）以及挪威，为韩国成为北极理事会正式观察员国而努力，同时积极推进北极航道的试航。2013 年，朴槿惠总统上台后，在其当选后的 140 项国家施政课题中，北极问题被列入第 13 项，并被提升到创造海洋发展新动力的高度，且目标明确为北极航道建设。参与北极事务，开发北极航道，创造韩国发展新动力在韩国官、产、学、研等个各方面形成一股共同关注、共同推动的热潮。而 2013 年 5 月《北极综合政策推进计划》和 8 月的北极航道试航，更将热潮向前推进了一大步。

（二）主要相关部门

在朴槿惠政府治下，韩国主管北极事务的是韩国海洋水产部，其下属海洋水产开发院，从 2009 年起一直关注北极航道的发展。作为韩国对北极航道最主要的政府研究部门，韩国海洋水产开发院每隔一段时期就会发布关于北极战略、政策及航道的一些研究成果。这其中主要关注的重点是北极航道

---

① 〔韩国〕极地研究所网站，http：//www.kopri.re.kr/home/contents/m_1211000/view.cms，访问日期：2014 年 12 月 8 日。

问题。2011 年发布的《随着北极航路通航对海运港口变化及物流量的展望》的报告，翔实地研究了北极航道开通对韩国可能产生的一系列影响。另外一个较为重要的极地研究机构是韩国海洋科学技术研究院附属的极地研究所，该研究所主要从事极地科考、极地站管理、韩国 Aron 号破冰船的管理等极地科学研究方面的工作。除此之外，釜山海洋大学等许多学、研机构也在密切关注北极航道的发展，不断作出一些对于韩国参与北极航道的利弊分析、相关国家北极政策对韩国影响的分析评估，以及提供一些对政府北极战略、北极政策的意见建议等。在北极航道开发建设中最可能受益的产业界，如韩进海运、现代上船等大型海运公司，则积极地推动政府尽快制定关于北极的战略，以确定在未来北极发展中可以尽早占领一席之地。

（三）韩国国内政治结构对其北极政策的影响

韩国从政府首脑层面对北极事务的积极运筹开始于李明博政府时期。在其任内后期，为了推进韩国顺利成为北极理事会的正式观察员国，也为了考察北极周边的域内大国，为韩国今后参与北极事务，特别是为参与北极航道建设打下良好基础，前总统李明博访问了俄罗斯、丹麦、挪威三个北极事务大国，有针对性地与三国进行了深入交流。

韩国北极政策的推进也得到了现任朴槿惠总统等高层的大力支持。早在朴槿惠竞选之时，她就将积极参与北极事务列入其施政要目之中。当选后，朴槿惠政府列选了 140 项国家施政重大课题。北极问题位列第 13 项，并被提升到创造国家海洋发展新动力的高度，且将工作重点集中于北极航道的开发、利用。朴槿惠总统在任内第一次访问釜山时就指出，政府将积极应对北极航道开通的机遇。争取将釜山建成为东北亚的航运中心和海洋之都，进一步带动韩国经济发展。

在北极热潮影响下，韩国各地方的政府、议员等也纷纷发表意见、声明游说政府，希望将所在地方纳入国家北极开发、北极航道建设的体系中来，利用政府的支持、地方港口等资源，通过对北极航道开发、建设的参与，带动地区经济，促进地区发展。虽然这些声音受到了韩国媒体的抨击，认为地方在情况尚不确定的情况下盲目地进行计划，不能切合实际，但依然没有影响这股地方争取、推动参与北极事务的热潮。

（四）相关事务的国际参与

北极理事会成立于1996年，是由美国、加拿大、丹麦、芬兰、冰岛、挪威、瑞典及俄罗斯8个成员国组成的政府间组织，主要协商讨论与北极有关的事务，主导北极开发建设。韩国于2013年5月，在瑞典北部的基律纳，与中国、日本、印度等国一起，被北极理事会正式接纳为永久观察员国。

作为近距离跟踪北极事务动态的窗口，观察员国不具投票权，也无权在年会上发言，也不能参加部长级会议，但在北极议题上具有合法的权利，可列席理事会的会议，拥有发言权、项目提议权，而且可以参加北极理事会下设的6个工作组。韩国认为被北极理事会接纳为正式观察员国，是北极理事会成员国对韩国增进北极圈利益，且具备增进利益的专业性，以及为北极相关国际合作事务作出贡献的承认。成为正式观察员，韩国就能够在今后的北极能源开发等北极理事会决策过程中拥有更大的参与权、发言权。

在通过参与理事会与工作组工作，以确保与成员国、观察员国之间的合作基础的目标指引下，韩国政府计划强化与北极理事会的合作。不但与8个会员国建立双边、多边双管齐下的合作体制，还要与观察员国，特别是新晋观察员国之间建立密切的合作关系；另一方面，要扩大参与北极理事会的6个工作组，组建韩国国内的产、学、研等多方专家库，定期派遣专家参与工作组工作，同时开发一些共同研究项目，继续支持召开相关研讨会，通过多方面努力进一步密切与各国的合作。

不仅如此，韩国政府还在推进参与北极理事会之外的北极相关国际机构，如北极科学委员会（IASC）、太平洋北极团体（PAG）等，参与国际海事机构关于北极航行、船舶建造的国际标准的准备工作，促进与北极原住民团体合作，多层次多角度加大韩国与其他国家、国际组织关于北极事务的相关合作，积极发展自身在北极事务中的影响力。

作为北极域外小国，韩国通过在多边舞台上的积极参与和密切合作，加之自身在经济、人文方面的优势，不断努力扩大在北极事务中的国际话语权建设。

综上所述，韩国虽然对北极事务参与的起步较晚，但其作为国家重要的施政课题，得到政府的积极支持，以及产、学、研等多方关注，在快速发展中逐渐形成明确的目标与内容。韩国对内通过多部门相互协作，对外通过多边双边强化合作等方式，相互辅助，不断夯实其参与北极事务的基础。

三 现阶段韩国北极战略和政策的主要报告解读

作为韩国北极战略政策前奏的《北极综合政策推进计划》，是迄今为止研究韩国北极战略政策的最主要参考依据。2013年7月25日，韩国政府发表了由韩国海洋水产部牵头，外交部、产业通商资源部等多个相关部门协同合作推出的该计划书。从该计划书的内容，可以分析出韩国关于北极战略政策的中长期规划。

（一）报告出台的背景

2013年5月20日，朴槿惠总统在青瓦台首席秘书官会议上表示：针对北极航道开拓、能源资源开发等全盘北极政策，要通过整个政府层面的协商，准备综合的、未来指向的计划。作为总统指示的后续，韩国政府于7月25日发布了《北极综合政策推进计划》，其出台的主要背景有以下三个方面：一是韩国成为北极理事会正式观察员国的契机。韩国政府认为，应该借此次机会，加强与北极沿岸国家和北极相关国际机构的合作，掌握他们的最新发展动向，并且能够及时应对不断变化的政策环境，为最终制定北极综合战略做好准备；二是不断加速融化的北极海冰增加了北极开发的可行性。气候变暖导致北极海冰加速融化，使得北极地区拥有的包括航道通航、潜在能源开发、渔业资源等各方面的潜力与发展可能性日益呈现在世人眼前，引得各国对其关注度不断提高，纷纷制定各自的北极战略，而韩国决不应该在这方面滞后；三是一直以来对北极开发的商业模式的探索。在北极的开发可能性不断增强的过程中,韩国政府认为应该强化一直在进行的环境保护、气候变化等方面的北极科学研究,同时为了发掘北极航道开拓、石油天然气等能源及矿产资源的开发、水产资源的确保等方面的商业模式,而进行全政府层面、有体系的战略准备。在这样的背景下,韩国政府发布了旨在从各个层面整体推进韩国进一步参与北极事务的《北极综合政策推进计划》。

(二)报告的主要内容

这份对韩国参与北极事务进行全景描画的计划书内容简要精练,部门分工明确,时间节点清晰,对韩国北极政策的方向、目标和需要重点推进的课题都作了明确说明。特别值得一提的是,该计划书由韩国副总理兼计划财政部部长玄旿锡在政府对外经济工作部长级会议上正式提出,明确表示"将从政府层面促进北极航道开拓和能源、资源开发等的北极综合政策的确立",由此可见韩国政府对参与北极开发的重视程度。

该计划书涵盖了韩国北极政策的基本方向、基本战略与政策目标,政策中需要重点推进的部分、现阶段进行情况及包括时间节点在内的具体推进计划组成等四个部分,并附加了主要极地相关国家(美、加、俄、挪、丹、芬、瑞典、中、日)的极地政策动向。

首先,该计划书明确定义了北极和北极海,并在地图中明确标注了韩国政府关注和认识的各种信息。例如,从图中可以看出,韩国认为和韩国有关的北极航道主要有两条,即途经靠近俄罗斯的东北航道和途经美国、加拿大的西北航道;在北极圈内分布有大约4个大型渔场形成海域;主要的石油开发区域;200海里界限划定的位置;各国在靠近北极点位置声称的主权区域;俄罗斯与加拿大、俄罗斯与丹麦间的争议地区等。

在之后北极政策的基本方向部分,韩国政府认为,在北极冰面加速融化,各国纷纷制定北极政策的背景下,韩国应该以成为北极理事会正式观察员国为契机,在继续已经开展的科研活动外,应更加积极地谋划对北极的商业利用战略。在对国际法、自然环境、政策环境等作了简要分析后,韩国政府认为其北极政策有两个基本方向:一是在气候环境等科研和与沿岸国家的合作方面，要对国际社会有所贡献；二是在北极航道开拓、资源能源开发和水产方面，要为韩国自身创造新产业，即扩大与北极理事会、相关国际机构等的国际合作，强化北极地区的可续研究，通过与北极沿岸国家的双边合作为韩国创造新兴产业打下良好基础。

在政策展望及目标部分，韩国政府表达出期待成为开发北极的领先国家（Leading Country）的愿望，为了支持这个愿望，其将政策目标明确为三个方面：一是构筑对国际社会有所贡献的北极伙伴关系；二是强化对人类共同课题有所贡献的科学研究；三是为拓展韩国经济版图创造北极新产业。为完成这些政策目标，政府设定了四大战略课题：一，强化北极圈的国际合作；二，强化北极研究的科学活动；三，推进开发北极商业模式；四，扩充法律制度基础。

重点推进课题部分是整个计划书的重点章节，内容相对比较详细。政府根据其所设定的四大战略课题，将其细化为具体政策方向，明确共同负责的协同部门，详细表明了具体政策的目的并设定推进方案。

1. 在强化北极圈国际合作部分，韩国政府计划由未来创造科学部、外交部、产业通商资源部、环境部、海洋水产部共同协作，通过强化与北极理事会的合作，并扩大参与北极理事会下属6个工作组的活动，达到确保与北极理事会会员国和观察员国之间的合作基础的目的；由外交部、海洋水产部共同协作，通过参与北极相关国际机构的活动，达到扩大与北极圈国家的联系、准备双边合作的基础，并强化韩国在北极相关国际机构中的地位的目的；由外交部、海洋水产部共同协作，通过与北极地区原住民建立更广泛、深层的联系，以构建合作渠道，为在北极地区的中长期合作打下基础。

2. 在强化北极科研活动部分，韩国政府计划由未来创造科学部、海洋水产部共同协作，通过以北极茶山基地为基础扩大研究活动、通过Aron号破冰船强化研究工作、构建环北极5个地区冻土层观测点，不断扩大研究，以期不仅对国际社会有所贡献，同时也扩大韩国在北极海的领先性；由海洋水产部负责，通过推进扩充茶山科学基地的规模、构建国内北极相关机构的联合研究，扩充韩国北极研究的基础；由未来创造科学部、环境部、海洋水产部、气象厅共同协作，通过短期的北极海气候变化和海洋大气相互作用研究、中长期的探查极地－全球气候变化原因与未来预测，分析异常气候，监控朝鲜半岛气候变化并设计对应方案；由外交部、国土交通部、海洋水产部共同协作，通过建立极地区空间信息基本计划、推进北极航道海图制作，以期最终贡献于北极航道等产业开拓及科学研究活动等。

3. 在推进北极商业模式的开发部分，计划的内容更加详细。首先在北极航道开拓等海运、港口合作方面，韩国政府计划由产业通商资源部、海洋水产部共同协作，通过以北极航道商用通航为目的的试航活动、北极航道发展基础的推进、与北极海沿岸国家双边关系及共同研究等合作的强化，以期开拓与北极地区资源开发、运输等相联系的新兴经济领域，并通过对北极航道的不断勘察，努力从以散货为主的运输发展到以集装箱为主的运输；由外交部、海洋水产部共同协作，通过推进韩－俄港口开发合作备忘录的缔结，为确保能源资源、资源加工园区建设等与北方经济相连接的国家利益准备基础；由海洋水产部负责，通过推进韩国国内港口应对北极航道商用开发方案的研究，扩充、装备韩国国内港口设施建设；其次，在资源开发合作和船舶海洋成套设备技术开发方面，由产业通商资源部、海洋水产部共同协作，通过推进与相关国家签署谅解备忘录、推进极地区域航行船舶的核心技术开发、推进极地深海资源生产用海洋成套设备开发研制，准备资源开发产业的参与接触，确保可持续的能源供给源；再次，在水产合作方面，由外交部、海洋水产部共同合作，通过建立极地水产业的阶段发展方案，确保稳定的水产粮食资源及远洋产业的增长新动力。

4. 在扩充法律制度基础部分，由海洋水产部负责，研究与北极等极地研究与活动相关的法律，为极地综合的、体系的政策推进与研究活动的发展提供制度的支持；由海洋水产部负责，强化对极地相关研究开发、国际合作、新商业模式开发等极地相关业务综合管理的科级单位组织，推进综合的、体系的极地政策的建立。

计划书的最后一部分为北极政策的推进体系与今后推进计划。这部分再次明确了各部门担当的任务和需要相互协作的部门,并确定时间表,评审各项内容的推进情况,计划在2013年底确立内容更为详细的韩国北极政策推进计划。

(三)报告书的解读

韩国政府发布的《北极综合政策推进计划》,汇聚了韩国官、产、学、研等相关部门、机构几年间的研究成果,能够清晰、明确地反映出韩国对于北极国际合作、北极航道建设、北极科学研究、北极资源能源开放等方面的态度、认识,以及其参与的目标、途径等。该计划本身具有以下几个明显的特点。

第一,正如在该计划第一部分中朴槿惠总统所言,这是整个政府层面针对北极的全盘工作所做的综合性的政策计划。计划明确了具体项目的负责部门,各部门也明确自己的任务及需要相互协调的其他政府机构。这种集合多个部门协同力量制定的综合政策,在韩国尚不多见,朴槿惠政府时期更是第一次,由此,参与北极事务对于韩国的意义可见一斑。

第二,该计划并不仅仅是韩国参与北极事务的政策,更是与韩国国际政治地位、未来能源安全、国内产业创新、区域经济发展、提高国家利益等密切相关的大型综合政策。该计划书在制订具体参与北极事务的计划的同时,将眼界放得更加宽广长远,对韩国未来在全球、亚洲的政治、经济地位等作出了模糊的计划。

第三,从计划书中可以看出,韩国政府对于推进的目标和重点十分明确,且计划详细。整个政策计划中,政治、经济、科技、人文等方面各项具体措施互相补充、互为辅助。

第四,该政策计划内容虽然全面、细致,但有一个硬伤:除了关于北极航道运输方式方面,有一个到2030年的大致规划外,其余几乎所有具体计划都是短期的,主要以到2015年为主。由此可见,虽然韩国政府已经有了关于北极战略及政策的总体规划,但关于中长期的具体计划是不足的。

四 韩国北极战略和北极政策的目标、手段和主要特征

近几年，韩国一改从前重南（极）轻北（极）的极地战略，积极参与北极事务。作为出口导向国家，以及其在造船、海运等方面的优势，韩国更特别希望通过北极航道的开拓，为出口的扩大和便利化提供条件、充分发挥本国造船和海运优势、促进产业创新，增加经济利益。

韩国的北极研究一开始就从官、产、学、研各方面齐头并进，特别是产业界和学界对北极研究显现出极大热情。韩国在成为北极理事会正式观察员国之后，为了弥补其在北极政策方面的不足，在经过产、学、研的深入讨论后，出台了《北极综合政策推进计划》报告，力图更加全面准确地界定韩国参与北极事务的前景、目标、计划，为其北极政策的推出做了较为全面的准备。

（一）目标和手段

由上述对韩国北极战略、政策的发展、形成，及对《北极综合政策推进计划》的介绍和解读可以看出，韩国对于参与北极事务的态度是非常积极的，其目的——从长期来看——在于通过参与北极事务，扩大、提升韩国在国际性事务中的影响力和地位，并确保自身对北极能源、资源开发的参与，进而确保未来的能源安全；从中短期来看，韩国希望借助自身在航运、造船、海洋成套设备等方面的优势，加上其靠近北极航道的有利地理位置，通过参与北极航道的开发建设，打造釜山成为东北亚航运中心，以此带动一整条经济产业，推动地方经济发展，创造发展的新动力。这三个目标互为辅助，所以韩国各界对其是有共识的。

而实现这三个目标的最主要手段，其一就是"依靠大国"，即在自身对北极事务参与不足、在北极事务中分量不足，且北极域内国家竞争激烈的情况下，韩国选择与北极域内有实力的大国进行高度密切的双边合作，通过这

种全方位的双边紧密合作方式,强化自身在北极事务中的作用,保证本国利益。例如在北极航道的使用过程中,韩国对俄罗斯北极航道政策、破冰船、海水信息、气候信息等方面的依存度可谓相当之高。由于俄罗斯认为北极东北航道 NSR 段属于俄罗斯沿岸海域,属于俄罗斯领海,受俄罗斯国内法律管辖,所以对于来往船只按照俄罗斯国内法律规则进行管理,这就意味着俄罗斯对于在这一段航行的船只具有绝对的管辖权,对于在这一段海域的破冰船使用、水文信息、海冰面信息、天气信息等方面规定苛刻。在这一段海域租赁俄罗斯核动力破冰船的费用高昂,且价格会出现大幅度波动,特别是俄罗斯对这一段海道的信息独享等,这都对来往船只造成很大程度的负面影响。但这段 NSR 航道正是韩国主要利用的北极航道。在这样的背景下,特别对于韩国这样的域外小国来说,与俄罗斯的密切友好的合作是务实的选择。

其二是多层次多角度的双边、多边战略合作。韩国与北极域内、域外国家进行了多层次、多角度的广泛的双边、多边合作。韩国不仅与俄罗斯进行了密切的双边联系,与域内另一大国挪威也进行了关于北极开发的卓有成效的合作,在多边领域,韩国强化并扩大与北极理事会的联系,加强了与北极理事会其他观察员国的联系,积极参与北极相关的各种组织、团体的活动,扩大其在北极事务中的地位与话语权。从首脑外交、部门合作、专家交流,到民间往来;从政府文件、产业合作、共同科研,到原住民文化交流,相互交织,相辅相成。

其三是通过对北极相关情况的细致研究,对国内产业、港口等的装备、调整,更积极地应对北极事务。在对外进行积极合作的同时,韩国国内也掀起了一股北极热。从 2009 年开始,韩国官、产、学、研等各方面对北极航道进行了深入的研究、探讨,并相继发布了研究报告。政府还积极支持釜山建成为东北亚的海洋首都,带动地区经济发展。并承诺在铁路规划、资金等方面给予积极支持。可见,政府并没有将北极航道建设单纯地看成一个独立的新产业,而是将北极航道建设与国内建设联系起来,希望通过北极航道的开发,带动整个地区的经济活力。从地方层面看,在朴槿惠政府宣布将北极航道建设列入重大国政课题后,以釜山为首的韩国重要港口,纷纷出台了各自的北极航道计划，各地方政府、议员等也纷纷上书中央或发表演说，要求参与北极航道开发。

（二）北极战略与政策的主要特征

总的来看，韩国的北极战略及政策具有以下特征。

1. 根本目标：国家政治经济利益为主、科研为辅

通过该计划书可以看出，韩国参与北极事务的根本目标在于构建其在北极相关事务上的国际地位，获得更多"国益"，即国家利益，包括国家的经济利益、政治外交利益等。韩国属于北极域外国家，没有直接参与北极事务的权利，但作为进出口大国，航运一直是该国的重要产业。面积不大的韩国，却拥有十三个较大港口，其造船业在世界上也处于领先位置；作为资源匮乏国家，韩国对资源的需求非常热切，所以北极航道及北极资源、能源开发对韩国的发展意义重大。

韩国政府希望通过加强与北极海周边国家及北极相关国际机构的协调，更加密切地在北极航道、北极资源能源开发等问题上的相互合作来实现这一目标。计划书中对国际合作、航道开拓等方面的规划也非常具体、翔实。相比而言，通过参与北极事务提升韩国的科研能力也是重要目的，不过提升该领域的科研水平本身也是为韩国更进一步地参与北极事务服务。因此，尽管计划书对北极科研也做出了规划，但较为简略。

2. 总体参与战略：合作为主、单干为辅

韩国参与北极事务的方式主要以合作为主，这是韩国综合考虑自身的地位与能力做出的策略选择。韩国作为一个中等国家，在国际事务上影响力有限，在北极事务上难以采取单边行动，而且韩国也不希望给其他国家造成过于追求自身利益的不良印象。在这样的背景条件下，与域内国家或相关国际机构开展积极合作成为韩国的必然选择。韩国希望通过发挥自身优势，突出其为北极事务做出特定贡献的能力，来获得参与北极事务的话语权，同时展现一个负责任的参与方的形象。但在一些敏感性较低领域，韩国也会采取单边措施，来施加自身影响，以谋求长期利益基础，例如在与原住民交流等方面，韩国就做出了很多单边努力。

3. 具体合作方式：双边为主、多边为辅

在具体的合作方式上，韩国选择了双边为主、多边为辅的合作方式，这符合韩国一直以来的北极发展战略及韩国自身的利益。韩国在参与北极事务过程中，与该领域强国（俄罗斯、挪威）的双边合作是主要方式。例如在北极航道开拓上，韩国主要依靠俄罗斯，通过与俄罗斯建立多层次多渠道的双边密切合作，获得北极航道开拓的优势。因为对韩国而言，其主要使用的是东北航道，利益关系最为密切，所以与俄罗斯的双边合作是最便捷、最有效、可控性也较强的方式。但在可能影响北极开发的一些议题领域，韩国也会积极地和相关多边机构进行合作，例如参与北极理事会等的活动。

4. 合作内容：经济为主、文化为辅

韩国在参与北极事务上，依然沿用了其经济先行、文化辅助的对外经济发展的成功模式。韩国一般是先以投资、经济合作开道，通过为目的地创造经济利益来实现一定程度的影响力；其后，较为迅速地以文化等软实力内容的输出作为匹配，增强目的地人民对韩国的了解、好感甚至认同，并反过来促进经济利益的更大增长。经济利益与文化认同的相互融合和相互促进，使得两者可以共同发展，合作也更具可持续性。在参与北极事务上，韩国不仅只注重航道、资源、科研、水产等具有实际经济利益领域的开发合作，也明确地指出与北极原住民开展文化交流与合作的重要性。韩国政府强调，与原住民的合作，是从长期层面为韩国在北极地区进行开发和实现韩国国家利益所作的基础准备。以青少年交流为主要形式的文化交流等活动的主要目的，就是通过双方之间的互动，最终形成能够互相理解的文化共识，这种共识对韩国在北极地区的发展会起到事半功倍的作用。

5. 韩国对北极航道建设的参与

参与建设北极航道是韩国参与北极事务的重要组成部分，也是其核心部分，涉及韩国重要的战略及经济利益。

（1）韩国参与北极航道开发的基本概况

北极航道是指穿越俄罗斯与美国阿拉斯加中间的白令海峡，横跨北极，

通向欧洲鹿特丹的水路。随着全球温度不断上升，北极海冰面不断融化。根据美国国家冰雪数据中心的数据①，到2012年8月，北极海冰面面积已缩小至410万平方公里，创下历史最低值。《纽约时报》预测，到2020年之前，北冰洋将成为"无冰洋"，海冰将彻底消失。② 现阶段，北极海冰面每年有三个月左右的融化期，可作为航道使用的时间一般为一年中7~10月的四个月，如果加上破冰船的使用，商务通航完全成为可能。而且根据专家预测，今后十年内北极航道的通航时间为每年5个月，到2050年可以全年通航③。在2011年，北极航道就已经实现了7~11月的5个月通航期。北极航道的通航，意味着从亚洲到欧洲的航行时间与费用的大幅减少，而且与苏伊士运河相比，北极航道对通航船舶体积没有限制，这一点更加增添了北极航道的吸引力。

目前用于商用通航的北极航道，主要有两条：一条是西北航道（Northwest Passage），沿加拿大北部海域连接大西洋与太平洋；另一条是东北航道（Northeast Passage），沿俄罗斯西伯利亚北部海岸连接大西洋与太平洋④。对韩国而言，后者（北极东北航道，以下简称NSR航道）是一条具有产业创新意义的新航线，也是其计划主要利用的航道。这条航道可以将釜山到鹿特丹的航程缩短36.8%，航行时间缩短41.6%⑤，同时北极地区也是今后资源能源开发的热点地区。面对如此巨大的利益前景，韩国摒弃了一直以来"重南轻北"的极地政策，开始大力加强对北极的科考与航道研究，

---

① 美国国家冰雪数据中心数据：http://nsidc.org/data/seaice/pm.html，访问日期：2014年2月24日。
② http://tech.gmw.cn/2012-08/30/content_4935818.htm，光明网，访问日期：2014年2月26日。
③ Hong-Seongwon，《北极航道与北极海资源开发：韩俄合作与韩国战略》，《国际地域研究》第15卷第4号，第95~124页。
④ 北极理事会在2009年发表的报告中，将北极航道分为三个部分：连接北美和加拿大北极群岛的西北航道（Northwest Passage，NWP），连接北欧和挪威的North Cape所在的北部欧亚和西伯利亚的东北航道（Northeast Passage，NEP），东北航道中从白令海峡（Bering Strait）到Kara Gate一段区域，称为NSR（Northern Sea Route）。俄罗斯声称NSR区域是俄罗斯沿岸，属于俄罗斯内海，在俄罗斯国内法律的管辖之下。——笔者注
⑤ 韩国釜山港2011年统计资料（内部报告）。

试图通过北极航道的开发建设,将釜山打造成为亚洲的航运中转中心,并借此机会进一步推进已具备世界先进水平的韩国造船、海运和成套设备等产业的发展。

韩国在2013年5月成为北极正式观察员国之后,鉴于前期政策储备不足,开始在政府层面积极推进国家北极政策规划,并制定了推进时间表。2013年7月,韩国政府发表了一份由韩国海洋水产部牵头多个相关部门协同的关于推进韩国北极政策制定的《北极综合政策推进计划书》。计划书对韩国北极政策的方向、目标和需要重点推进的课题都作了明确说明,内容简要精练,部门分工明确,时间节点清晰。特别值得一提的是,该计划书由韩国副总理兼计划财政部部长玄旿錫在政府对外经济工作部长级会议上正式提出,明确表示"将从整个政府层面促进北极航道开拓和能源、资源开发等的北极综合政策的确立"。之后的12月,一个内容更加翔实,计划更加具体的《北极政策基本计划(案)》又被推出,这是韩国政府层面第一次就北极事务发表带有政府政策基调的基本计划。这一系列举动可见韩国政府对北极航道开发的重视程度。

(2) 韩国北极航道开发战略的主要内容

韩国北极航道开发战略的根本目标,是希望通过对北极航道的开发建设,带动国内经济发展,打造北极新产业链,创造韩国海洋发展的新动力,其核心是要将自身打造成东北亚北极航运的枢纽。韩国灵山大学海云港湾管理学科Hong-Seongwon教授明确指出:北极开发对于韩国的重大利益就在于北极航道的航运、北极资源能源开发以及开发后的资源能源运输[1]——航道与资源两个部分。在《北极政策基本计划(案)》中,韩国政府分别设置了强化国际合作、强化科学调查研究活动、推进北极商业模式开发和扩充制度基础四个方向,作为其积极参与北极事务的路径。北极航道,特别是NSR航道的开发建设是推进北极商业模式开发的基础和重点。

---

[1] Hong-Seongwon:《北极航道与北极海资源开发:韩俄合作与韩国战略》,《国际地域研究》第15卷第4号,第95~124页。

韩国北极政策分析

根据韩国釜山港 2011 年的内部统计报告,从釜山港到欧洲的鹿特丹港,使用 NSR 航道节能够减少 36.8% 的路程,航行时间缩短了十天,整个物流费用都将大大缩减(见表 1),这对于作为进出口及航运大国的韩国来说意义非同凡响。另外,一旦北极 NSR 航道正式商用通航,釜山将比亚洲地区其他主要港口城市(如新加坡、上海、香港等)具有极大的区位优势和竞争潜力(见表 2),这对于韩国希望将釜山建成东北亚物流枢纽中心的计划将是极大的帮助。所以韩国政府积极制定相关政策、培养特殊环境下航海人才、出台激励措施、增加港口建设投入。同时韩国政府意识到作为北极域外小国,韩国国小力单,必须与北极域内大国合作的现实,积极与挪威、俄罗斯等国合作。所以韩国的北极航道开发战略可以分为内外两个部分。

表 1　韩国 NSR 航道使用费用比较(以釜山港为例)

	极东-欧洲航道	NSR 航道	备注
运行区间	釜山-新加坡-鹿特丹	釜山-北极海-鹿特丹	
运行距离	20100 公里	12700 公里	节约 36.8%
运行时间	24 天	14 天	节约 41.6%
运行船舶	一般船舶	ICE 级别	
船舶费用	基准市价	+30%	
船员费用	一般航路费用	与一般航路费用相近	
保险费	一般保险费	+30%	
燃料消耗	标准燃料消耗率	+20%	
运营	一般运营	一般运营	

资料来源:韩国釜山港 2011 年统计资料(内部报告)。

表 2　使用 NSR 航道时釜山港竞争力比较(以到鹿特丹港为例)

	距离	比釜山港增加距离	增加年燃料费	增加年船舶使用费	增加年总费用
釜山	12700 公里				
新加坡	17180 公里	+4480 公里	+500 亿元	+720 亿元	+1220 亿元
上海	13220 公里	+520 公里	+50 亿元	+70 亿元	+120 亿元
香港	13978 公里	+1278 公里	+110 亿元	+150 亿元	+260 亿元

注:货币单位为韩币;每船每年航行 10 次,每次船舶使用费为 5 万美元为基准。
资料来源:韩国釜山港 2011 年统计资料(内部报告)。

在国内方面,首先,新一届韩国政府将北极航道开发作为国家重点项目,积极筹划出台北极相关政策,希望从国家政策层面固化北极航道开发战略,保障政府对北极航道开发的支持与帮助,以此鼓励企业积极参与;其次,韩国政府考虑到本国北极航道航行经验不足的短板,因此大力推进航运测试、积累航运经验。当前通过北极航道在欧亚间运送的货物数量呈现不断增长的趋势,但这一市场主要被欧洲和俄罗斯的大型航运公司垄断。韩国的大型航运公司,如韩振海运、现代GLOVIS等,由于缺乏合适的可运送货物和耐冰级别货船,特别是缺乏北极航道航行的实际经验,很难打进北极航运市场。而且北极航道海冰面情况复杂、气候条件恶劣,整个航行过程对船只情况、船员素质等都是极大考验。所以韩国政府决定,由海洋水产部负责,先行积累北极航道航行经验,培养人才,以为今后实际航行做准备。2013年9月15日至10月21日,韩国已经顺利完成了第一次NSR航道商业试航行,并根据试航结果确立了一系列后续计划;再次,韩国政府计划通过试行港口设施使用费减免、奖励使用北极航道的船舶等激励制度,旨在通过"外吸内补"的方式,吸引经由北极航道的船舶停靠韩国港口,为今后韩国参与北极航道的开发做先期布局。韩国政府计划,从2014年开始,为使用北极航道的停港船舶减免50%的港口设施使用费,预计每艘船可节省约600万~700万韩币,并视其当年的运送业绩,在下一年给予5000万韩币范围内的奖励;最后,韩国政府还计划加强国内港口建设,建立中转连接港,增强自身航道优势,同时带动地方发展。根据韩国海洋水产开发院的研究结果,北极航道商用通航正式开始后,在韩国处理的中转货物将逐年大幅增加[①],鉴于此,韩国港口的中转能力需要大幅提升,港口设施建设也需要重新调整。

对外方面,韩国政府的战略也很明确。首先,鉴于挪威、俄罗斯等北极域内大国在北极航运及航道所有权方面的领先性与权威性,韩国计划积极与

---

① 韩国海洋水产开发院、韩国先进化论坛共同举办的特别研讨会上发表的资料。"应对创造未来国富的'北极海'战略"研讨会,韩国海洋水产开发院,2011年11月24日。

其共同研究、探讨合作，通过举办各种形式的共同研究活动与国际会议，扩大韩国在北极航道方面知名度的同时，在基础设施建设、中转港建设、商业运行等方面推进共同合作，强化同域内大国的双边、多边不同层次的合作关系；其次，与俄罗斯合作培养北极航道航运人才。北极理事会规定，船舶在通过北极航道时，必须要有领航员领航，韩国在这方面的人才非常缺乏。由于俄罗斯在该领域较为先进，所以韩国计划通过与俄罗斯的合作，加速培养冰海领域领航员。同时，韩国也为在国内选拔极地船员积极准备；最后，韩国还计划与俄罗斯合作，在 NSR 航道沿岸开发建设中转港。NSR 航道途经的俄罗斯大部分港口，都位于远东地区。该地区的港口基本上都是苏联时期建设的，设备老化落后，难以适用北极航道开通后的使用需求。在 2013 年的试航过程中，一个很大的问题是在俄罗斯段航程中很难找到沿岸可提供救助、避难的港口，这不但难以为航行提供保障，甚至对船员心理上也造成极大障碍。为此，俄罗斯已经制定了《港口开发战略》，准备对这些地方进行开发建设。韩国政府则希望借此机会，积极推进与俄罗斯签署港口开发合作的谅解备忘录，既为本国企业获得基建合同，也能扩大自身在 NSR 航道使用过程中的优势。

6. 中韩北极合作的竞合关系与政策建议

中韩两国同为北极域外国家，又同时成为北极理事会的正式观察员国，在参与北极事务的过程中由于立场相近，存在一定程度的合作可能性；但由于各国参与北极事务，更主要的是要为本国利益服务，而一旦涉及自身利益，就必然会出现竞争关系，产生竞争心态。中韩两国在加强北极科考、强化国际合作等方面基本立场一致，产生分歧的可能性不大，主要的竞争关系可能出现在北极航道问题和未来的资源、能源开发上。

中韩之间在北极事务上潜在的竞合关系主要有以下几点：在北极航道问题上，第一，由于费用上差异并不算巨大，所以在物流行业方面，类似上海、釜山这样的国际大港之间存在一定的竞争；但由于两个港口各有特点，各有货源，且釜山港相对上海具有一定的价格优势，所以竞争形势相对缓和；第二，造船业，由于通过北极航道对船舶的要求较高，相应对造船行业提出了新的要求，虽然这也是对两国造船行业的一次发展提升机会，但可能会产生一定程度的竞争。但中韩两国造船行业的竞争早已存在，所以并不一定会演化为激烈矛盾，且中国曾帮助韩国建造其第一艘破冰船，两国在这方面尚有良好互动，所以造船业的竞争并不会引起两国对利用北极航道合作的破坏；在未来对北极资源、能源开发及开发后的运输问题上，中韩两国都是能源需求国，且参与北极事务的目的中开发能源都是重要的一点。但中韩两国都是北极域外国家，对资源能源开发没有主导权，都只能通过和北极域内国家的合作获得利益。而且在今后的能源价格制定等方面来说，中韩两国还有合作空间；在国际合作问题上，两国作为北极域外国家，且同时为北极理事会正式观察员国家，立场相近，在理事会及工作组的各项活动中预期可以有较好合作；在科学研究方面，中韩两国从很早开始就有良好互动，甚至韩国的第一位科学家是搭乘中国的科考船到北极进行科考的，中国也曾帮助韩国建造 Aron 号破冰船，所以在科学研究方面的合作一直存在较为良好的互动。

目前对韩国来说最重要的是，在通过俄罗斯认定为其领海的北方海航道时要以高价租赁俄罗斯的破冰船，其价格一度偏高导致韩国利用北极航道的费用反而比利用其他航道的费用昂贵。在这方面，韩国认为中国与其立场、想法一样，所以应该联合中国与俄罗斯建立相关协商机制，协商解决费用、法律以及管理等方面的问题。特别是韩国方面认为，中国对北极的关心，其主要目标是进入北极的资源市场，这与韩国的主要宗旨并不冲突，不存在强烈的竞争关系，所以中韩两国关于北极航道的合作在没有严重的利益冲突前提下更为可能。

这样看来，中韩两国在北极航道的开发建设、国际合作、科学研究等方面，都具有较大的合作空间。具体建议如下。

（1）鉴于相同的立场，中韩之间可以密切合作，与俄罗斯建立协商通道，讨论关于破冰船费用、相关信息共享等方面的问题，使之更加有利于北极航道的商用通航；

（2）在推进船舶用品流通、海运交易所建立、船舶管理设施建立、相关商业园区的建设等方面，中韩可以加强交流合作，促进北极航道的带动效应；

（3）鉴于俄罗斯北方航道港口陈旧老化、救助设施不足的情况，中韩可以加强合作，共同参与、开发俄罗斯北极沿岸港口建设，在资金方面减少风险，在技术上也可以互相交流；

（4）由于北极航道的特殊复杂性，其航行对船员有更高要求，所以中韩可以在这方面密切合作，有利于提高北极航道商用通航的安全性；

（5）在北极理事会相关事务上，鉴于在许多问题上相似的立场，中韩之间可以密切合作，甚至联合其他观察员国，共同发声，既避免突出自身，又可以起到更大效果；

（6）继续深化两国关于北极气候、环境、水文、冰面分布等方面的科学合作，密切关注、把握这一与北极开发相关的核心课题；

（7）扩大两国北极相关政府人士、专家、产业界人士等的相互交流合作，使得两国对于对方的北极战略、政策有更全面、深入的了解，增加两国关于北极开发、参与北极事务方面的共识，为今后更长期的合作做好基础准备。

印度北极政策分析

郭培清　董利民*

2013年5月15日，在瑞典北部城市基律纳召开的北极理事会第八次部长级会议上，中国、印度、日本、韩国、新加坡和意大利等六国被批准成为该组织的正式观察员国。中国获得北极理事会正式观察员席位的消息随即引起了国际社会的广泛关注，媒体以及学术界对此展开了一系列的报道与评论。比较而言，同属发展中大国的印度获得正式观察员席位后，却并没有受到国际社会同等的关注。中国强调自己"近北极国家"的身份，并借此论证在北极拥有重要利益，然而印度偏居南亚次大陆，踏足北极的战略深意是什么？它为介入北极事务采取了哪些具体行动，具有哪些特征？中国又该如何应对？作为一个誓言要做"有声有色的大国"的邻国，印度的北极动向值得我们关注。

一　印度北望的原因

随着气候变暖及海冰消融，北极在对全球气候影响加剧的同时，也逐步向世界展示出重要的地缘战略价值。印度虽然远离北极，但对这一地区十分关注。印度国际事务理事会负责人维杰·萨胡加（Vijay Sakhuja）道出了缘由："北极冰川消融、能源开发及新航道的开通将对印度的生态系统以及人民生活产生巨大影响，因此印度不能忽视北极，新德里必须在不断变动的北极秩序中取得一席之地。"[①] 总结印度政要的表述和学者们的研究，可以发

---

* 郭培清，中国海洋大学法政学院教授，极地法律与政治研究所执行主任，主要研究方向为国际关系、极地政治；董利民，中国海洋大学法政学院硕士研究生，主要研究方向为极地治理。
① Vijay Sakhuja, "The Arctic Council: Is There a Case for India," http://voiceof.india.com/in-focus/the-arctic-council-is-there-a-case-for-india/996，访问日期：2014年12月8日。

现，印度对北极的关注出于两个层面的原因：第一个层面主要是为应对气候变化的需要；第二个层面更多出于战略需要，包括能源进口多样化、长期以来的大国诉求以及同中国的竞争等。

（一）北极变化影响印度的气候环境

联合国政府间气候变化专门委员会（IPCC）发布的《气候变化2014：影响、适应和脆弱性》（Climate Change 2014：Impacts，Adaptation，and Vulnerability）报告指出，在过去数十年间，气候变化对所有大陆和海洋的生态系统以及人类社会产生了影响。[①] 北极作为地球物理环境的重要组成部分，并且因其独特的自然条件和地理位置，在全球气候变化过程中的作用自然不言而喻，并且扮演着全球生态环境变化指南针与晴雨表的角色。印度地球科学部秘书沙勒士·纳亚克（Shailesh Nayak）曾明确指出："对我们而言，考察北极气候变化如何影响印度季风及印度次大陆是非常必要的，因为这对我们的经济具有重要影响。"[②] 确如所言，虽处在中低纬度，但印度的气候及生态环境同北极变化密切相关。有学者认为，到21世纪末，地球的平均气温将上升3~6℃，而印度北部将面临最大的增幅，这对目前夏季温度已经达到近50℃的当地来说无异于一场灾难。[③] 印度本来就担心全球变暖引起的海平面上升，而一些科学家根据系统效应正反馈理论预测，气温升高所引发的过程将会加剧这一趋势，北极冰川规模的缩小增加了地球对阳光的吸收而不是使其反射回太空，从而加剧全球面暖，加速海平面上升。预计这将影响到超过1亿印度人的生活。[④] 此外，

---

① 《IPCC报告强调气候变化危害人类安全》，新华网，http://news.xinhuanet.com/2014-03/31/c_1110032555.htm，访问日期：2014年4月19日。

② "India has science, business interests in the Arctic," *Zee News*, May 24, 2013, http://zeenews.india.com/news/eco-news/india-has-science-business-interests-in-the-arctic_850633.html，访问日期：2013年5月26日。

③ Sergey Lunev, "India goes to the Arctic," April 2, 2012, http://russiancouncil.ru/en/inner/?id_4=281#top，访问日期：2014年12月26日。

④ Sergey Lunev, "India goes to the Arctic," April 2, 2012, http://russiancouncil.ru/en/inner/?id_4=281#top，访问日期：2014年12月26日。

有国外学者认为北极地区气候变化与印度季风的强度之间存在联系，而由季风引起的降水对该国经济特别是农业的影响十分显著。① 我国学者的研究亦表明，印度次大陆大范围地区降水的突然增加以及雨带的迅速推进与南亚夏季风的爆发有关。② 因此，由于事关本国生态及经济安全，在北极气候变化趋势难以阻挡的情况下，印度必将对北极地区保持密切关注。

（二）北极资源开发有助于印度能源进口多样化

在可预见的未来，化石燃料的使用不仅难以停止，而且将呈现大量增加的迹象。由于油气资源匮乏，印度近80%的能源依赖进口，且主要来自中东，随着经济的发展，其能源进口量还将持续增加。根据国际能源机构（International Energy Agency）的预测：到2030年，印度将成为全球第三大能源消费国，能源消费量将占全球能源消费总量的6%，比目前增加一倍，届时全球能源需求增长的15%来自印度，它将紧随中国成为全球第二大刺激能源需求的国家。③ 目前，印度正在实行能源进口多样化战略，以确保能源安全，保证其经济持续增长。根据美国地质勘探局（USGS）的调查数据，北极蕴藏着丰富的石油和天然气资源，分别占世界剩余储量的13%和30%。④ 有印度专家认为北极地区在未来将大量出口油气资源，进而成为新的能源中心，⑤ 这有利于该国实施能源进口多样化战略。印度早已计划建设中亚至本国的石油管道，通过与俄罗斯的合作，该管道将极有可能延伸到北

---

① Sergey Lunev, "India goes to the Arctic," April 2, 2012, http://russiancouncil.ru/en/inner/?id_4=281#top, 访问日期：2014年12月26日。
② 朱敏、张铭：《南亚夏季风爆发前后降水量时空变化特征》，《热带气象学报》2006年第2期，第155页。
③ Sergey Lunev, "India goes to the Arctic".
④ U. S. Geological Survey, "Circum-Arctic Resource Appraisal: Estimates of Undiscovered Oil and Gas North of the Arctic Circe," USGS Fact Sheet 2008 - 3049, Denver, 2008, http://pubs.usgs.gov/fs/2008/3049/fs2008-3049.pdf, 访问日期：2013年11月24日。
⑤ Nitya Chakraborty, "INDIA takes up MAJOR RESEARCH WORK IN ARCTIC OCEAN," Echo of India, Jun 13, 2013, http://echoofindia.com/new-delhi-india-takes-major-research-work-arctic-ocean-31045, 访问日期：2013年11月26日。

极地区,① 从而使印度能够从这一地区进口能源。此外,由于印度与多数南亚国家的能源需求量都在不断增长,北极能源开发将极大地缓解这一需求紧张局势。北极气候变暖使该地区油气资源开发的可能性逐步提升,印度为实现能源进口多样化战略,势必会对这一发展趋势给予相当多的关注,并将积极争取参与当地油气资源的开发。

(三)参与北极事务成为印度大国战略的组成部分

1947年独立后的印度历届政府均无一例外地把实现大国梦作为国家的根本战略。然而印度的这一诉求同国际现状之间存在巨大反差,它需要通过增加在重要国际组织与国际活动中的存在感来获得某种心理平衡和满足,同时也期望能够像中美俄一样展示大国风范。印度政府把参与世界事务能力的提升视为获得大国地位的标志,新近出现的北极事务给印度提供了这样的机会。俄罗斯学者谢尔盖·伦约夫(Sergey Lunev)认为,"印度早已成为全球性大国,参与包括北极事务在内的全球事务是为了彰显其大国地位②"。与此同时,北极航线的开通对中国等贸易大国产生了巨大吸引力,这就使传统的马六甲-苏伊士运河/好望角航线面临极大挑战,处于传统航线上的印度必然会受到影响。另外,气候变化导致全球地缘政治格局转变,印度洋战略地位未来可能随之下降,这对一直试图称霸该地区的印度而言无疑是一个巨大的挑战。曾任印度外交秘书的希亚姆·萨兰(Shyam Saran)认为:"欧亚贸易由传统航线向北方海航线(Northern Sea Route)的转变,会使目前由印度控制的印度洋传统航线的战略地位大幅下降,这对印度大国地位的影响不容小觑。"③ 因此,印度必然重视北极地区的发展,不重视北极问题,不参与北极秩序构

---

① Kabir Taneja, "India Arrives at the Arctic," *New York Times*, May 20, 2013, http://india. blogs. nytimes. com/2013/05/20/india-arrives-at-the-arctic/? _ r = 0,访问日期: 2013年11月26日。
② Sergey Lunev, "India goes to the Arctic".
③ Suvi Dogra, "India's quest for Arctic ice," The International Institute for Strategic Studies, May 21, 2013, http://www. iiss. org/en/iiss% 20voices/blogsections/iiss - voices - 2013 - 1e35/may - 2013 - 45bd/india-arctic-quest - 5b66,访问日期: 2013年11月27日。

建，将意味着被排除在"大国俱乐部"之外，这不符合印度的国家利益和外交传统。

（四）"中国情结"的影响

由于地缘政治和历史恩怨，印度的大国梦笼罩着一种浓重的"中国情结"，并且将中国视为其大国地位的参照底线。因此中国既是印度大国地位的竞争者，也是想要超越的对象，凡是中国开展的，印度必不甘落后，[①] 同中国在全球地位等方面进行对比的强烈愿望极大地推动了其对北极的关注。特别是，北极变化引发的中印战略态势转变推动了印度对北极的关注。印度海军退役指挥官尼尔·甘地霍克（Neil Gadihoke）认为，鉴于两国目前在空军与陆军之间的相对平衡状态，海上力量将对两国的竞争起决定性的作用。[②] 目前印度的军事战略基于这样的假设：如果中国从喜马拉雅山脉向印度发起攻击，印度可以发挥其在印度洋的控制力，通过阻断马六甲海峡对中国的能源供应而向中国施加压力。然而，北极地区能源开发以及东北航道的开通，为中国的能源进口与贸易航线提供了替代性选择，从而使上述印度对华战略威慑能力大为下降。印度前国防部部长安东尼（A. K. Antony）也表示，"中国对东北航道的利用将影响印度处理来自中国的军事攻击战略"。[③] 甘地霍克还提出，"北极未来军事化的可能性将分散美军在印度洋的注意力，从而在该地区留下权力真空"，[④] 而有能力填补这一真空的国家屈指可数，此番言论很明显地道出了对中国参与争夺印度洋"权力真空"的担心。对此，印度正持续关注中国在北极地区的活动，并试图通过增强同北极国家之间的合作，对中国在这一地区形成新的制衡。印度对华政策一向比较谨慎，利用现实主义理念发展同中国的关系，一旦

[①] 蓝建学：《印度大国梦中的中国情结》，《当代亚太》2004 年第 12 期，第 37 页。
[②] P. Whitney Lackenbauer. (2013), "India's Arctic Engagement: Emerging Perspectives," Heininen, Lassi. Ed. (2013), Arctic Yearbook 2013, Akureyri, Iceland: Northern Research Forum, Available from http://www.arcticyearbook.com, 访问日期：2014 年 5 月 27 日。
[③] Suvi Dogra, "India's quest for Arctic ice".
[④] P. Whitney Lackenbauer (2013), "India's Arctic Engagement: Emerging Perspectives".

这种务实的方法不能达到预期结果，印中关系将陷入某种困境，① 中国必须对此予以高度重视。

二 印度的北极实践及其特点

基于北极变化对印度气候环境、能源安全以及大国诉求产生的重要影响，加之中国开展北极活动的刺激，该国近年来不仅密切关注北极变化，而且积极采取行动参与北极事务，在多个领域均迈出了实质性步伐，并呈现一系列特点。

（一）印度的北极活动

具体而言，印度通过出台北极文件、加强科学研究、参与国际合作以及试图推动北极国际化等四项活动来维护其北极利益。

1. 出台北极文件

在被接纳为北极理事会正式观察员后，印度外交部于 2013 年 6 月 10 日发布了一份名为《印度与北极》（India and the Arctic）的文件，概述了其北极利益。该文件开门见山地指出："全球气候变化、国际贸易等因素对北极的影响日益增强，同时，北极变化对国际事务的影响力也在逐步加强"，② 意在说明国际社会有权参与北极的保护与治理。文件强调，"印度政府密切关注全球变暖给北极地区带来的各种问题，这些问题给国际社会带来了一系列的新机遇和新挑战。目前印度在北极主要有科学考察、环境保护、商业及地缘战略等四大利益"。③ 除了指出气候变化因素外，该文件并没有具体指出印度在这一地区有哪些商业及地缘战略利益。此外，这份文件还突出强调印度在北极地区进行科学考察的权利，其开展科考的四项主要目标分别为：研究北极

---

① 师学伟：《21世纪初印度大国理念框架下的亚太外交战略》，《南亚研究》2011年第3期，第76页。
② Ministry of External Affairs, Government of India, "India and the Arctic," June 10, 2013, http：//mea. gov. in/in-focus-article. htm？21812/India + and + the + Arctic，访问日期：2013年11月26日。
③ Ministry of External Affairs, Government of India, "India and the Arctic," June 10, 2013, http：//mea. gov. in/in-focus-article. htm？21812/India + and + the + Arctic，访问日期：2013年11月26日。

气候变化对印度季风的影响、利用卫星数据评估全球变暖对北极海冰的影响、探索北极冰川对全球海平面的影响机制以及评估人类活动对北极地区动植物造成的影响。① 这份文件还提到了应对北极问题应当进行广泛的国际合作、加大科学研究力度等。虽然到目前为止印度还没有出台综合性的北极战略，然而出台这一文件的意图已非常明显。有学者表示："印度专家目前正在为该国研究制定中长期的北极战略蓝图。"② 印度已经将北极事务纳入其全球战略布局当中，伴随着北极战略地位的不断上升，其在印度国家战略中的地位也将更加突出。

2. 加强科学研究

早在1981年，印度海洋科学部就在时任印度总理英迪拉·甘地（Indira Gandhi）的倡议下出台了一份北极研究计划。③ 2007年8月3日，在国家南极和海洋研究中心（National Centre for Antarctic and Ocean Research）主任拉斯科·拉温德拉（Rasik Ravindra）的领导下，一个由五人组成的科学考察团开展了印度首次北极科学考察。④ 2008年，印度在挪威斯瓦尔巴德群岛建立了首个北极科学考察站，由国家南极和海洋研究中心负责运营。自此以后，该国每年都会派遣一个由三到五人组成的科学考察团赴北极科考站进行驻站研究。到目前为止，印度已经投入了300万美元以支持其北极研究活动。印度外交部发言人赛义德（Syed Akbaruddin）对此表示，"我们对北极研究的经费将持续增加，在接下来的几年中计划投入不少于1200万美元以支持北极科学考察站的运营"。⑤ 截至2013年6月，印度国内已经建立了18个与北极气候变化研究相关的机

---

① Ministry of External Affairs, Government of India, "India and the Arctic," June 10, 2013, http：//mea. gov. in/in-focus-article. htm? 21812/India + and + the + Arctic，访问日期：2013年11月26日。
② Nitya Chakraborty, "INDIA takes up MAJOR RESEARCH WORK IN ARCTIC OCEAN".
③ New Delhi, Indian Government：Publications Division, 2006, p. 779.
④ ASHOK B SHARMA, "Arctic region, now new destination for Indian researchers," *The Financial Express*, Aug. 9, 2007, http：//www. financialexpress. com/news/arctic-region-now-new-destination-for-indian-researchers/209460/1，访问日期：2013年12月1日。
⑤ "India to play active role in Arctic Council," *Hindustan Times*, June 12, 2013, http：//www. hindustantimes. com/india-news/newdelhi/india-to-play-active-role-in-arctic-council/article1 - 1075123. aspx，访问日期：2013年8月17日。

构，有近170位学者在专门对北极问题进行研究。① 此外，印度正计划建造一艘大型破冰船以支持其极地考察活动。② 由此可见，印度的北极研究活动虽然起步较晚，但是在政府的支持下，发展速度非常快，研究能力与水平得到了大幅提升。该国对北极的科学考察不仅是为了了解该地区气候变化对印度气候的影响机制，而且还为了奠定其参与北极事务、增强大国地位的基础。

3. 积极参与国际合作

1920年《斯瓦尔巴德条约》签署时，印度还是英国的海外领地，英国的签署意味着印度也成了该条约的签署国，因此部分印度学者认为其参与北极事务的国际合作最早可以追溯到这一时期。近年来，印度通过不断加强国际合作以争取在北极地区的利益。首先，积极争取加入包括北极理事会在内的多个组织机构，参与北极事务。印度于2012年加入国际北极科学委员会（International Arctic Science Committee），并于2013年5月同中国、日本、新加坡等国一道被接纳为北极理事会正式观察员。虽然部分印度学者认为印度应当慎重考虑其是否加入北极理事会，因为这意味着需要接受北极国家在北极地区的主权这一条件。③ 但在申请被批准后，印度外交部发言人表示欢迎北极理事会做出的这一决定，并重申了印度将通过在北极的科学考察活动来积极支持北极理事会的各项工作。④ 有学者也指出印度应当充分运用观察员身份为北极的发展作出贡献。⑤

---

① "India to play active role in Arctic Council," *Hindustan Times*, June 12, 2013, http://www.hindustantimes.com/india-news/newdelhi/india-to-play-active-role-in-arctic-council/article1-1075123.aspx, 访问日期：2013年8月17日。

② Raja Murthy, "China, India enter heating-up Arctic race," *Asia Times Online*, Jan. 25, 2012, http://www.atimes.com/atimes/South_Asia/NA25Df01.html, 访问日期：2012年6月7日。

③ Shyam Saran, "India's stake in Arctic cold war," *The Hindu*, February 1, 2012, http://www.thehindu.com/opinion/op-ed/indias-stake-in-arctic-cold-war/article2848280.ece, 访问日期：2014年12月26日。

④ Ramesh Ramachandran, "India And China In The Arctic: The New Great Game?" Institute of Peace and Conflict Studies (IPCS), May 18, 2013, http://www.ipcs.org/article/india/india-and-china-in-the-arctic-the-new-great-game-3937.html, 访问日期：2013年6月12日。

⑤ Shyam Saran, "India's date with the Arctic," *The Hindu*, July 16, 2013, http://www.thehindu.com/opinion/op-ed/indias-date-with-the-arctic/article4915241.ece, 访问日期：访问日期：2014年12月26日。

此外,该国还积极参加了第四次国际极地年活动。其次,积极同北极国家开展合作。印度已经与挪威、俄罗斯在北极地区开展了广泛而深入的合作。与挪威的合作主要是科学研究领域,两国高官于2006年和2007年互访并分别考察了对方的北极科学研究机构,北极研究被确定为两国开展合作的重点领域。① 与俄罗斯的合作主要集中在能源领域,印度已经参与了俄罗斯萨哈林油气开发项目(Sakhalin projects),2009年曼莫汉·辛格(Manmohan Singh)总理访问俄罗斯时两国还就印度公司进入俄罗斯北欧地区进行了讨论。2010年10月,俄罗斯西斯特能源公司(JSFC Sistema)与印度石油天然气公司(ONGG)签订了框架合作协议,并且在2011年宣布印度有可能成为俄罗斯在涅涅茨自治区(Nenets Autonomous District)特列布斯油田(Trebs)和季托夫油田(Titov oil fields)的勘探合作伙伴。② 印度最大的液化天然气进口商Petronet LNG正在与全球最大的天然气生产商俄罗斯天然气工业股份公司(Gazprom)洽谈每年购买300万~400万吨天然气,该公司总经理巴里扬(A. K. Balyan)表示,这相当于当前印度年需求的10%。③ 美国出于全球战略及国家利益的考虑,也积极支持印度的北极诉求。在努克会议前夕,美国负责海洋与渔业事物的助理国务卿巴尔顿(David Balton)宣称,印度在北极地区有重要利益,可望成为北极理事会的正式观察员国。④ 在2013年召开的基律纳会议上,印度顺利取得了北极理事会正式观察员身份。此外,印度还寻求同其他北极国家如冰岛、加拿大等的合作,而加拿大也有意增加向印度的石油与天然气出口量。

4. 试图推动北极国际化

20世纪50年代,印度出于战略利益、资源利益、国家声誉和地区霸权

---

① "India to play active role in Arctic Council," *Hindustan Times*.
② Sergey Lunev, "India goes to the Arctic," April 2, 2012, http://russiancouncil.ru/en/inner/?id_4=281#top.
③ 《印度寻求进口俄罗斯北极地区天然》,中国网,http://news.china.com.cn/live/2013-05/07/content_19835072.htm,访问日期:2013年5月7日。
④ India might become observer of Arctic Council, http://ibnlive.in.com/news/india-might-become-observer-of-arctic-council-us/151823-3.html,访问日期:2014年3月22日。

等原因，积极介入南极事务，提出了旨在实现联合国托管南极洲国际化的建议，试图推动南极洲国际化，但因美国等国的反对而失败。① 虽然目前印度外交部已经趋向于接受《南极条约》无法适用于北极这一观点，② 但是推动南极洲国际化的经历依然影响着一大批学者及官员对北极治理的认识。他们认为印度应当争取国际舆论的支持，宣布北极为人类共同财产，并推动在该地区建立一个类似于《南极条约》的国际法律制度。③ 印度前外交部秘书长希亚姆·萨兰（Shyam Saran）的看法最具代表性，他认为："由于北极脆弱生态的破坏将影响人类的生存，因此国际社会应当对保护北极予以高度关注，北冰洋应当被视为全球公域。对北极的治理不应当是几个北极沿岸国家的独有权利，诸如印度这样的非北极国家应当维护其对北极治理的发言权。"④ 该国地球科学部官员拉扬（H. P. Rajan）甚至表示印度应当在目前所存在的北极治理体系中发挥领导作用。⑤ 部分印度学者还认为应当积极寻求同包括中国在内的非北极国家合作，推进北极地区的非军事化以及北极事务国际化，为保护人类共同财产而共同努力。⑥ 然而，印度从最初坚定地推动南极洲国际化，到后来转变成南极条约体系忠实维护者的历史提醒我们，现实主义对该国外交政策的影响不容小觑。

（二）印度北极活动的特点

通过上述分析，结合印度的战略文化、国家战略以及历史经验等因素，不难发现该国北极活动具有以下两个方面的特点。

---

① 郭培清：《印度南极政策的变迁》，《南亚研究季刊》2007 年第 2 期，第 51 页。
② P. Whitney Lackenbauer, "India's Arctic Engagement: Emerging Perspectives," *Arctic Yearbook* (2013), http://www.arcticyearbook.com/index.php/2013 - 10 - 01 - 09 - 03 - 59，访问日期，2014 年 12 月 26 日。
③ Ibid.
④ Shyam Saran, "India's stake in Arctic cold war".
⑤ "The Arctic: Challenges, Prospects and Opportunities for India," *Indian Foreign Affairs Journal* 8 (2013).
⑥ Shyam Saran, "India's date with the Arctic".

1. 理想主义与现实主义胶着在一起

当代印度的战略文化在道德尺度和现实主义取向这两种对立价值分野的基础上，表现出明显的二元特征，[①] 其北极政策与实践也深受这一战略文化影响。在声言代表广大非北极国家利益，反对域内国家私自瓜分北极，推动北极事务国际化这一议题上，充分表现了其战略文化中的理想主义成分；而在寻求北极资源开发、参与地缘战略竞争等现实利益面前，则积极介入北极事务，谋求话语权，表现出浓厚的现实主义风格。在北极利益进入其国家战略视野之后，其北极活动在政府的推动下充分发挥后发优势，在科学研究、应对气候变化、资源开发等多个领域与北极国家的合作如火如荼，并且通过加入北极理事会等北极治理机构，不断加强自身对北极事务的话语权，全方位、多领域主动参与北极事务。显然，无论是其"国际主义"的呼吁，还是现实主义的实践，都服务于印度的国家利益。

2. 南极经验影响显著

回顾印度在20世纪的南极之路，我们可以发现，其南极洲国际化鼓动在持续近30年无效之后，1983年转而选择了申请加入《南极条约》，并很快获得协商国资格。此后，印度由昔日南极洲国际化的积极推动者，摇身一变成为南极条约体系的维护者。[②] 如今，印度虽然仅获得北极理事会的观察员身份，但已成为北极俱乐部"体制内"的一员。因为作为"最大的民主国家"广受西方欢迎，印度参与北极事务较中国更具优势，在2013年举办的第四轮"美国－印度战略对话"发表的联合声明中，美国明确表态欢迎印度成为北极理事会观察员。[③] 这在同年加入北极俱乐部的非北极国家中是"独一无二"的待遇。相应的，印度的北极"国际化"呼吁也没有受到来自北极国家的关注和批评。印度可望充分利用北极理事会这一平台，甚至可能成为北极理事会的"捍卫者"。

[①] 宋德星：《现实主义取向与道德尺度——论印度战略文化的二元特征》，《国际论坛》2008年第1期，第12页。
[②] 郭培清：《印度南极政策的变迁》，《南亚研究季刊》2007年第2期，第51页。
[③] Joint Statement: Fourth U. S. -India Strategic Dialogue, *New Delhi*, June 24, 2013, http://newdelhi.usembassy.gov/sr062413.html, 访问日期：2013年8月4日。

三　中印北极关系与展望

北极变化的影响是全球性的，因而需要国际社会的共同应对。中国与印度同属发展中大国，又都是非北极国家，由北极变化引起的资源开发、新航道开通以及全球地缘政治变化对两国来说既是机遇又是挑战。虽然中印之间还存在包括领土争端在内的诸多问题，印度也一直以来视中国为其主要战略竞争对手，但是中印两国在北极地区不仅没有直接的利益冲突，反而在气候变化、资源开发等方面有诸多的共同利益，双方存在着就北极问题开展合作的潜力。中印在北极的合作一方面可以减轻两国之间长期存在的不信任感，增进两国之间的互信。根据新功能主义观点，相关国家在某一领域的良好合作有利于把两国在这种合作中建立起来的互信推广到其他领域，[①] 甚至是昔日认为难以调和的领域，即国家之间的合作具有外溢效应，双方在北极的合作还将有可能推动其他领域合作的开展，以建立更为紧密的战略互惠关系；另一方面，两国的合作也可以为非北极国家在北极地区的合作做出表率，推动国际社会在这一地区的协调，为北极地区的和平、稳定和可持续发展做出贡献。

（一）两国在北极科学研究领域拥有"共同利益"

由于北极变化的复杂性及其对世界影响的广泛性，任何一国或国家集团都难以胜任全部的北极科学研究任务，因此无论是北极国家还是非北极国家，均十分强调在北极研究中进行合作的重要性，国际合作已经成为当代极地研究的显著特点。北极地区的自然变化和经济开发对中印两国的气候、生态环境、农业生产和社会经济发展具有重要影响，两国政府此前也都不断强调本国在北极地区的主要目标是开展科学研究，因此双方在科学研究领域开展合作，探寻北极环境变化对全球气候以及两国国内气候变化的影响机制，

---

① 张植荣、王俊峰：《两岸共同市场：理论与实践分析》，《国际政治研究》2012年第2期，第20页。

符合双方的共同利益。中国在北极海洋、气候变化、生态、空间物理等研究方面具有一定基础和成绩,并积极与各国开展科研合作,中印科学家的合作可以更好地增进对北极气候变化所带来的影响的了解,并推动北极地区的环境保护及可持续发展。

(二)两国均高度重视北极理事会这一平台

随着北极理事会重要性的日益增加,其功能也正逐步摆脱成立之初《渥太华宣言》的限制,朝着组织化的方向迈进,并且极有可能在将来成为北极治理的最重要机构。中印两国于2013年同时获得该理事会正式观察员身份,双方可充分利用这一平台,增强观察员之间的协调,在推动北极事务合作的同时,亦可提升自身在理事会中的地位。观察员国家在北极理事会框架内合作一方面可以促进各国在北极科学研究、环境保护等领域的认识的增长;另一方面,随着北极参与的深化,观察员国希望不但在科学领域,并且在政策制定方面开展与北极国家的合作,而由于理事会的"努克标准"① 对观察员做出了非常严格的限制,现有观察员国家对其在北极理事会中的地位普遍不满,期望提升自身在北极理事会中的地位,北极理事会第八次部长级会议之后,在数量倍增的情况下,观察员之间的协调具备更加成熟的条件,这为中印在理事会内的合作奠定了基础。此外,中印两国还可以通过合作来推动自身作为北极事务参与者的身份认同,进而增强北极国家对两国参与北极事务认知的改变。

(三)联合国相关公约为中印北极合作提供了重要框架

根据《联合国海洋法公约》规定,北极国家大陆架以外的海床洋底及其底土是"国际海底区域",北冰洋国家专属经济区以外的海域则是公海,

---

① 2011年5月12日,北极理事会努克会议发布《北极高官报告》,附件一对北极理事会"永久观察员"的准入标准和职责权限做出特别规定。从2011年起,北极理事会观察员申请者必须承认北极国家在北极地区的主权、主权权利和管辖权。

世界上所有国家都有权在国际海底区域和公海按照《公约》规定行使相应的权利。然而在无政府体系下，各国加紧北极争夺战，加之缺乏有效治理或社会制约，使得该地区很容易陷入"公地悲剧"困境。在获得北极理事会正式观察员身份后，中印两国都有学者对接受"努克标准"表示了担忧，他们认为应当在联合国框架内成立相关机构对北极进行治理。有印度学者提出："联合国应当建立专门机构以处理北极事务，而印度也应联合其他发展中国家，推动将北极事务纳入《联合国气候变化框架公约》的谈判议程。"① 我国也有学者认为，以联合国为核心构建多元化法律体系，将是北极治理的发展趋势，也是构建北极国际法律秩序的理论范式。② 联合国介入北极事务具有天然的合理性：一是覆盖北极事务的绝大多数条约出自联合国的不同职能机构，如《联合国海洋法公约》、《联合国气候变化框架公约》（UNFCCC）；二是许多涉及北极事务的机构如国际海事组织、联合国大陆架界限委员会、国际海底管理局（ISA）、联合国环境规划署（UNEP）等本就属于联合国的分支机构，可以为解决北极纠纷和推动北极合作提供更稳定的平台。③ 虽然北极五国在 2008 年伊卢利萨特会议后表示不需要建立新的北极治理机制，但并没有排除在联合国框架下治理北极的可能性，这也为中印合作推动联合国介入北极治理提供了契机。

四 结语

偏居南亚次大陆的印度，较之中国更加远离北极，却高调宣示本国利益，并采取实质性措施，使其北极国际地位在短时间内得到迅速提升。特别是在中国的映衬下，并依赖所谓"最大民主国家"优势，印度的北极活动

---

① P. Whitney Lackenbauer, "India's Arctic Engagement: Emerging Perspectives," *Arctic Yearbook* (2013).
② 韩逸畴：《论联合国与北极地区之国际法治理》，《中国海洋大学学报》（社会科学版）2011 年第 2 期，第 11 页。
③ 郭培清、孙凯：《北极理事会的"努克标准"和中国的北极参与之路》，《世界经济与政治》2013 年第 12 期，第 22 页。

非但没有被视为对守成国家的挑战，反而受到美俄等国的积极支持，这一独特案例值得我们深入思考。此外，虽然印度历来视中国为主要战略竞争对手，但双方在北极利益及北极战略考虑等方面有诸多共同之处，存在就北极事务开展合作的较大空间。通过北极合作，增强两国间的理解与信任，最终助益两国因领土问题所导致的合作困境的改善和传统安全关系的提升。从这个角度讲，印度的北极政策也值得我们关注。

欧盟北极政策分析

杨 剑　程保志　张 沛*

自 2007 年 8 月俄罗斯在北冰洋底"插旗"以来，欧盟基于生态保护上的紧迫挑战、巨大的能源与资源利益、新航路开辟的诱人前景，以及"领土"向北拓展的巨大诱惑等因素的刺激，对北极事务日益表现出积极主动的态度。欧盟委员会在其 2008 年提交给欧盟议会和欧洲理事会通告的文件中就开宗明义地指出："由于历史、地理、经济和科学成就的独特结合，欧盟与北极地区有着不可分割的联系。"[①] 欧盟与北极地区独特的地理与历史联系一是通过其北欧成员国使得欧盟与北极地区连成了一片，二是通过其北欧成员国对北极地区历史探险、开发和商业活动形成了两者的历史渊源，从而使欧盟成为北极不可分割的一个组成部分。

一　欧盟北极战略的演进与发展

在 1995 年第四次扩大之前，欧盟很少涉足北极事务，因为欧盟并没有与北极直接接壤，虽然欧盟成员国中丹麦拥有处于北极圈内的格陵兰岛的主权，但是 1985 年格陵兰退出了欧共体。1995 年扩大之后，欧盟开始介入北

---

* 杨剑，上海国际问题研究院副院长、研究员，主要研究方向为国际政治经济学、地区战略、北极治理及网络空间治理等；程保志，上海国际问题研究院海洋与极地研究中心博士，主要研究方向为北极治理与相关国际法问题；张沛，上海国际问题研究院海洋与极地研究中心副主任，博士，主要研究方向为中国特色外交理论与实践、欧洲问题等。

① Commission of the European Communities, *Communication from the Commission to the European Parliament and the Council: the European Union and the Arctic Region*, Brussels, 20.11.2008, COM (2008) 763 final.

极问题，因为瑞典和芬兰的加入使欧盟成为与北极具有紧密联系的国家集团，不可避免地要与北极国家（尤其是挪威）发生联系。欧盟北扩到芬兰后，与俄罗斯接壤，同样需要欧盟加强与北极国家俄罗斯的合作。

（一）"北极之窗"——欧盟北方政策中的专设项目

1997年芬兰提出北方政策（Northern Dimension，ND）倡议，目标是"提供一个共同框架，促进北欧的对话，巩固合作，加强稳定、繁荣与发展"。[①]1999年，该倡议得到欧盟理事会的批准，成为欧盟的北方政策。该政策的参与者为冰岛、挪威、欧盟和俄罗斯四方，加拿大与美国为观察员，其他利益攸关方还包括北极理事会、北欧部长理事会、巴伦支欧洲—北极理事会（BEAC）[②]、波罗的海国家理事会等；政策覆盖范围从西边的冰岛、格陵兰到东边的俄罗斯西北部，从北部的北极地区到南部的波罗的海南部海岸。为处理北极问题，欧盟北方政策还专门启动了"北极之窗"（Arctic Window）计划，共设立四个具体项目，包括环境伙伴关系项目、公共卫生与社会福利合作项目、文化合作项目，以及物流及运输合作项目等。可见，北方政策内部的合作具有较强的务实性，处理的均是"软安全"问题。在北欧五国担任北方政策轮值主席国时，它们努力扩大"北极之窗"的影响，但"北极之窗"在欧盟政策领域仍非核心项目。2006年，冰岛、挪威、欧盟和俄罗斯四方对北方政策进行了更新；在新政策中，北极和次北极地区（包括巴伦支地区），以及巴伦支海和加里宁格勒被界定为优先地区。可即便如此，北极在欧盟整体政策议程上仍相当边缘，各方处理北极事务的责任也很分散。

（二）欧盟北极战略文件的正式出台

自2007年8月俄罗斯在北冰洋底插旗以来，鉴于北极生态保护上的紧迫挑战、巨大的能源与资源利益、新航路开辟的诱人前景，以及"领土"拓展

[①] http：//eeas.europa.eu/north_dim/index_en.htm，访问日期：2014年11月8日。
[②] 在北方政策框架下，北方政策伙伴国与北极理事会及巴伦支—欧洲北极理事会多次举行协调会议。这样的合作今后将更为频繁，更为机制化。

的巨大诱惑等因素的刺激,欧盟对于北极事务表现出更为积极主动的态度。①英国、法国、德国、波兰、荷兰和瑞典等国虽没有可能直接参与北极海域划界,但它们却有意积极加入北极地区资源开发进程以分享丰厚的经济回报;这一立场也得到了挪威等北欧国家中从事油气开采及加工的大公司的支持。

2007年10月,欧盟委员会通过附于《综合性海洋战略》文件中的行动计划首次宣示欧盟在北极的利益,并鼓励其成员国为加强北冰洋环境保护作出贡献。2008年3月委员会与外交事务高级代表联合发布的《气候变化与安全》战略文件提出欧盟应发展整体一致的北极政策以应对北极地缘战略的演变。2008年11月,欧盟委员会发布其首份北极战略报告《欧盟与北极地区》,强调无论在历史、地理、经济、科学等方面,欧盟都与北极均具有重要而密切的联系。②丹麦、芬兰与瑞典等欧盟成员国均为北极理事会正式成员,法国、德国、荷兰、波兰、英国及西班牙等六个欧盟成员国则是北极理事会的常任观察员;冰岛与挪威虽未加入欧盟,但却是"欧洲经济区"成员国,依条约应与欧盟进行环境、科学、旅游与公民保护等合作;③美国、加拿大与俄罗斯为欧盟的战略伙伴,在安全事务上与欧盟维持着对话与合作关系。基于此,欧盟认为它有必要也有义务,通过各种渠道积极参与北极事务。欧盟强调应在《联合国海洋法公约》架构下,推动北极多边治理体系的发展,以确保区域的安全稳定、环境保护以及资源可持续利用。同时,欧盟持续加强与北冰洋沿岸国家之间的对话,反对任何将欧盟或欧洲经济区成员国排除在外的政策安排,并主张将北极事务纳入更为广泛的欧盟政策与协商进程之中。欧盟委员会认为,在渐进发展的北极政策问题上,应强调欧盟的利益和责任并同时顾及成员国在北极的合法权益。

2009年12月欧盟外交部部长理事会通过的关于北极事务的决议及2011年1月欧洲议会通过的《可持续的欧盟北方政策》决议均是对上述委员会

---

① 欧盟对北极事务的积极介入某种程度上也是其对俄北冰洋底插旗举动的一种战略反制举措。
② http://eeas.europa.eu/arctic_region/index_en.htm,访问日期:2014年11月8日。
③ 须指出的是,《欧洲经济区协定》并不适用于斯瓦尔巴德群岛,欧盟的共同渔业政策也被排除适用于经济区的内部市场之外。

政策文件的进一步阐释与发展。同时,《里斯本条约》的正式生效与实施,则使欧盟对内与对外政策达到高度的整合,其中欧盟对外行动署在北极事务上的协调功能得到极大的提高。① 2012年3月,在"欧债危机"持续发酵的大背景下,欧盟外交事务与安全政策高级代表阿什顿访问了芬兰、瑞典、挪威三个北欧国家,表示希望通过与有关北极国家的沟通和交流,推进欧盟在北极地区的战略政策。阿什顿在访问后表示,欧盟将出台一份新的关于北极问题的战略文件,并将于近期公布。② 2012年7月3日欧盟委员会正式发表《发展中的欧盟北极政策:2008年以来的进展和未来的行动步骤》③ 这一最新战略文件,强调要加大欧盟在知识领域对北极的投入,并以负责任和可持续的方式开发北极,同时要与北极国家及原住民社群开展定期对话与协商。欧盟之所以不断出台北极战略文件,从一个侧面反映了其在北极地缘政治竞争中力图避免被北极国家进一步边缘化。因此,就目前而言,欧盟的北极政策还仅处于宣示阶段,在北极地区事务上的发言权仍相当有限。

(三)欧盟的北极战略利益

欧盟在北极的战略利益大体可分为两大类:一类属于地缘战略利益,另一类则可归入经济和发展利益。

1. 地缘战略利益

作为全球地缘政治博弈的棋手,北极地区也已成为欧盟整体战略运筹空间的一个重要组成部分。从地缘政治学角度而言,美国力阻俄罗斯在北冰洋的扩展,并加入到北冰洋的争夺战中,欧盟自然也不愿看到俄罗斯在北冰洋

---

① Steffen Weber and Andreas Raspotnik, EU-Arctic Strategy, http://www.theparliament.com/latest-news/article/newsarticle/eu-arctic-strategy-steffen-weber/,访问日期:2014年11月12日。
② 《欧盟重申北极战略,北极权益之争加剧》,http://news.hexun.com/2012 - 03 - 30/139901367.html,访问日期:2014年12月27日。
③ European Commission and The High Representative, "Developing a European Union Policy Towards the Arctic Region: Progress Since 2008 and Next Steps", DG Maritime Affairs andFisheries (Brussels, 2012), http://ec.europa.eu/maritimeaffairs/policy/sea_basins/arctic_ocean/documents/join_2012_19_en.pdf.

欧盟北极政策分析

表1 欧盟正式发布的主要北极政策文件一览

2007年	欧盟委员会:《欧盟综合性海洋政策》;Commission of the European Communities, An Integrated Maritime Policy for the European Union, COM(2007) 575 final, Brussels, 10 October,2007
2008年	欧盟委员会与外交事务高级代表向欧洲理事会提交的《气候变化与安全》文件(亦称"索拉纳报告");"Climate Change and International Security," paper from the High Representative and the European Commission to the European Council, March 14, 2008 (also known as the "Solana Report")
2008年	欧洲议会通过有关北极治理的决议;European Parliament, European Parliament Resolution of 9 October 2008 on Arctic Governance, Brussels, October 9,2008
2008年	欧盟委员会向欧洲议会及理事会提交的通告:《欧盟与北极地区》;European Commission, The European Union and the Arctic Region, Communication from the Commission to the European Parliament and the Council, Brussels, November 20, 2008
2009年	欧盟外交部长理事会通过的关于北极事务的决议;Council of the European Union, Council Conclusions on Arctic Issues, 2985th Foreign Affairs Council meeting, Brussels, December 8, 2009
2010年	欧洲议会通过的《可持续的欧盟北方政策》报告;European Parliament, Committee on Foreign Affairs, Report on a Sustainable EU Policy for the High North, December 16, 2010
2012年	欧盟外交事务与安全政策高级代表共同发布联合通报《发展中的欧盟北极政策:2008年以来的进展和未来的行动步骤》;The European Commission and the High Representative of the European Union for Foreign Affairs and Security Policy, A Joint Communication of "Developing a European Union Policy towards the Arctic Region: Progress since 2008 and Next Steps", July 3, 2012

的扩展，同样也不愿看到美国、加拿大等国在北极坐大。欧盟加入北极的地缘政治争夺，也是欧盟作为"全球行为体"的一种表现。从地理范围来看，北极地区也是欧盟关注的一个重要对象。欧盟在经历多次扩大之后，范围增至东欧、南欧，而且通过"睦邻政策"等与东边和南边国家发展了密切关系。而与其西边的国家，即与美国的关系，形成了相对稳定的跨大西洋伙伴关系。其北边的北极地区也相应地被提上议事日程。[①]

当然，欧盟的北极战略与其在西、东、南三方的政策是有所区别的。在

---

① 何奇松:《气候变化与欧盟北极战略》,《欧洲研究》2010年第6期。

西边，与美国形成联盟关系，巩固大西洋联盟，是欧洲安全稳定的基石。在东部、南部逐步把中东欧、南欧国家纳入麾下，并继续深化一体化，意在扩大欧盟内部市场，消除欧洲不安全的因素。此外，欧盟通过睦邻政策来保障北非、地中海沿岸等"后院"地区的稳定，保证欧盟的能源供应安全，尤其是保障阿尔及利亚、阿塞拜疆以及中东国家对欧盟的油气资源供应，对欧盟摆脱对俄罗斯的能源依赖发挥着至关重要的作用。而欧盟的北极战略，除了要保证欧盟获得稳定的石油供应、确保海上通行外，另一重要目标就是北极的气候变化与环境治理。

最后，欧盟制定北极战略的一个重要考量因素就是应对格陵兰岛的不确定性问题。格陵兰岛位于加拿大东北部，是目前世界上最大的岛屿，也是丹麦王国的一个自治省。虽然丹麦是欧盟成员国，但格陵兰并不属于欧共体的一部分。2008年11月，格陵兰举行自治公投，获得超过75%的选民支持。此后，格陵兰自治地位从2009年6月21日起生效，成为国际法下的独特实体，自行管理自身的内政、司法与资源分配，但其国防、外交与财政相关事务仍暂时由丹麦协管。2009年11月27日，格陵兰政府通过了《矿产资源法案》，获得了管理辖区内矿产资源的权利。正是由于格陵兰蕴藏丰富的矿产资源，战略地位重要，其已成为"北极争夺战"的桥头堡；而格陵兰是最终走向独立，还是继续留在丹麦王国内实行充分自治目前仍存在着较大的不确定性。因此，欧盟在其官方北极战略文件中将与格陵兰建立密切的伙伴关系作为其介入北极事务的一个重要支点。欧盟通过签订联系协定支持格陵兰的经济与社会发展；而《渔业伙伴关系协定》以及有关原材料的合作协定的签署则表明欧盟与格陵兰的全面伙伴关系已正式建立起来。

2. 经济和发展利益

在经济和发展利益方面，欧盟的区域发展政策与北极地区的经济和社会发展息息相关。欧盟通过欧洲地区发展基金、欧洲社会基金及聚合基金的一系列项目支持北极地区的发展。例如，旨在提升北方高纬度地区的创新能力和竞争力，促进自然与社会资源可持续发展的跨区域的北方边缘项目，就涵盖了芬兰、爱尔兰、英国、瑞典、法罗群岛、格陵兰、冰岛与挪威等国家和地区。欧盟还在与北极相关的多个政策领域发挥着积极影响，尤其是在环境和气候领域，例如应对全球气候变化以及跨界污染物的处理问题。此外，欧盟是北极科研方面的重要资助方，欧洲环境署就参与了北极持续观测网络（SAON）的建设。在2012年发布的最新北极政策文件中，欧盟就突出其过去在北极研究方面已做以及未来可做出的贡献，强调在北极地区欧洲部分的跨区域合作与研究。

随着海冰不断消融，北极商业开发活动日益增多，欧盟与北极的商业与经济联系日益紧密。首先，欧盟已是北极（主要是挪威与俄罗斯）油气资源产出的最大市场。2010年，英国、荷兰、法国和德国四国所购买的油气总量分别占挪威产出天然气的84%和挪威石油出口的65%。意大利的埃尼公司已参与挪威巴伦支海的石油开发项目，占有可开采协议的65%股权。2009年80%的俄罗斯出口石油输入欧洲市场，同年俄罗斯天然气股份有限公司60%的天然气卖给了欧盟。一些欧洲能源巨头纷纷参与俄罗斯北极油气资源的大规模开采项目，如法国的道达尔公司参与了目前处于中止的斯托克曼项目，意大利的埃尼公司与俄罗斯石油股份公司在2012年4月签署了战略合作协议以合作开采巴伦支海俄属部分的油田。在格陵兰，苏格兰的凯恩能源公司已着手海上油井钻探作业。此外，北极国家所具有的可再生能源的巨大潜力（如挪威和冰岛拥有丰富的水电和地热资源）也有向欧盟成员国输出的可能性。冰岛就计划建设世界上最大的水下电缆项目以向欧洲出口其多余的地热资源。[1]

对于北极航道的开通，欧盟也是充满了急切的期待。航运对欧盟共同市场的建设至关重要，90%的欧洲对外贸易及40%的欧盟内部贸易均是通过海运完成的，就吨位而言，全球海运出口产品的25%是由欧洲生产的。尽管目前欧洲造船业处于衰退之中，欧洲国家所注册的商船数量仍接近全球的1/4，如果算上欧洲所有但却挂外国船旗注册的商船，则该数据将增至

---

[1] Adam Taylor, "Iceland Wants To Build The World's Biggest Underwater Cable To Export GeothermalEnergy," http：//articles. businessinsider. com/2012 - 04 - 23/news/31385549_ 1_ geothermal-energy-clean-energy-renewable-sources, 访问日期：2014年11月8日。

40%。随着北极航运的日益增加，欧盟事实上也对悬挂欧盟成员国旗的船只利用北极航道开展航运具有一定的管制权能。《欧盟运转条约》（TFEU）中已包含了有关海事安全、防止源于船只的污染、船只检查规则、港口国管控规则、提升作为船旗国的欧盟成员国的实施效能以及有关承运方的责任条款等规定。虽然欧盟并不是国际海事组织的成员，但欧盟及其成员国都有权将国际海事组织制定的极地航运规则转化为具有法律约束力的内国规定。

就北极渔业捕捞而言，欧盟的非北极成员国相对低调和谨慎，其捕捞量仅占北极鱼类捕捞总量的4%。但是渔业对于北极国家的经济而言至关重要，欧盟则是北极渔业的重要输出市场，以极高的人均消费量和进口需求著称。冰岛和挪威两国的捕捞量占到整个北极国家捕捞总量的3/4，而格陵兰出口收入的95%则来自渔业。以2009年的数据为例，挪威是欧盟最大的渔业供给方，占欧盟渔业进口量的20%；其次是冰岛，占4%。挪威和冰岛两国对欧盟的出口依赖更是明显：2008年，挪威出口的60%输往欧盟，而冰岛则是80%的出口产品进入欧盟市场。①

欧盟是北极资源最大的消费者和使用者，是北极地区经济社会发展的最大投资来源地和市场，同时在原材料、能源、基础设施、卫星定位等技术开发领域也是强有力的伙伴。总之，对欧盟而言，北极地区不仅是一个地缘政治空间，更是一个地缘经济空间及地缘生态（geo-ecological）空间，因此欧盟可谓北极事务不可或缺的伙伴。

二 欧盟的北极战略目标解读

结合以上欧盟出台的一系列战略文件及其外交实践，其北极战略目标大致可归纳为以下几个要素。②

---

① Bettina Rudloff, "The EU as Fishing Actor in the Arctic-Stocktaking of Institutional Involvement and Existing Conflicts" (SWP Berlin, 2010).
② 参见刘惠荣、董跃《海洋法视角下的北极法律问题研究》，中国政法大学出版社，2012，有关欧盟北极政策法律专章。

（一）北极环境及生态的保护

在北极环境保护方面，欧盟首先从气候变化入手，指出气候变化是北极未来需要面对的主要挑战，欧盟成员国在北极也留下了"环境足迹"（environmental footprint），而且欧盟作为应对气候变化和促进可持续发展的领导者，应加入全球行动以应对北极变暖。欧盟的主要目标是尽最大努力防止和减轻气候变化的负面影响，与国际社会一道，加强国际减缓气候变化的努力，保护北极生物多样性。欧盟积极支持国际社会减少对北极地区的环境污染，致力于提高北极环境标准；为减少环境污染，欧盟注重加强在北极地区节约能源、提高能源效率和可再生能源利用等方面的合作。

其次，欧盟着眼于保护北极的自然和社会生态。目前，北极地区的长期居民约有400万之众，其中近1/3是原住民。北极原住民受气候变化的影响较大，因为其生活方式与捕猎北极地区的哺乳动物密切相关。为此，除了加强环境保护外，欧盟提出对鲸和海豹等的捕杀要实行严格管理，在不影响原住民基本经济和社会利益的条件下，颁布条例禁止海豹制品在市场上进行销售。[1] 欧盟理事会则强调支持原住民的可持续发展，包括他们的传统生活方式。为实现北极地区与人口的和谐发展，还应加强对北极环境、气候变化的研究、监测和评估，并让北极居民加入到各种致力于环境保护的组织中去，为北极环境保护做出贡献。

（二）北极资源的绿色开发

对于北极资源的界定，欧盟采取的是广义视角，将对于欧盟比较重要的北极资源界定为油气、渔业、运输和旅游四个方面。

对于油气资源，欧盟认为北极是一个油气资源宝库，有助于欧盟能源的

---

[1] 海豹皮制品及捕鲸问题成为欧盟与加拿大、冰岛、挪威及丹麦（格陵兰）之间发生争执的主要议题，加拿大甚至将欧盟海豹皮制品禁令问题诉诸WTO，这也成为欧盟申请北极理事会常任观察员资格的主要障碍之一。

安全供应。但是恶劣气候和环境的高风险,使得油气资源的开采面临诸多挑战。为此,欧盟应致力于加强与北极国家的长期合作,尤其要与挪威和俄罗斯合作,促进油气资源的开采,保证欧盟油气供应;在环保标准上,强调应适用具有国际约束力的最高环境标准。

在渔业资源方面,欧盟是北极鱼类最重要的消费者。由于海冰覆盖面积减少,新渔场的增加可能导致更多的捕鱼活动,而部分北极高纬度海域尚未制定国际养护和管理制度,因此可能导致无序捕捞。为此,在尊重北极沿海社群的权利下,为保证北极渔业资源的可持续发展,欧盟建议在北极新的渔业机会出现之前,针对尚未被国际养护和管理制度覆盖的北极高纬海域制定和实施渔业框架规范;在尚未被现有渔业管理制度覆盖水域的养护和管理机制健全之前,不应在那里开展新的渔业活动。欧盟理事会则认为在实施综合性海洋政策时应尤其重视北极,并强调对北极海洋生物资源的捕捞应以科学建议为基础,保持生态平衡;理事会还提议在该地区未得到有效管制的海域对新的渔业捕捞进行冻结。

在航运方面,北极航道,尤其是北方海航道的开通将大幅缩短从欧洲到太平洋的海上航程,节约能源、减少排放,促进贸易并减轻对传统国际航道的压力。欧盟的目标是探索和改善通航条件,逐步引导北极商业航行,同时促进更严格的安全和环境标准以减少不利影响;同样,欧盟及其成员国应捍卫自由航行原则及无害通过新开放的海道和水域的权利。

在旅游方面,欧盟将北极生态旅游及可再生能源产业视为创新型的经济活动。欧盟委员会支持并积极参加在国际海事组织、北极理事会等机构中对日益增加的北极游轮乘客安全及该地区优先的搜救能力进行评估与讨论。

(三)加强北极多边治理

欧盟强调应在《联合国海洋法公约》架构下,推动北极多边治理体系的发展,以确保北极地区的安全稳定、环境保护以及资源的可持续利用。欧盟认为《联合国海洋法公约》及其他有关国际法文件是多边治理的重要基础;欧盟这种"北极多边治理"论,其目的是想让欧盟自身"融入"北极治理机制，前提则是不改变现有的北极治理架构，包括《联合国海洋法公约》、国际海事组织及其极地航运规则、北极理事会等机制。第一步是让欧盟成为北极理事会正式观察员。尽管北极理事会目前只是一个有关北极环境、社会和经济的可持续发展的合作论坛，还不是一个严格国际法意义上的政府间国际组织，其政治权威性也还有待国际实践的进一步检验，但是该机构在北极治理进程中却发挥着日益重要的政策塑造功能。欧盟希望增加在该机构的参与权和话语权，实质上是希望运用自身的"软实力"成为北极争端的斡旋人，促进北极的和平稳定，进而确保欧盟在北极的战略利益。

欧盟北极战略的三大目标实质上反映了欧盟委员会与欧盟成员国之间在北极事务上达成的某种利益平衡——对环境和原住民等问题的关切、对于北极资源的获取，以及北极多边治理均显示出欧盟介入北极地区事务的意愿。但三大政策目标之间难免存在不一致，甚至相互冲突的地方；最为明显的矛盾则在于能源安全（主要指能源供应安全）与气候变化这两大政策领域之间的矛盾。在欧盟看来，能源安全主要意味着能源供应安全，即能源的依赖性和稀缺性问题，它要求增加能源供应或能源替代。北极作为能源聚集地提供了新的能源供应的可能，但该地区主要蕴藏的是油气等化石燃料之类的传统能源，而它们是二氧化碳排放的主要来源。这与欧盟应对气候变化政策的目标（即关注可替代的清洁能源及在全球气候治理领域确立领袖地位）相矛盾。此外，北极的资源开发是一项高度能源密集型的产业活动，这与欧盟强调能源效率的政策目标相悖，并可能给当地环境造成损害，进一步加剧气候变化。因此，欧盟官方文件所描绘的三大目标在其北极政策实践上是很难达至完全和谐、一致的。从欧盟2012年发布的北极战略文件可以看出，欧盟政治机构在有关北极政策目标和举措的表述上更加注重了现实性和可操作性。

总之，欧盟作为一种新型的战略实体，其在北极的利益不能仅基于地缘战略存在的算计。它不仅代表并有能力动员欧洲大陆绝大部分的经济力量，而且还可以将大量的（如不是全部）欧洲政治资源投入到诸如气候变化之类的全球政策事项的建章立制之中。① 正如一位芬兰学者所指出的，欧盟的全球影响力对北极的地区治理具有"软价值"。欧盟在国际气候政策谈判中发挥着全球引领作用；因此，从北极治理对国际气候政策的期待角度而言，欧盟可以被看作是一个"全球性的北极博弈者"。这将能够解释为什么在欧盟官方文件中希望强调它在这一地区的"软"价值和政策。其中包括北极环境保护、资源的可持续利用、原住民生活方式和权益的保护等方面。②

三　欧盟北极政策的主要特点

在 2012 年发布的最新北极战略文件中，欧盟更为强调从"知识、责任与参与"三个层面进行政策阐释，将北极突出的环境保护、航行安全及基础设施问题内化为其"北极责任"，试图将自身塑造为北极治理公共产品的提供者，以便更加有效地介入北极事务。③ 该文件强调欧盟是世界上应对气候变化最强大的力量。欧盟及其成员国在应对北极环境变化时展现出丰富的知识储备和跨领域的科技能力，建立起科学研究的基础平台。欧盟的许多政策和规定对北极的利益相关者来说意义重大。欧盟将提升与北极国家的合作水平，倾听北极利益相关者的诉求，以合作的方式应对共同的挑战。④

（一）积极塑造北极治理公共产品提供者的形象

从其发布的一系列北极战略文件可以看出，欧盟十分明晰自身在北极的

---

① Bailes, Alyson, J. K., 2010, "Potential Roles of NATO and the EU in High Northern Security," *The Yearbook of Polar Law*, Gudmundur Alfredsson, Timo Koivurova, and Natalia Loukacheva, Akureyri: Martinus Nijhoff Publishers.
② Lassi Heininen, Arctic Strategies and Policies: Inventory and Comparative Study, The Northern Research Forum & The University of Lapland, 2011, p. 64.
③ 程保志：《欧盟的北极政策及和中国合作的可能性》，《和平与发展》2013 年第 3 期。
④ http://europa.eu/rapid/pressReleasesAction.do?reference = MEMO/12/517&format = HTML，访问日期：2014 年 11 月 8 日。

利益诉求，但在形象塑造上一直着力将自己扮演成对北极国家而言具有吸引力的合作者及公共产品提供者。就应对气候变化而言，为达到《京都议定书》规定的目标，欧盟已将其减排20%温室气体的承诺变为法律，并继续承诺到2050年将减排85%~90%温室气体的长期目标；2012年4月，欧盟委员会加入了旨在削减短暂气候污染物的气候与清洁空气联盟，这一联盟倡议是联合国致力于削减全球温室气体排放行动的必要补充。就支持可持续发展而言，在2007~2013年的财政期限内，欧盟将提供11.4亿欧元的资金以支持欧盟北极区域及邻近区域的经济、社会和环境潜力的发展；为有利于当地居民及原住民社团的利益，欧盟将动用资金，最大限度地促进北极可持续发展，支持并促进北极地区的采矿业和航运业采用环境友好型技术。在科学研究方面，欧盟在最近十年已通过第七框架项目（FP7），提供了约2亿欧元的资金以支持北极国际研究活动的开展；欧盟委员会专门在2020研究与创新项目项下支持北极科学研究，并通过发射新一代的观测卫星促进北极搜救能力的提高。

（二）努力谋求北极理事会观察员资格

2008年北冰洋沿岸五国（美国、俄罗斯、加拿大、挪威与丹麦）通过的《伊鲁利萨特宣言》强化了五国在北极事务中的决定性地位，排斥包括欧盟在内的域外行为体在地区事务中的作用。① 对此，欧盟及其德、法等成员国均表达了强烈不满，从而催生了有关《欧盟与北极地区》的战略文件，强调欧盟与北极在历史和地理上具有紧密的联系。2011年5月，北极理事会第七届外长会议发布《努克宣言》，对申请观察员资格从程序和实体方面提出了更为苛刻的要求。② 针对北极国家一再排斥域外行为体参与北极事

---

① Canada, Denmark, Norway, the Russian Federation and the United States of America, The Ilulissat Declaration, Arctic Ocean Conference, Ilulissat, Greenland, 27 – 29 May, 2008, http://www.oceanlaw.org/downloads/arctic/Ilulissat_ Declaration.pdf，访问日期：2014年11月8日。
② Arctic Council, Senior Arctic Officials Report to Ministers, Nuuk, Greenland, May 2011, http://www.arctic‐council.org/index.php/en/about/documents/category/2 0‐main‐documents‐from‐nuuk?download=76：sao‐report‐to‐the‐ministers，访问日期：2014年11月8日。

务的做法，欧盟采取了更为务实的应对策略，积极而稳妥地开展外交运作。2011年底，欧盟向北极理事会递交了由欧盟外交事务与安全政策高级代表阿什顿及海洋与渔业事务委员达玛娜奇共同签署的文件，正式申请成为北极理事会常任观察员。其次，2012年3月阿什顿赴芬兰、瑞典、挪威3个北极国家访问时，表示希望通过与有关北极国家的沟通和交流，推进欧盟在北极政策的发展。最后，欧盟委员会于2012年7月3日正式发表《发展中的欧盟北极政策：2008年以来的进展和未来的行动步骤》。以上三项举措均是欧盟为谋求北极理事会观察员资格而做的外交努力。对欧盟而言，获得北极理事会观察员资格意味着其可进一步强化与北极理事会的合作，并在理事会的框架内清晰地认识北极伙伴国的具体关切，而这对欧盟发展其对内政策也是至关重要的。北极理事会观察员资格也是欧盟通过巴伦支——欧洲北极理事会及其北方政策介入北极事务的必要补充。

（三）运用市场及资金优势支持北极地区发展

作为世界上最大的单一市场，欧盟试图成为北极国家经济、社会发展的市场支撑和投资来源。由于是能源、原材料的主要消费方、进口方及技术提供方，欧盟在北极国家资源政策的发展方面拥有巨大利益。对欧盟而言，资源的可持续管理将明显有助于巴伦支地区的社会和经济发展。欧盟通过与格陵兰建立伙伴关系架构，将加强有关北极问题的对话。格陵兰希望利用气候变化带来的机遇促进自身经济的多样性发展；欧盟则有意在保护环境的前提下，开展对当地自然资源的可持续利用。2011年12月7日，欧盟委员会递交了关于延续欧盟—格陵兰伙伴关系（2014~2020年）的法律提案；2012年6月13日，欧盟与格陵兰签署了有关矿产资源领域合作的意向书。冰岛入盟谈判也为欧盟介入北极事务提供了一个新的渠道。2009年7月，冰岛政府向欧盟轮值主席国瑞典正式递交加入欧盟的申请书。冰岛有意借欧盟的力量解决其经济困难，寻求在包括北极事务在内的国际事务中的背景支持。① 而冰岛又恰恰是欧盟介入北极事务的跳板，并最终使欧盟成为一个北极超国家组织。在经济和社会发展问题上，欧盟极其重视北极原住民的权利保障问题。在北极理事会中，原住民代表作为"永久参与者"与主权国家一样享有在北极事务上的决策权。自2007年以来，欧盟及其成员国通过各种渠道向包括原住民在内的当地居民提供了累计达19.8亿欧元的财政资助；欧盟委员会及对外行动署还决定将定期与北极原住民代表举行对话，进行政策沟通。

（四）重视在北极问题上的知识积累和技术优势

北极地区气候和环境条件极端恶劣，因此无论是对其海冰情况进行监测，还是对其蕴藏的丰富资源进行勘探开采，都在知识和技术上极具挑战性。欧盟则在北极的知识积累和技术进步上加大投入，并取得了较大优势。2008年以来，欧盟前后约有20个科研项目上马，这些项目集中于可持续发展、环境监测、生态保护等多方面，提升了对北极地区的长期监测能力，建立了领先的研究网络和基础设施。除研究内容本身的重要意义外，这些开放性的研究项目，拉近了挪威、冰岛等国在北极事务上与欧盟的距离。在这些合作项目中，挪威、冰岛等国的研究机构享有欧盟内部研究机构同等的权利。欧盟还通过双边科技合作协议，加强了与美国、俄罗斯、加拿大的合作；双边合作涵盖了环境、卫生、渔业、航运、能源和空间技术等领域。鉴于北极地区矿业及油气开采不断升温，欧盟将与包括北欧矿产公司及有关大学和研究机构等北极伙伴共同致力于开发适用于采矿业的环境友好型技术。2011年10月27日，欧盟委员会还递交了《有关海上油气勘探前景及生产安全条例》的法律提案。在北极航运海事安全方面，欧盟支持国际海事组

---

① 在2011年12月结束的新一轮冰岛入盟谈判中，欧盟认为冰岛在政治上已经达到标准，经济也已从2008年的金融危机及随后的经济衰退中缓慢复苏，但同时认为冰岛的宏观金融风险仍然偏高，在金融服务、资本自由流动、农业及农村发展、渔业、环境、税收及关税方面可能面临挑战。Communication from the Commission to the European Parliament and the Council "Enlargement Strategy and Main Challenges 2011 – 2012", COM（2011）666 final.

织制定强制性的《极地航运规则》,并密切跟踪北极海运的发展状况,包括北极水域内商船及游轮的运输及频率,以及沿海国有关可能影响到国际航行的政策与实践。

(五)充分发挥在北极治理问题上的议题设定和多边协调能力

欧盟利用在治理制度建设上的优势,充分发挥其议题设定能力、多边协调能力和网络效应,对涉北极事务施加有效影响。欧盟相关机构和人员积极参与北极理事会下属专门工作组,如北极海洋环境保护工作组的工作。欧盟委员会在"欧洲海事安全署"(the European Maritime Safety Agency)的协助下,支持北极理事会采取海上应急、防止和响应措施。欧盟还利用其主导的各种次区域组织架构开展与北极国家的合作与交流。欧盟透过巴伦支-欧洲北极理事会与俄罗斯、挪威、冰岛、芬兰、瑞典等国进行政策协调和领域合作,在航运、渔业、环境、能源等领域进行综合治理。

作为欧盟的主要立法机构,欧洲议会已成为北极地区议员会议(The Conference of Parliamentarians of the Arctic Region)的正式成员,从而为欧盟提供了一个信息搜集、分享与发布的平台,促进欧盟与北极国家间的对话,增强其对北极政策决策体系的影响;欧洲议会还于2010年设立欧盟北极论坛。[①] 此外,欧盟还拨出100万欧元的专款支持进行北极发展及其评估项目,建立以芬兰拉普兰大学北极中心为主干,涵盖全欧洲主要研究机构的北极信息中心,从而能与北极国家分享包括北极监测、遥感、科研,以及北极社会传统知识等方面的信息,为其科学决策提供参考。

近年来欧盟的北极外交实践更加强调其北极政策的连贯性和针对性,对外更加注重与北极域内主要行为体的合作,对内则整合不同部门的资源,将北极事务纳入海洋、渔业、气候、环境、能源等政策领域。2012年的欧盟最新北极战略文件是对其前期分别由委员会、部长理事会及欧洲议会推出的

[①] 该论坛是一个跨越党派、跨越问题领域的桥梁,旨在帮助欧洲政界、学界、企业界及非政府组织和国际机构人员全面了解北极所发生的深刻变化,从而对涉及北极问题的政治和经济决策施加高效影响,http://eu-arctic-forum.org/,访问日期:2014年11月8日。

一系列北极政策文件的进一步发展和细化，同时更加强调与美加俄等北极国家进行合作与妥协的必要性。欧盟在与格陵兰建立伙伴关系以及冰岛入盟等问题上，态度颇为积极，有意建立介入北极事务的多个支点。欧盟对外行动署及海洋与渔业事务总司则在北极政策目标的协调和整合上发挥了重要作用。简而言之，从欧盟的外交实践看，欧盟认为在参与北极事务方面，自己比其他的非北极国家更具有历史、地理、文化、法律上的关联性。欧盟并不积极与其他非北极国家协作，而是独自与北极的主要行为体进行互动，通过对地缘的、经济的、科技的各种纽带关系的加强，实现其成为北极治理主要行为体的政策目标。

四 欧盟北极政策的具体实践

（一）欧盟在北极能源开发上的政策和外交实践

欧盟是纯能源进口方，对能源市场变化最为敏感。2009年欧盟27国能源生产仅占世界能源生产的7%，但能源消费却占世界的14%，一半能源需要进口，而且，其能源消费外部依存度在不断提高，外部进口占比从1995年的43.2%上升到2010年的52.7%。尽管欧盟近年来一直倡导绿色能源发展，但常规化石能源仍占到其能源消费的大部分。在其2010年能源消费结构当中，煤、石油、天然气等常规化石燃料占76%，而这部分也成为欧盟对外依存度最高的部分，特别是石油和天然气，外部进口占比达到84.3%和62.4%。① 这使得欧盟每年仅石油和天然气进口开支就高达3100亿欧元。不仅如此，欧盟能源进口还存在过于单一的问题，特别是严重依赖俄罗斯，近年来，欧盟已多次因俄罗斯和中转国之间的纠纷而遭受"断气"、"断油"之苦。此外，欧盟核电发展也因日本核电站事故的发生而受到更

---

① European Commission, *EU Energy in Figures: Statistical Pocketbook 2012*, http://ec.europa.eu/energy/publications/doc/2012_energy_figures.pdf, 访问日期：2014年11月18日。

大的质疑，欧盟许多国家在重新评估核电政策，这将会加大欧盟对传统能源的需求。

1. 北极油气资源对欧盟能源安全的意义

能源安全一直以来都是欧盟必须面对的最大的问题，它不仅关系到欧洲的经济发展与繁荣，而且关系到欧洲的经济安全和政治安全。近年来，欧盟能源战略从过去维护单一能源供应安全、消极防范的能源安全战略，逐步发展成为兼顾多重战略目标的综合性、积极主动的安全战略。[1] 所谓能源安全，就是要使欧盟获得"安全、稳定、可持续和价格可承受的能源"。2010年，欧盟在其出台的最新的能源战略文件——《能源2020战略》中，列出了欧盟关注的五大优先领域：①提高欧盟的能源效率；②建设真正泛欧的统一能源市场；③赋予消费者权力，实现最高水平的安全和保障；④扩大欧盟在能源技术和创新领域的领导力；⑤增强欧盟能源市场的对外联系。[2] 从欧盟能源安全战略来看，它的主要目标有两个：一是内部能源结构的变化，如提高能源效率，实现内部能源统一市场，提高可再生能源的比例，实现欧盟能源的竞争性和可持续性，打造"资源高效欧洲"；二是加强同外部的联系，实现能源的供应安全。但迄今欧盟要实现这两个目标都存在着巨大的障碍。

为保障能源安全供应，欧盟规划了一张全方位的能源外交路线图，寻求能源渠道的多样化。欧盟通过与中东、海湾、南美、俄罗斯等地区和国家的双边和多边协议框架，加紧构建能源安全网络。为改变欧盟能源过于依赖俄罗斯的状况，2008年，欧盟提议有关国家铺设绕开俄罗斯、将里海地区的天然气输送到欧洲的"纳布科"天然气管道，并在此基础上建设经过南高加索地区的"南部走廊"输气管道网络。然而，欧盟的这些努力并没有取得多大实际成效。在外部能源进口上，欧盟依然保持了对俄罗斯的高度依赖，根据欧盟的统计，2010年，在欧盟27国从外部进口的天然气中，俄罗

---

[1] 杨光：《欧盟能源安全战略及其启示》，《欧洲研究》2007年第5期。
[2] European Commission, Energy 2020: A Strategy for Competitive, Sustainable and Secure Energy, COM (2010) 639 final, Brussels, 10 Nov., 2010.

斯占35%；原油进口中俄罗斯占34%。① 欧盟试图将俄罗斯纳入为东、西欧之间的能源投资、贸易和输送确定法律安全框架的《欧洲能源宪章》的努力也宣告失败。欧盟提议的"南部走廊"也因中亚国家在天然气方面尚需倚仗俄罗斯等诸多因素的影响而步履维艰。这迫使欧盟必须要找到其他可以依赖的重要能源供给来源与通道。

在这一背景下，北极潜藏的丰富能源资源对欧盟自然就具有了特殊的吸引力：北极资源十分丰富，包括各种矿产和稀土资源，其中石油、天然气和煤炭资源最为重要。根据美国地质调查局2008年的研究，北极可能储存着900亿桶石油和1669万亿立方英尺天然气，两者分别占全球尚未开发的石油和天然气储备的13%和30%。而作为具有较大潜在价值的新型后备能源资源，天然气水合物在北极也拥有巨大的储量。北极地区煤炭资源也极为丰富，且煤质优良，是全世界最洁净的煤，具有极高的蒸汽和炼焦质量，可直接用于能源和工业原料。

欧盟在其出台的北极战略文件中，对北极的能源资源以及其对欧盟能源安全的影响均给予了高度关切。欧盟最早涉及北极的官方文件是由欧盟负责外交和安全事务的高级代表索拉纳和欧盟外交委员瓦格纳于2008年向欧洲理事会提交的题为《气候变化和国际安全》的文件，该文件指出，气候变化带来的北极冰层的快速融化使得北极地区大量的能源资源更易获得，这正在改变这一地区的地缘战略并对国际稳定和欧洲安全利益带来潜在影响。② 2008年10月欧洲议会出台的关于北极治理的决议也声称要"特别关注正在进行的对北极资源的竞争，这可能会对欧盟带来安全威胁并导致国际不稳定"。③

---

① European Commission, *EU Energy in Figures*: *Statistical Pocketbook 2012*, http://ec.europa.eu/energy/publications/doc/2012_energy_figures.pdf, 访问日期：2014年11月8日。
② Climate Change and International Security, Paper from the High Representative and the European Commission to the European CouncilS113/08, 14 March 2008, http://www.consilium.europa.eu/ueDocs/cms_Data/docs/pressData/en/reports/99387.pdf, 访问日期：2014年11月8日。
③ European Parliament, *Resolution on Arctic Governance*, 9 October 2008 - Brussels, http://www.europarl.europa.eu/sides/getDoc.do?type=TA&language=EN&reference=P6-TA-2008-0474.

欧盟委员会北极政策文件则更加明确强调了北极在规划欧盟能源政策方面的作用，指出"北极地区拥有尚未开发的巨大油气储量。闻名于世的北极近海资源都位于北极国家专属经济区内。北极的资源将有助于加强欧盟的能源和原材料的安全供应"。①

欧盟2008年后密集出台北极政策文件，一方面反映了气候变化对北极带来的地缘政治和地缘经济影响，另一方面则是对俄罗斯插旗争夺北极的直接反映，更重要的还是因俄罗斯与其邻国发生"斗气"摩擦，导致其对欧洲"断油"、"断气"事件频发，由此而引发的对欧洲能源安全担忧和对北极能源渴求的结果。事实上，欧盟已经对北极资源形成了一定的依赖：欧盟从北极国家进口的原油和天然气目前已占其能源进口的1/4，② 欧盟88%的铁矿石也产自巴伦支海地区。③ 鉴于欧盟未来几十年内对传统能源依赖的现状尚难以改变，加上气候变化所带来的北极能源资源开发的可获得性，对欧盟来说，北极地区能源就有着特别巨大的诱惑力，也是欧盟能源多元化和安全战略的重要保障。

2. 欧盟北极能源战略的主要目标与措施

欧盟的北极能源战略是欧盟能源战略的一个重要组成部分，目的在于使欧盟能够稳定、持续、可靠地获得北极能源资源，以扩大欧盟能源供应渠道，满足欧盟能源安全的需求。欧盟委员会在其2008年北极政策文件中指出："北极蕴含着巨大的未使用的碳氢化合物能源，北极碳氢化合物的储量是相当惊人的，北极所富含的资源将为欧盟的能源和原材料的供给提供强有力的保障。"欧盟委员会在其2012年颁布的最新关于北极战略的政策文件中

---

① Commission of the European Communities, *Communication from the Commission to the European Parliament and the Council: the European Union and the Arctic Region*, Brussels, 20 Nov., 2008, COM（2008）763 final.

② Federal Foreign Office (ed.), "Safeguarding the Future of the Arctic," 17 Mar., 2011, http://auswaertiges-amt.de/EN/Aussenpolitik/GlobaleFragen/110317_arktiskonferenz.html, 访问日期：2014年11月8日。

③ Joint Communication to the European Parliament and the Council: Developing a European Union Policytowards the Arctic Region: Progress Since 2008 and Next Steps, JOIN（2012）19 final, Brussels, 26 June, 2012.

也声称：欧盟与北极密切的联系，不仅源自历史、经济和地理，而且也源自与北极的资源联系。由于获得原材料仍然是驱动欧盟转向高科技和高附加值经济体的重要基础，作为一个能源和原材料的主要消费方、进口方和技术提供方，欧盟必须获得可持续的原材料供应，在北极有着相关的利益。

为实现欧盟在北极能源安全供应的目标，欧盟采取的主要措施包括：①制定一项欧盟成员国协调一致的关于北极能源利用的方案，以确保欧盟在利用北极能源和海洋资源中占据有利的位置。②与重要合作伙伴建立优先的合作关系，特别是加强和俄罗斯、挪威两国对北极能源友好性开发的合作，保障北极地区能源供应。③加强技术创新，保持欧盟在极地条件下资源可持续开发利用技术上的领先优势。④强化环境标准，鼓励尽可能遵守最高的环境标准，促进北极地区油气资源可持续的和环境友好的勘探、开采和运输。⑤加强与北极成员国和北极理事会的联系，力促冰岛入盟，巩固和扩大欧盟在北极的地缘战略利益。总体而言，欧盟北极能源战略可分为三个层面：一是积极参与开发利用北极的能源，实现欧盟能源的多元化和安全保障；二是倡导北极资源的绿色开发，实现北极能源的可持续管理和利用；三是通过参与北极能源治理，强化欧盟在北极的利益和实际存在。

3. 欧盟实施北极能源战略的限制性因素

由于存在结构性矛盾和冲突，欧盟在北极能源开发和利用上还存在诸多不确定因素，使其作用和角色受到一定限制。

第一，欧盟虽已初步形成共同能源安全战略，但由于欧盟内部结构上的矛盾，对内尚难以形成统一能源市场，对外也难以在北极能源治理问题上用一种声音说话。欧盟在北极上能源上的决策和行动受到欧盟立法和行动上的制约。按照《里斯本条约》规定，能源明确属于由欧盟和成员国分享的共享权能领域，这就为各成员国决定开发自身能源资源的条件、选择不同能源资源和能源供应总体结构打开了方便之门。这既不利于内部统一能源市场的形成，也不利于欧盟对外采取统一的能源安全政策，如德国和俄罗斯单独签署的跨越波罗的海的输气管道就引起欧盟内部极大的争议。

第二，欧盟内部各成员国对北极事务的关注程度并不相同，对北极的优先原则也有差异,难以在欧盟对北极统一政策上达成共识。欧盟有27个国家,在地理位置上与北极的联系差异较大,对北极能源供应需求的敏感性和迫切性并不完全趋同。即使是北欧国家以及德国,北极事务也并非其国家战略的优先方面,最多也只是在其第三层次考虑的问题。而欧盟在处理北极事务机制上的碎片化和相互重叠,也对欧盟北极能源安全战略形成重大制约。

第三,欧盟对北极能源资源的渴求与其能源安全存在悖论。如前所述,欧盟力求打造"资源高效欧洲",提出了雄心勃勃的3个"20计划",但与此同时,却将北极能源作为欧盟能源安全供应的一个重要渠道,这显然是与欧盟的能源政策背道而驰的。因为对欧盟具有巨大吸引力的北极能源,主要还是传统的石油和天然气等化石能源,依赖北极传统能源将会削弱欧盟可再生能源的增长并加大温室气体的排放,也与欧盟促进能源效率的目标不相吻合,由此也会使欧盟力图充当应对气候变化领导者角色的努力受到质疑。[1]

第四,在国际事务中,欧盟总想扮演一个超级规制者(super-regulator)的角色,试图将其规则、规范和价值等施行于北极地区,这必然会引起北极国家的反弹,不利于欧盟发挥其正面作用。欧盟在《能源2020战略》中强调,要"强化我们对外能源政策的连贯性与有效性……包括标准、规则、规章、计划、项目、资金和人力资源、技术市场和社会期待等等",欧盟力图在标准和强制性限制上发挥主导作用,对北极能源开发和利用实行严格环境标准,这也会引发其与北极国家之间的矛盾与冲突。例如,欧盟和挪威之间在石油勘探和开采问题上就因标准问题产生争执。挪威是欧盟在欧盟北极能源安全上一个优先发展的国家,具有特殊重要性,欧盟进口的天然气中挪威占27%,进口原油中挪威占14%。[2] 但在2011年10月底,双方因欧盟建议在北极水域实行更加严格的政策,增强海洋油气钻井的安全性,防止类似

---

[1] Kathrin Keil, "EU Arctic Policy: Caught between Energy Security and Climate Change," http://www.thearcticinstitute.org/2011/12/4598-eu-arctic-policy-caught-between.html, 访问日期: 2014年11月8日。

[2] European Commission, *EU Energy in Figures: Statistical Pocketbook 2012*, http://ec.europa.eu/energy/publications/doc/2012_energy_figures.pdf, 访问日期: 2014年11月8日。

于 BP 墨西哥湾漏油灾难发生，并提议暂停在北极的油井勘探和开发而发生冲突。

第五，欧盟北极能源安全的战略目标与北极地区资源分布的现实也存在矛盾和冲突。北极地区存在相当大的差异，并非完全是一个资源富足地区，[①] 北极可开采利用的能源资源相对集中。根据专家测算，从 2008 年到 2030 年，北极石油产量的 80%、天然气产量的 94% 将来自俄罗斯。这对欧盟来讲是一个非常残酷的现实，即欧盟不论是现在还是将来，要从北极获得大量的能源资源，最可能的渠道还是俄罗斯。[②] 而这与欧盟北极能源安全战略试图摆脱对俄罗斯能源过度依赖和实现能源来源多元化的目标是不相符的。

最后，更为突出的症结还在于欧盟正遭受国际金融危机和欧洲主权债务危机的双重打击，各国经济状况不佳，这必将影响到欧盟介入北极事务的意愿和能力。与此相伴的是欧盟整体力量衰落和在国际事务中不断被边缘化的现实，也将会对欧盟雄心勃勃的北极战略和能源安全战略形成重大制约。

（二）欧盟在北极航运开发上的政策和外交实践[③]

作为一个依靠海运贸易发展起来的大陆，欧洲对新的海上贸易通道高度关注。气候变暖和经济全球化导致北极地区的地缘经济版图经历着一次重大演变。在面临环境、生态和社会挑战的同时，北极已成为一个孕育着巨大经济机会的地区。"欧盟—北极论坛"秘书长斯蒂芬·韦伯（Steffen Weber）在论及欧盟北极战略时指出："海运一直是欧洲经济发展与繁荣的助推器，欧洲的国际贸易和欧盟内部贸易对海运有着巨大的依赖。欧盟成员国拥有世界上最大的商业船队，跨北冰洋的航运将帮助欧洲经济获得新的优势。欧盟

[①] Lloyd's Arctic Opening: Opportunity and Risk in the High North, Chatham House, 2012, p. 9.

[②] Dag HaraldClaes and ØisteinHarsem, "Arctic Energy Resources – Curse or Blessing for European Energy Security?", Paper Written as part of Work package 5: Energy, under the Research Program Geopolitics in the High North at the Institute of Defense Studies, p. 9.

[③] 本部分主要观点论述参见杨剑《北极航道：欧盟的政策目标和外交实践》，《太平洋学报》2013 年第 3 期。

从战略角度看待北极航运问题,并认真开发和利用北极航道。"① 他认为,在所有与北极相关的经济活动,即海运、捕鱼、海上石油开采和北极旅游中,新海上贸易通道的开辟将给欧盟带来最大的利益。北方海航道(NSR)和西北通道(NWP)两条穿越北冰洋的航线将对全球航运产生重要影响。此外,途经北极点的穿极航线也有可能在未来发挥重大作用。这些航线将显著地缩短从欧洲到亚洲的航程。

1. 欧盟对北极航运利益的认识

从目前状况看,北极航道主要承担的是夏季北极地区内部的航运,如格陵兰沿海航运,加拿大北极群岛航运,以及在巴伦支海附近俄罗斯和北欧国家之间的航运等,穿越北极点的跨洋航运则还在形成之中。近年来,德国、挪威等国的船只先后利用了北方海航道进行商业试航,实现了欧洲与太平洋之间的货物运输。2010年共有6艘船只通过北方海航道穿越欧洲和太平洋地区,2011年增加到34艘,2012年和2013年则分别增至46艘和71艘。②

欧盟委员会2008年的《欧盟与北极地区》政策报告指出,欧盟成员国在北极航运上拥有多项重要利益。欧盟要在提升相关的安全和环境标准的同时,积极探索和改善条件,逐渐实现北极的商业航行。它同时呼吁欧盟国家重视保护航行权益。欧盟国家虽然有部分领土处于北极圈内,但是没有一个国家是北冰洋的沿岸国,为此欧盟不具备沿岸国的身份。欧盟文件强调,没有什么可以阻碍欧盟以船旗国、港口国和市场国家的身份发挥作用,享有其权益。此外,欧盟及其成员国在北极海域还享有各种各样的用户利益(例如开发海上油气资源等)以及环境依赖者的利益(例如保护海上环境和生物多样性)。③ 至

---

① Steffen Weber and Andreas Raspotnik, "Trade Routes in the High North – The Arctic Shortcut between Europe and Asia," 30 April, 2012, http://eu-arctic-forum.org/publications/opinions-publications/trade-routes-in-the-high-north-the-arctic-shortcut-between-europe-and-asia-by-steffen-weber-and-andreas-raspotnik-european-parliament-magazine-30th-april-2012/.
② http://europa.eu/rapid/pressReleasesAction.do?reference=MEMO/12/517,访问日期:2014年11月8日。
③ European Commission, "Legal aspects of Arctic Shipping: Summary Report," February 2010, No. FISH/2006/09 – LOT2, p.4.

于能源与北极航运的关系，德国航运业主协会国际关系和欧盟事务部部长丹迪尔·霍瑟斯（DandielHosseus）撰文指出，"气候变化使得欧洲和亚洲之间的跨洋航行变得较为容易。但真正驱动北极航行的动力是自然资源的价格。价格瓶颈一旦打破，北极地区资源的开采就会开始。这将需要很为频繁的设备运输、资源运输和其他原材料的运输。为适应北极地区发生的不断变化，北极航运的机制架构正在形成之中"。①

简而言之，北极作为商业通道和丰富资源的集聚地，在气候变化的催生下，同时将海洋商业文明和海洋工业文明的价值集于一体。对于经济上依赖能源和航道的欧盟来说，北极地区所负载的欧盟利益显而易见。

2. 欧盟在北极航运问题上的政策目标和主要障碍

欧盟委员会2008年的《欧盟与北极地区》政策文件明确了欧盟在北极航运方面的政策目标，即探索和改善通航条件，逐步引导北极商业航行，同时促进更严格的安全和环境标准以减少不利影响；欧盟成员国应捍卫自由航行原则和无害通过新开辟的航道和水域的权利。在考虑到环境等问题方面，欧盟应促进现有航海权益和义务的充分履行；欧盟国家应在北极船舶技术上处于领先地位，以促进北极的环境保护；支持国际海事组织设定有关北极水域航线的船舶设计标准以及环境与安全标准等。

要实现上述目标，欧盟遭遇到政治、法律等方面的障碍。欧盟首先遇到的是政治上的障碍。北冰洋沿海国面对日益显现的资源利益，表现出强烈的排斥域外行为体的倾向。这引起了欧盟和欧洲国家的警觉。一些德国智库将此视为对欧洲利益的严重威胁，并做出强烈反应。海因里希·伯尔基金会的罗德里克·凯弗普茨（Roderick Kefferpütz）认为该宣言是北冰洋沿岸五国"将该地区与其他利益方加以区隔"的一次尝试。德国国际与安全事务研究所（SWP）的茵戈·温克尔曼（Ingo Winkelmann）认为，北冰洋沿岸五国不断强调它们对于北极的主权，其目的在于拒绝第三方参与。②

---

① Dandiel Hosseus, "A Global Approach," *Parliament Magazine*, 4 April, 2011, p. 64.
② Ingo Winkelmann, Fixed Rules of Play for Dividing up the Arctic Ocean, SWP Comments, 18 July 2008, p. 2.

目前看来，欧盟参与北极治理的程度与其设定的目标相比还相当有限。在过去数年中，北极理事会一直搁置欧盟成为观察员的申请。而单个欧盟成员国在北极事务中的影响力也十分有限。丹麦对于格陵兰的外交控制已经减弱。格陵兰这个世界上最大的岛屿正在走向独立，也许会在政治经济上被纳入北美的势力范围。芬兰的造船业曾经长期为苏联以及俄罗斯建造北极适航舰船，芬兰方面也多次表达意愿，希望在开发北方海道问题上与俄罗斯展开合作。但是，对于芬兰和瑞典来说，没有北冰洋海岸线是妨碍其在北极事务上发挥积极作用的"一块短板"。

另外，欧盟参与北极航道的开发还会遇到法律上的障碍。在1991年出台的俄罗斯《北方海航道海上航行规则》中，俄罗斯官方对该航道的正式定义是："北方海航道位于苏联（俄罗斯）内海、领海（领水）或者毗连苏联（俄罗斯）北方沿海的专属经济区内的基本海运线。"现在俄罗斯虽然有意通过开发北方海航道来改善俄罗斯的经济结构，但不愿放弃或调整其坚持多年的航道主权和主权权利。

俄罗斯通过制定和颁布《北方海航道航行规则》等法规对该航道实行严格的单方面控制，收取高昂服务费和通行费用的做法一直受到国际社会的非议和不满。

西北航道同样存在着主权争议。加拿大政府是坚定的主权捍卫者。加拿大的北极战略文件声称，加政府"正在坚定维持在北方地区的存在，有效保护和监测北极领土主权范围内的陆地、海洋和天空"。[①] 西北航道从加拿大北方群岛中穿过，加拿大认为该航道的一部分为加拿大内水，并不适用"无害通过"原则。加拿大制定的相关法规，要求所有船只进入加拿大北极水域时，须向加拿大海岸警卫队北方交通管理系统（NORD REG）报告。美加两国虽为盟国，但美国却坚称该航道为国际航行海峡，适用过境通行制度（the regime of transit passage），船只通过无须向加拿大当局通报。美加两国各执己见，互不妥协，目前只是达成了不扩大事态并保留争议的默契。

---

① Government of Canada, *Canada's Northern Strategy: Our North, Our Heritage, Our Future*, 2009.

欧盟在航道问题上与美国、中国、日本等贸易大国的利益是一致的，但似乎不可能像美国那样强势地反对俄罗斯和加拿大的主张。欧盟成员国也认为加拿大的领海基线划法有违相关国际法。① 欧盟在坚持自己立场的同时，也期待着同其他国家加强合作，逐步改善北极航运的法律环境。除此之外，欧盟还在进行穿极航道利用的可行性研究。受欧洲议会委托并于2010年发布的《开辟新北极航线》报告建议，航运公司应更加关注利用穿越北极点的北冰洋航路的可能性，以避免由沿岸国家管辖权所产生的问题。② 提出利用穿极航道的建议，既反映出欧盟在北极航道问题上的多角度思考，同是也提升了其与航道沿岸国俄罗斯和加拿大在航道问题上讨价还价的能力。

3. 欧盟在北极航运上的基本主张和主要措施

依据欧盟委员会制定的《2018年欧洲海运政策的战略目标与建议》，欧盟在北极航道问题上的主张基本可以归纳为：①为适应新航道的开通和北极资源的开采状况，欧盟应为参与北极航道建设和利用创造条件；②针对北极航运的政策应与欧盟的气候及环境政策相一致，航道的开通应采用更加严格的安全与环境标准；③针对部分北极国家对航道的主权伸张，欧盟及其成员国应强调自由航行原则以及无害通过新开辟航道及水域的相关权利。③ 欧盟在北极航道上的基本主张反映出欧盟已深刻认识到北极航道开辟的极端重要性以及北极资源开发的巨大价值。欧盟对任何将其排除在北极治理之外的政治安排极为敏感。欧盟以参与北极治理为手段实现自身利益的种种外交努力，首要考虑的是如何使北极利益各方接受欧盟作为北极治理重要参与者的这一身份定位，从而减轻北极国家对欧盟及其成员国的排斥。

（1）克服法律障碍，强调北极航运治理应适用全球性国际机制和规范

---

① European Commission, "Legal Aspects of Arctic Shipping: Summary Report," February 2010, No. FISH/2006/09 – LOT2, p. 3.

② European Union, Directorate-General for External Policies of the Union, Directorate B, Policy Department, "Opening of New Arctic Shipping Routes", 2010, EXPO/B/AFET/FWC/2009 - 01/Lot2/03PE433792, para. 5.

③ European Commission, *Strategic Goals and Recommendations for the EU's Maritime Transport Policy until 2018*, COM (209), 21 Feb. 2009.

针对参与开发利用北极航道的法律障碍，欧盟一直强调北极治理要尊重现行国际法框架，因为"《联合国海洋法公约》平衡了沿岸国、港口国和船旗国之间的权利和责任。而国际海事组织则（IMO）制订了一系列约束性的和非约束性的规定来规范涉及海事安全、航行效率以及防止和控制船只污染等有关事项"。[1] 欧盟不是北冰洋沿岸国，欧盟及其成员国对保护船旗国权利方面更加在意。欧盟需要能够保护其海上通行自由的法律保障，具体到北极，就是欧盟坚持北极三条航线的航行自由。国际海事组织关于海事安全、环境保护、防止污染等规则又与欧盟的环境政策相一致。而围绕航行安全、航行效率和控制污染的举措需要知识和技术的支撑，这方面恰恰又是欧盟的一大优势。

在法律层面，欧盟认为应重点解决以下几个方面的问题：①加拿大在北极群岛的相关直线基线划法与国际法的不一致性，以及相关水域的法律地位问题，还应尽早明确外国船只通过西北航道的航行权利等问题；②北方海航道相关水域的法律地位问题；③《联合国海洋法公约》第234条的适用空间范围问题；④厘清《联合国海洋法公约》第234条与《联合国海洋法公约》中用于国际航行的海峡之过境通行制度（regime of transit passage）之间的关系。此外间接相关的问题还有：最终处理200海里外大陆架争议问题；解决《斯匹次卑尔根条约》适用空间范围的争议等问题。[2]

欧盟强调在北极航道问题上全球性国际组织的重要性，这有利于将非北极国家纳入其中，有利于增加欧盟在北极事务上的发言权。国际海事组织制定的强制性极地航行规则（Polar Code）有利于提升现有船只的环境和安全标准。欧盟所有成员国都是 IMO 成员，欧盟则具有观察员地位。欧盟及其成员国积极支持国际海事组织主导强制性"极地航运规则"的制定。欧盟

---

[1] Steffen Weber and Andreas Raspotnik, "EU-Arctic Strategy," 30 April, 2012, http://www.theparliament.com/latest-news/article/newsarticle/eu-arctic-strategy-steffen-weber/，访问日期：2014年11月8日。

[2] European Commission, "Legal Aspects of Arctic Shipping: Summary Report," February 2010, No. FISH/2006/09 - LOT2, p. 14.

认为，北极航运管理的国际化是不可或缺的。气候变化、环境保护、资源市场和新的贸易通道都是全球关注的问题，理应在全球层面进行讨论。① 由于国际海事组织注重的是技术层面问题，因此欧盟希望通过国际海事组织解决如下问题：①污染事件的应急预案、准备和响应；②救援和搜救；③遇险人员的安置地点；④加强各国空中和卫星对北极地区观测的协调；⑤加强和协调相关法律、规则和政策的执行，包括相关惩罚措施的执行。由于国际海事组织无法处理海洋法律争议，欧盟还希望开展关于北极航运的国际协商，以解决沿岸国和船旗国在西北航道和北方海航道在适用海洋法制度上的分歧。

（2）克服政治障碍，增强欧盟参与北极航运治理的合法性与合理性

针对被北冰洋沿岸五国排斥的状况，欧盟首先强调自己与北极的历史和地理渊源。欧盟需要巩固其在北极地区的存在和地位，成为一个完全的北极博弈者。通过多层级平台介入北极事务，使北极事务国际化，从而走出北冰洋沿岸国"俱乐部"的小圈子。

北极治理的国际机制正在形成之中，而北极理事会正逐步从政府间高级论坛转变为政治决策性的组织机制。② 欧盟明确承认北极理事会为北极治理的首要国际组织，强调芬兰、瑞典、丹麦等北极三国均是欧盟成员国，以强化欧盟在北极理事会中的特殊身份。与此同时，欧盟的主要成员国法国、德国、西班牙、波兰、荷兰和英国都是北极理事会的观察员，扩大了其在北极理事会中的影响力。欧盟相关机构和人员积极参与北极理事会下属专门工作组的工作，如北极海洋环境保护工作组。欧盟委员会在"欧洲海事安全署"的协助下，支持北极理事会建立起海上应急、响应措施。

除北极理事会外，还有很多的次区域组织在发挥作用。有些次区域组织，如巴伦支—欧洲北极理事会就是欧盟主导成立的，欧盟可进一步加以利用。另外欧盟通过与俄罗斯、挪威、冰岛、芬兰、瑞典等国进行政策协调和领域合作，在航运、渔业、环境、能源等领域进行综合治理。通过冰岛、挪

---

① Dandiel Hosseus, "A Global Approach," *Parliament Magazine*, 4 April, 2011, p.64.
② 程保志：《试析北极理事会的功能转型与中国的应对策略》，《国际论坛》2013年第3期。

威作为欧洲自由贸易联盟（European Free Trade Association）和欧洲经济区（European Economic Area）成员的身份，将与冰岛和挪威的北极事务合作纳入其欧洲事务的范畴。

如果说欧盟委员会的主张反映了欧盟执行部门的意见，那么欧洲议会的参与更能显示出欧盟北极政策的代表性和各方面利益的整合。在欧盟积极努力成为北极理事会观察员的同时，欧洲议会已经成为北极地区议员会议的正式成员。作为信息收集、分享和发布的平台，这个议员会议可以促进欧盟与北极国家之间的对话，增加欧盟对北极政策决策体系的影响力。欧洲议会下设的欧盟北极论坛（the EU Arctic Forum），使欧洲议会拥有了一个讨论北极政策问题的共同平台。"这是一个跨越党派、跨越问题领域的平台，可以帮助欧洲人民和企业更加全面地了解北极的变化及其影响，增进理解，平衡矛盾。"① 论坛经常邀请科学界、企业、非政府组织和国际机构的人员进行交流讨论，同时安排北极国家的外交官、政府官员进行专题交流。还安排欧洲议员到北极地区参访。论坛秘书处负责人作为该机构代表出席北极问题讨论会，就欧盟关心的环境、航运、产业、能源和社会发展进行政策宣示。

2012年，欧盟主导的"北方地区运输和物流伙伴谅解备忘录"（Memorandum of Understanding on the Northern Dimension Partnership on Transport and Logistics，NDPTL）已进入实质操作阶段，这项计划将推进欧盟与北欧国家交通基础设施物流网络的建设，为未来北极航运开发进行准备。欧盟还通过旨在保护东北部大西洋环境的奥斯陆和巴黎公约，建立起跨越大西洋和北极的海洋保护区，使现有商业性的油气开采行为在极端条件下能达到环境保护的要求。这些做法加强了欧盟与北极国家的联系，加强了欧盟在北极地区的实质性存在。

（3）彰显自身科技能力和制度优势，积极提供北极航运治理必需的各类公共产品

如果说其他国家进入北极海域还有环境的障碍、航行安全的障碍和基础

---

① http://eu-arctic-forum.org/，访问日期：2014年11月8日。

设施的障碍的话，对于欧盟而言，它则是充分利用其科技和环境政治的优势，将北极突出的环境问题、航行安全问题和基础设施问题变成自身的"北极责任"，成为其进入北极的另一个突破口。

可以看出，欧盟在强调自己的海洋权益的同时，时刻不忘强调自己在环境、气候治理等问题上的组织能力、议题设定能力、制度优势以及科技支撑能力。正如芬兰有关学者观察的那样，欧盟在强调自己与北极地理和历史联系的同时，充分宣示欧盟解决北极问题的能力。欧盟强调环境和气候问题在北极治理中的重要性，并非仅仅为了高举人类共同利益的大旗，同时也是为了彰显北极突出的环境问题的最终解决离不开欧盟在该领域的支持与帮助。欧盟在气候变化、环境保护、北极生物多样性、生态系统管理、海洋保护区、远洋导航等方面已经在扮演一个重要支持者的角色。欧盟十分了解，北极地区最紧迫的问题皆与环境问题相关，而这些环境问题很大一部分原因是和域外地区的生活和生产行为相关的。研究证明，长程跨界污染物的漂移是当前北极环境和脆弱生态系统的最大威胁之一。这些问题只能通过全球性和区域性的协议制度加以解决。而欧盟是解决这些问题的至关重要的外部行为体。

欧盟委员会文件指出，北极的治理必须通过知识转化为行动来加以实现，也就是通过进一步加大对北极研究的投入，拓展人类对北极的认识；发展空间监测技术平台对北极进行全方位监测；支持信息和观测网络的建设；同时进行知识和技术的人才储备。[①] 极地通讯、北冰洋监测是北极航运开发和利用的基础性保障。欧盟与北极国家合作重点之一是提升对北极地区的监测能力，包括卫星技术的应用。欧盟强调，地球同步轨道卫星是北极地区通信、航海和观测的重要工具。2014年欧洲伽利略全球导航卫星系统开始运作，将与其他类似系统一起协作，为增强北极搜救能力提供帮助。另外，欧盟正在建立一个高分辨率的海底绘图数据平台，这个数据平台既包括欧洲海

---

① European Commission, "Developing a European Union Policy towards the Arctic Region: Progress since 2008 and Next Steps," Brussels, 26 June, 2012, p.6.

域也包括北极部分海域。预计 2020 年将完成相关海底地图绘制。这个海底地图对于建立安全的北极海上航道至关重要。此外，通过"欧盟北极足迹和政策评估项目"（The EU Arctic Footprint and Policy Assessment Project），欧盟进一步提升了与北极国家分享信息的水平。这些信息包括监测与观察、遥感、科研信息以及北极社会传统知识等方面。

总之，作为全球技术领域的先行者和引领者，欧盟及其成员国通过强调"知识、责任和参与"，充分响应北极航运治理对科学和知识的需求，通过有关多边治理机制成熟建设者的身份，将进入北极的技术壁垒和环境壁垒转变为可资利用的知识和知识优势从而积极介入北极的航运治理之中。

五　中欧北极事务合作展望

自 1975 年中国与欧盟的前身——欧共体正式建交以来，30 多年来，双边关系已取得了巨大的进展，并已构建了中欧全方位、宽领域、多层次的合作渠道。中欧之间的全面战略伙伴关系为双方在北极政策层面开展务实合作提供了必要的制度基础。2012 年 4 月，温家宝总理访问了冰岛与瑞典，冰岛总理西于尔扎多蒂表示，冰岛支持中国成为北极理事会观察员，参与北极地区的和平开发利用，冰方愿与中方在现有基础上加强合作。中冰两国政府之间还签署了《关于北极合作的框架协议》以及《海洋与极地研究合作谅解备忘录》；这是中国首次与北极国家签署此类协议。瑞典首相赖因费尔特则表示，中国是瑞典在亚洲最大的贸易伙伴。面对全球化的挑战，瑞中两国应加强在环保和可持续发展及创新领域的合作，双方还发布了《中瑞关于在可持续发展方面加强战略合作的框架文件》。同年 6 月在参加二十国集团峰会之前，胡锦涛主席对时任欧盟轮值主席国的丹麦进行了国事访问，此访是中国对遭受"欧债危机"冲击背景下的欧盟的一次重大外交行动，也是两国建交 62 年来，中国国家元首对丹麦进行的首次访问；访问期间，两国签署了包括节能环保、可再生能源合作以及城市可持续发展在内的十余项协议。尤其是在 2012 年 9 月第十五届中欧领导人峰会上，双方首脑明确认识到北极问题的重要性，并为未来双方在"气候变化、科学研究、环境保护、可持续发展、海洋运输"等涉北极的"溢出"性政策领域开展合作指明了方向。①

在北极政策上，中欧之间存在着颇多相似之处：中欧都试图打破北冰洋沿岸五国的垄断，扩大北极事务的参与权；在北极相关水域及东北航道、西北航道的法律定位问题上，双方均认为应为北极航道的自由航行奠定制度基础等。不同点则在于欧盟更为强调北极资源开发、航道利用上严苛的环保及减排标准。事实上，中国与包括欧盟和北欧国家在内的欧洲国家间在极地科考方面早已进行了良好的合作。据中国极地中心对 1993～2009 年的数据统计，中国与挪威联系最多，合作领域较广，层次也较高；与丹麦、瑞典、芬兰、冰岛的合作则较少；与欧盟英、法、德、意等国的合作较多，但是仅限于南极；2010 年 9 月冰岛总统访华时主动提出希望在北极航道方面与中方合作。中远集团"永盛轮"于 2013 年 9 月顺利完成东北航道首次商业试航，"雪龙"号破冰船在 2012 年中国第五次北极科学考察中成功试航北方海航道，均在某种程度上标志着中欧之间新的贸易和航运通道业已成功开辟，这引起包括德国、芬兰等欧盟成员国学界和政界人士的广泛关注。

未来，中欧在与北极事务密切相关的气候、航运、能源及可持续发展等方面合作空间巨大，北极航运、造船、卫星导航、港口基础设施建设、搜救能力培训等领域的合作有望成为进一步发展中欧全面战略伙伴关系的新兴增长点。鉴于此，我国相关业务管理部门应加强与外交部门的政策沟通与协调，借助双方在第十五次领导人峰会上就北极问题达成的共识，逐步推进与欧盟及欧洲国家在北极事务上的务实合作。

---

① 程保志：《欧盟的北极政策及和中国合作的可能性》，《和平与发展》2013 年第 3 期。

北极治理动向

气候变化背景下的北极治理分析

陈奕彤*

全球气候变化是近年来国际社会重点关注的热点问题。气候变化作为国际问题的发展过程,可以以其与社会科学联系的紧密程度作为标准而划分为两个阶段。第一阶段,气候变化仍属于独立的自然科学问题,在第二阶段,气候变化已成为国际法领域的重要议题,与其相关的国际法律文件也逐步发展起来。在科学话语建构已经基本完成的基础上,气候变化从单纯的科学问题进入了国际政治的公共空间,从而逐渐进入了政治家和立法者的视野。政府间气候变化专门委员会(IPCC)发布的五次气候变化评估报告不仅影响了气候变化科学认知的过程,使得气候变化问题从科学问题真正进入并深入国际政策和立法的进程中;也使各国政府意识到对于气候变化的政策和法律规制需要体现全人类的共同利益。

---

* 陈奕彤,上海交通大学凯原法学院博士后、极地与深海发展战略研究中心助理研究员,主要研究方向为国际法、海洋法。

解决气候变化也不能仅靠自然科学，更重要的是社会层面上的政策制定与行动努力。

北极地区是全球气候变化影响最剧烈的地区。北极地区的治理因气候变化的国际法内涵"全人类共同关切事项"而产生了全球性的意义。

一 气候变化对北极的影响

北极是全球气候变化最为明显的地区。北极所具有的独特自然条件和气候状况，决定了它对气候变化的敏感性。而就气候变化而言，北极又是一个非常重要的早期预警系统。北极地区的年平均气温升高速度是全球其他地区的两倍。北极理事会于2004年发布的"北极气候变化影响评估报告"指出，气候变化所造成的北极海冰减少，使得北极地区的海运通航和获取资源成为可能。

北极地区不仅并集中了全球气候变化问题，也因气候变化成为其他国际环境问题的聚集地。2007年政府间气候变化委员会发布的报告就已显示，气候变化对北极生态系统的消极影响，是北极地区生物多样性锐减的最主要驱动因素。气候变化使得北极地区的植物生长区域发生改变、动物栖息地逐渐南移、物种数量发生改变并打破了生态平衡，北极沿海国经受暴风雨等恶劣天气状况的频率也大大增加。海冰的融化也促使了北极航道在近年来开通，加剧了过往船只发生石油泄漏的风险。日渐增多的油轮、沿岸港口的逐渐繁忙、离岸海上钻井平台的建设和运行都会增加石油污染事故发生的风险性。油轮、破冰商船、科考船等船舶也会在沿岸港口释放压载水，影响当地的生物多样性。海冰融化和海冰温度的改变，使得北极海域鱼群分布发生变化，亟须因应这种变化更新相应的渔业管理体制。POPs会因温度的降低而发生沉降，全球大部分POPs集中于北极地区，而长期不易分解的POPs也因温度的升高和海冰的融化，逐渐渗透到海洋和陆地生态系统，转而进入当地的食物链。北极航道的出现也首先依赖于气候变化所引发的北极海冰融化。未来北极航道的开发和可持续利用也首先直接取决于气候变化对北极海冰的影响，海冰融化的速率以及年际、季节变化，影响了通航的路径选择。

二 因气候变化而产生的北极区域利益和全人类共同利益

在气候变化的影响下，北极的环境与生态系统在近几十年来发生了剧烈的变化。有关生态环境保护的法律规范也在迅速发展，形成了以《联合国海洋法公约》为基石，《气候变化框架公约》、《生物多样性公约》等国际环境公约为补充的北极环境法律框架。气候变化是北极环境与生态系统在最近几十年来急速变化的原因。气候变化在整个北极的环境治理有着"牵一发而动全身"的作用，影响生物多样性保护、海洋环境保护、原住民权利等各个方面。在由海洋法公约和国际环境公约所构成的国际环境法律框架存在的同时，北极地区又存在着大量的战略、宣言、国际组织决议等软法。以气候变化为诱因，以生物多样性削减等不同的环境问题为表现态势，北极地区的法律规范因不同议题而产生了重叠和交叉，又在彼此之间发生着联系和冲突。这既是国际法的碎片化在北极地区的表现，也反映了北极环境问题的多面性和复杂性。

（一）气候变化促使了北极地区区域利益的产生

在气候变化的影响下，自北极冰融速度加快的事实被科学界发现伊始，北极地区区域利益的产生和演化就贯穿了近几十年来北极变化的发展始终。北极地区的区域性国际组织都是在80年代以后建立的，而这一地区最重要的国际组织北极理事会的前身《北极环境保护战略》恰恰是因应北极环境问题而产生的。北极理事会如今已发展成为北极地区最重要的政府间国际组织和区域论坛，在北极环境治理中具有举足轻重的地位。从《北极环境保护战略》到北极理事会产生并逐渐壮大的发展脉络，能鲜明生动地反映出北极八国的区域利益随着气候变化的影响，逐渐产生并发展的过程。

1. 区域利益的逐步确立

《北极环境保护战略》（AEPS）于1991年在芬兰成立，作为北极八国之间的政府间合作框架，为北极环境保护制定规范并提供有关措施。AEPS还吸纳了三个北极原住民组织作为具有特殊地位的永久参与者（permanent participants），包括因纽特人北极圈会议，萨米人委员会和俄罗斯北部、西伯利亚和远东地区原住民委员会。永久参与者的地位仅次于北极八国，但也可以列席北极环境保护战略的历次会议并参与讨论。北极环境保护战略主要是以工作组的形式开展起对北极地区的环境保护活动的，工作小组包括北极监督与评估小组、北极海洋环境保护小组、应急防护、准备与反应小组、北极动植物种群保护小组等。AEPS在科学地确定北极地区的污染源和污染影响并共享数据、进行环境影响评价、保护原住民的传统和价值观等方面做出了重要贡献。尤其是在提升北极国家政府的环境意识和理念、认识到北极环境治理的急迫性、呼吁对原住民权利的保护等方面，起到了重要的启蒙作用和教育意义。北极国家也在参与AEPS的活动中意识到，北极的区域环境状况与各国的切身利益密不可分。

1996年8月6日，八个北极国家发表了《关于建立北极理事会的宣言》，决定成立北极理事会。理事会成员包括八个北极国家、六个原住民组织作为永久参与者，以及来自域外国家、非政府组织、政府间组织的理事会观察员。理事会将其自身定义为政府间的高层次论坛，承继了《北极环境保护战略》的职责，并将活动范围从环境治理扩展到北极区域共同关注的除军事问题以外的环境、社会和经济问题，并致力于促进北极地区的可持续发展。北极理事会下设五个专家工作组，比AEPS时代新增加了可持续发展工作小组。2004年，理事会发布了《气候变化影响评估报告》，指出气候变化是北极近年来生态环境发生改变的根本原因，吸引了国际社会的注意。国际社会尤其是政界人士开始意识到，北极区域特有的环境问题的重要性，以及其与气候变化的密切联系。

北极海域封闭性很强，一旦发生漏油等环境事故，首当其冲的是北极沿岸国家。而由于温度和海域形状的原因，北冰洋的漏油也很难扩散到其他海域；因此，北极海域一旦发生石油泄漏等环境污染事件，将会经历很长的时间进行消解和清理。北极海域环境事故的清理难度、清理成本、消解速度、清理时间等都要远远大于发生在其他海域的环境污染事故。北极地区的北极熊等哺乳动物、耐寒的生物物种和鱼群都具有鲜明的区域性特色。北极国家的区域利益在环境损害面前会使得北极八国的利益更加一致和集中。也正是基于区域利益的考虑，《北极环境保护战略》以及北极理事会一直把国际合作放在首要地位，在北极八国之间，有关环境的风险防范、信息交换、防备机制等一直是北极八国之间进行国际合作、互通信息的主要方面。

北极八国因环境保护聚合到一起，相继创立了一系列的机制来实现体现其区域利益的共同目的，而这一切的缘起就是气候变化导致的北极冰融等生态环境改变。可以说，如果没有气候变化，北极地区将依然处于静悄悄的冰封状态中，也很难产生因应气候变化的影响形成的各种国际合作机制。

2. 区域利益对域外利益的排斥

北极国家对域外国家的排斥和限制也体现了北极地区的区域利益。目前，包括联合国环境规划署在内的八个政府间组织、九个非政府组织已成为北极理事会的观察员。同时除既有的法国、德国等观察员以外，北极理事会也在2013年5月吸纳了中国、日本、韩国、印度、新加坡、意大利六国为北极理事会的正式观察员。但是，北极理事会也通过观察员资格文件，对观察员的地位和活动范围及内容进行了种种限制。

在北极理事会的前身北极环境保护战略（AEPS）时代，北极国家对观察员抱有强烈的怀疑和审视态度，有时宁愿放弃观察员在科研和资金上的支持，也不允许其过多、过深地介入北极活动，尤其是决策议程。AEPS的各种文件都没有关于观察员角色的规定。既没有授予观察员资格的明确标准和程序，也没有规定其参与活动的形式和评估规则。[①] 为加深北极区域合作，并提供一个更好的组织框架，北极理事会保留了先前AEPS中已经存在的观

---

① 有关早期的AEPS的文件，可见Arctic Council官方网站，http：//www.arctic-council.org/index.php/en/document-archive/category/4-founding-documents，访问日期：2014年10月6日。

察员方,并宣布环境保护是其核心事务。最早参加 AEPS 的三个原住民组织在北极理事会中得到确认;除此之外,北极理事会又相继接纳了三个原住民组织,最终确认这六个原住民组织为北极理事会的永久参与者(permanent participants)。

北极沿岸五国(俄、美、加、挪、丹)外交部部长于 2008 年 5 月签署的《伊卢利萨特宣言》(The Ilulissat Declaration)① 宣称,"由于其拥有在北冰洋大部分地区的主权、主权权利以及管辖权,北极沿岸五国在解决北极面临的问题和挑战时具有'特别的'地位"。宣言确认了北极沿岸五国在北冰洋保护上的管理角色,并指出在外大陆架划界、海洋环境保护、冰封区域、自由航行权、海洋科学研究和其他对海洋的使用方面,海洋法都为其提供了权利和义务规定,没有必要再设置一个综合的国际法律制度来管理北冰洋。该宣言因在北极理事会框架之外签署,因此并没有提及有关北极理事会观察员的问题,而是向外界传达了北极沿岸五国坚持既有的以海洋法为基石的法律框架,并拒绝外界干预北极问题的讯号。《伊卢利萨特宣言》引起了其他北极三国(瑞典、芬兰、冰岛)的不满,指出其有将北极地区瓜分的趋势,是对其他北极三国在北冰洋利益的侵蚀。宣言不仅引起了北极三国和国际社会的批评,北极沿岸五国内部也有批评的声音出现,认为北极沿岸五国会议没有邀请其他在北极享有合法利益的相关者如原住民组织参与;北极八国应该合作而不是制造新的分歧。② 伊宣言虽然对北极治理有负面影响,但北极理事会在北极治理中的地位并没有因此而削弱,原因有两个,一是北极理事会不涉及解决外大陆架划界等领土问题,与伊宣言中提到将主权冲突交由海洋法来解决之事并没有特别的冲突;二是伊宣言确认了海洋法为北极问题解决的基本法律框架,这也是北极理事会所认可的。

北极理事会下有三个文件是有关观察员获取资格和身份界定的。包括

---

① The Ilulissat Declaration, http://www.oceanlaw.org/downloads/arctic/Ilulissat_Declaration. pdf,访问日期:2014 年 10 月 6 日。
② Mia Bennett, "Arctic Ocean Foreign Ministers' Meeting: Reactions," http://foreignpolicyblogs.com/ 2010/04/01/arctic-ocean-foreign-ministers-meeting-the-fallout/,访问日期:2014 年 10 月 6 日。

1996年关于建立北极理事会的宣言（渥太华宣言）、1998年北极理事会程序规则附件一"加强北极理事会的框架"（已于2014年在基律纳修订），以及2011年5月在丹麦努克举行的北极理事会部长级会议上的北极高级官员报告（SAO Report）。SAO报告继承了渥太华宣言的精神，第一次明确规定了成为观察员的标准、申请和委任程序，以及考核方式。[①] 2013年基律纳会议上北极理事会又根据努克会议上的SAO报告对1998年程序规则进行了修改，并编制发布了观察员手册，重申并确定了努克会议的观察员规则，最终将其正式文件化。在此有必要对北极理事会最终所确认的观察员身份进行解读。

首先，北极理事会为观察员资格的获取设置了明确的标准，成为申请者所必须具备的前提条件。包括：必须接受北极理事会在渥太华宣言中制定的目标；必须承认北极国家在北极的主权、主权权利和管辖权；必须承认《联合国海洋法公约》是北极的基础法律框架；必须尊重原住民的价值观、利益、文化和传统；必须有对北极原住民有进行财政支持的意愿和能力；必须展示其在北极的利益、兴趣和工作能力。[②] 北极理事会将对申请者予以考察，不符合标准的不会授予观察员资格。

其次，通过在参与程序、财政输入等方面的特别规定，确认北极理事会内部的任何决策过程都是北极八国的专属权利和责任，从而保证观察员的地位要位于北极理事会成员国和永久参与者之下。北极理事会将观察员的身份定义为观察工作（observe the work），观察员可以就议题进行陈述、提交书面陈述、提交相关文件，以及在讨论中发表观点，但这些权利的行使有赖于会议主席作出的自由裁量。在任何会议期间，观察员的发言都要在北极八国和永久参与者发言之后。在财政输入方面，北极理事会做了特别的规定，若没有SAO的专门决定，观察员的财政捐助不得超过北极八国所拨款的数额。

再次，北极理事会指出了需要观察员作的贡献。即：①在北极理事会项

[①] Senior Arctic Officials Report to Ministers, http：//library.arcticportal.org/1251/1/SAO_Report_to_Ministers_-_Nuuk_Ministerial_Meeting_May_2011.pdf，访问日期：2014年10月6日。

[②] Arctic Council, Criteria for Admitting Observers, http：//www.arctic-council.org/index.php/en/about-us/arctic-council/observers，访问日期：2014年10月6日。

下的工作组层面积极参与，并提供科技、财政捐助等方面的支持；②对北极原住民及其组织进行财政支持；③可通过北极八国或永久参与者作为媒介，提交对于项目的提议和建议；④通过与北极八国和永久参与者的伙伴关系将来自北极的声音和议题传达到全球决策机构中。

最后，观察员的身份不是永久的，需要接受北极理事会的考核和评估。外部国家想要保留观察员的地位，需每两年给北极理事会提交一次行动报告，阐述其北极活动以及对北极理事会工作所做出的贡献，北极理事会则对其进行评估。[①] 每四年，观察员要明确提出它们对担任观察员的持久兴趣，并在下次的部长级会议上接受北极成员国的评估。这是北极理事会第一次明确要考察既有观察员在北极理事会内部以及北极区域的实际表现。

总的来讲，观察员在北极理事会中的角色是不充分、不全面的。在努克会议以前，由于缺乏衡量的标准和程序，对于观察员活动的评价最后都要由北极八国来统一决定，造成了极大的模糊性和不确定性，对观察员参与北极事务产生了消极影响。从积极的方面看，观察员标准的正式化明确了北极外部角色在北极理事会中的地位，使其明晰并更易于评判；但北极理事会也终于在正式文件中明确设定了对观察员的活动限制。除了程序限制和活动层级限制之外，北极理事会对观察员财政输入的限制，是为避免观察员通过经济手段影响北极理事会的工作和决策议程。北极理事会担心财力雄厚的观察员可以通过对项目的投资来影响北极国家的国内、国际决策。这种限制也可以防止观察员通过财政手段获得高于永久参与者的地位。原住民组织作为北极理事会的永久参与者显然财力不足，若外部国家在北极理事会中的注资超过永久参与者，很容易使其地位降低，并提高观察员的声望。综上所述，为防止观察员地位过高、影响力过大，北极理事会通过一系列文件确认了对其活动范围、程序、评估等方面的限制。但北极理事会又希望观察员能够"戴着镣铐起舞"，在工作组层面做出科技、财政援助等贡献。

---

① Arctic Council, Arctic Council Observer Manual, http：//www.arctic-council.org/index.php/en/document-archive/category/4-founding-documents，访问日期：2014年10月6日。

无论是《北极环境保护战略》，还是北极理事会的专家工作组工作，都是以保护北极地区的环境、维护这一区域国家和人民的资源环境利益为目的的。北极理事会和各个国家之间，通过国际合作、互通信息、建立援助措施等方式加强了国际合作，建立了一套有效、长期、专业的应对北极环境突发事件和对环境长效治理的有关制度。与此同时，北极理事会又在近年来，通过设立观察员资格确认并维护了北极国家的区域利益，并要求域外国家在参与北极事务时，首项前提就是要尊重北极国家在这一地区的既有管辖权和国家主权。北极五个沿岸国家之间于2008年所发布的《伊卢利萨特宣言》也在声称遵守《联合国海洋法公约》所确定的既有法律秩序的同时，显示了北极五国在这一地区的"特别管辖力量"。在环境问题的风险面前，北极各国无法通过自食其力的手段完全地维护其国家利益，因此，通过北极理事会等国际组织的协调和各国之间加强合作，北极地区的区域化和区域利益得以形成和确认。

（二）气候变化使得北极地区也存在全人类共同利益

要理解北极地区为何也存在全人类共同利益，首先就要对气候变化在国际法上的内涵有所理解。

大气在国际法上的法律定义并不是一开始就明确的。领空的法律定义为"处于其下方国家主权支配之下的空气空间"，这与具有扩散性和流动性、且并不专属于某一区域之内的大气截然不同。与公海这种超越国家管辖范围的公共区域相比，大气又有一定的地域性和国家管辖性，尤其是在跨界空气污染的案例中，基于国际环境法的国家主权和尊重国家管辖范围外环境原则，国家有责任控制其对他国造成的大气环境污染。

但当涉及臭氧层损耗或气候变化这类全球性的大气问题时，大气的模糊的法律概念就显得捉襟见肘了。"传统的大气污染还可以在区域框架内治理，而臭氧层减少和全球气候变化则要求所有国家的合作。"[1] 此时需要一

---

① 亚历山大·基斯：《国际环境法》，法律出版社，2000，第210页。

个能够体现全球大气层的统一性和人类共同利益的法律概念。这个新的法律概念从《保护臭氧层公约》开始衍变,并在《联合国气候变化框架公约》中得以明确。《保护臭氧层公约》将臭氧层视为一个整体,没有考虑任何一个国家独立地对臭氧层所占据的空气空间享有主权,而是将其视为人类共有资源或共同利益的一部分。《联合国气候变化框架公约》在其序言中,"承认地球气候的变化及其不利影响是全人类共同关切事项"。自此,公约所确立的"人类共同关切事项"也成为国际法中具有代表意义的重要概念。从而表明了气候变化与臭氧层同等的法律地位,即整个大气都可以被看作是"全人类共同关注事项",也使得气候变化成为全球性条约规制的对象。

大气这种新的法律概念的主要意义在于,无论各国是否受到直接的损害,都具有对全球大气的合法利益,这种利益体现在为保护全球大气而制定、实施国际规则等实践中,是整体性的、全人类的利益。气候变化问题的普遍性,需要所有国家采取共同行动。"全人类共同关注事项"给予了气候变化国际法上的明确内涵,赋予了国家作为国际共同体对于具有全球意义的气候变化所享有的合法利益,也明确了国际社会在保护气候、维持其可持续上的共同责任。尽管各国可以在本国范围内继续对自然资源享有主权并自主决定如何利用这些资源,但这种主权不是无限的或绝对的,现在它的行使必须限制在《联合国气候变化框架公约》所制定的全球责任的范围内。

这种全球责任在国际法中具有独特的意义。首先全球责任具有对世的性质,对作为一个整体的国际社会负有责任,而不仅仅是对受到损害的国家负责。其次,尽管得到世界各国的普遍承认,全球环境责任在发达和发展中国家间存在很多方面的差异,而且包含了在跨境损害中所没有的强有力的公正平衡的内容。最后,在全球关注事项上,预防措施更加突出。赋予国家在保护全球气候系统上的对世义务,并不是说在违反义务的情况下,所有国家都有权到国际法庭提起诉讼,而是指国际社会可以通过《联合国气候变化框架公约》以及条约授予的监督组织来敦促各国遵守它们的对世义务，整个国际社会则依据条约协定所建立的国际机构来行使对世权利。①

从"关注"（concern，或译关切）一词就可以看出，气候变化的国际法地位并不是主权国家境内的财产，也不是主权国家管辖范围以外的共有财产。"人类共同关切事项"这一概念与共同财产和共同遗产的概念因此也就有了非常大的区别。全球气候变化所带来的损害并不是局部性的，不是作用于某一国家或某一特定地理范围内的，而是对整个国际社会整体的损害。"人类共同关切事项"与"共同财产"、"共同遗产"等国际法概念相比最大的区别是，"人类共同关切事项"是以全球性的视角来看待气候变化，并认为其是对全人类具有重大利益影响的。此处的气候变化与国际环境法中的大气污染的含义不同。大气污染所引起的国际争端往往是双边性的、区域性的；而全球气候变化则是对全人类共享的气候系统的影响，是多边的、整体的。气候变化并不涵盖大气污染问题，二者不存在交集，而且气候变化所指代的范畴要比大气污染更为广泛。也就是说，北极的气候变化，由于其属于"人类共同关切事项"，所以同样关涉全人类的共同利益，是北极区域外国家可以关心的问题。

"人类共同关切事项"在国际法以及国际环境法上的重要影响就在于，"这个概念给予了国家之国际共同体对于具有全球意义的资源以合法的利益，也赋予了国际社会在维持它们的可持续发展方面以共同的责任"。② 基于这种对于具有全球意义的资源之关切，以及国际社会的共同责任，该概念也在一定意义上限制了国家的绝对主权。各国依然可以在其本国范围内继续对其领土之上的大气享有主权，并自主决定如何利用；但是这个主权再不是无限的或是绝对的。国家主权的行使受到《气候变化框架公约》及其《京都议定书》，以及《里约宣言》等相关国际法律

---

① 帕特莎·伯尼、埃伦·波义尔：《国际法与环境》（第二版），高等教育出版社，2007，第93～95页。
② 帕特莎·伯尼、埃伦·波义尔：《国际法与环境》（第二版），高等教育出版社，2007，第93页。

文件所制定的责任限制。国家因此有了为了人类共同利益而采取减排措施以减少本国境内所排放的二氧化碳等温室气体，来遏制全球气候变暖的责任。

北极的生态环境是脆弱的，又是全球气候变化最剧烈的地区。所有既有的环境问题在全球气候变化面前，都产生了放大作用。当前几乎所有的国际环境问题都在北极地区有所表现，而且更加明显。北极是一个统一的区域生态系统，自我修复和调节能力极其脆弱。一旦受到外界干扰，发生剧烈生态改变的可能性很大，由于再生能力比较弱，很容易导致生态系统崩溃。北极气温升高不仅影响到北极区域，也关系到全球气候系统。北极地区的气候变化绝不仅仅是北极的区域问题，而是关系到全球人类的共同利益。国际法已经从法理上将大气列为人类共同关切事项，从而使得大气成为全球公域的一种。北极区域的大气是无法分割的，无法如陆地领土一般，被划分为"北极国家的大气"和"北极国家管辖范围以外的大气"。基于大气的流动性及其与领空不同的概念，北极地区的大气资源固然有北极国家的利益所在，但同样基于"人类共同关切事项"，也涉及全人类的利益。域外国家以及国际社会是有理由关心发生在北极地区的气候变化及其所带来的负面影响的。气候变化问题的普遍性，需要所有国家采取共同行动。

三　北极治理机制需要体现全人类共同利益

无论是早期的《北极环境保护战略》和北极理事会的文件，还是引起极大争议的《伊卢利萨特宣言》，或是最近几年非常重要的努克会议、基律纳会议所出台的《北极理事会高级官员报告》、《北极理事会程序规则》、《观察员规则》等，均确认了《联合国海洋法公约》是北极法律秩序的重要基石性框架，是维护北极秩序、定纷止争的重要前提。北极八国和北极理事会都在不同时期以不同形式强调过其重要性，并在近年来愈加重视。即使是未批准《联合国海洋法公约》的美国，也将其视为国际习惯法。尊重《联合国海洋法公约》所设定的既有法律秩序是北极方面所认可的,同样也涉及全人类的共同利益。《公约》是域外国家在北极地区活动的最主要法律依据。根据《公约》,域外国家享有在北冰洋的航行权,在公海范围内和领海、专属经济区、大陆架上不同程度的海洋科学研究权(非公海地区需经沿海国同意)等权利。同样,根据《公约》第137条规定,包括北极八国在内的任何国家,都不得对国家管辖范围以外的国际海底和洋底主张主权,将其资源据为己有。北极公海地区的活动要依照全人类的利益而进行,根据共同遗产的概念养护和开发,并保护海洋环境和生态系统。基于北极海域所涉及的全人类共同利益,《联合国海洋法公约》通过第234条"冰封区域"条款,赋予了沿海国较之于全球其他区域的沿海国,在北极地区立法管辖权和冰封区域划定要件等方面的更为广泛的规范权限。判断冰封区域的设定应符合一定条件,而是否符合要件的判断权在沿海国,而非任何国际组织。冰封区域的沿海国可对冰封区域制定和执行高于国际规则和标准的法律、规章;法律和规章还可对船舶设计、建造、人员配备或装备标准作出规定。沿海国可对途经此地的外国船舶和油轮的设计、建造制定高于国际规则的标准和规定。诚然,冰封区域条款赋予了北极国家在制定和执行法律、规章方面可以高于国际规则的权利,但这种权利的依据,恰恰是为了海洋环境的保护,关系到全人类的共同利益。

　　当前北极各国依然是根据国家利益行事,但由于气候变化及其所导致的环境变化的整体性和不可分性,使得区域利益和全人类共同利益得以形成。北极各国面对当前的北极自然环境的变化,必须顾及区域利益和全人类共同利益,甚至只有通过事先对区域利益和全人类共同利益的维护,才能够真正实现各自国家的利益。气候变化因"全人类共同关切事项"所具有的对世性质,使得北极国家应对气候变化及其环境影响的国家行为是对整个国际社会负有责任的,而不仅仅对气候变化的受损国家负责。国际法对气候变化所确立的内涵"全人类共同关切事项"也已经内化于北极治理的国际法文件、区域和国家的政策和法规中,并通过北极理事会等国际组织的活动而不断得到强化和贯彻。

四 总结

审视气候变化视角下的北极治理，可以发现气候变化在北极地区的区域性和全球性以及其自身所特有的国际法内涵，这为以中国为代表的北极域外国家参与北极事务提供了学理依据。

北极国家应对气候变化具有对世性。然而对世义务所对应的概念，即义务履行的对象则是共同利益（common interests）。共同利益超越了国家主权的范畴，高于个人利益、国家利益和区域利益的层次，是整个人类的最高层次的利益。抽象的共同利益在具体的国际法概念中，有不同的代表性制度，例如公海、南极、外层空间、深海底等。[1] 而北极地区的气候变化，则因其全球影响具有"全人类共同关切事项"之含义，也就成为共同利益这一抽象概念的具体体现。以中国为代表的域外国家受到北极以及全球气候变化的影响，有权利关注气候变化与北极地区产生的交互作用，有权利通过参与北极事务了解气候变化及其区域性、全球性的影响以采取有力措施，维护全人类共同利益。

---

[1] Paul Arthur Berkman, "'Common Interests' as an Evolving Body of International Law: Applications to Arctic Ocean Stewardship," *Arctic Science, International Law and Climate Change*, ed. S. Wasum-Rainer et al. (Springer-Verlag Berlin Heidelberg, 2012), pp. 155–173.

北极理事会观察员制度和中国因应

马千里*

随着全球变暖和北极海冰融化范围的逐步扩大,如何更好地开发和利用北极成为目前国际事务中的一个重要议题。面对北极地区的新形势,北极国家成立了一个政府间的高级论坛——北极理事会,这为各国开展相互交流与合作提供了有利平台。北极理事会也具有一定的开放性,除正式成员方之外,北极理事会还接纳符合条件的非北极主权国家和国际组织以观察员的身份参与到理事会的具体事务之中。自 2006 年始中国正式提出北极理事会永久观察员的申请,2007 年获得"特别观察员"的身份,到 2013 年 5 月,在基律纳召开的北极理事会第八次部长级会议上,中国最终成为正式观察员,迈出了参与北极治理里程碑式的重要一步。值得关注的是,在这次会议上,北极理事会一方面创历史纪录地一次性接纳了六个国家作为观察员,另一方面颁行了《北极理事会下属机构观察员手册》(以下简称《手册》),结合 2011 年努克会议上形成的《努克宣言》和高官会议报告(SAO Report)(以下简称《报告》)中关于观察员作用与准入标准的建议,形成了相对完善的观察员制度。就国际政治而言,前者隐含着稀释中国成为观察员这一事件的影响的意味,而后者无疑是在规范甚至限制北极域外国家对于北极治理的"基本参与权"。纵观国内目前的相关研究,北极治理和北极理事会已经逐渐引起学界的关注,但是就北极理事会观察员制度特别是晚近的发展而言,仍属于近乎空白的状态。本文希望从梳理《手册》规定的相关制度入手,分析北极理事会确立的观察员制度对于域

---

* 马千里,中国海洋大学法政学院硕士研究生,主要研究方向为国际法、海洋法。

外国家参与北极治理的积极因素和权利限制,进而从整体上分析其对于北极治理发展趋势的影响。

一 北极理事会观察员制度的发展及其核心内容

(一)北极理事会观察员制度的发展历程

在当今国际社会,大部分国际组织会选择接纳非组织成员列席其有关会议,赋予一定的参与权,这部分国际法实体便具有了该国际组织的观察员身份。因此,在国际组织法中,观察员被定义为参与到国际组织事务或国际会议中的国际法实体;但这部分国际法实体并没有成为国际组织的正式成员,而是经过邀请或申请接纳才得以参与到组织工作中。理论上,具有观察员身份的可以是非成员国家、政府间国际组织、非政府组织、民族解放组织甚至是国际法上的个人,但在实践中,观察员以非成员的主权国家和国际组织居多。北极理事会目前具有观察员资格的国际法主体包括12个非北极主权国家、9个政府间国际组织以及11个非政府组织。到北极理事会成立之时,国际法中的观察员制度已经发展了近一个世纪。北极理事会自成立以来便设置了观察员制度,这也反映了其开放性与排他性并存的组织特征,一方面,理事会只承认北极国家和原住民组织的正式成员资格;另一方面,理事会将非正式成员作为重要参与方纳入其组织运行。

在2011年之前,北极理事会还按照权利范围将观察员划分为正式观察员和特别观察员(也译为临时观察员),后者是和正式观察员相对应的另一种观察员身份,是每次会议召开前通过批准而临时设定的。因此,特别观察员身份只适用于特定会议,不具有永久性和普遍性,与正式观察员自动取得列席会议权有明显的区别。在取得观察员资格之前,中国自2007年开始便具有北极理事会特别观察员的身份,通过批准而参加理事会的相关会议。

2011年3月,北极理事会高官会议对第七届部长级会议所提交的《报告》指出,特别观察员只授予目前申请观察员身份的主体,一旦部长级会议做出裁决，其特别观察员的身份将自动终止，不再授予，除非修改理事会的相关程序规则。① 因此，自该《报告》被批准并得以适用开始，北极理事会特别观察员的身份最多拥有两年，这实际上是废除了原有的特别观察员制度。

2011年5月，第七届部长级会议在努克召开，会议发表了《努克宣言》。《努克宣言》在"加强北极理事会"这一部分决定采纳《报告》中对观察员作用与准入标准的建议，并依照此标准对申请观察员资格的申请者进行评估。② 2013年5月的基律纳会议除接受中国等六个国家成为北极理事会的正式观察员之外，还有一项重要议题是制定并一致通过了《北极理事会下属机构观察员手册》（以下简称《手册》）。《手册》遵循了《关于成立北极理事会的声明》和《渥太华宣言》中对观察员的规定，并在议事规则方面进行了补充完善。《手册》发行的目的在于巩固和加强北极理事会下属机构所开展的工作，且在有观察员参加的任何下属机构会议中都可以适用。同时，《手册》也可以帮助引导下属机构的主席更加有效地组织会议召开并确保在讨论中达到信息交换的目的。③ 至此，北极理事会形成了完整的关于观察员的制度体系，并集中体现在《手册》规定之中。其中最为核心的内容是观察员的准入条件、批准程序和参会要求。

（二）北极理事会观察员的准入条件

在选择观察员时，北极理事会都会先遵循一般性的标准，即国际组织中观察员准入资格的国际惯例。《手册》没有对北极理事会观察员的申请资格另行规定，而是在第一条"背景"中默认直接沿用2011年哥本哈根高官会

---

① Senior Arctic Officials Report to Ministers, http：//www.arctic-council.org/index.php/en/document-archive/category/29-sao-meeting-2011-spring-copenhagen，访问日期：2014年10月6日。
② Nuuk Declaration, http：//www.arctic-council.org/index.php/en/document-archive/category/5-declarations，访问日期：2014年10月6日。
③ Arctic Council Observer Manual For Subsidiary Bodies, Kiruna Sweden, May 15 2013, http：//www.arctic-council.org/index.php/en/document-archive/category/4-founding-documents，访问日期：2014年10月6日。

议报告中的条件。而《报告》中明确提出，要想申请成为北极理事会的观察员国家或组织，申请者必须符合以下七个条件：

（1）接受并支持《渥太华宣言》中所提出的北极理事会宗旨；

（2）承认北极国家在北极地区所享有的主权、主权权利和管辖权；

（3）承认包括1982年《联合国海洋法公约》在内的广泛法律框架适用于北极地区；

（4）尊重北极原住民和当地居民的文化和传统、价值观及利益；

（5）具有明确的政治意愿和经济能力，能够有助于北极理事会的永久参与者和其他北极原住民；

（6）具备与北极理事会工作相关的利益和专长；

（7）显示出能切实支持北极理事会工作的能力，包括通过与成员国和永久参与者的合作将北极问题提交全球性决策机构。①

北极理事会对其观察员资格所限定的申请条件引发了巨大争议，以第二条的"三个承认"最为明显。要取得观察员资格必须先承认北极国家在北极地区的主权和主权权利，实际上是要求北极域外成员认可北极国家的主张。有学者认为，进行严格限制，主要是出于对北极域外国家和国际组织实力逐渐增强的担忧。②

（三）观察员资格的取得程序

《手册》第4.3条规定，观察员资格的取得只能由理事会决定和委任，其他任何下属机构都无权委任观察员。③ 按照北极理事会的决策规则，各个

---

① Senior Arctic Officials (SAO) Report to Ministers, http://www.arctic-council.org/index.php/en/document-archive/category/29-sao-meeting-2011-spring-copenhagen，访问日期：2014年10月6日。

② Erik J. Molenaar, "Current and Prospective Roles of the Arctic Council System Within the Context of the Law of the Sea," *The International Journal of Marine & Coastal Law* 27 (2012): 580.

③ Arctic Council Observer Manual for Subsidiary Bodies, Kiruna Sweden, May 15, 2013, http://www.arctic-council.org/index.php/en/document-archive/category/4-founding-documents，访问日期：2014年10月6日。

级别的决定都是永久参与者参与下八个北极国家的专有权力和责任，所有决议都需要得到北极国家的一致同意才成立。对于观察员身份的取得及继续保持，应当依据观察员的资格条件进行严格"实质审查"，最终由北极理事会的部长级会议采取北极国家协商一致的方式作出决定。在整个程序中，北极理事会的秘书处会提供必要服务，保证观察员资格的授予与取得顺利进行。具体而言，观察员资格的取得程序包括申请者提交申请书、理事会决定是否受理、提交部长级会议并最终由会议表决做出是否授予观察员地位的决定这四个步骤。对于观察员资格的继续，同样需要部长级会议协商一致。应当注意的是，只要参加北极理事会下属机构的北极国家同意，机构主席可以邀请能贡献专业知识或能为该组织或机构的工作作出贡献的任何人或组织参加会议，但这些个人和组织不能取得观察员身份，且下属机构应当就给予专家参与会议的必要性进行讨论。

（四）观察员的参会制度

1998年的《北极理事会议事规则》一直是理事会会议及其下属机构会议具体议事规则的主要依据，但其规范的对象主要是部长级会议和高官会议中的北极国家和永久参与者，并没有过多涉及观察员角色。新出台的《手册》对这部分内容进行了补充完善，在第七部分重点规定了观察员的参会制度，为观察员在会议中的角色定位和作用发挥提供了具体指导。

首先，观察员主体应当明确自身在北极理事会中的角色定位，北极国家、永久参与者和观察员的不同身份会在所有会议的实际安排中体现出来。除非高级官员会议有其他决定，观察员在一般情况下都可以自由参加北极理事会的会议及活动。在整个会议过程中，会议主席起到至关重要的作用，需要负责解释该下属机构中会议顺序的规则，并要求该《手册》对所有与会的代表都适用。下属机构的主席有疑问时应当至少提前30天邀请观察员参加会议，可以决定各自观察员人数的最大值。之后，观察员需要进行与会登记，出席会议的记录也由会议主席保存并传达至理事会的秘书处。除此之外，会议主席也应当提前至少30天向观察员散发最终议事日程。除非特别标明"仅限北极国家和永久参与者"的文件,决定参加会议的观察员将会得到会议的文件资料。对于主席或相关秘书处发布的官方报告,观察员可以在会后使用。

其次,在参会过程中,北极国家及永久参与者代表在主桌就坐,观察员在临近主桌的座位就座,属于同一下属单元的观察员代表应当在一起就座。观察员必须亲自参加会议,不能指派或委任另一实体或组织代表他们参加会议。经过会议批准后,观察员可以进行口头陈述或提交书面陈述和相关文件,在讨论中发表对议题的己方观点。但对于任一进行讨论的议事日程,观察员代表团的发言人介入讨论必须是在北极国家和永久参与者代表团的发言人发言之后。在议题讨论期间,一个北极国家或永久参与者的一名代表可以对发言顺序提出建议,最终由会议主席根据《观察员手册》的规定作出决定。观察员可以在会议上对北极理事会的活动和计划提出建议,但这应当是以通过北极国家或永久参与者的方式,不能自行提议。除非高级官员会议另有规定,观察员对这些计划所做出的总的经济贡献应当不超过北极国家。

最后,观察员的参会附属义务还有很多,如承担与之相关的一切会议费用等。若有的观察员不尊重《手册》中所制定的参会制度,会议主席在与北极国家及永久参与者的代表协商后有权要求该观察员代表团退出会议,并相应告知高官会议的主席。

二 观察员制度对域外国家北极治理部分"基本参与权"的确认与限制

在北极理事会的实际运作中,所有层面的实际权力都专属于永久参与者参与下的北极国家,北极国家对北极理事会拥有实际控制权。同时,观察员制度在世界范围内为非理事会成员开辟了一条直接参与北极理事会事务的道路,目前已成为北极域外国家直接参与北极治理的主要途径。而对于北极治理而言,一直存在的核心矛盾之一就是域内国家与域外国家之间的矛盾。总体来看，这一矛盾的范围较之域内国家的内部矛盾要狭窄，且合作大于冲突。①《手册》的规定也体现出这一矛盾的影响。北极理事会的观察员制度一方面赋予了重要域外国家以观察员身份切实参与北极治理的权利和途径，另一方面也对其进行了严格的限制，甚至可以说，意图利用这一门槛来迫使对北极治理有重要影响的国家"就范"。

（一）基本参与权的明确——对域外国家的积极影响

《手册》第六条将观察员的作用明确界定为"观察北极理事会的工作"，鼓励观察员在参与北极理事会工作和活动中继续做出相应贡献。《手册》较2011年哥本哈根会议上的《报告》对观察员作用的规定更为详细，进一步明确限定了观察员的权利范围。观察员的主要职责是对北极理事会的工作进行观察，提供一定的项目协助。其直接效果就是明确了像中国这种对北极事务有着重大影响的域外国家的"基本参与权"，主要可以归纳为以下几个方面。

1. 列席会议权

《报告》中称，"观察员的身份一经确认，可受邀参与北极理事会的会议"。在参会过程中，中国等观察员国可以通过会议期间的游说等活动来对所有参会方施加影响，进而说服拥有表决权的对方和自己统一立场。相对于会议中的发言权和表决权，这种潜移默化的影响也同样有利于域外观察员国实现自己的国家利益，甚至有时还能基于正式观察员的身份而有效规避会议决议所带来的义务和责任。除了列席会议，域外观察员国还有权取得北极理事会的正式文件和他们所参加会议的文件，这是更好地了解组织活动进展并做出自己贡献的重要途径。观察员应当回答其他成员的问题并作出说明，或者对涉及自己的事件进行解释，这种权利已经在国际会议的实践中得到确认，② 这也是域外观察员国向大会表明自己立场和观点的重要渠道。目前，包括中国在内的所有北极理事会观察员并不能获得所有会议的全部文件资

---

① 刘惠荣、董跃：《海洋法视角下的北极法律问题研究》，中国政法大学，2012，第208~210页。
② A. Glenn Mover Jr., "Observer Countries: Quasi Members of the United Nations," *International Organizations* 20 (1966): 269.

料，散发资料的权利也受到一定的限制。

2. 发言权

根据《手册》中的规定，除了会议的列席权，北极理事会的观察员还拥有对相关会议议题的发言权，这种发言权代表着成员国对观察员作用的肯定。与列席权类似，中国等观察员通过行使发言权所表达出的自身观点可以间接影响其他参会成员的看法，特别是对拥有表决权的北极国家施加影响，这在一定程度上有利于促使北极国家做出与观察员利益相一致的会议决定。

3. 参与项目的执行与合作

作为观察员国家，观察员国可以参与北极理事会项目的执行与合作。根据北极理事会的运行模式，下属工作组负责日常具体的项目执行，观察员需要参与工作组的项目并为其提供协助，这也是观察员具备支持理事会各项工作之明确意愿和实际政治、经济能力的具体表现。观察员与成员国和永久参与者之间是合作共存的伙伴关系，这种定位符合整个北极进入合作化时代的趋势，有利于调动最充分的资源促进北极的开发与利用。与之伴随的是，北极理事会的观察员拥有项目提议权，这种提议权有助于其参与项目的具体执行与合作。为了保证成员方对理事会工作的全面主导，除非高级官员会议另有规定，观察员对其参与项目所作出的总的经济贡献应当不超过北极国家。因此，观察员参与项目的执行与合作更多的是贡献自己的力量来促进北极理事会的发展，并不会改变已有的理事会势力格局。但是，这种参与权同样表明中国等观察员所代表的外来因素对北极地区的事务进行干预，为非北极国家和国际组织基于其观察员身份谋求自身在北极地区利益最大化提供了一定的权益空间。

4. 分论坛的发起

依照北极理事会成立的目标和宗旨，每次会议的召开都会以北极地区的治理与发展为中心，围绕中心制定出当次会议的主题，在主题之下会设立多个相对应的分论坛。北极理事会关注的焦点在于北极地区的环境保护和可持续发展，具体表现为气候变化、海洋环境保护、生物多样性、北极航运、能源开发与污染治理等多个方面。根据理事会对观察员的权限设置，中国可以享有针对某一方面的具体问题发起分论坛的权利,这一权利的行使需要与会议主题相契合,并有利于凝聚多方力量共同参与北极治理。赋予观察员以分论坛的发起权有利于充分调动其参与的积极性,对实现会议主题所设定的目标也具有促进作用。

(二)核心权利的缺失——对域外国家的限制

根据《北极理事会观察员手册》和2011年哥本哈根会议所通过的《高官报告》,要想成为理事会的观察员,需要符合支持北极理事会的宗旨、承认北极国家的实际管辖权和《联合国海洋法公约》的适用性、具备相应的政治、经济能力和专业技能等七个方面的准入标准。这意味着观察员必须接受严格的义务束缚,实际上是为域外行为体参与北极理事会设置了"高门槛"。这种"高门槛"对于观察员的权利影响是广泛而深远的。主要体现在以下几个方面。

1. 观察员身份的取得以"三个承认"为基础

《手册》对哥本哈根《报告》中正式观察员的"三个承认"制度予以确认,即观察员资格的取得需要承认北极国家在北极地区的主权,承认其享有主权权利和管辖权。[①] 一方面,承认北极国家在北极地区的主权表明观察员承认自身对北极事务只享有参与权,明确北极地区的核心权益只属于北极国家;另一方面,承认北极国家的相关主权权利和管辖权是指观察员认可并支持北极国家针对北极各区域性质所提出的主张和要求,或者说至少认可其提出这些主张的资格。有学者将其批判性地称为新时代的"门罗主义"不足为过。[②] 总体看来,观察员正式身份的取得以"三个承认"为基础,归根结底是对北极国家在北极地区享有绝对主导权的维护,这种承认意味着域外国家成为观察员后只是获得了参与北极事务的有限资格。

---

① Senior Arctic Officials Report to Ministers, http://www.arctic-council.org/index.php/en/document-archive/category/29-sao-meeting-2011-spring-copenhagen, 访问日期:2014年10月6日。
② 郭培清:《应对北极地区门罗主义的挑战》,《瞭望》2011年第42期,第86页。

2. 不享有真正的表决权

北极理事会的观察员享有参加会议的权利、获取和散发文件的权利、一定的发言权和提议权等。但在任何情况下，观察员都不享有事项的表决权，表决权的缺失构成了观察员与北极理事会正式成员之间权利上的最大区别。正如《报告》中所提到的，观察员可以通过成员国或永久参与者提出项目建议，但任何决策权都专属于成员国和永久参与者，观察员无权参与。表决权制度的核心是国家在处理国际问题上权利和利益斗争的集中表现。[①] 是否拥有表决权意味着是否拥有国际组织的实质决策权，而决策权是国际组织运行的基本权利。根据北极理事会的组织结构和运行模式，部长级会议是理事会的最高权力机构，高级官员会议负责日常的执行工作。《议事规则》中要求决策的达成采取理事会成员协商一致的原则，观察员不享有决策的表决权。这也是各方权利斗争的表现，毕竟现今的北极理事会处于北极国家的主导之下。由此看来，中国等观察员国家在现有制度下并没有因接受严苛的准入条件而换来北极理事会的核心权利，其最终获得的也只是一张"旁听券"，根本无法实质参与到北极理事会的决策之中。

3. 发言权的实质性受限

当今国际社会，国际组织会议上的发言权是一种国家实力和地位的象征，北极理事会的观察员亦是如此。根据《手册》，中国等观察员可以拥有发言权，可以发表己方对会议议题的看法和观点，这是对其参与方地位的一种肯定。但同时，观察员所获得的这种发言权受到实质性限制，具体表现为两个方面：第一，在会议上的发言权需要会议主席的许可，并且"主席应当在来自观察员代表团的发言人介入进行公开讨论之前确保来自北极国家和永久参与者代表团的发言人首先发言"，[②] 即观察员的发言需要在成员方之后，且不具有直接影响会议决策的效力，原则上也并不对正在讨论的议题公

---

① 高加林：《国际组织表决权制度的理论基础及比较》，《前沿》2006年第1期，第108页。
② Arctic Council Observer Manual for Subsidiary Bodies, Kiruna Sweden, May 15 2013, http://www.arctic-council.org/index.php/en/document-archive/category/4-founding-documents，访问日期：2014年10月6日。

开发表评论。第二，发言权并不都是会议上的口头说明，有时是以书面的形式提交，即通过相关文件来陈述对北极理事会一些问题的意见，这种形式的影响力远不及现场的口头声明。部长级会议作为北极理事会的最高权力机构，每次会议所发表的宣言对整个北极治理都具有重要意义，而观察员在部长级会议上的发言权只能局限于提交书面声明，这充分体现出其权利影响力的实质性缺失。

三 观察员制度对北极治理的总体影响

无论是基本参与权的赋予还是严格的限制，主要是由北极治理的利益多元化所决定的。各个不同的国际行为体对参与北极治理的诉求日益增长，这种趋势标志着区域外因素正在向北极事务的中心进行渗透，北极国家必须提高其主权意识和对北极治理的主导地位以维护自身的既得利益。此时，北极理事会作为目前进行北极治理最主要的组织机构，自然成为北极国家增强自身主导地位的主阵地。目前，北极域外国家及多元国际行为体参与北极治理已成为不可阻挡的国际法趋势，北极事务本身也需要国际社会贡献广泛的力量，北极理事会势必要采取更加开放的姿态来完成其北极治理的目标与宗旨。在这个过程中，多方需要相互依赖，同时又通过一定的制衡机制来达到预期目的。一方面，北极国家让渡部分权力给域外国家及其他国际行为体，给其一定的空间来参与北极事务；另一方面，域外国家及其他国际行为体参与北极治理的空间受到限制，要接受严格的义务束缚。北极国家需要设定"高门槛"来尽量遏制外来力量对北极的干预，外来力量也需要尽可能接受严苛条件以获得一定的参与权，利益的多元化造就了北极理事会的"高门槛"。

观察员制度是在北极理事会这一目前北极治理最有效、影响力最大的平台上，体现北极国家意志以及重要域外国家态度的枢纽，因此，在开放与限制并行的趋势之中，作为北极治理中的重要一环，北极理事会观察员制度的演变对于北极治理将产生重要影响。

（一）北极治理的模式选择

对于区域治理模式，有三种不同的选择。首先是权威模式，由实力最强大的主权国家或国际组织树立权威，成为该地区秩序的主导，法律规则的具体制定完全取决于这一国家或组织的主观意志和自身利益。按照美国学者詹姆斯·N. 罗西瑙的观点，这种权威"是一种相互关系，它的存在只能通过行使和服从来观察"，若处于主导地位的主体行使其权威，其他主体予以响应和服从，则可以将这种权威认定为是有效的。① 在这种情况下，权威主体内部的规则甚至可以适用于整个地区，以此达成对整个区域秩序的主导。就北极而言，主要是由美国、俄罗斯和加拿大单独或者联合主导整个区域治理的秩序。而目前北极理事会的观察员制度，使拥有强大实力的北极域外国家和多元国际行为体也更多地加入北极理事会，这种力量的平衡与制约使得以权威模式构建北极法律秩序的可行性微乎其微。事实上，从北极理事会不断扩容的过程中北欧五国所发挥的作用也可以清晰地看到这一点。

另一种模式是多方共建模式，多方共建模式构建北极法律秩序的基础在于北极地区国际合作的有效开展，法律规则的设立以多边外交的开展为前提。从国际法体系层面看，观察员制度为北极理事会成员方和观察员的共同参与提供了有效保障。多方共建的模式首先体现在法律规则的制定阶段，即多个主体共同参与规则制定，对此提出自己的立场和建议，经过一定的表决机制最终通过决议，由此形成的法律制度应当在该地区拥有普遍的约束力。② 除此之外，多方共建还表现在法律实施的过程中，多个国际行为体通过各种途径参与地区事务，依照已有的法律规则和原则解决相关问题，协调多方利益，避免矛盾和纠纷的产生。从"应然"的角度来看，多方共建模式是北极治理最有利于域外国家的选择，但是就观察员制度所确立的规则框架以及趋势来看，对北极事务有重要影响的域外国家自加入北极理事会这一

---

① 詹姆斯·N. 罗西瑙：《面向本体论的全球治理》，转引自俞可平《全球化：全球治理》，社会科学文献出版社，2003，第63页。
② 倪峰：《对多边主义理论构成的一些探索》，《国际论坛》2004年第6期，第36页。

平台伊始，就主动失去了对区域国际立法的发言权和主动权。因此这一模式的实现也是近乎不可能的。

还有一种模式是认同模式。所谓认同，是一种自我的"皈依"，意味着将自身嵌入集体之中，接受已有的法律制度，由此产生一种集体的认同感。目前，北极理事会的观察员制度在一定程度上已经体现了法律秩序构建中的认同模式。首先，取得观察员资格的主体对其在北极理事会的角色已经有一个清晰的定位，这些观察员并不位于北冰洋沿岸，对北极理事会的事务处于一个"参与"的状态。因此，申请成为观察员的主权国家和国际组织需要接受成员方所设定的准入条件，履行资格取得的申请程序，承担包括"三个承认"在内的严苛的法律义务。这属于一种角色定位的认同。其次，观察员在北极理事会会议上并不享有决策权，对会议所达成的宣言、指南以及近期形成的《北极搜救协定》、《北极海洋油污预防与反应合作协定》等规范性文件也没有表决权，只能遵守和服从。这种只能被动接受结果而无权在过程中发言的制度规定代表着观察员对北极理事会这个集体在国际法上的认同。客观地讲，北极治理现有的模式就是"认同模式"。

（二）认同模式下北极治理相关法律秩序的发展趋势

对于北极治理中法律秩序的发展趋势，前期国内学者曾经基于海洋法视角作出过一些分析和判断，包括"围绕法律地位的争论将长期存在与部分公域化趋势"、"多条约适用与法律冲突长期存在"、"特有制度的多向强化"等。[①] 但是在2013年之后，重新审视这些观点，会发现在北极事务中发挥重要影响的域外国家纷纷接受"三个承认"，挂上"北极理事会观察员"的标签之后，相关局势和走向都有了一些新的变化。

1. 北极法律地位的争论不再是焦点问题，但部分公域化的趋势并未停止

对于北极法律地位，曾有过三种不同论点，其中聚讼最巨的就是"人类共同遗产论"或"斯瓦尔巴模式论"与"基于现有的海洋法理论和规则

---

① 参见刘惠荣、董跃《海洋法视角下的北极法律问题研究》，中国政法大学出版社，2012。

对北极的法律地位按各要素分别界定"的对峙。笔者在2012年时认为后者没有问题,也必将成为定论,但是对于域外国家的潜在权益将会产生较大影响。从现在北极理事会观察员制度及其实践来看,各国在获取观察员资格时,是以认可后者为前提的,这也说明各国在作出相关决定和实施行动时,对于自身的权益进行过分析,认为加入北极理事会获得即时的参与权,其收益是要高于坚持难以兑现的"潜在权益"的。因此,相信在国家层面,北极"人类共同遗产论"或"斯瓦尔巴模式论"将日渐式微。这也符合笔者对于北极法律秩序基于"实然"立场的判断。

但是,从另一个方面看,北极部分公域化的趋势并未停止,反而有所增强。因为对于已经对外开放的领域,如科考、环保、共同应对气候变化等,观察员制度意味着明确的基本参与权实现的要求,意味着今后更多国家会获得这种参与权,毫无疑问,这些领域将有更多的国家可以实质性参与治理。对于一些较为敏感的领域,如航道、资源等,虽然目前的观察员制度不允许域外国家实质性参与其规则拟定和实际管理,但是观察员的列席、发言等权利意味着这些领域透明度的加强,同样也有助于这些领域进一步的放开及考虑域外国家的利益。

2. 多条约适用和法律冲突将持续,但会有所减缓

从目前的情势来看,形成统一的北极条约的可能依然不大,北极理事会自身的立法工作也体现了这种趋势。但是在北极国家普遍认同坚持《联合国海洋法公约》规则将使其利益最大化的前提下,通过观察员的准入在北极地区推行这一理念,将使以《联合国海洋法公约》为核心的现有国际海洋法在北极的适用更为普遍和具有权威。

3. 特有制度将加快产生

所谓特有制度,是指针对北极特质而拟定的法律制度,需要说明的是,以制度而言,凡是适用于不同区域都会有其"特别"性,但有些制度可以普适于各个区域或领域,例如领海制度、大陆架制度等,再如北极熊养护,虽然有其特殊性——是针对某特殊生物,但就其本质而言,同保护其他生物并无不同。但有些制度则仅是针对某区域或领域而拟定,其本质与普遍性制

度不同,例如专门针对北极而制定的"冰封区域"制度就是最典型的范例。基于北极的自然及法律特质,目前已经有一些针对北极的特有制度,主要体现在三个维度,一是国际法层面,例如《联合国海洋法公约》中的"冰封区域"制度;二是区域法层面,例如《斯匹次卑尔根群岛条约》;三是国内法层面,例如加拿大的《北极水域污染防治法》。北极理事会的功用主要体现在第二个层面之上。在认同模式之下,北极理事会自身对于北极法律秩序的主导权将大大上升,其立法信心也将日益加强,相信在目前已有的两部"硬法"之后,北极理事会还将继续出台新的适用于北极的具有法律约束力的文件。

虽然北极理事会目前仍然只是一个"政府间高级论坛",但是其功能越来越近乎政府间国际组织抑或区域治理组织。一些高度关注北极、在北极事务上业已或可能发挥重要作用的域外组织和国际行为体之所以热切地希望加入北极理事会,成为其观察员,也是基于其在"实然"上已经是北极治理的最重要的平台这一判断。北极理事会在客观情势下,不得不吸纳这些主体的加入,但是同时也用观察员制度为其构筑了藩篱,同时也体现北极八国对于北极治理未来发展的谋划和准备。观察员制度实际上是北极国家和域外国家在北极治理的博弈上取得一种均衡,这种均衡从目前来看,主导权是牢牢为北极国家所掌握的,较之既往还有所强化。然而对于北极来说,主导权的归属绝非最大的问题,重要的是这种均衡要达到的是一种合作博弈的局面,在"实然"层面扩大各方的现实和潜在利益。从这一点来看,北极理事会观察员制度的发展及实施的作用是积极的。

国际海事组织与北极航运法律的进展

白佳玉*

随着海冰的逐步融化,北极蕴含的丰富自然资源的开发利用成为可能,北极航道的通航也指日可待,南极水域的旅游业也掀起了热潮。为应对极地水域激增的航行及商业活动,国际海事组织亟须制定一部完善的保证极地航行安全与环境保护的规范。然而由于极地水域脆弱的生态系统,加之北极水域特殊的政治环境,极地水域的航行活动一直未有统一的规则进行管理与调整,为了兼顾经济效益与环保需求,在利用极地水域的同时保护好极地水域自然环境,推动极地船舶制定强制性规则是大趋势,原有的建议性指南已经不足以满足现在的形势发展。本文将着重介绍国际海事组织与北极航行法律规制的发展。

一 国际海事组织与北极航行法律规则梗概

国际海事组织(IMO)是联合国专门负责确保海上航行安全和防止船舶污染的机构,是政府间国际组织,隶属于联合国的专业技术机构,成立于1948年,总部设在伦敦。

目前,国际海事组织在国际海事界占据着重要地位,国际海事组织成员国占世界商船总吨位的97.22%,由其制定了最具影响力的三大国际海事公约。《1974年海上人命安全公约》(SOLAS)有159个缔约国,占商船总吨位的99.04%;其1978年议定书缔约国数量为114个,占世界商船总吨位的

---

* 白佳玉,中国海洋大学法政学院副教授,主要研究方向为国际法、海洋法。

96.16%；1988 年议定书缔约国总计达 94 个，占世界商船总吨位的 93.96%。《73/78 防止船舶污染公约》（MARPOL73/78）和《78/95 海员培训、发证和值班标准国际公约》（STCW78/95）的缔约国数目均在 150 个以上，占商船总吨位的 99% 以上。除此三个国际公约外，其他海事国际公约缔约国的商船总吨位占世界商船总吨位的比例基本在 90% 以上。[①]

国际海事组织是各国在海事领域进行合作的平台，其制定的保证航行安全、防止船舶污染海域环境的相关规范性文件通常分为"条约文件"和"非条约文件"，条约文件具有法律约束力，要求缔约国必须予以遵守。非条约文件对任何国家都不具有法律效力，仅具有建议性、非强制性的性质，但在必要时，非条约文件可能会转变成强制性规范。

国际海事组织有关北极航行方面的国际海事公约主要是与海上航行安全相关的国际海事公约，其中最重要、最早的就是《1974 年海上人命安全公约》，其规定为北极航运提供了普遍性的指引与要求。国际海事组织指定的其他具有法律拘束力的国际海事公约如 1996 年《国际装载线公约》、1972 年《防止海上碰撞国际公约》在北极航行中均适用，上述公约做出普遍性的要求与规定，但目前专门调整北极航运的海事规范尚未出台。国际海事组织近期正在制定专门适用于极地航行的强制性法律规范《极地规则》（Polar Code）。国际海事组织制定的国际海事公约旨在减少北极航运事故发生率、防止船舶造成北极海域污染，具有重要意义。

国际海事组织针对北极航行制定的非条约"软法"性规范主要包括《北极冰封水域船舶操作指南》，是由国际海事组织下设分委会——"船舶设计与设备分委会"通过了《北极冰封海域的船舶运营指导草案》，草案内容包括船舶在北极冰封水域航行时需遵循的除 SOLAS 之外的特殊要求，采纳了诸多具有冰区航行经验国家的提议，如加拿大的《海冰航行标准》中的许多可行内容被引入草案中。《北极冰封海域的船舶运营指导草案》考虑

---

① 刘惠荣、黄旻：《国际海事组织法律规则探析及其对我国的启示》，《海洋信息》2011 年第 2 期。

北极海域特殊的航运环境，对船舶的建造、设计、配备、操作、船员与防污等做了较为全面的规定。除指导《北极海域船舶运营指导草案》的工作外，国际海事组织无线电通信和搜寻与救助委员会与国际航道组织、世界气象组织进行合作，扩大全球航行警告服务在北极海域的使用。①

国际海事组织为统一管理北极特殊环境下的航运活动，致力于制定专门针对北极航运的准则。北极航行相对其他海域具有一定的特殊性，国际海事公约制定的标准于此特殊海域可能无法适用，且北极沿岸国就北极航运的规定与要求各异，法律标准的多样化使船舶航行北极海域时无所适从。国际海事组织在调和不同标准的适用的同时，着手专门制定针对北极航行的准则，主要包括：1966年《国际载重线规则》、1990年《国际油污防备、反应和合作公约》、2002年《北极冰封水域船舶航行指南》。

国际海事组织积极与国家、其他国际组织开展交流与合作，对保护北极航行海域环境起到积极作用。其一，为应对不断提高的航行安全及环保标准所带来的挑战，确保船舶于北极海域航行的安全与环保性，国际海事组织一直不遗余力地颁行规范航行活动的新规则及标准。北极水域沿岸利害关系国也顺应这一趋势，纷纷主动积极投入到各类规范的研究与制定过程中，力争维护各自的航行与环保权益。例如，俄罗斯于1991年出台了《北方航道海路航行规章》，该规章与随后国际海事组织颁布的规范北极水域航行活动的《北极冰封水域船舶操作指南》有诸多相似之处。②此外，区域性、国际性组织就北极航行事务与国际海事组织积极进行交流与合作，且取得了颇多有益成果。例如，北极地区航运评估（AMSA）倡导北极国家与国际海事组织进一步提升北极水域航行活动的安全水平。2009年国际海事组织、世界气象组织和国际航道测量组织联合发布新版本的"海洋安全信息手册"，该手

---

① 吴琼：《北极海域的国际法律问题研究》，博士学位论文，华东政法大学，2010。
② 韩逸畴：《论联合国与北极地区之国际法治理》，《中国海洋大学学报》（社会科学版）2011年第2期。

册于 2011 年 1 月 1 日生效，取代了 1996 年发行 2003 年修订的旧版本。[①] 新版本关注的重点在于气象预报、航行安全警告方面，为航行活动提供更为实用性的指引。这对海运活动日渐繁忙的北极航行而言更加重要。

二 北极航行国际海事规则内容

（一）航行安全的相关条款

北极八国均批准了《海上人命安全公约》（以下简称 SOLAS）及其框架公约下相关的规则和办法。SOLAS 对船舶的操作、设计、配备实行了最低标准的要求。船旗国须保证其申请注册的船舶符合 SOLAS 的相关规定才可签发证书。港口国也可根据 SOLAS 的规定对自愿靠港的船舶例行检查。SOLAS 第五章就船舶提供气象服务、冰区巡逻服务、船舶定向与搜救服务做出了规定；第七章为有关特殊及危险货物的运输与管理的内容，其中以《国际海上危险货物运输规范》对危险货物运输进行调整，以《国际散装运输危险化学品船舶构造和设备规则》规范液化天然气的运输。

SOLAS 对客船也作出了相关规定。由于游轮的设计一般无破冰操作的考量，当前尚无国际标准对北极游轮进行规范。国际游轮产业界发起了游轮安全论坛来发展新船设计和制造技术。2008 年 1 月制定的《偏远地区客轮航行规划指南》已被国际海事组织采纳为有关客轮的非强制性标准，该指南要求所有船舶须制定涵盖应急计划的有关航行和旅客的详尽计划。

SOLAS 第九章规定的《国际安全管理规则》（ISM 规则）主要调整船舶防污的安全管理与操作，并设置了相关国际标准。规则要求船公司建立安全管理系统，即包括船基和岸基的安全与环境保护系统。该系统应符合强制性规则、行业标准的要求，并受制于船旗国和港口国海事行政主管部门有关发

[①] The Manual on Maritime Safety Information，http：//www.wmo.int/pages/prog/amp/mmop/other_reports.html，访问日期：2014 年 10 月 6 日。

证和确认的规定。ISM 规则尽管并非专门解决北极航行问题，其在北极航道仍有适用效力。随着北极航行活动的日益繁荣，于冰区适用的航行安全管理规则应给予足够的重视。

SOLAS 体系下有着专门适用于北极的具有非强制效力的软法规定——《北极冰覆盖水域船舶操作指南》（Guidelines for Ships Operating in Arctic Ice-Covered Waters，以下简称《北极指南》），客船和 500 吨及以上的用于冰上国际运输的货船为该指南所作用的客体。《北极指南》较为全面地规定了冰区航行船舶的设计、操作及配备等多方面内容，是遵循 SOLAS 现有要求外针对北极冰区航行的额外要求。《北极指南》由四部分组成。A 部分规定了新造北极运输船舶在恶劣自然条件下有关船舶建造和稳性的内容。船舶应能抵御因船壳被北极冰川刺穿而引发的海水涌入，船舶在配备和操作实践中应将对环境的损害降至最低。B 部分是关于防火安全、火情探测和熄灭系统、人命救助器具和安排以及航运设施的规定。这部分要求所有极地船舶备有自动鉴别系统，船上携带全封闭救生船。C 部分是关于船舶操作、船员和应急措施的内容。船上应备有操作日志和在冰封区域有关操作训练的手册。D 部分是关于北极冰封海域航行中保护环境和控制危险的规定。所有在北极冰封海域航行的船舶应配备充分，船员经过相关培训，能够对船壳的损害做出有效和及时的反应，可以在船舶污染时进行有效控制。

1972 年《国际海上避碰规则》（以下简称《避碰规则》）主要规范船舶于公海及其他航行水域，如领海、专属经济区、可航海峡、海湾航行时的操作与驾驶技术等问题。《避碰规则》未专门对船舶在冰封水域的航行活动做出规定，但该规则对船舶在北极水域的航行具有适用效力。该规则涵盖了船舶由于其尺寸、设计或其他原因，如在冰面应如何操作的内容。

1979 年《国际海上搜寻救助公约》（以下简称《搜救公约》）主要为有关救助协作中心的设立、船舶定位报告系统和救助搜救行动的规定。北极国家在批准或加入《搜救公约》后，应在发生适用于该公约的事故时在本国管辖范围内开展合作。国际海事组织在分析全球海事事故数据的基础上，设立了 13 处主要的搜救区域，搜救区临近的沿岸国被指定为搜救和救助地区。

（二）环境保护的相关条款

1973年《防止船舶污染国际公约》及随后的1978年议定书（以下简称MARPOL73/78）设立了防止船舶污染的国际标准，该标准适用于部分北极水域。MARPOL73/78的六个附件规定了防止和控制船舶溢油（Ⅰ）、有毒液态物质（Ⅱ）、包装的有害物质（Ⅲ）、阴沟淤泥（Ⅳ）、垃圾（Ⅴ）和气体排放（Ⅵ）。MARPOL73/78并未包含所有预防船舶排放废物污染海洋环境的情形。附件Ⅰ可在保护北极海域环境，防止含油压载水和舱底水排放时适用；附件Ⅳ提及的阴沟淤泥管理规则规范的客体包括载运逾15人的船只和400总吨及以上船舶；附件Ⅴ禁止船舶废弃塑料制品入海，但适当允许船舶倾倒在正常操作过程中产生的垃圾，这也需要考虑船舶到岸距离的问题；附件Ⅵ规定允许设立硫化物控制排放区域，该区域内船舶燃油含硫化物应不高于指定标准。此外，若附件Ⅰ、附件Ⅱ和附件Ⅴ的规定仍不能够全面保护海洋环境中的脆弱敏感区域，国际海事组织可根据海洋学、生态学和航运等相关指标以确定特殊区域，综合海洋学及生态学方面的分析，北极可能具备成为特殊区域的条件。特殊海域的另一保护方式为国际海事组织通过的特别敏感区（PSSAs）制度。国际海事组织出台的《特别敏感区鉴定及指定导则》规定了指定特别敏感区需具备的条件，包括：①此区域须满足导则规定的特点；②航运活动将致使该海域环境一定程度的脆弱；③该区域特定的敏感问题可通过国际海事组织指定的方法予以解决。在未指定特殊敏感区域时也可适当运用SOLAS规定的措施进行保护。

1972年《防止因倾弃废物或其他物质而引起海洋污染的公约》（简称《伦敦公约》）及该公约的1996年议定书主要规范船舶倾倒废弃物入海的行为（排除船舶正常操作产生废物的排放情形）以及船舶于北冰洋的倾倒活动。《伦敦公约》规定船舶可在征得国家批准时倾倒未被列入"黑名单"的废物。《伦敦公约》1996年议定书实行更为严格的风险预防原则，船舶须在经过废物评估和国家许可的前提下，仅可倾倒被列入"安全名单"中的废物，如疏浚物等。

1990年《国际油污防备、反应和合作公约》（以下简称OPRC）的内容主要涉及船舶在发生油污事故后需要采取的协作措施。2000年通过的《国际油污防备、反应和合作公约有毒有害物质议定书》规定了与OPRC采取的合作体系类似的形式以有效处理有毒有害物品的污染事故。缔约国针对溢油及有毒有害物质泄漏事故需积极主动地采取有效措施予以应对，可通过本国的努力抑或通过国际合作的形式，制定双边或多边条约为公约倡导的做法。

2008年《控制船舶有害防污系统国际公约》通过规范船舶防污系统以达到保护航行环境的目标。该公约的生效时间为2008年9月17日，受该公约调整的船舶或于2008年1月1日前不得在其船壳的建造中采用有机锡合成物，抑或在船壳外添加防护层以预防有机锡混合物对海域造成污染。

为控制或防止船舶压载水带来的有害外来物种入侵问题，国际海事组织于2004年通过了《船舶压载水和沉积物控制和管理公约》，公约主要规定了管理船舶压载水及沉积物需要应用的技术标准，公约目前尚未生效。

（三）船员管理的相关条款

北极恶劣的气候及航行环境对船员提出了更为严格且特殊的要求。诸多国际组织对海员的工作能力及工作环境等做出了规定，其中大部分为对船旗国的要求。如国际海事组织和国际劳工组织制定了一系列国际标准以规范海员的能力素质及工作、生活条件；世界卫生组织的关注重点在于海员自身的健康问题，制定了医疗保障及服务等标准。国际海事组织1978年通过的《海员培训、发证和值班公约》（以下简称STCW公约）的内容大致为关于船员能力、培训及保障船员安全的问题。自1920年开始，国际劳工组织就制定了超过70个国际公约和建议来解决海上劳动条件标准和生活标准问题。值得注意的是，国际海事组织、国际劳工组织和世界卫生组织至今尚未针对北极出台专门特殊的国际标准。现今北极航行仅实行最低标准，即船舶于北极水域航行需遵守STCW有关船员培训、发证等规定。SOLAS框架下的《北极航行指南》较为关注船员培训和操作训练等人为因素，就处理劳工问题提出了建议。指南提议实施综合管理模式，强调对海员进行冰区航行模拟培训，要求在北极冰封水域航行的船舶须配备至少一位具有冰区航行经验的引航员。指南对船员培训的规定尚不完善，但其关注人为因素强调冰区航行前船员培训的重要性为之后专门针对北极船员规定的出台具有指导意义。

（四）有关北极航运的海事法规发展趋势

目前尚未出台有关北极航行的专门海事法规，现有国际海事法律提及北极航运的内容多见于国际海事组织颁布的有关航运安全及环保的国际条约中。国际海事组织于2002年在SOLAS公约框架下出台了首部关于北极航行的《北极冰覆盖水域船舶操作指南》。① 随着航行于南极水域的船舶呈增长态势，2004年国际海事组织海上安全委员会提议修改《北极指南》，使得该指南在《南极条约》覆盖下的冰封水域同样适用。此外，海上安全委员会建议船舶设计和设备分委会将修改与完善《北极指南》提上日程。船舶设计和设备分委会于2009年讨论制定了极地水域船舶操作指南草案，随后在海洋环境保护委员会第59次会议和海上安全委员会第86次会议中审议批准，并于2009年12月召开的国际海事组织第26次大会中正式通过。该指南制定的宗旨在于控制因北极恶劣的航行环境而带来的航行风险。

2009年通过的《北极指南》仅为建议性的导则，不具有强制效力，使该指南未能发挥其应有的效能。挪威、丹麦、美国与船舶设计和设备分委会向国际海事组织递交提案，建议将指南进一步发展为强制性极地规则，该提案在海上安全委员会第86次会议中进行审议，并最终获得同意，会议要求船舶设计和设备分委会尽快开启对强制性极地规则的研究进程。新的强制性规则围绕确保极地水域航行安全与保护极地海域环境方面，较为全面的规范在极地水域航行船舶的建造、设计、配备、操作、救助和防止环境污染等。总而言之，有关北极航运的海事法规发展趋势大致可归纳为以下三点。

1. 由自愿性发展为强制性规定

国际海事组织2002年制定的SOLAS公约框架下的《北极指南》是首部

---

① MSC/Circ. 1056 – MEPC/Circ. 399。

也是唯一专为规范北极航行而设计的规定。然而该指南由于其软法的特点，不具有强制执行的效力，通过北极航线航行的船舶可不受该指南的约束，船旗国也无要求受其管辖的船舶满足指南规定的强制性义务，港口国亦不能援引指南而强制要求登船检查。但是，就北极缺乏专门的航行强制性规定的现状，北极航线沿岸国家可通过《联合国海洋公约》第234条的"冰封条款"主张权利，制定相应的法律法规以规范北极冰区航行活动。[①] 北极沿岸国出于各自的利益将制定不同的法规，致使通过北极航线航行的船舶需遵守内容各异的规定。国际海事组织为避免此种情形的出现，将出台强制性的规定取代过去的软法规定以形成统一的北极航行国际标准，防止北极国家通过"绿色壁垒"对船舶通行造成阻碍。

2. 由单一领域发展为综合多领域规定

调整北极航运的国际海事法规涵盖三个领域，即航运安全、船员规范与环境保护，每个领域管理的实现均涉及相关条约的履行，这也显示了国际海事公约存在不系统、不成体系的缺陷。北冰洋由于其独特的自然条件，于该海域航行将面临有别于其他三大洋的风险，其中包括来自航行安全、环境保护与船员的特殊挑战。若逐一修改既存国际海事法规或另辟新的极地航行法律势必将耗费更多的人力、物力，在强制性法律规定中囊括有关北极冰区航行的规定是实现北极航线综合管理的最为科学有效可行的方式。

3. 由极地冰区水域各自管理发展为综合统一管理

先前国际海事组织对冰封水域航行管理的侧重点在于北极，表现为其2002年制定的《北极指南》。全球变暖不仅使得北极冰融化，南极大陆附近的冰封水域也开始融化，在南极水域航行的船舶尤其是旅游船舶呈现增多的态势，急需航行规则的规范。南极水域与北冰洋相似的自然环境，使统一管理极地水域成为可能。因此，可统一极地水域的航行规则，兼顾北极航道与南极航线管理，以综合性、强制性的极地规则实现统一治理。

[①] 《联合国海洋法公约》第234条规定，沿海国有权制定和执行非歧视的法律和规章，来防止、减少和控制船只在专属经济区范围内冰封区域对海洋的污染。

三 《极地规则》的发展

2009年国际海事组织海上安全委员会（MSC）第86次会议通过制定强制性极地规则的议案，要求船舶设计和设备分委会开始相关研究工作。

2010年船舶设计和设备分委会（DE）第54次会议开始着手极地规则的制定与讨论，[①] 规则的结构大致确定，政策性问题也达到原则性共识，但具体细节性的技术问题仍存有争论。此次通过的极地规则主要包括船舶的认证、设计、设备与系统、操作、环境保护、船员配备与培训等几部分内容。

2011年船舶设计和设备分委会第55次会议就与极地准则有关的风险识别、草案内容与环境保护问题进行探讨，[②] 其中极地规则草案讨论的重点为准则的架构、冰级证书、船舶最大主机功率与救生设备要求几方面，环境保护问题包括极地水域的界定、环境保护标准、极地船舶航运监视等。

2012年2月13到17日召开的船舶设计和设备分委会第56次会议，[③] 取得的重要成果为初步明确了三类冰级船舶的定义。其中A类船能够在严重冰情水域航行，符合IACS URPC冰级或等效冰级要求；B类船能够在当年冰情航行，具备一定的冰级；C类船能在很薄（新）的冰情航行，不具有冰级。

2012年2月27日到3月2日，海洋环境保护委员会（MEPC）第63次会议在伦敦召开，为保护极地水域脆弱的环境与生态系统，会议计划在极地规则中新辟有关环境保护的章节。此外，海环会就实现极地规则强制效力的方式达成一致，即通过制定SOLAS、MARPOL公约修正案赋予规则强制力。

[①] http://www.imoship.com.cn/meetingdetail.jsp?id=29，访问日期：2014年12月26日。
[②] http://www.moc.gov.cn/zizhan/zhishuJG/chuanjishe/IMOIAC/201111/t20111114_1110841.html，访问日期：2014年12月18日。
[③] 《国际海事组织船舶设计与设备分委会第56次会议情况介绍》，《中国船检》2012年第3期。

通过极地航道的船舶越来越多，极地准则还有很多问题在讨论过程中，国际海事组织在制定极地准则的一些细节问题上还存在分歧，主要体现在：船舶配备的证书种类是否同时包含冰级证书和航行许可证，如何对航行于不同厚度冰层的船舶分类及极地航行水域中存在的渔场怎样应对等。考虑到极地准则内容的复杂性及其他存在的问题，船舶设计与设备分委会计划极地准则的完成日期至2014年。①

2008年《极地规则》通过国际海事组织海上安全委员会和"国际海上人命安全公约"及1988年载重线议定书强制规定。《极地规则》包含强制性的（A部分）和推荐性（B部分）的规定，提供覆盖所有类型船舶的完整稳定的标准和其他措施。其中，B部分的规定（某些类型的船舶和额外的指引建议）包含在第6章中（结冰考虑）规定区域经营有可能发生会产生不利影响的船舶，对货船运载木材甲板货提出更详细的指导，规定渔船和近海供应船舶为24～100米长。可见，国际海事组织正在与美国和其他感兴趣的利益相关者（如非政府组织）制定强制性《极地规则》，其目的是提出具有约束力的船舶安全操作和保护北极环境的国际框架，以确保船舶、船员和安全运行的风险降到最低，旨在整合有关北极航行安全与环保的公约、法规和指南，形成一个专门的北极船舶航运安全国际公约。《极地规则》源于之前的IMO文件，包括2008稳定规则、冰区水域的救助、边远地区船舶操作指南、北极渔船航行规范、极地分级等内容。2010年正在开发中的《极地规则》考虑的现有条约，包括预防安全方面的国际公约《海上人命安全公约》和环境保护方面的国际公约《船舶污染预防公约》。

《极地规则》的推进要遵循2009年国际海事组织大会通过的"极地水域船舶航行指南"[A.1024（26）号决议]，该指南提出一些SOLAS和MARPOL公约目前没有涉及但十分必要的对极地海域船舶营运的规定，充分考量极地水域独特的气候条件，同时保证足够的海上安全和防污染标准得以维持。该

---

① 李永鹏、陈爱玲：《极地航行的相关规则及最新进展》，《青岛远洋船员职业学院学报》2012年第4期。

指南是推荐性的，国际海事组织成员国已同意《极地规则》将是一部强制性规则，列明适合那些已经包含在现有文书的国际约束力的规定。

2014年5月，国际海事组织海上安全委员会第93届会议（MSC 93）对《极地规则》（草案）以及相关SOLAS公约修正案进行了审议：明确拟定新增SOLAS第XIV章"极地水域操作船舶安全措施"，以便强制实施《极地规则》第I-A部分的安全措施要求。2014年10月，海上环境保护委员会第67届会议批准了《极地规则》环保部分草案及其关联的MARPOL公约修正案草案。

四 《极地规则》的主要内容

国际海事组织目前主持制定的《极地规则》涵盖了在北极地区与船舶航行相关的全方位的设计、施工、设备、操作、培训、搜索、救援和环保等各方面内容。目前《极地规则》草案主要由两部分构成，其中I-A部分安全措施，内容涉及建造、装备、通讯、航行、风险评估、应急、操作手册、人员培训等内容。《极地规则》特别强调航次的风险分析和系统评估，明确船舶的操作限制，区分船舶独立航行与护航条件下航行，突出了海上救援和环境保护应急反应。I-B为建议性规定，如引用的国际船级社协会有关极地船舶建造标准-PC级的统一要求内容；同样II-A部分内容涉及油污水装置、生活污水排放等内容，涉及MARPOL公约附录的相关强制要求，II-B为建议性导则。① 《极地规则》的具体内容包括以下方面。

1. 认证

不可否认现今北极船舶航行技术水平有显著提升，然而事故率也在攀升，据调查大部分为人为因素导致。究其原因为目前在海员招募过程中，成本问题的考虑过多，能力方面往往被忽视，他们关注的重点通常是：该海员是否具有证书，而证书是基于《1978年海员培训、发证和值班标准国际公约》（STCW）标准，STCW中没有提出足够的冰区航行能力要求。这一漏

---

① 参见 MSC 94/3/1 Polar Code Draft, *Maritime Safety Committee 94th Session*, 30 July, 2014。

洞可以通过《北极航行准则》来弥补。

2. 设计

最小主机功率：采用辅助破冰措施的情况（例如首部喷水）、采用区别固定桨，调距桨意外的特种推进器例如 CRP 等形式的公式相关系数，以及不满足要求下单独采用冰池试验证明主机功率。[①]

3. 设备和系统

《北极航行准则》对救生设备和布置的功能要求进行了规定，对北极航行的船舶的设计温度予以定义，认为应急设备的设计温度不同于船舶的设计温度，试验温度不等同于操作温度，且用于确定设备和系统运行特性的设计温度还需通信组进一步考虑。[②]

4. 操作

所有北极航行船舶都应持有北极船舶证书和北极航行水域操作手册。详细的船舶操作条件，如冰矿、气候和季节条件以及船舶操作限制在极地船证书（PSC）或极地水域操作手册（PWOM）中进行明确规定。

5. 环境保护

北极的矿物质资源丰富，目前全球变暖，加之开采资源的技术在不断进步，让人们可以在北极极度严寒的环境中获取经济利益，如石油开采、旅游、渔业和航运，伴随气候变暖，航运活动将激增，现代化的工具开采北极资源输入世界各地的同时，船舶废气和溢油给北极带来的环境问题不容小觑。因为北极水域特殊的自然条件，在该海域分解石油相对温暖海域要困难得多，经测试，一旦发生溢油，石油或被封入冰层，或被移动的冰块传送至更大区域，随冰融化而逐渐释放。此外，由于能够在极地冰封水域航行的船舶有限，这使后续的清污工作将面对较大困难。为了解决北极航行中的环境问题，北极利益相关国芬兰、瑞典、冰岛、丹麦、挪威、加拿大、美国和俄

---

① http：//www.moc.gov.cn/zizhan/zhishuJG/chuanjishe/IMOIAC/201111/t20111114_1110841.html，访问日期：2014 年 10 月 6 日。

② http：//www.moc.gov.cn/zizhan/zhishuJG/chuanjishe/IMOIAC/201304/t20130401_1387852.html，访问日期：2014 年 10 月 6 日。

罗斯等共同组建了北极理事会,通过设立特别小组制定北极溢油预案。尽管航运界致力于减少北极海域的大气污染,要求船舶遵守《防止船舶造成污染国际公约》附则4修正案,但北极防污相关措施还未纳入其中。目前,越来越多船东和油轮运输商也意识到需要给予排放和废气限制更多的关注,他们也在密切注意北极水域的航行立法,以确保他们的船舶能够在符合航行标准的同时获取相关利益。

环境保护工作不容忽视,面对这一挑战,2012年国际海事组织海洋环境保护委员会明确表示,《北极航行准则》中将制定有关环境保护的内容。

6. 一定程度上的人员配备和培训

目前,船员接受的冰前航行培训的重点在于学习观察和鉴别冰情,但怎样衡量他们的实际能力尚无任何凭借标准,如鉴别不同类型冰的能力。所以即将诞生的《北极航行准则》要对相关人员进行一定程度的培训。

五 《极地规则》主要制度

1. 船舶许可制度

《极地规则》对北极航行船舶作了具体的分类。

A类船:至少能在可包括旧夹冰的中等厚度的当年冰中操作的船舶,其冰级至少等效于IMO接受的冰级(PC1 - PC5);

B类船:能在不同于A类船定义的海冰条件下操作的船舶,其冰级至少等效于IMO接受的冰级(PC6 - PC7);

C类船:非A、B类船,同时包括无冰级船舶和低冰级(低于PC7)船舶,可在很薄(新)冰状态操作。

所有的北极航行船舶都应持有北极船舶证书和北极航行水域操作手册。《北极航行准则》认为北极航行船舶的结构应当具备完整性,应足够应对如下风险。

第一,船体与海冰碰撞引起的可预期的载荷,如船舶破冰载荷;

第二,船体可能遇到的意外的冰载荷,如大块坚硬浮冰的冲击、冰块在压载舱内坠落等；

第三，船体材料的低温脆裂。①

2. 进入极地水域航行的许可制度

《极地规则》采取的技术路线为以海难预防为主，即优先考虑人命安全，通过防止或降低海难事故发生的可能性和严重性实现安全和防污目标，进而考虑剩余能力，即因在北极水域存在搜救困难，船舶在事故后需具备必要的剩余能力，通过破损稳性和设备的冗余予以保证。其范围超出《海上人命安全公约》（SOLAS）、《防止船舶造成污染国际公约》（MARPOL）和《1978年海员培训、发证和值班标准国际公约》（STCW）的范围，同时增加进入北极水域航行的许可制度。

---

① http://www.moc.gov.cn/zizhan/zhishuJG/chuanjishe/IMOIAC/201304/t20130401_1387852.html，访问日期：2014年10月6日。

北极航道沿海国法律规制及其进展

李浩梅*

气候变化带来的北极海冰消融引发了对北极航线商业通航的预期,① 也极大推动了北极航运法律规制进程,为保障航行安全、保护北极地区脆弱的生态环境,近年来国际社会、地区性组织及沿海国纷纷采取行动,制定和协调有关北极航运的政策、规则和标准,当前北极航行法律秩序处于变动和发展中。

一 北极航道通航的法律环境

国际上主流观点认为北极航道包含三条:西北航道（Northwest Passage）、东北航道（Northeast Passage）和穿极航道（Trans-Polar Passage）。西北航道穿越北美海岸途经加拿大北极群岛,连接大西洋和太平洋;东北航道从挪威北角附近的西北欧出发,经亚欧大陆北方沿海和西伯利亚,穿过白令海峡到达太平洋;穿极航道穿越北冰洋中央,连接太平洋和大西洋。俄罗斯所称北方海航道西起卡拉海峡东到白令海峡,是东北航道的重要组成部分。②

---

* 李浩梅,中国海洋大学法政学院博士研究生,主要研究方向为国际法与极地。
① 讨论西北航线和东北航线通航商业性的论文参见 Nong Hong, "The Melting Arctic and Its Impact on China's Maritime Transport," *Research in Transportation Economics*, 35 (2012): 50 - 57。Lasserre F., Pelletier S., "Polar Super Seaways? Maritime Transport in the Arctic: An Analysis of Shipowners' Intentions," *Journal of Transport Geography*, 19 (2011): 1465 - 1473. Liu M., Kronbak J., "The Potential Economic Viability of Using the Northern Sea Route as an Alternative Route between Asia and Europe," *Journal of Transport Geography*, 18 (2013): 434 - 444.
② Arctic Council, Arctic Marine Shipping Assessment, (2009): 17.

(一)海洋法上的海域和航行制度

航道的通航制度取决于其所处水域的法律性质,《联合国海洋法公约》建立了海域分区制度,一国船舶在不同性质海域内享有不同的航行权。从内水、领海到专属经济区和公海,外国船舶享有的航行权逐渐增大。具体来说,外国船舶通行沿海国内水必须获得明确批准,对采用直线基线新划定的内水,外国船舶享有领海内的无害通过权。通行一国领海,外国船舶须遵守沿海国有关航行安全、海上交通管理、防止污染等有关无害通过的法律规章,但对于外国船舶的设计、构造、人员配备或装备,沿海国的法规应限于执行一般接受的国际规则或标准。① 专属经济区海域是沿海国管辖权和其他国家航行自由交叉的一个区域,外国船舶享有航行和飞越自由,但同时应尊重沿海国主权权利和自然资源养护和管理、海洋科学研究等事项的管辖权。在公海海域内,所有国家享有航行和飞越自由。此外《联合国海洋法公约》还规定了一种特殊的航行制度——过境通行权,适用于国际航行的海峡,通常认为国际海峡制度是领海制度的特殊和例外情形。国际海峡在地理特征上被限定为穿越沿岸国领海或内水,连接公海或专属经济区的一部分与公海或专属经济区的另一部分之间的用于国际航行的海峡,纯粹公海航道或专属经济区航道适用相应的航行和飞越自由的规定。② 过境通行相比无害通过,权利范围上更大,过境通行包含航行和飞越,无害通过仅限于船舶航行,船舶和飞机可按照其通常方式通行,潜艇通行领海时需要浮出水面并展示旗帜,且沿岸国不能停止过境通行。

此外,《联合国海洋法公约》第234条"冰封区域"条款也对北极海域航行具有重要意义,该条款制定当初主要针对北极水域,因此又被称为"北极例外"条款。冰封区域条款的核心是出于保护北极脆弱生态环境的需要,赋予冰封海域沿海国不经相关国际组织干涉、单方制定和执行超越国际

---

① 《联合国海洋法公约》第21条第2款。
② 《联合国海洋法公约》第36条。

标准的环境规则和标准的权利，是对上述一般海域分区制度的特殊规定。这一条款的适用有特定条件，适用地理范围为专属经济区范围内，需要满足严格的气候水文条件，沿海国实施该权利必须是为防止、减少和控制船只对海洋污染的目的，并以现有最可靠的科学证据为基础，做到非歧视和适当顾及航行。这一条款为加拿大和俄罗斯实施北极航行管控提供了法律依据。

（二）三条北极航道通航的法律环境

三条北极航道所处水域性质不同，导致船舶通航的法律环境存在较大差异。西北航道和东北航道部分航段经过加拿大和俄罗斯的内水和领海，其通航受沿海国的国内法管辖。西北航道的法律性质存在争议，加拿大将北极群岛作为整体，在其外围划定了直线领海基线，直接导致西北航道穿行北极群岛水域的航段受内水制度管辖，而美国方面一直主张西北航道是用于国际航行的海峡，适用过境通行制度。尽管如此，受西北航道通行条件的制约，当前加拿大对其北极海域的管辖并未受到实质性挑战。

东北航道方面，北方海航道位于俄罗斯的管辖海域内，受其国内法的管理。2013年俄罗斯实施的新《商业航运法》明确界定航道水域范围由俄罗斯内水、领海、毗连区和专属经济区组成，明确排除了北方海航道航行制度对公海的适用，东西北部界限都得到了明晰。[①] 在领海基线方面，俄罗斯沿用了苏联1985年4450法令中确定的北冰洋、波罗的海和黑海领海基点，将沿岸的维利基茨基海峡、绍卡利斯基海峡、德米特里·拉普捷夫海峡、桑尼科夫海峡列为内水，与此同时，也澄清了喀拉海、拉普捷夫海、东西伯利亚海和楚科奇海并非其历史性水域。[②] 尽管如此，值得注意的是，北方海航道并

---

① The Merchant Marine Code of the Russian Federation, Clause 5.1 Navigation in the Water Area of the Northern Sea Route. 北方海航道的水域是指毗邻俄罗斯联邦北部海岸的水域，由其内水、领海、毗连区和专属经济区组成，东起与美国的海上划界线及其到杰日尼奥夫角的纬线，西至热拉尼亚角的经线、新地岛东海岸线和马托什金海峡、喀拉海峡和尤戈尔海峡西部边线。

② Franckx E, "Marine Scientific Research and the Soviet Arctic," *Polar Record* 27 (1991): 331.

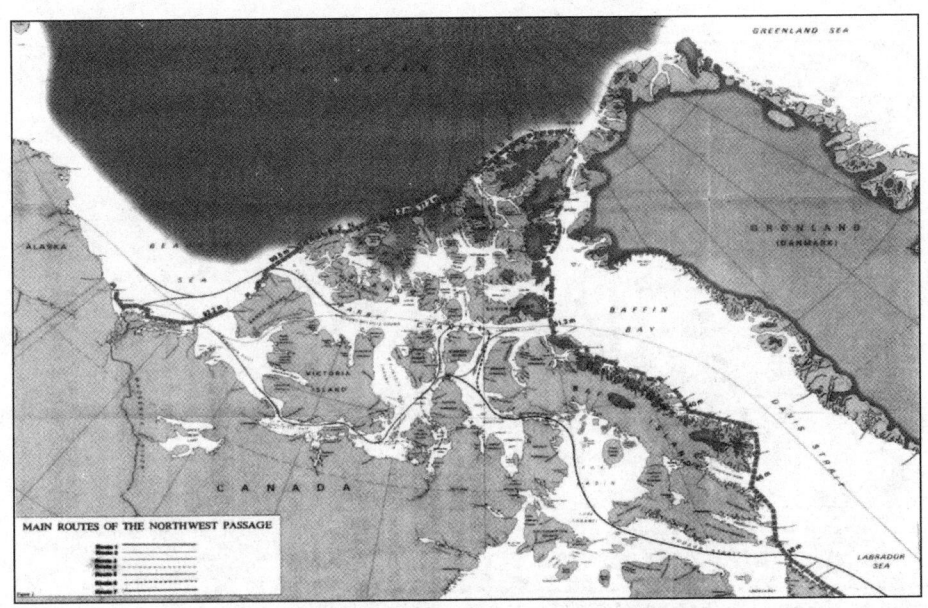

图 1 加拿大北极群岛的直线基线

资料来源:Donat Pharand,"The Arctic and the Northwest Passage:A Final Revisit," *Ocean Development and International Law* 38(2007):p.8。

不是唯一的航线,有研究认为北部海航道有四条线路,一条传统的沿岸航道,一条中间航道,一条高纬航道以及一条近极点航道,① 除南部沿海航道穿越俄罗斯几个内水海峡外,走中间航道和高纬航道,将仅穿行俄罗斯的专属经济区。穿极航道不经过沿海国的内水或领海,188 海里的航段位于沿海国专属经济区,其余穿越北冰洋海盆的广阔海域均是公海,② 通航的自由度最大。

因此,从海域管辖上看,北极航道受到国内法和国际法两个层面的规制。在公海范围内利用北极航道须遵守国际海事组织出台的有关航行安全、控制船源污染的国际规则和标准,除一般海事规则外,专门适用于两极水域船舶航行的《极地规则》(Polar Code)对通航北极航道的船舶具有约束力,预

---

① R. Douglas Brubaker, *The Russian Arctic Straits* (Leiden:Martinus Nijhoff Publishers, 2005), pp. 17 – 23.
② Willy Ostreng et al. , *Shipping in Arctic Waters*, *A Comparison of the Northeast*, *Northwest and Trans-Polar Passages* (Springer, 2013), pp. 30 – 31.

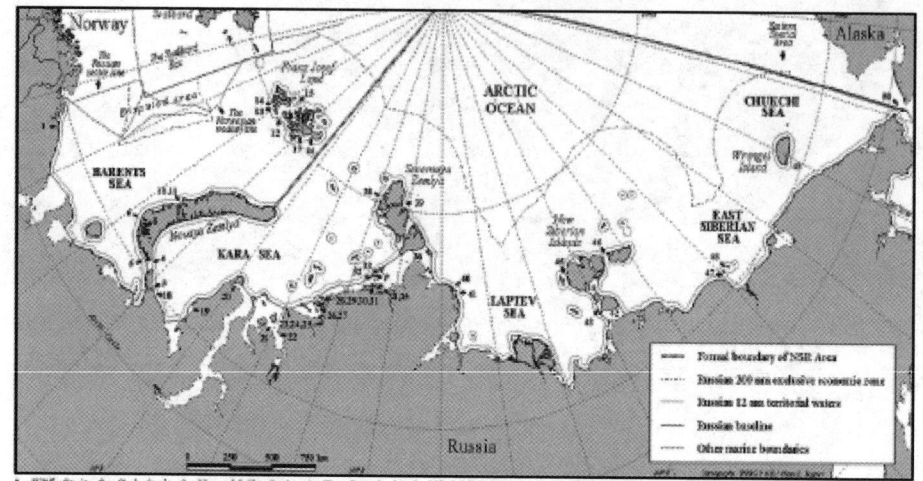

图 2　俄罗斯北极地区的海峡

资料来源：R. Douglas Brubaker, *The Russian Arctic Straits*, Leiden: Martinus Nijhoff Publishers, 2005, p. 8。

计 2017 年 1 月 1 日生效。① 而在北极沿海国管辖范围内通行北极航道则受到双重规制，遵守极地规则的同时还须遵守沿海国的国内法规范，沿海国的国内法规制通常高于一般国际标准，且不会随着《极地规则》的出台自动取消。沿海国依据特殊环境管辖权对北极海域内航行的船舶实施严格管控，构成北极航运法律体系的重要组成部分，这是北极航道利用法律环境的重要特点。

西北航道和东北航道分别穿越加拿大和俄罗斯的管辖海域，两国依据《联合国海洋法公约》第 234 条 "冰封区域条款" 的授权长期对通行其海域的船舶实施严格管控。基于北极地缘战略价值和国家安全利益的考虑，俄罗

---

① Shipping in Polar Waters: Development of An International Code of Safety for Ships Operating in Polar waters (Polar Code), http://www.imo.org/MediaCentre/HotTopics/polar/Pages/default.aspx, 访问日期：2014 年 12 月 18 日。

斯自苏联时代就将北方海航道作为国家历史性交通干线加以开发和管理。苏联解体后，俄罗斯制定了以《北方海航道航行规则》为核心的一系列规则，面向国际社会开放北方海航道，但破冰船强制引航及征收高额服务费等制度备受争议。加拿大自20世纪60年代起也逐渐强化对北极群岛水域及西北航道的主权主张，以海洋环境保护的名义扩展管辖海域范围，强硬化和单边化趋势明显。加拿大和俄罗斯加强北极水域航行活动管控的措施受到美国等国家的抗议，但由于北极航道尚未实现国际商业通航，两国的航运管控并未受到实质性挑战。而近年来随着气候变化加剧，海冰季节性消融，北极航道通航前景明朗，两国对北极海域的船舶通航法规出现了重要变化，值得关注和分析。

二 加拿大对西北航道的管控

加拿大对其北极海域通航船舶的管控由来已久，最鲜明的特点是环保法规严格，2010年加拿大在北极海域建立了强制性航行报告制度，意味着加拿大管控北极航运活动的能力逐步加强。下文将分别考察加拿大北极水域的环境保护制度和船舶航行规则。

（一）北极水域的环境保护制度

受美国"曼哈顿号"油轮穿行事件的刺激，1970年加拿大以北极水域环境脆弱亟须特殊保护为由通过《北极水域污染防治法》（Arctic Waters Pollution Prevention Act），单方面将环境管辖权从当时3海里领海扩展至领海基线起100海里的海域，规定了船舶进入该海域的排污标准以及船舶设计、建造标准。该法案经历了几次修订，至今仍然是加拿大防控北极水域污染最重要的法律，在此法案之下有两个重要的执行性法规，《防止北极航行污染规定》（Arctic Shipping Pollution Prevention Regulations）和《防止北极水域污染规定》（Arctic Waters Pollution Prevention Regulations），规定了法案实施的具体措施。①

首先需要明确的是《北极水域污染防治法》的适用范围"北极水域"在范围和含义上已经发生了重大变化。1970年法案将"北极水域"界定为北纬60°、西经141°以及从最近的加拿大陆地向海100海里线围成区域内、毗邻加拿大北极大陆和岛屿的水域。这一范围一直延续到2009年加拿大修订该法案,"北极水域"被重新界定为北纬60°、西经141°以及专属经济区外部界限围成区域内的水域,包括加拿大内水、领海及专属经济区。

修订前后的地理范围有两点差异,一是空间范围大大扩大。北极水域在外部界限上向海扩展了100海里,达到了专属经济区外部界限,即沿海国管辖海域(此处不包含外大陆架)和冰封水域条款适用范围的最大外部界限。二是水域法律性质得到明确。这种变化是对《联合国海洋法公约》确立的海域制度的回应,也是在配合和重申加拿大领海基线及管辖海域的主张。值得注意的是,尽管法案强调北极水域包含了加拿大内水、领海和专属经济区三种不同性质的水域,但事实上该法案无差别地适用于加拿大的管辖海域。下面重点介绍废物排放制度和航行安全控制区制度。

1. 北极水域废物排放制度

加拿大严格控制北极水域内的船源和毗邻北极水域的陆源废物排放,禁止废物排放是一般原则,特定情形下的许可是例外,这些规定对进入加拿大北极水域的外国船舶包括外国公务船舶均适用。除法规另有规定外,任何人或船舶不得弃置废物于北极水域或可能使废物进入北极水域的北极陆地或岛屿上,违反该规定弃置废物或可能造成此种危险的个人或船舶船长应当立刻报告,违规弃置废物将承担严苛的民事赔偿责任。这种民事责任是绝对的,不以过失或疏忽举证为依据。责任范围包括根据国务专员指示采取活动的一切费用和附带费用,其他人因废物排放产生的实际损失或损害,以及加拿大政府认为是正当的旨在挽救或弥补污染情况、减少或减轻已经或即将发生的

---

① 加拿大国内法规除特别说明外,取自加拿大司法部网站上提供的法规汇编,如《北极水域污染防治法》的文本见 http://laws-lois.justice.gc.ca/eng/acts/A-12/,访问日期:2014年10月6日。

生命财产损失采取的行动所产生的代价和费用,且上述诉求均可在加拿大法院起诉获得赔偿。①

根据法案的定义,"船舶"包括任何种类用于航行或以航行为使用目的而设计的船只或船舶,不论其驱动方式如何或有无动力。"废物"指①加入水中会降低或改变水质或构成降低或改变水质过程的一部分,达到损害人类或动植物使用后果的物质;以及②包含一定数量或浓度某物质的水或者经过加热或其他方式处理、加工或改变后的水,将其加入其他水中会降低或改变水质或构成降低或变更水质过程一部分达到①中程度;同时,在不影响上述规定一般性的原则下,包括为《加拿大水法》(Canada Water Act)的目的而被认为是废物的所有物质。②

《防止北极航行污染规定》列举了允许船舶排放废物的情形,一是船上产生的污水可排放③;二是严格限定了油污或油类混合物的排放情形。油污排放仅以下三种情况下是允许的:①排放是为了救助人命或为防止船舶即将遭受的损失;②排放是在已采取所有合理预防措施防止事故的发生以阻止或减少排放却仍然出现船舶搁浅、碰撞或沉没导致的;或③排放是通过引擎的排气装置或水下机械组件排出,且这种排放是最低限度的、无法避免并对船舶引擎或组件的运行十分必要。在这些例外情况之外的排放都是被禁止的。④

2. 航行安全控制区制度

加拿大在北极水域建立了航行安全区,通过制定和实施有关船舶建造、装备标准、船舶人员配备、航行时间等方面的要求,对进入该水域航行的船舶进行管控。加拿大北极水域被分为 16 个航行安全控制区,从地理范围上看,航行安全控制区实际上与《北极水域污染防治法》中"北极水域"的范围基本重合,涵盖了加拿大内水、领海和专属经济区范围。

《防止北极航行污染规定》建立了一个区域 - 时间系统(the Zone/Date

---

① Arctic Waters Pollution Prevention Act, 1985, 第 4~7 条。
② Arctic Waters Pollution Prevention Act, 1985, 第 4 条。
③ Arctic Shipping Pollution Prevention Regulations, 第 27 条。
④ Arctic Shipping Pollution Prevention Regulations, 第 28 条。

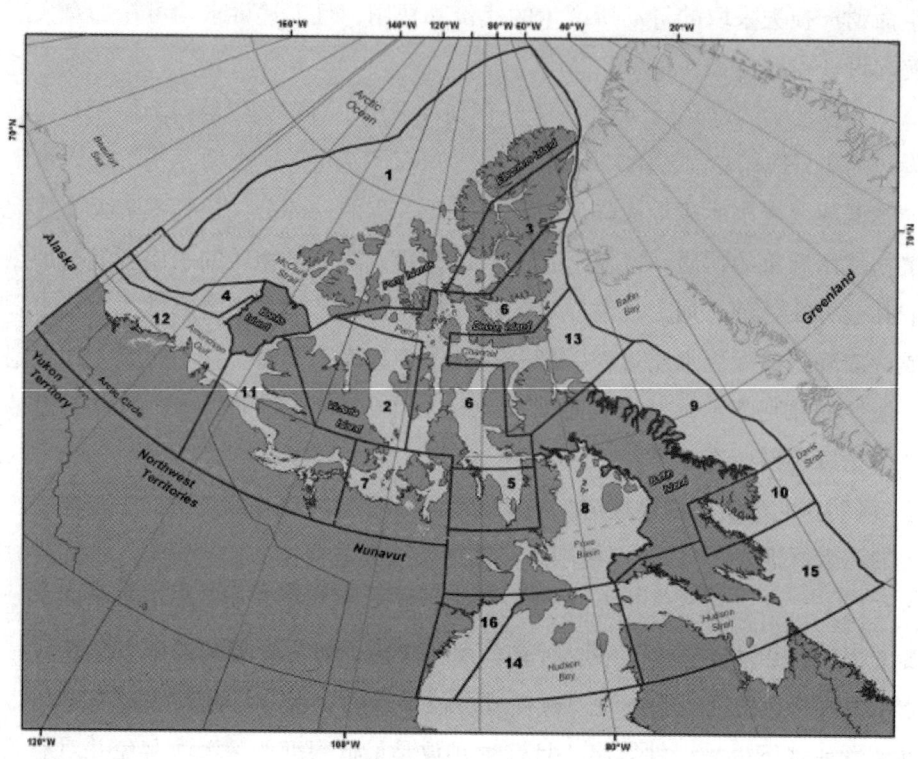

图 3　加拿大航行安全控制区

资料来源：Shipping Safety Control Zones Order, C. R. C. , C. 356, Schedule 2。

System），为不同级别的船舶设置了进出不同航行安全控制区的时间表。[①] 在该区域－时间系统中，破冰能力最强的极地级 10 级船舶可以全年在所有区域航行，而适用于无冰水域航行的 E 类船舶则在一年中的任何时间都不能进入冰情严峻的前六个区域航行。为了提供更灵活的北极航行，加拿大于 1996 年引入了北极冰区航行系统（Arctic Ice Regime Shipping System，AIRSS），作为区域－时间系统的补充，允许船舶在冰情合适的情况下航行于目前区域－时间系统以外的情况。由于这个系统的运行是基于真实的冰况，因此要求采用此系统的船舶必须在船上配有具有资质的导航员，且提交

---

① Arctic Shipping Pollution Prevention Regulations，附表Ⅷ。

冰情线路信息和航行后报告。①

这种区域-时间系统不仅限定了船舶进出不同区域的时间表，同时对进出航行安全区的船舶建造提出了要求和标准。根据《防止北极航行污染规定》，总吨数超过100吨且运载超过453立方米油类物质的船舶②必须遵守航行安全区内的这些有关建造、机械装置等的技术标准。加拿大认可当前加拿大北极船舶分级规则和芬兰-瑞典冰级规则（也称波罗的海规范），③其他冰级船舶只能在个案的基础上进行等效性评估。④ 2007年国际船级社协会（IACS）制定出台了极地级船舶统一标准⑤后，为支持统一标准的执行，加拿大做了临时性的政策安排，将7个极地级船舶纳入当前的航行系统中。⑥

为保证航海安全，法案还特别要求在以下几种情况下，加拿大还规定了船舶需要冰区导航员（ice navigator）协助的几种情形，包括①油轮的航行，②100总吨以上的船舶在区域-时间表中E类船舶可通航时间之外航行的，③使用AIRSS系统航行的船舶。西部途经麦克卢尔海峡的1号航道是西北航道中的主要深水航道，⑦ 其航运潜力最大，根据加拿大要求配备冰区导航员的规定，波弗特海北部、麦克卢尔海峡以及梅尔维尔子爵海峡均在应当配备冰区导航员的范围内，因此如果走深水航道，不可避免地要配备符合加拿大资质的冰区导航员。

此外，所有加拿大船舶以及在北极水域航行的外国船舶都需要遵守1995

---

① 关于该航行系统的一般介绍见加拿大交通部网站，http://www.tc.gc.ca/eng/marinesafety/debs-arctic-acts-regulations-airss-291.htm。具体要求见手册 Arctic Ice Regime Shipping System (AIRSS) Standards-TP 12259。
② Arctic Shipping Pollution Prevention Regulations，第3条和第6条。
③ Arctic Shipping Pollution Prevention Regulations，附表Ⅴ、Ⅵ、Ⅶ。
④ Arctic Shipping Pollution Prevention Regulations，第11条。
⑤ International Association of Classification Society Requirements concerning Polar Class, IACS Req. 2011, http://www.iacs.org.uk/publications/publications.aspx?pageid=4&sectionid=3，访问日期：2014年12月6日。
⑥ 国际船级社协会极地级船舶统一标准在加拿大北极水域的适用，Bulletin No. 04/2009，http://www.tc.gc.ca/eng/marinesafety/bulletins-2009-04-eng.htm。
⑦ 这里的航线划分采用加拿大法兰德的观点，国内著作中也有引述。

年《海图及航海出版物规定》（Charts and Nautical Publications Regulations），船长或船东应当保证船上备有该航行区域最新版本的海图、文件和出版物。加拿大还鼓励所有船舶在进入航行安全控制区之前就取得有效的极地证书，作为遵守防污法规的证明，以备检查。

（二）船舶航行规则

加拿大最主要的一部海上航行管理法是2001年的《加拿大航行法》（Canada Shipping Act），其中防止污染和航行服务的规定也适用于在北极水域航行的外国船舶，由此建立起来的防止污染规则及船舶交通服务区制度对西北航道的航行影响最大。在此基础上，加拿大还通过了有关危险化学品、压舱水运输的具体规则。

1. 船舶防污规则

《加拿大航行法》为海洋环境保护目的授权加拿大政府广泛的法规制定权，包括对污染物排放、运载、报告、压舱水管理、船舶设计建造标准等事项，适用于航行于加拿大水域（内水、领海）及其专属经济区范围内的所有船舶，包括外国船舶。此适用范围与环境法规的授权都与《北极水域污染防治法》的规定一致，起到了相互补充的作用。基于此种授权，加拿大先后制定了许多船舶航行的环保规则。

加拿大2012年制定的《船舶污染和危险化学品规定》（Vessel Pollution and Dangerous Chemicals Regulations）是当前具体规范船舶污染物排放的规则，取代了2007年《防止船舶污染物和危险化学品管理规定》[1]。如其序言中所述，这一法规建立的标准是对《防止船舶污染国际公约》（MARPOL 73/78/97）标准的补充，加拿大认为这些额外的补充标准符合公约和议定书的目的。[2] 法规禁止船舶排放特定污染物，即油类和油混合物、垃圾以及

---

[1] Regulations for the Prevention of Pollution from Ships and for Dangerous Chemicals, SOR/2007 - 86.
[2] Vessel Pollution and Dangerous Chemicals Regulations, SOR/2012 - 69.

用于生物杀毒剂的有机锡化合物,并列举了例外情形。①

2006 年《压舱水控制和管理规定》(Ballast Water Control and Management Regulations) 适用于所有加拿大船舶以及在加拿大管辖水域范围内的外国船舶②,要求船舶必须随船携带并执行一个压舱水管理计划,并规定了在越洋航行和非越洋航行中压舱水交换的不同要求。对于从事越洋航行的船舶,原则上禁止将在加拿大管辖水域外加载的压舱水排放于加拿大管辖水域内,对于非越洋航行,压舱水交换应当在进入加拿大水域前、离海岸至少 50 海里、水深至少 500 米的区域进行。③

2. 交通服务区和强制报告规则

《加拿大航行法》建立了交通服务区(Vessel Traffic Service Zones)制度,对通行船舶提出了报告、提交信息、保持通信等方面的要求。具体来说:①船舶在进入、离开或航行于一个船舶交通服务区时要提前取得通关(obtain a clearance);②只有在保持与海上通信和交通服务官员直接通信的情况下才可前进;③要服从海上通信和交通服务官员的指示,应其要求提供相关信息,按其指示与岸上站点进行通信,或进行其他航行操作。④

加拿大较早通过《船舶交通服务区规定》和《加拿大东部船舶交通服务区规定》在其西海岸和东海岸建立起强制性的航行安全区制度,详细规定了船舶通信和报告时间、操作标准、程序等要求。而加拿大北极水域长期使用自 1977 年引入、非强制性的交通系统 NORDREG,2010 年《加拿大北方船

---

① Vessel Pollution and Dangerous Chemicals Regulations, SOR/2012 – 69, 第 4 ~ 5 条。有且仅有下列除外情形允许排放:(1) 排放是为救助生命、保护船舶安全或阻止即将发生的损失;(2) 排放是船舶或其设备损坏导致的航行事故的结果,海员通常操作之外的行动导致的事故除外;(3) 排放是水下机械组件操作带来的最低限度、不可避免的油泄漏;(4) 排放是合成渔网的附随性损失并采取了所有合理的预防措施防止损失发生;(5) 排放是由于船舶或设备受损导致的垃圾排放,并在损害发生之前已经采取所有合理的预防措施防止和减少排放,在损害发生后采取相关措施最小化排放;(6) 排放是由于船舶或设备受损导致的空气污染,并在损害发生之前已经采取所有合理的预防措施防止和减少排放,在损害发生后采取相关措施最小化排放量。
② Ballast Water Control and Management Regulations, SOR/2011 – 237, 第 2 条。
③ Ballast Water Control and Management Regulations, SOR/2011 – 237, 第 6 ~ 7 条。
④ Canada Shipping Act, 2001, 第 126 条。

舶交通服务区规定》（Northern Canada Vessel Traffic Services Zone Regulations）的出台改变了 NORDREG 的自愿性质，航行报告成为通行北极水域船舶的强制性要求。

该规定建立的加拿大北部交通服务区在范围上覆盖并超过了航行安全控制区的范围，适用的船舶范围包括：①300 总吨及以上的船舶；②拖方与被拖方的总重为 500 总吨及以上的拖航作业中的拖方；③装载污染物或危险货物的船舶或拖带该类货物船舶的拖方。①

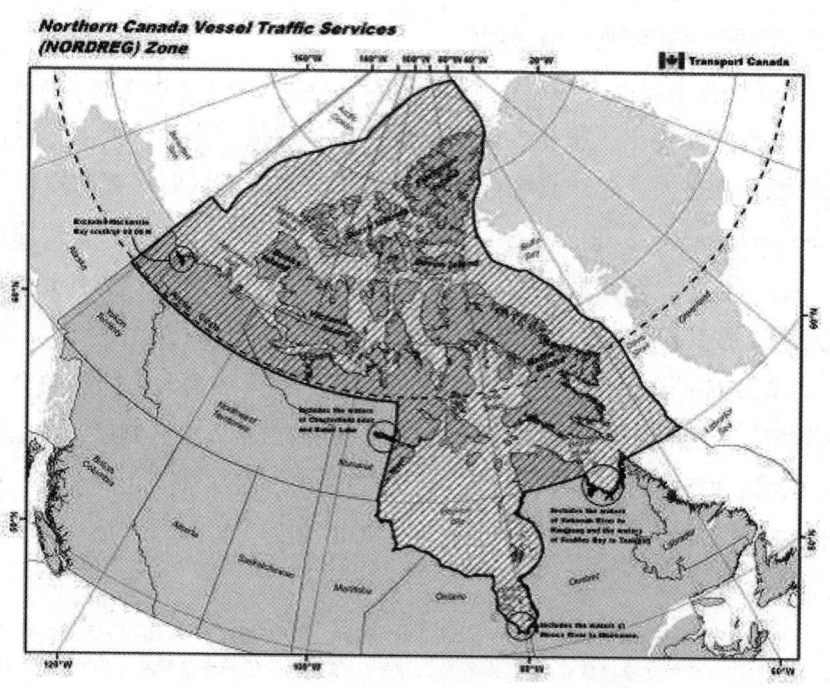

图 4　加拿大北部船舶交通服务区（NORDREG Zone）

资料来源：http：//www.ccg-gcc.gc.ca/RAMN2012/Pacific/Part3。

进入北方交通服务区应当根据航行情况提供相应的报告。各种报告涵盖的项目有船舶名称、船旗国、国际海事组织编号等基本信息，船舶所在地理

---

① Northern Canada Vessel Traffic Services Zone Regulations, SOR/2010-127，第 2~3 条。

位置及具体日期和时间，航速，最后一个挂靠港，进入北方交通服务区或离港的大约日期和时间，目的地和预计到达时间，计划路线，离开服务区或停泊的大约日期和时间，船舶目前最大静态吃水，货物的介绍，船舶或其机械、设备等存在的缺陷、损坏及妨碍船舶正常航行的情况，气候和冰情的介绍，船舶的法定代表人、代理人或船东，船上人员数量，存油量，北极防污证书，船舶冰级等信息。①

三 俄罗斯对北方海航道的管控

苏联时期北方海航道被当作国内运输水道，不对外国船舶开放，直到20世纪80年代末，苏联才正式发出开放北部海航道的倡议，并陆续出台《北方海航道海路航行规则》和有关破冰船领航、引航员引航、船舶设计装备和必需品的专门技术规则。这一系列规则是北部海航道管理制度的法律基础，制定以来20年间没有发生重大变化。近年俄罗斯通过修正案对涉及北方海航行的主要法律做了修订，2013年起生效，航道管理制度更加规范。

（一）航道管理局

俄罗斯设立了统一管理北方海航道航行事务的北方海航道管理局，不同于此前的航道管理局，它是以保障航行安全和防止船源污染为主要目标的联邦国家机构。具体职责包括：接收航行申请、审查申请及发放航行许可；监测水文气象、冰情与航行条件；批准航行设备的安装及水道调查的区域；提供北方海航道航运安排、航行安全要求、航行水文协助、冰区引航相关的信息服务；为航道航线的开发和破冰船的使用提供建议；便利搜救操作的安排；对负责冰区引航的人员发放证书，许可冰区引航；协助清除船源污染的

---

① Northern Canada Vessel Traffic Services Zone Regulations, SOR/2010 - 127, 附表, http://laws-lois.justice.gc.ca/eng/regulations/SOR - 2010 - 127/page - 5.html#docCont, 访问日期：2014年12月6日。

操作。① 航行申请获得批准的条件为船舶要遵守与航行安全和海洋环境保护有关的要求和航行规则，并提交保险证明，具体包括俄罗斯联邦加入的国际协议、俄罗斯联邦的法律以及依据本条第二款制定的北部海海域航行规则。②

（二）航行规则

新《北方海航道海域航行规则》建立了北方海航道航行的许可、航程中的报告、准入期间和区域、破冰船领航与引航员冰区引航等规则。

1. 航行申请—许可规则

计划在北方海航道水域航行的船舶，须由其船主、船主代表或船长向北方海航道管理局提交申请表，管理局审核后授予航行许可。申请表本身包含申请船公司及个人的双重信息，以及申请人对遵守俄罗斯北方海航行规则的承诺。作为附件，申请人还要提交该规则附件1中的船舶与航程信息、船舶入级证书、吨位证书、船舶污染损害或其他损害民事责任保险或其他资金证明等文件。

提交申请表和附件材料需要比船舶计划进入北方海航道水域的日期至少提前15个工作日，管理局应当自接收申请之日起10个工作日内审查申请。对授予许可的船舶，管理局应当在做出许可决定之日起两个工作日内在其官方网站上公布被许可船舶的名称、船旗、IMO编号、许可起止日期、航行线路（航行区域）、破冰船协助的相关信息。对拒绝批准的决定，管理局要向申请人发送通知，说明拒绝的理由，并公布在官网上。获得航行许可的船舶必须在许可有效期限内开展航行，超过期限终止日期的，船长应当立即将情况报告给管理局，并按照管理局的指示说明违反期限的原因。

---

① 《NSRA 的活动目标和功能》，http：//www.nsra.ru/en/celi_funktsii/，访问时间：2014 年 12 月 27 日。
② The Merchant Marine Code of the Russian Federation, Clause 5.1 Navigation in the Water Area of the Northern Sea Route.

2. 航行报告规则

获得航行许可的船舶，在航行前后及整个航行过程中均要履行相应的报告义务。具体来说，从西部进入北部海航道的船舶，应当在到达东经33°（即西部边界）之前，从东部进入北部海航道的船舶，应当在到达北纬62°和（或）西经169°（东部边界）之前72小时，向管理局报告船舶计划到达北方海航道边界的时间，并提交报告时的燃油储量、报告时船舶自身的淡水补给量、食物储量及其他种类供应品、船员和乘客的数量、船舶机械及设备故障等信息。履行完上述报告程序的船舶，其船长还要在到达东西边界时提前24小时再次通知管理局船舶进入北方海海域的计划时间。[1]

船舶进入北方海航道西部或东部边界时，船长要向管理局通知其进入该海域的计划时间、地理坐标、线路及报告时的航速；船舶进入航道水域后，船长要通知管理局实际进入的时间、地理坐标、线路及报告时的航速。[2] 进入北方海航道水域的船舶，在离开航道之前，每天莫斯科时间正午时分要向管理局报告航程的有关情况。[3]

船舶完成航行、离开北方海航道水域时，船长还应通知管理局实际离开的时间、地理坐标、线路和报告时的航速。如果船舶完成航行后要在俄罗斯北方海航道水域内的海港停靠，则船长还要在船舶停靠后立刻通知管理局靠港的时间及海港的名称。[4]

3. 船舶准入的期间—区域规则

俄罗斯北方海航道管理局在对航行申请做出是否批准的决定时，很关键的一个衡量标准是航行规则附件2中对不同冰级船舶规定的航区准入标准。[5]

无冰级加强能力的船舶只能在无冰区域内独立航行，对喀拉海西南部和东北部，拉普捷夫海西部和东部、东西伯利亚海的西南部和东北部以及楚科奇海

---

[1] Rules of Navigation on the Water Area of the Northern Sea Route, 2013, 第15条。
[2] Rules of Navigation on the Water Area of the Northern Sea Route, 2013, 第18和19条。
[3] Rules of Navigation on the Water Area of the Northern Sea Route, 2013, 第42条。
[4] Rules of Navigation on the Water Area of the Northern Sea Route, 2013, 第20条。
[5] 时间表查考航行规则附件，也可从北方海管理局下的信息办公室网站中获取，http://www.arctic-lio.com/nsr_iceclasscriteria。

域，无论冰情轻重均不得航行，而油轮、运载天然气和化学物质超过10000吨的船舶即使在无冰区航行也需要破冰船协助且仅限7月1日至11月15日。

冰级1~3级船舶在北方海航道航行的期限为7月1日至11月15日，冰情较轻时，三个级别的船舶均可在上述海域独立航行或在破冰船协助下航行，2级船舶在破冰船协助情况下可以在冰情中等时航行，3级船舶甚至在冰情较重时仍可航行。冰情的轻重情况，依据俄罗斯水文气象局的预报事先确定。冰级6级以上船舶7月至11月可在北方海航道开展独立航行，冰级4~9级的船舶在1月至6月以及12月也可根据冰情在上述海域开展航行，级别越高的船舶航行期间越长，受冰情严重程度的限制也越小。对于有冰级加强的破冰船，9级破冰船全年均可通行北方海航道，没有时间和冰情的限制条件，6~8级破冰船7月至11月可开展独立航行，剩余月的航行时段会根据冰情的不同受到限制。

4. 破冰船及冰区引航员助航规则

管理局批准航行申请时，需要根据上述准入期间和区域要求，确定和公布被许可船舶的航行期间、航行水域以及是否需要破冰船协助等信息。根据北方海航道海域航行准入期间表，各冰级船舶均存在独立航行的可能性，冰级越高，独立航行的期间和区域也越广，这就改变了在四个海峡甚至北方海航道全区域实施强制性破冰船领航的旧规则和实际做法。①

这与俄罗斯新《商业航行法》中的内容是一致的，在法律层面，法案对破冰船和引航员引航均没有提出强制引航的要求。在需破冰船提供服务的情况下，尽管规则只允许俄罗斯籍的破冰船在北方海航道水域提供破冰服务，但其费用已经由从前的固定费率修改为综合考虑船舶吨位、级别、护航的距离和期间等因素确定，这种与实际提供的服务相挂钩的收费制度较之前的规定有了很大改进。② 而且，破冰船提供协助的起止地点和时间点由船主

---

① 张侠等：《从破冰船强制领航到许可证制度——俄罗斯北方海航道法律新变化分析》，《极地研究》2014年第2期，第272页。
② 对旧规则的评论参见刘惠荣、林晖《论俄罗斯对北部海航道的法律管制》，《中国海洋大学学报》（社会科学版）2009年第4期。

和提供服务一方协商确定，淡化了官方强制性色彩。

对于冰区引航员的引航协助，2013年俄罗斯《北方海航道海域航行规则》做了更加细致的规定。首先，冰区引航员的资格要求包括①有在吨位达3000吨以上船舶上担任船长或主要人员三年以上的经历；②船长任职期间至少有六个月冰区航行的经验；③同时要成为北方海水域提供冰区引航服务机构的工作人员。①

（三）防止船源污染和保护航行安全的规则

在俄罗斯北极水域的航行还受到俄罗斯环境保护法规的约束。1996年修订后的《环境保护法》规定了环境保护的基本原则和相关主管机关及其职权，不仅适用于俄罗斯的国家机关、组织、企业、个人，对外国法人和国民也同样适用。1995年《俄罗斯大陆架法》和《水法》规定了俄罗斯在其管辖水域和大陆架上开发生物资源和其他资源的主权权利和管辖权，以及污染环境的责任承担。根据这两个法律，国家环境保护委员会负责制定联邦环境保护政策，规划环境保护区以及发布红皮书。北方海航道管理局也有保证环境安全、检查和监测船源污染的职责，其检查官员有权为环保目的登临检查外国船舶。

具体到船舶污染物的排放，俄罗斯有两套适用于北方海航道水域的规则，即《防止近海水域污染规则》和《防止近海给水海域污染的卫生标准》，根据规则，油污的排放必须满足MARPOL公约中针对特殊区域的标准，且航行中处理过的污水的排放不得超过大肠杆菌群每升水1000的指标，弃置垃圾、在冰面上储存污染物和废料也是被禁止的。②

船舶不得将残油排放到北方海航道水域，③且应当遵守下列要求：①船

---

① Rules of Navigation on the Water Area of the Northern Sea Route, 2013, 第33条。
② 刘惠荣、杨凡：《北极生态保护法律问题研究》，知识产权出版社，2010，第68~69页。另见北部海航道研究报告 H. Kitagawa, The Northern Sea Route: The Shortest Sea Route Linking East Asia and Europe, 2001, p. 128, http://www.sof.or.jp/en/activities/pdf/06_02.pdf。
③ Rules of Navigation on the Water Area of the Northern Sea Route, 2013, 第65条。

上应配有与船舶动力和航程相匹配的充足的收集残油的存储舱或储存容量；②应当配有与航程相匹配的充足的收集船舶操作产生废物的存储舱；③不考虑航行中的补给，配备充足的燃料、淡水和其他必需品；④11月、12月以及1月至6月期间航行时，应加热毗邻外侧操作水线的压载舱。①

船舶在北方海航道水域航行时，需要在船上携带航行规则、海图和使用手册、其他补充应急设备，包括，极夜航行时配备1个至少2000瓦组功率的探照灯，1组可安装在船舶船体前半部或在精度驾驶台两翼上的备用灯，每人1套御寒保暖服和3套备用服等。②

四 沿海国北极航道管控的动向和进展

加拿大和俄罗斯对北极航道的管理由来已久，并在近期出台新规，这种法律制度变化的动因在于应对北极地区的新形势。气候变暖引发北极海冰消融已成为事实，北极理事会2004年发布的北极气候影响评估报告（Arctic Climate Impact Assessment）指出，在过去的几十年间，北极海冰覆盖范围年均下降5%~10%，夏季最为明显，平均厚度年均下降10%~15%，中央北冰洋下降达40%。照此趋势发展下去，北冰洋或许会在21世纪中叶出现夏季无冰。③ 这种环境变化使人类开发利用北冰洋成为可能，北极大陆架油气资源更容易获取，北极航道可航行也大大提升，事实上，挪威、俄罗斯、美国已纷纷扩大在北极海域的油气资源开发，通航东北航道的船舶和货运量也在不断增加。越来越多的人类活动一方面为北极地区的经济社会发展带来机遇，另一方面也会给北极地区特殊和脆弱的生态系统带来未知的环境和生态风险。

作为北极航道沿海国的加拿大和俄罗斯，纷纷加强和改善对北极海域船舶的航行管控，以应对日益增加的航运活动，由于西北航道海域和东北航道

---

① Rules of Navigation on the Water Area of the Northern Sea Route, 2013, 第61条。
② Rules of Navigation on the Water Area of the Northern Sea Route, 2013, 第60条。
③ Arctic Council, Arctic Climate Impact Assessment, 2004.

海域的自然环境状况、通航条件以及两个沿海国航道控制能力不同，因此加拿大和俄罗斯管控的侧重点又有不同。加拿大通过建立北极水域交通服务区加强了对船舶通航的全过程管控，重在预防不安全的航运发生引发海洋环境生态灾难，环境保护始终是其宣扬的目标；俄罗斯调整原有的北方海航道航行规则，改变饱受诟病的强制性引航和高额服务费等规定，目的在于回应航道使用者的诉求，改善航道管理，进一步推动北极航道的国际通行，从而带动其北方地区的发展。这在两国的北极政策和战略中均有所体现。

在近期沿海国航道法律制度调整中，加拿大和俄罗斯的国家实践体现出一些共性和特点。首先表现为两国的管辖海域制度与《联合国海洋法公约》的规定日趋一致，管辖海域范围和性质得到明晰。适用于加拿大北极海域的《北极水域污染防治法》100 海里的管辖范围延续了近四十年，2009 年才修订为 200 海里专属经济区，而这期间国际上领海范围从最初 3 海里发展到 12 海里，专属经济区制度从无到有，100 海里的管辖区的性质始终略显尴尬，当前加拿大将北极水域范围扩展至专属经济区外部界限，一定程度上是为强化海域管辖。2013 年航行规则出台前，俄罗斯北方海航道的范围尤其是北部界限存在争议，新法案澄清了航道所在水域即俄罗斯航道管辖的地理范围，从其北部海岸向北延伸至专属经济区边界，管辖海域的性质也得到重申。目前，两国均已最大化对北极海域航行活动的管辖范围。

其次，加拿大和俄罗斯具体的管控措施有很大相似性，基本上反映出北极沿海国规制北极航行活动的普遍做法。例如，两国均建立了船舶准入制度，根据各区域冰情状况的差异对不同级别船舶规定了通航的进出时间限制。获得许可或通关的船舶从航行前一直到航行结束都要提供全方位的报告，两国对船舶废物的排放也提出了高于当前国际标准的要求，还建立了类似的破冰船和导航员冰区引航制度。尽管两国北极航道的立法重点、管理体制有所不同，但分析其具体的管理措施可见，两国在北极航道的法律规制上逐渐走向统一。

从上面两个特点看，加拿大和俄罗斯对北极航道的管控有逐渐强化的趋势。如上文分析，两国管控北极航行活动的地理范围已经扩展到其管辖海域的外围，尽管理论上"冰封区域"条款界定的冰封区域在海冰持续消融的现实背景下应当收缩，但航道沿海国却在扩展其管控的范围。另一方面，从直接限制污染物排放到提出适用冰区航行的船舶设计和建造标准，从要求冰区引航到要求全程航行报告，沿海国对船舶通航北极航道的管控可谓全方位、无缝隙，不免有扩张适用"冰封区域"条款特殊授权的嫌疑。

沿海国对北极航道的法律规制是北极航运法律秩序的重要组成部分，它的发展和完善对促进安全高效的北极航运以及北极航道的和平开发利用具有重要意义。随着北极航道通航条件的不断提升，北极沿海国对其航行法律制度做出了及时调整，总体上看加拿大和俄罗斯对通航船舶实施的管控措施趋同，管控力度强化。

北极资源开发的法律问题研究

董跃 刘晨*

在北极的诸多问题之中，矿产资源的开发堪称热点之中的热点。一方面，北极矿产资源特别是煤炭、金属和油气资源的勘探开采运输等开发活动早已有之；另一方面，近年来伴随着全球气候变暖，北极海冰加速融化，使得北极自然条件开始越发适合进行矿产资源开发，也加强了各国谋求在北极资源开发中谋篇布局为未来多分杯羹的动力。诸多的北极域外国家及其他国际行为体，也日益关注北极矿产资源的开发问题，寻求参与合作开发资源的机遇，并且希望能够在北极资源开发的相关法律议程中有更多的话语权。对于我国而言，在地理位置上属于北半球的"近北极国家"，也是北极考察大国之一，北极的矿产资源开发对于解决我国的资源能源短缺问题具有重大的战略意义。然而对于包括我国在内的北极域外国家而言，如何参与到北极的矿产资源开发之中，仍然面临着很大的困难。就目前的情势来讲，如何更好地适应北极矿产资源开发的法律环境，是北极域外国家参与北极矿产资源开发的首要问题。

一 北极矿产资源开发的特点及其法律环境概况

北极矿产资源可划分为可再生资源和不可再生资源。可再生资源主要包括水资源、土地资源、太阳能、风能、水电资源等；不可再生资源主要有石油、天然气、煤、金属和非金属矿产等。其中，油气资源的储量最为丰富，

---

* 董跃，中国海洋大学法政学院副教授，主要研究方向为国际法、海洋法；刘晨，中国海洋大学法政学院硕士研究生，主要研究方向为国际法、海洋法。

开发活动也最成熟和发达。所谓资源开发，是指对资源通过规划和物化劳动以达到利用，或提高其利用价值以实现新的利用的行为。"开发"作为一种行为包涵了多个流程，包括非生物资源的普查、勘探、规划以及实验性项目、开采、加工、运输、储存等；除此之外，和资源开发密切联系的基础设施建设等相关行为也应列入其中。北极由于长期以来为主权国家所环绕，其陆地和部分海域处于国家管辖范围内，因此对于矿产资源的开发行为一直存在并且呈现迅猛发展之势。

北极独特的地理位置、自然环境、地缘政治态势与法律秩序都使得对于北极矿产资源的开发具有不同于世界其他地区的特点。

（1）资源储量虽丰，但是开发难度大，很多开发行为仅处于战略准备阶段。首先，北极气候寒冷，绝大多数地区终年处于0℃以下，在如此严寒的环境之中，资源开发受到了极大的限制，人工作业及机械作业的难度都大大提高，需要特殊的作业环境才能保证相关资源的开发和利用。其次，北极地理位置偏远，除了环北极八国外，其他国家都需要进行长途航行才能到达北极，可是北极航道目前尚未具备全面开通和大规模通航的条件；最后，北极的多数资源都处于冰层和深海之下，勘探、开采的难度都很大。正因为上述原因，在战略层面，很多国家对北极矿产资源开发都是处于谋篇布局阶段，主要视角都是放在未来。对于北极域外国家更是如此，目前的实质性行动仍然是以科学考察为主，但是在科学考察之中已经含有勘探行为等开发预备阶段的动作，或者是为今后作出准备。此外，相关的战略投资行动也已经启动。

（2）资源开发的法律与政治环境复杂。与南极不同，北极是一个比较封闭的空间，北冰洋为域内国家所环绕，一方面，这给域内国家排斥域外国家参与北极资源开发提供了得天独厚的便利条件，也形成了域内国家和域外国家的矛盾；另一方面，俄罗斯、挪威、加拿大、丹麦都力求将本国的大陆架延伸至北极点之处，各自的北极大陆架主张多有冲突重叠之处，这也使得域内国家之间就北极相关主权权利的权属问题存在矛盾。此外，北极的法律秩序仍然处于形成期，虽然北极域内国家多主张北极应当适用现有的国际海洋法体系，并且通过《努克宣言》将其成为参与北极治理的基本要价，但是由于国际海洋法体系自身的不足以及北极自身的特点，北极的法律秩序尚不稳定，很多问题都有待解决，一个非常明显的例子就是适用于北极区域的专题条约寥寥无几，主要是有关生物保护以及航行规则。正因为如此，对于北极资源开发而言，其法律和政治环境也非常复杂，很多问题都有待于进一步的讨论和解决。各国也各显神通，力求通过不同方式来主导或影响国际议程，使之向有利于自己的方向发展。

因此，目前北极矿产资源开发的法律环境主要集中于三个方面。

（1）基本权属的法律环境。世界上的陆地和海域无论处于何种地理位置，本来就是在不断的纷争中被明确主权和其他利益，这种法律上的争端无可厚非，但是目前北极的情势却极为特殊，主要是其法律基础——国家管辖范围的确定存在争议，北极国家在北极区域内的岛屿、海域和大陆架的划分上存在一定的争议。而且其中大陆架的划分又和域外国家的利益紧密相关，直接决定在未来北极资源的开发进程中，能够适用区域制度的海域面积范围。因此，确定北极各国管辖范围划分的条约就显得尤为重要，例如《斯匹次卑尔根群岛条约》和《联合国海洋法公约》。

（2）国际合作的法律环境。这是构建北极资源开发合作机制的基础，包括国际资本进入北极地区的法律空间问题和域内国家之间的双边合作及域内国家和域外国家的合作问题。

（3）国际直接投资准入的法律环境。对于域外国家而言，北极域内国家在投资准入方面的法律极为重要，直接决定了外来资本是否有资格进入到北极区域内进行矿产资源开发活动。目前，多数北极国家对于资源开发利用对外国公民或公司具有一定程度上的排他性。

二 北极矿产资源开发权属的法律环境

目前，适用于北极矿产资源开发权属的法律环境主要由三个层次的规范构成，分别是北极域内国家之间签订的协议、《斯匹次卑尔根群岛条约》和《联合国海洋法公约》。

（一）北极国家之间的划界协议

北极各国就各自之间的海域和大陆架划分，已经达成了一系列的协议，如1957年2月15日，挪威和苏联协议划分了瓦朗格尔峡湾（Varanger Fjord）海域的领海边界；1973年丹麦和加拿大签订了《加拿大和丹麦关于划分格陵兰和加拿大之间的大陆架的协定》，划分丹麦的格陵兰岛和加拿大的北极群岛之间的大陆架边界；1979年，丹麦和挪威划出了长32海里的等距离的海底与渔业边界；1990年，美国和苏联确定了在白令海和楚克奇海（the Bering and Chukchi Seas）的海洋边界；1997年，丹麦和冰岛完成了关于丹麦的格陵兰岛和冰岛之间的海洋边界的划分等。

（二）《斯匹次卑尔根群岛条约》的相关规则

《斯匹次卑尔根群岛条约》缔结于20世纪20年代，其原因在于虽然该群岛早在12世纪就已经被发现，但是直至19世纪末各国才开始在该群岛上进行矿产资源的开发行为，并且对于其权属产生了较大的争议。经过各国之间的协商，特别是西方国家对于苏联的制衡，在该岛的管辖问题上形成了独特的国际法制度。该条约明确了挪威对于该群岛以及熊岛的"充分和完全"的主权，但是同时又将该群岛上的矿产资源开发的权利赋予全体缔约国的国民。只是允许挪威政府制定采矿条例，规定与采矿有关的税费和经营条件，并应在实施前交各缔约国审议。[①] 该条约自签订以来，成为诸多作为该条约缔约国的北极域外国家进入北极活动的重要国际法依据，我国也是根据该条约在群岛上建立了我国在北极的科学考察站黄河站。

目前该条约也面临一定的挑战，因为该条约缔约时间远早于《联合国海洋法公约》，当时并没有确立专属经济区和大陆架制度。因此挪威主张该条约确立的规则并不适用于群岛的专属经济区和大陆架制，也就是说挪威在这些区域里拥有完全的主权权利。但是该条约的诸多缔约国都主张，应当将

---

① 《斯匹次卑尔根群岛条约》第7条及第8条。

该条约的效力适用于这些区域,从而使这些国家仍然拥有在群岛的专属经济区和大陆架内开发矿产资源和进行其他经济活动的权利。①

(三)《联合国海洋法公约》的相关规则

《联合国海洋法公约》中的诸多规定,同样适用于北极地区,因此北极域内国家根据《联合国海洋法公约》拥有对其在北极域内的大陆架和专属经济区的主权权利。其中包括勘探和开发大陆架上的自然资源的经济权利,而自然资源包括矿产资源。此外,北极域内国家也可以主张200海里外至350海里或2500公尺等深线100海里以内的外大陆架权利,这也是目前北极地区最大的争议所在。俄罗斯、挪威、丹麦等国家都先后向联合国大陆架委员会提交过多份划界案,虽然目前都未得到批准,但是这些国家的勘探活动一直在进行,对于北极海底的认知程度也越来越高。从各国最新的勘测成果以及相关科学研究的动态来看,俄罗斯等国将大陆架向北极点延伸的主张的科学支撑越来越充分,其中大部分主张很有可能在未来为联合国大陆架委员会所认可。② 这样导致的一大后果就是北极的国际海底区域将大大缩减甚至近乎于零。因此,我国应当早做准备,不必再纠缠于对北极海底是否应当国际化的问题,而是将开展北极资源开发的国际合作作为未来开发利用北极资源的主要途径。

三 北极矿产资源开发的国际合作法律环境

对于北极资源开发而言,一国或是其企业的开发行为,一般来说受到国际法和国内法的双重管辖。而在两种情况下,采取国际合作形式进行开发是

---

① Finn Sollie, "The Soviet Challenge in Northern Waters-Implications for Resources and Security," *The Arctic Challenge: Nordic and Canadian Approaches to Security and Cooperation in an Emerging International Region*, eds. Kari Mottola (Boulder & London: Westview Press, 1988), p. 99.
② 朱瑛:《北极地区大陆架划界的科学与法律问题研究》,博士学位论文,中国海洋大学,2012。

十分必要的。第一,就是在围绕资源权属有争议的区域,一般来说,争议国需要谋求共同开发;第二,是域外国家或者域外国家的公司企业希望进入北极进行资源开发。就上述两种情况而言,一般都需要国家之间订立协议,而具体进行开发的企业之间,一般也都要签订合同,有的还要进行入股等国际直接投资行为。

就北极资源开发的国际合作而言,目前主要集中在对于化石能源的开采和利用之上。目前的实践主要是双边合作层面。北极资源开发的双边合作的法律环境可以从两个不同的维度加以考虑,一方面是按照主体所处位置来加以划定,可以分为北极域内合作及北极域外合作;另一方面按照主体的性质可以划分为国家之间的合作以及企业之间的合作。就后者而言,隶属于不同性质的法律体系,国家之间的合作基本上属于公法,但是企业之间的合作除了受公法管辖外,还受到私法特别是国际经济法的管辖。此时,各国之间形成的双边合作协议本身就是国际法的渊源,而各国企业间的协议,因为对于双方的权利义务作了约束,而且是针对北极矿产资源开发这一尚未成熟的领域,因此也构成了其法律环境的一部分。

(一)国家间合作

1. 北极域内国家合作协议

北极域内国家合作可以分为以下两种类型。

(1)"意向型"。最典型的例子是2008年挪威与冰岛之间签订的划界协议。该协议首先明确了1981年两国划界条约所规定的双方之间的关于冰岛大陆架资源及其他主权权利的划分问题,新条约更好地澄清了1981年的相关协议。其次是该条约明确了对新发现的大陆架及其上的油气资源的开采问题的处理。协议约定挪威与冰岛将紧密合作勘探大陆架油气资源,对于发现的油气资源的开采和利用双方将通过条约的形式予以明确。①

---

① 《挪威和冰岛签订划界协议》,http://byers.typepad.com/arctic/2009/01/norway-and-iceland-sign-border-treaty.html/。

（2）"具体型"。最典型的例子是俄罗斯与挪威2010年签订的《关于巴伦支海和北冰洋的海域划界与合作条约》，该协议的核心内容和目标是解决双方在专属经济区和大陆架上的划界争议，明确了双方的权利范围，并且约定双方将在相关区域内开展油气资源开发的合作。①

这一协议最为值得关注的就是其附件2"跨界石油和天然气蕴藏处理"。这一部分详细规定了双方共同开发能源涉及的油气田信息交换、协议签署、油气田责任人的任命、监管和争议解决程序等内容。两国共同成立联合油气田开发委员会负责油气田的开发与分配（附件2第1条第13款）。两国政府分别颁发开发许可证，由两国许可证持有者协商组成一个独立法人进行开发（附件2第1条第6款）。俄挪跨界矿产资源的共同开发协议为俄罗斯开发巴伦支海油气资源提供了现实途径，截至目前，巴伦支海上约有100多处海上油井正在开采，包括挪威的斯诺赫维特气田、戈里亚特油田和俄罗斯的什托克曼气田、普利拉兹洛姆诺耶油田。俄罗斯共同开发政策是以积极开发争议地区自然资源为目的的国际合作制度，不仅涵盖争议地区的石油、天然气等矿物资源，还包括渔业等生物资源。②

对比这两种不同的域内国家合作模式，两者的相同点在于都是以划界为核心的，即明确了资源的权属问题，然后依附于划界，确定双方在资源开采上的合作意愿。两者最大的区别在于前者只是在协议中表达了共同开发的意愿，对于具体问题是留待依具体情况拟定具体的协议的。而后者则直接明确了共同开发的一系列细节问题。以俄罗斯和挪威的划界协议为例，明确规定了共同开发资源的区域，并且设立了共同开发的机构和体制。

2. 域内国家与域外国家的合作协议

从目前的国际实践来看，域内外在资源开发上的合作更多的是靠企业法人来进行的，依托的也多是企业在国际法上基于属地原则所属国家之间的双边合作协议。目前就强调北极特点而订立的域内外国家合作协议并不多。

---

① 《俄罗斯与挪威关于巴伦支海和北冰洋的划界及合作协议》，https://www.regjeringen.no/globalassets/upload/ud/vedlegg/folkerett/avtale_engelsk.pdf。

② 李连祺：《俄罗斯北极资源开发政策的新框架》，《东北亚论坛》2012年第3期。

比较典型的有 2012 年《中华人民共和国政府与冰岛共和国政府关于北极合作的框架协议》。根据现有的材料可以看到，中国有机会参与到冰岛的北极非生物资源开发的过程中来，中国与冰岛也将在极地、海洋、环境、航运等相关领域开展类似的务实合作。并且伴随这一协议的签订，在 2012 年发生的中坤集团 10 亿冰岛克朗购买冰岛 300 平方公里土地被否决事件也得到了较为圆满的解决，冰岛计划以租借形式将相应土地租借给中坤集团。①

这种协议的主要法律特点是：①双方以框架条约形式签署条约，即主要约定一些原则性的共识，这也符合签署北极资源开发难度大，面临情势复杂的特点；②双方主要约定的内容是集中于研究领域，包括地热、海洋能等，但是就研究而言，已经属于法律意义上的开发行为的先期环节，双方对于有关资源研究的合作约定，实质上属于资源开发合作的合意；③这类协议往往需要和其他协议配合起来发挥效用，就在该协议签署的第二年，中国和冰岛签署了自由贸易协定，从而为两国的以投资和贸易的形式推动对于北极资源的共同开发奠定基础。

从目前的国际法律实践来看，围绕北极资源开发的专门条约并不多，所以说上述实例及其蕴含的法律特点虽然有"样本"意义，却没有普遍的实践予以支撑。而双边条约的特点恰恰在于根据缔约国的不同情形具有相对的灵活性。但是对于域外国家而言，想要实质性参与北极资源开发，中国与冰岛之间的协议具有较高的样本价值，即以框架协议为形式，以科研合作为切入点，辅之以自由贸易和自由投资的相关协议。这种条约将有效规避域外国家进入北极的法律和政治障碍。不过这种条约依然受制于缔约双方的国际关系。倘使两国之间的互信程度不足，或者其中的北极域内国家对于域外国家参与北极事务抱着完全或基本排斥的态度，那么条约也是不太可能形成的。

---

① 《中国与冰岛签订合作框架协议》，http：//finance.qq.com/a/20120422/000285.htm，访问日期：2014 年 9 月 15 日。

（二）企业间合作

1. 域内国家企业的合作模式

北极域内国家企业间的非生物资源开发协议确立的合作方式涉及两个方面的法律形式：建立合资企业和获取开发许可证。

建立合资企业是现有北极资源开发企业间合作的主要形式。比较典型的实例是 2011 年俄罗斯石油公司和埃克森美孚公司签署合作协议，形成了两公司的合资勘探战略关系。合作协议签订后俄罗斯石油公司和埃克森美孚公司确定建立三个独立的合资公司，其中俄罗斯石油公司享有 66.7%、埃克森美孚公司享有 33.3% 的股权。这三个合资公司主要是为了完成喀拉海和黑海的项目。双方还确定要成立一个新的北极研究设计中心（ARC）。此外，双方还成立了第四个合资公司，这个公司中俄罗斯石油公司拥有 51% 的股权，埃克森美孚公司拥有 49% 的股权，这个公司负责管理和经营西伯利亚西部致密油试验。俄罗斯石油公司和埃克森美孚公司的合作协议的另外一个重要议题是对北极勘探开发的准备。[①]

另一个典型的实例是挪威国家石油公司与俄罗斯石油公司 2012 年签订的北极勘探协议。双方合意成立一家合资企业的形式来进行勘探开发和经营管理，勘探开发的范围主要在巴伦支海和鄂霍次克海附近的海域。在经营管理和红利分配上俄罗斯石油公司拥有 66.7% 的股权，挪威国家石油公司拥有 33.33% 的股权。[②]

设立合资企业的法律特点主要是：①法律形式比较稳定，可以长期存续；②基于企业的特点，可以有效地将双方的资金、管理、技术等方面的优势在所针对的领域或项目中进行结合；③基于能源行业的特殊性，企业往往具有国企背景，因此其运行受国际关系及国家战略的影响较深。

[①] 《俄罗斯石油公司与埃克森美孚公司的协议》，http：//www.rosneft.com/news/pressrelease/2106201310.html，访问日期：2014 年 12 月 18 日。

[②] 《挪威国油与俄油签北极勘探协议》，http：//www.rosneft.com/news/pressrelease/statoil_ all_ press_ releases/，访问日期：2014 年 12 月 18 日。

在设立合资企业的同时，有的企业合作中还采取了许可证的形式。例如挪威国家石油公司与俄罗斯石油公司2012年签订的北极勘探协议中设立了四个开发许可证，分别是 Perseevsk 许可证；Kashevarovsky 许可证；Lisyansky 许可证；Magadan 许可证。四个许可证分别规定了适用范围，并具体规定了勘探海域的宽度和深度；同时四个许可证具体细化了钻井的计划，根据许可证的规定将分别在2016年、2017年、2019年及2020年完成不同的钻井计划。[1]

开发许可证最明显的法律特点是：①可以通过许可证所指向的具体项目，落实在合作协议中约定的双方在技术、人员等方面的合作，更好地确保协议的执行；②由于许可证具有可转让性，因此给第三方参与到开发中来提供了可能性；③许可证自身也还具有金融衍生工具的部分职能。

整体来看，目前合作所针对的项目一般都位于俄罗斯境内，其他北极域内国家出于能源战略安全角度考虑，并没有完全放开境内的资源开发，且俄罗斯和挪威的合作是建立在两国的划界协议的基础之上的。

2. 域内外企业的合作模式

域内国家企业和域外国家企业之间关于北极资源开发的合作实践要远远多于国家层面的合作。目前的合作模式主要是项目合作，即以针对具体的北极资源开发的项目为合作对象。在项目合作之中，最典型的形式是域外国家企业购买项目的部分权益，从而参与其中，比较典型的实例如2011年国营韩国天然气公司（KOGAS）购买由加拿大MGM能源公司拥有的位于北极Umiak地区的一个天然气项目20%的权益。这项协议将帮助KOGAS每年获得672亿立方米的天然气，相当于韩国2009年天然气进口量的5.6%。天然气将在2020年正式出产。[2] 此外，2013年中国石油集团入股俄罗斯北极油气项目也是同样的实例。中石油集团与俄罗斯天然气生产商诺瓦泰克公司（Novatek）

---

[1] 《挪威国油与俄油签北极勘探协议》，http：//www.rosneft.com/news/pressrelease/statoil_all_press_releases/，访问日期：2014年12月18日。

[2] 《韩国KOGAS获得首个北极资源开发协议》，http：//cn.reuters.com/article/companyNews/idUKTOE70J05020110120，访问日期：2014年10月6日。

签署协议，获得诺瓦泰克公司主导的俄罗斯北极项目亚马尔液化天然气项目（Yamal LNG）20%的权益。亚马尔液化天然气项目位于诺瓦泰克公司最主要的亚马尔－涅涅茨区块（Yamal-Nenets，位于亚马尔－涅涅茨自治区）。①

此外，除了购买油气矿产的权益份额外，有些公司之间的合作还伴随着股份的转让和收购。例如2011年1月15日，俄罗斯石油公司和英国石油公司（BP）宣布了一项开发亚马尔半岛和新地岛岛之间East-Prinovozemelsk区域的石油协议。作为交易的一部分，协议规定俄罗斯石油公司将接受BP石油公司5%的股份（到2011年1月），BP将获得约9.5%俄罗斯石油公司的股票，以此作为交换。②

从现在域内国家企业和域外国家企业合作协议来看，其主要的特点是：第一，参与者多为国有企业，例如韩国天然气公司和中国的石油集团，因为往往只有国有公司才能具备投入大量资金在北极资源开发这种战略性投资项目的能力，并且可以承受较长的收益等待期；第二，这些战略投资协议往往受两国关系的影响，是以国家间的能源合作协议或者自由贸易（投资）协定为基础的，例如中俄之间合作开发的项目就是以中俄两国的合作为基础的；第三，较之域内国家企业之间以合资企业及许可证的形式进行共同开发，域内国家企业和域外国家企业的合作程度显然有所弱化，很少采取合资企业这种比较稳定的形式参与开发，而主要是针对某个项目，这样，项目的控制权就仍然把握在域内国家企业手中，如果说域内国家企业之间的合作是技术、资金、人员等因素的全方面合作，那么域内国家企业和域外国家企业之间的合作主要是为了吸引域外国家企业的资金和市场。换言之，协议的性质实际是油气供应协议而非油气开发协议。即使有少量的股权转让，域外国家企业持有域内国家企业的股权往往微乎其微，只是一种战略性的股权互持，其目的在于加强合作的稳定性而不是域外国家企业可以全面参与开发，

---

① 《中石油入股俄罗斯北极油气项目》，http：//finance.ifeng.com/money/roll/20130622/8155891.shtml，访问日期：2014年9月4日。
② 《俄罗斯与英国北极圈资源勘探协议》，http：//en.wikipedia.org/wiki/Rosneft，访问日期：2014年12月18日。

而域外国家企业也很难凭借手中股份对于域内国家企业发挥在经营方面的实质性影响。

由此可见，就合作的性质、广度和深度而言，北极资源开发对于域外企业仍然设置了较高的壁垒，想要进一步参与相关开发，域外国家及域外国家企业必须考虑从"购买项目权益份额"形式向"获取合作项目开发许可证"过渡，进而谋求设立真正的北极资源开发合作企业。当然这类企业的设立也受制于双边国家之间的贸易、投资法律关系。

四 北极国家对于矿产资源开发的投资准入法律环境

通过前文的研究我们发现，具体的资源开发行为，往往是企业依托于国家之间订立的合作协议，采取合资企业或者项目投资的方式来具体开展的。其中采取的往往是国际直接投资的形式，因此必须要受到两国特别是东道国投资法律环境的制约。而且从目前已经开发的项目来看，多数属于大型的投资项目，且都位于北极域内国家的管辖范围之内。因此，研究北极域内国家的投资环境是十分必要的，而其中最为核心的是投资准入的法律环境。

（一）美国

美国对于外国直接投资一般没有直接的限制，无须申报，按照一定的程序直接到所在地区的投资主管部门（一般是州和地方的经济发展主管部门）申报即可。但是美国财政部、商务部等部门组成的跨部门"外国投资委员会"（CFIUS）监督审查，如果 CFIUS 认为某笔涉外投资可能影响美国国家安全，有权对该并购进行审查。其法律依据主要是 1988 年《综合贸易与竞争法案》、2007 年《贸易投资与国家安全法案》，要求收购方和目标企业将共同提交交易材料供 CFIUS 审查。[①] 从目前来看，美国的阿拉斯加州对于外

[①] 参见《对外投资合作国别指南——美国》，商务部国际经济贸易合作研究院、商务部投资促进事务局、中国驻美国大使馆经济商务参赞处。

国投资进入其油气行业是持欢迎态度的。但是，对于中国企业进入美国进行油气开发，美国始终抱有非常警觉的态度，目前已经有过否定中国企业相关收购案的先例。

（二）加拿大

根据《加拿大投资法》规定，任何一项外国投资都需要向政府备案或者经过政府的审核，其中工业部负责审核外国投资向非文化产业的重大投资。政府审核的标准比较复杂，主要取决于投资项目及其金额。为了防止外资对国内产业造成冲击，甚至影响国家利益，加拿大法律中规定"敏感领域"，对于外国投资进入敏感领域制定了一些限制措施。其中包括受联邦和省级法律法规拘束的石油、天然气和采矿行业。尤其是在2012年12月，批准中海油对尼克森收购申请后，加拿大对于审核外国国有企业在加拿大投资作出修订，总体上是严格审批标准。规定严格限制外国国有企业对加拿大油气企业的控制性收购，除特殊情况外，不予批准。[①]

（三）俄罗斯

俄罗斯将外资准入行业分为三类，分别是禁止、限制和鼓励，其中鼓励类包括石油、天然气、煤炭这些北极蕴藏丰富的资源。但是，俄罗斯对于外资并购有较强的限制。2008年，俄罗斯开始实施《关于外资向对国家国防和安全具有战略意义的经营公司进行投资之程序的联邦法》，简称《战略领域外国投资法》，将战略领域设定为42个，其中包括国家垄断资源企业。其中，对于战略性企业的并购持股比重有明确的法律限制。有外国政府背景的外资对拥有联邦级地下资源公司的控股权不得超过5%，对其他部门战略性公司的控股权不得超过25%~50%。如果外资企业希望在按法律规定具

---

① 参见《对外投资合作国别指南——加拿大》，商务部国际经济贸易合作研究院、商务部投资促进事务局、中国驻加拿大大使馆经济商务参赞处。

有战略意义的相关企业或地下资源区块项目中取得10%以上的股权，必须向俄罗斯政府外国投资者监管委员会提交申请。而且审核程序也更加规范和严格，要求外资在战略领域的投资并购必须经过相关机构的提前审核。[1] 因此，域外国家的公司欲在北极进行矿产资源开采，其所占份额是受到严格限制的。

（四）北欧五国

就北欧国家而言，冰岛《非冰岛居民投资商业企业法令No34/1991》（又名《非冰岛居民投资限制法》）对外国投资设定了进入标准："在本条例规定的限制或其他特殊立法的范围内，在符合其他条件和获得法律要求的许可证的基础上，非居民有权在冰岛投资企业。"[2] 此外，该法对一些具体行业作了准入限制。（1）渔业捕捞与渔业加工：有权在冰岛从事该行业的主体为：①冰岛公民和其他冰岛经济实体。②由冰岛人民全资所有的冰岛法人；或者由冰岛经济实体控制、或外国居民占资本不超过25%（部分情况下可33%）的冰岛法人；以及其他情况下，由冰岛公民所有的，或由冰岛人民控制的冰岛法人所有的冰岛法人。（2）能源投资：只有冰岛的公民和其他冰岛实体，与欧洲经济区成员国的个人或企业，可以非为使用目的，享有对于瀑布和地热能源的能源开发权，以及生产和分配能源。（3）航空投资：除欧洲经济区成员国或法罗群岛的居民和法人外，其他非冰岛居民在冰岛航空公司中的总份额绝对不能超过49%。（4）特别许可投资：禁止外国国家、地方政府或其他政府机构在冰岛投资企业，除非商务部部长处获得特别许可。由此可见，中资企业是无法在冰岛所辖北极区域进行能源开发方面的投资行为的。

格陵兰岛石油、矿产、天然气及其他自然资源的管理及收益等事务，不属于丹麦拥有管辖权的范围，由格陵兰政府对其实行自治。2009年格陵兰

---

[1] 参见《对外投资合作国别指南——俄罗斯》，商务部国际经济贸易合作研究院、商务部投资促进事务局、中国驻俄罗斯大使馆经济商务参赞处。
[2] 《非冰岛居民投资商业企业法令No34/1991》，第3条，1991。

议会通过《矿产资源法》，为格陵兰岛矿产资源的勘探开发活动提供法律依据。《矿产资源法》对探矿、碳氢化合物勘探开发、矿物勘探开发、许可证、环境与气候保护、社会可持续性、离岸设施健康与安全、法律制裁与国际惯例的执行等内容进行了详细规定。[①] 该法案为格陵兰矿业权的取得设置了许可证制度，对矿物资源进行探矿、勘探、开采等行为必须首先获得相关许可。目前，格陵兰矿产石油局共发放四种矿业权许可证，包括探矿许可证、勘探许可证、特别勘探许可证和开采许可证，其中开采许可证只授予格陵兰本地公司（非格陵兰本地公司只能在格陵兰勘查矿产，无法获得许可进行开采）。

挪威没有关于禁止外国人投资行业的法律规定。挪威公司法规定，挪威公共事业部门不对私人投资者开放，外国投资者投资挪威矿产及水力发电领域需申请经营许可证，投资挪威渔业、海洋运输业，受到投资限额、管理层挪威国籍人比例等限制。因此，包括中国在内的域外国家是可以进入到挪威所辖北极区域进行矿产资源开发行为的。

芬兰《贸易法》第3章规定，作为外国投资企业，在特定领域，即芬兰政府调控的诸如涉及国家安全、国民身心健康、金融等领域，在开业前必须向芬兰贸工部申办许可证。这些领域包括银行保险、核能、矿产、交通运输、捕鱼等业务。

瑞典在具体操作上，对一些有关国家战略利益的领域加以限制或严格控制，如军工、航空运输、海上作业、采矿、战略物资、出版、林业、银行及保险等。限制手段主要是以发放许可证和牌照的方式筛选具备实力和资质的企业，只有获得许可才有资格进入这些行业。[②]

从总体来看，北极域内国家虽然除了俄罗斯外，都是贸易与投资高度自由的国家，但是仍然在北极矿产资源开采上采取了非常慎重的态度。其中，加拿大、俄罗斯、挪威和美国作为北极域内矿产资源开发大

---

① 《格陵兰岛矿产资源法》，2009。
② 参见《对外投资合作国别指南——瑞典》，商务部国际经济贸易合作研究院、商务部投资促进事务局、中国驻瑞典大使馆经济商务参赞处。

国，一方面注重吸引外资进入本国相关行业，另一方面也采取了比较严格的审查态度；而芬兰和瑞典由于没有海洋辖区，所以只涉及在陆地区域进行采矿的问题；而格陵兰岛则采取了非常严格的禁止外国企业进入该岛进行资源开采的规则，冰岛则是对于欧洲经济区成员国开放资源开发行业。

附录：北极地区年度大事记（2013～2014）

2013年1月21日，北极理事会常设秘书处在挪威特罗姆瑟成立。

2013年1月28日正式生效的《关于"北方海航道"水域商业航运的俄罗斯联邦特别法修正案》对俄罗斯涉"北方海航道"的主要法律做了重要增补或修订，具体包括《俄罗斯联邦商船航运法》、《俄罗斯联邦自然垄断法》和《俄罗斯联邦内水、领海和毗连区法》。

2013年2月，俄罗斯发布《2020年前俄联邦北极地区发展和国家安全保障战略》，内容包含经济社会综合发展、科技发展、现代信息通信基础设施建设、生态安全保障、国际合作、军事安全保障、国界维护等。

2013年3月，俄罗斯联邦政府通过法令建立北方海航道管理局，负责管理北方海航道海域航行活动。

2013年3月，日本外务省设立负责北极事务的北极担当大使，负责与各国就北极问题交换意见。

2013年4月，第三届"北极理事会成员国高层代表"年度国际会议在亚马尔·涅涅茨自治区首府哈尔德市举行。

2013年5月，美国白宫发布首个《北极地区国家战略》（National Strategy for the Arctic Region），首次将北极战略上升到国家战略层面。

2013年5月，美国海岸警卫队发布《美国海岸警卫队北极战略》。

2013年5月，在瑞典基律纳（Kiruna）召开的北极理事会第八届部长级会议上，中国、印度、意大利、日本、韩国和新加坡6个国家被接纳为正式观察员，会议还通过了《北极理事会观察员手册》（Arctic Council Observer Manual）。

2013年5月，在基律纳部长级会议上，北极理事会发布《北极愿景》（Vision for the Arctic），表达了北极国家和原住民永久参与方对北极地区发展的共同愿景。

2013年5月，在基律纳部长级会议上，北极八国签署了具有法律拘束力的《北极海上油污预防与反应合作协定》（Agreement on Cooperation on Marine Oil Pollution, Preparedness and Response in the Arctic），旨在保障北极地区自然生态安全相互协作的积极性和有效性。

2013年5月，加拿大接任北极理事会轮值主席国，任期（2013~2015）任内的主题是"为北方人民而发展"（Development for the People of the North）。

2013年5月，国际海事组织海上安全委员会通过了关于北极海域航行安全的新规定，这是国际海事组织就制定"极地规则"（Polar Code）迈出的决定性一步。

2013年7月，韩国制定了《北极综合政策实施计划》，作为进军北极地区的蓝图。

2013年8月，俄罗斯再次向联合国大陆架界限委员会提交扩大北极外大陆架边界的申请。

2013年8月，芬兰政府修订北极战略，加强国际合作。

2013年，俄罗斯在北极沿岸成立了3个事故救援中心，计划2015年前建成10个综合救援中心。

2013年9月，中远集团"永盛"号货轮完成东北航道首航任务，这是中国商船首次成功穿越北极东北航道到达欧洲。

2013年9月，第三届"北极对话之地"国际论坛在俄罗斯北极圈城市萨列哈尔德举行，主要议题是北极生态安全。

2013年10月，韩国物流企业现代格罗唯视株式会社租用瑞典破冰船"Stena Polaris"号完成韩国首次北极航线航运。

2013年10月12日，北极圈论坛在冰岛首都雷克雅未克宣告成立，对所有国家开放，旨在推动各北极利益行为体的多边对话与协调。

附录： 北极地区年度大事记（2013～2014）

2013年10月，俄罗斯以北方舰队旗舰"彼得大帝"号核动力导弹巡洋舰为核心的舰艇编队完成了北冰洋巡航，此次航行是俄罗斯探索北方海航线、开发北极宏大计划的一部分。

2013年11月，美国国防部出台《美国国防部北极战略》。

2013年11月，北极理事会在联合国气候变化框架公约第十九次缔约方会议发表声明，阐明气候变化对北极地区的影响、北极理事会与气候问题相关的工作及加强利益相关方合作的期望。

2013年12月，俄罗斯开始在北极圈以北建设新型先进反导预警雷达站。

2013年12月，加拿大向联合国海洋法公约大陆架界限委员会提交确定其大西洋沿岸大陆架外部界限的报告，同时提交了关于其北冰洋沿岸大陆架外部界限的初步情况报告。

2013年12月10日，中国极地研究中心、冰岛研究中心等10家来自中国和北欧5国（冰岛、丹麦、芬兰、挪威、瑞典）的北极研究机构在上海签署了《中国—北欧北极研究中心合作协议》，成立中国—北欧北极研究中心。

2014年2月，美国海军发布更新的《美国海军北极路线图（2014～2030年）》，旨在为未来15年美国海军在北极地区的行动做准备。

2014年3月，北极理事会北极高官会议决定成立北极经济理事会，以促进北极地区的可持续发展，9月，北极经济理事会（Arctic Economic Council）正式成立。

2014年4月，俄罗斯政府发布《俄罗斯2020年前北极地区社会经济发展国家纲要》，标志着俄罗斯在开发北极地区方面迈出关键一步。

2014年5月，俄罗斯通过《俄罗斯北极地区陆地领土》总统令，莫曼斯克地区被纳入俄罗斯的陆地领土。

2014年7月，美国任命北极研究委员会（USARC）主席Fran Ulmer为国务院北极科学与政策的特别顾问，任命卸任海岸警卫队上将Robert Papp为北极事务特使。

2014年8月，第四届"北极理事会成员国高层代表"会议首次邀请北极理事会观察员国代表出席，主题为北极稳定发展和安全保障现状。

2014年9月，俄罗斯石油公司与埃克森美孚共同在北极喀拉海地区钻出油井，储量或超墨西哥湾。

2014年10月，俄罗斯海军科考船在科学考察时确认在拉普捷夫海发现新岛屿，如果标记在地图中，可能会使俄罗斯领海增加452平方海里。

2014年11月21日，在海事安全委员会第94届会议上，国际海事组织通过了具有强制性的《极地水域船舶航行国际准则》，重点关注极地航行安全和环保，预计将于2017年1月1日生效。

2014年12月，俄罗斯北方战略司令部开始运作，该司令部在俄北方舰队基础上组建，主要管辖俄罗斯在北极地区部署的所有部队，以保护俄罗斯在北极地区的利益。北极战略司令部归俄国防部国家指挥中心管辖，相当于俄罗斯的第五军区。

后　记

自 2013 年 5 月中国成为北极理事会正式观察员后，中国作为"近北极国家"，继取得北极国际科学委员会成员资格，再次获得进一步参与北极事务的新身份。与此同时，我国的北极问题研究向着集约化和纵深方向发展，教育部社会科学发展报告项目"北极地区发展报告"的开展则为应势而为的明智选择。

中国海洋大学极地法律与政治研究团队是国内较早地开展极地社会科学研究的团队，在北极法律问题、北极外交与政治、北极治理等社会科学研究领域辛勤耕耘已近十载，与国内其他高校和研究机构的研究者们建立起密切而友好的合作关系。教育部发展报告所确定的围绕发展报告撰写组建跨行业、跨部门、跨机构编写团队的方针指导我们组建起多方参与、精诚团结、鼎力协作的写作团队，《北极地区发展报告》2014 年卷的编纂出版是高校与研究机构和极地事务主管部门深度合作的成果，本卷写作集聚了中国海洋大学极地法律与政治研究所、上海国际问题研究院、国家海洋局极地考察办公室以及中国极地研究中心和上海交通大学等多方研究力量，是多方通力合作的智慧结晶。根据教育部发展报告的要求，结合蓝皮书出版的一般规则，本书在体例上分为正文、附件两个部分。其中正文包括主报告和专论。主报告侧重于对北极国家的政策研究，主要是对于北极地区各方面的发展动态及相关研究成果进行总结和分析，按照北极问题的不同领域，如法律政策、政治外交、开发保护、气候变化、中国参与等划分具体的章节。专论侧重于具有北极理事会观察员身份的主要域外国家的北极政策分析，以及有关国际组织的相关议题研究。

本书各部分写作分工如下：以"中国与北极：合作与发展之路"为题

的前言由刘惠荣撰写。主报告题为"域内国家北极战略与政策走向",其中:《美国北极战略分析》由郭培清、孙凯撰写;《俄罗斯北极战略分析》由钱宗旗撰写;《加拿大北极战略分析》由郭培清、田延华撰写;《挪威北极战略分析》由张沛撰写;《丹麦北极战略分析》由叶江撰写;《芬兰北极战略分析》由程保志撰写;《瑞典北极战略分析》由于宏源撰写;《冰岛北极战略分析》由邓贝西、张侠撰写。专论一题为"主要域外国家的北极政策",其中:《中国北极政策分析》由孙凯、徐世杰撰写;《日本北极政策分析》由陈鸿斌撰写;《韩国北极政策分析》由李宁、龚克瑜撰写;《印度北极政策分析》由郭培清、董利民撰写;《欧盟北极政策分析》由杨剑、程保志、张沛撰写。专论二题为"北极治理动向",其中:《气候变化背景下的北极治理分析》由陈奕彤撰写;《北极理事会的改革与走向》由马千里撰写;《国际海事组织与北极航运法律的进展》由白佳玉撰写;《北极航道沿海国法律规制及其进展》由李浩梅撰写;《北极资源开发的法律问题研究》由董跃、刘晨撰写。附录"北极地区大事记"由李浩梅负责搜集整理。

自发展报告项目开题到目前书稿得以出版,时间仅一年有余,但其实书中体现的是各位作者多年来在极地研究领域辛勤耕耘的硕果。本书的出版得到教育部人文社科发展报告培育项目"北极地区发展报告"(项目编号13JBGP019)的资助,得到了教育部人文社会科学重点研究基地中国海洋大学海洋发展研究院的资助,中国海洋大学"985工程"海洋发展哲学社会科学研究基地建设经费资助。

感谢上海国际问题研究院杨剑副院长自立项以来对本项目的大力支持和具体指导,在他的带领下,上海国际问题研究院诸位研究者慨然加盟,无私地将自己最新的研究成果奉献给本书;感谢国家海洋局极地考察办公室徐世杰处长不辞劳苦地以其丰富的管理实践经验为我们指点迷津,并不吝赐稿;感谢中国极地研究中心战略研究室张侠主任将自己睿智的学术观点与我们分享;感谢中国海洋大学极地法律与政治研究团队的各位老师和同学们为本书的出版所付出的辛苦,团队合作精神在我们这里得到充分的体现。大家的共同努力使我们能够按照预先确定的研究计划按时提交高质量的研究报告。最

后 记

后，由衷地感谢国家海洋局极地考察办公室秦为稼主任不辞劳苦，通读全部报告，亲自为本书作序，极大地提高了本书的政策把握水平，使我们受益匪浅。

作为首次问世的《北极地区发展报告》，我们诚恳地期望致力于极地研究的专家学者和社会贤达不吝赐教，对本书存在的缺憾和不妥之处给予批评指正，以利于我们更加圆满地完成下一年度的研究报告撰写任务。

刘惠荣

2014 年 12 月于青岛

图书在版编目（CIP）数据

北极地区发展报告.2014/刘惠荣主编.—北京：社会科学文献出版社，2015.6
 ISBN 978-7-5097-7456-4

Ⅰ.①北… Ⅱ.①刘… Ⅲ.①北极-区域发展-研究报告 Ⅳ.①P941.62

中国版本图书馆 CIP 数据核字（2015）第 086844 号

北极地区发展报告（2014）

主　　编/刘惠荣
副 主 编/程保志　徐世杰　孙　凯　董　跃

出 版 人/谢寿光
项目统筹/王　绯
责任编辑/李　响

出　　版/社会科学文献出版社·社会政法分社（010）59367156
　　　　　地址：北京市北三环中路甲29号院华龙大厦　邮编：100029
　　　　　网址：www.ssap.com.cn
发　　行/市场营销中心（010）59367081　59367090
　　　　　读者服务中心（010）59367028
印　　装/三河市尚艺印装有限公司
规　　格/开本：787mm×1092mm　1/16
　　　　　印张：25.5　字数：377千字
版　　次/2015年6月第1版　2015年6月第1次印刷
书　　号/ISBN 978-7-5097-7456-4
定　　价/98.00元

本书如有破损、缺页、装订错误，请与本社读者服务中心联系更换

版权所有 翻印必究